Vitamine

in frischen und konservierten Nahrungsmitteln

Von

Dr. Gulbrand Lunde †

Ehemaliger Direktor des Forschungslaboratoriums der Norwegischen
Konservenindustrie, Stavanger (Norwegen)

Zweite Auflage
bearbeitet von

Lars Erlandsen

Chefchemiker der A/S Lilleborg Fabriker, Oslo (Norwegen)

Mit 38 Abbildungen

Springer-Verlag Berlin Heidelberg GmbH 1943

ISBN 978-3-662-35416-2   ISBN 978-3-662-36244-0 (eBook)
DOI 10.1007/978-3-662-36244-0

Vorwort zur zweiten Auflage.

Kurz nach dem Erscheinen der ersten Auflage wurde der Verfasser zum kommissarischen Staatsrat und später zum Minister für Kultur und Volksaufklärung ernannt. Aus diesem Grunde konnte er persönlich dem Wunsche des Verlages in bezug auf eine Neuauflage nicht nachkommen, sondern hat mich damit beauftragt.

Unter Berücksichtigung des seit der ersten Auflage erschienenen Schrifttums habe ich das Werk ergänzt und mit den neuesten Forschungsergebnissen in Einklang gebracht. Dabei mußten besonders die Abschnitte über Pantothensäure, über das Anti-graue-Haare-Vitamin und über die Chemie des Vitamin K recht eingehend umgearbeitet werden. Um dadurch den Umfang des Buches nicht zu vergrößeren, habe ich den ersten Teil weglassen müssen, da diese allgemeine Einführung in die Herstellung von Konserven sich auch in jedem einschlägigen Werk vorfindet.

Auf Wunsch stellten *Hermetikkindustriens Laboratorium*, Herr Prof. Dr. A. SCHEUNERT und Herr Prof. Dr. P. KARRER, ferner Herr Dr. A. SCHULERUD, Herr Dr. med. H. NATVIG und Frau B. QVILLER-WERENSKJOLD Sonderdrucke ihrer Vitaminarbeiten zur Verfügung, wofür ich ihnen allen bestens danke. Vor allem aber bin ich meiner Assistentin, der ehemaligen Mitarbeiterin am Hermetikkindustriens Laboratorium, Frl. RUTH DAHNSEN, für treue Mithilfe zu Dank verpflichtet.

Oslo/Norwegen, im Juli 1942.

LARS ERLANDSEN.

Dr. GULBRAND LUNDE ist gemeinsam mit seiner Frau während der Drucklegung dieses Buches am 25. Oktober 1942 durch einen tragischen Unfall ums Leben gekommen. Der Herausgeber der zweiten Auflage empfindet es ebenso wie der Verlag als seine Pflicht, das Werk von Dr. LUNDE in seinem wissenschaftlichen Sinne fortzuführen.

Aus dem Vorwort zur ersten Auflage.

Die chemische und medizinische Erforschung der Vitamine hat in den letzten Jahren gewaltige Fortschritte gemacht. Es gibt vielleicht keinen anderen Zweig der naturwissenschaftlichen Forschung, dessen Ergebnisse für Leben und Gedeihen der Menschen von so eingreifender Bedeutung sind. Der Sinn des Wortes: „Der Mensch ist was er ißt" wird einem erst durch die Erfahrungen der Vitaminforschung richtig klar. Von einer richtig zusammengesetzten Ernährung, die vor allem die notwendigen Vitamine in genügender Menge enthält, hängt die normale körperliche und geistige Entwicklung und Gesundheit des einzelnen, damit aber auch die Gesundheit und schöpferische Kraft des ganzen Volkes ab.

Die genaue Kenntnis des Gehaltes der verschiedenen Nahrungsmittel an Vitaminen ist deshalb von einer nicht zu unterschätzenden Bedeutung für die Volksgesundheit. Genau so wichtig ist aber auch die Kenntnis des Verhaltens der Vitamine bei der Zubereitung der Nahrungsmittel und die Entscheidung der Frage, ob die Vitamine bei den üblichen Methoden der Konservierung von Nahrungsmitteln erhalten bleiben. Wir haben uns mit diesen Problemen in diesem Institut seit Jahren befaßt. Bei der Bearbeitung dieser wichtigen Frage war es notwendig, auch den Vitamingehalt der frischen Nahrungsmittel genau zu kennen. Angaben über den Vitamingehalt von frischen und konservierten Nahrungsmitteln sind über die ganze Weltliteratur zerstreut. Eine vollständige Zusammenfassung dieser Literatur lag bisher nicht vor. Ich habe deshalb versucht, die vorliegenden Untersuchungen über den Vitamingehalt der gebräuchlichsten Nahrungsmittel und über das Verhalten der Vitamine bei den verschiedenen Arten der Konservierung zu sammeln und unter einem einheitlichen Gesichtspunkt darzustellen. Natürlich können nur die wichtigsten und vor allem die nach den modernsten Methoden ausgeführten Bestimmungen des Vitamingehalts von Nahrungsmitteln berücksichtigt werden. Die Literatur über das Verhalten der Vitamine beim Lagern, Trocknen, Kochen und Konservieren von Nahrungsmitteln wurde aber möglichst vollständig erfaßt.

Auf eigene Untersuchungen auf diesem Gebiet wurde absichtlich ausführlich eingegangen, da wir uns mit diesem Problem besonders gründlich befaßt haben. Es wurden außerdem die Bedeutung der einzelnen Vitamine und auch die Methoden der Vitaminbestimmung kurz behandelt.

Das Buch ist in erster Linie für diejenigen geschrieben, die sich mit Vitaminen und Ernährungsfragen befassen, also für Ärzte, Chemiker, Krankenanstalten, Großküchen und für die Konservenindustrie. Das Buch dürfte aber auch für den gebildeten Laien, der sich auf diesem Gebiet orientieren will, ohne weiteres verständlich sein.

Das Buch erscheint in einer für die europäischen Völker schweren Zeit. Die hier behandelten Fragen sind aber heute womöglich noch wichtiger geworden. Die Verwendung von Konserven in der Volksnahrung spielt eine immer größere Rolle, es gewinnt damit auch das Problem der Konservierung von Nahrungsmitteln in einer Form, daß der Nährwert und vor allem der Vitamingehalt erhalten bleibt, immer mehr an Bedeutung für die Volksgesundheit.

Stavanger/Norwegen, im Dezember 1939.

GULBRAND LUNDE.

Inhaltsverzeichnis.

Inhaltsverzeichnis. VII

Berichtigung.

S. 19, Z. 11 v. o. ist hinter WAGNER hinzuzufügen (1).

S. 23, Z. 6—7 v. o. steht SCHEUNERT und WAGNER (1). soll heißen SCHEUNERT (9).

S. 29, Z. 19 v. o. ist Ziffer 3 durch 1 zu ersetzen.

S. 68, letzte Z. der Tab. 19 ist Ziffer 6 durch 3 zu ersetzen.

S. 94, Z. 4 v. o. der Tab. 25 ist hinter ELVEHJEM hinzuzufügen (3).

S. 152, Z. 22 v. u. ist das Wort sowie zu streichen.

S. 165, in der Seitenüberschrift ist das Wort Gemüsen durch Obst zu ersetzen.

S. 186, Z. 2 v. u. und S. 187, Z. 3 v. o. ist (2) zu streichen.

S. 202, Z. 25 v. u. ist hinter HOPKINS hinzuzufügen (1).

S. 229, Z. 4 v. u. ist (2) zu streichen.

Lunde-Erlandsen: Vitamine, 2. Aufl.   Springer-Verlag, Berlin.

Einleitung.

Solange es denkende Menschen gegeben hat, müssen wir annehmen, daß sie sich mit dem Problem beschäftigt haben, ihre Nahrungsmittel, die zu gewissen Zeiten in reichlicher Menge vorliegen, zu konservieren, um sie für Zeiten und Gegenden aufzubewahren, wo die Nahrungsmittel weniger leicht zugänglich wären.

Das Problem der Konservierung wurde von den Naturvölkern verschieden gelöst. Die Nahrungsmittel wurden teils getrocknet, gesalzen, geräuchert oder vergoren. Bei den Völkern, die in kälteren Gegenden wohnten, spielte auch das Kühlen oder Einfrieren eine große Rolle.

Der Bedarf an konservierten Nahrungsmitteln ist in unserer Zeit eher größer geworden, und es handelt sich auch für uns um die gleiche Frage, Nahrungsmittel, die zu gewissen Zeiten oder in gewissen Gegenden in reichlicher Menge vorkommen, haltbar zu machen, damit ihre Verwendung von Zeit und Raum unabhängig wird. Dazu kommt noch in ständig größerem Maße in vielen Haushalten, insbesondere in den großen Städten, der Bedarf nach einfach herstellbaren Gerichten, die jederzeit zur Verfügung stehen und ohne viel Mühe auf den Tisch gestellt werden können. Eine im folgenden aufgestellte Übersicht wird zeigen, welche große Rolle diese Konserven im Haushalt bereits spielen.

Da ein immer größerer Teil unserer Nahrung aus Konserven besteht, erhebt sich sofort die Frage: Sind diese Konserven als Nahrungsmittel vollwertig? Können sie teilweise oder ganz die frischen Nahrungsmittel ersetzen? Vor allem lautet die Frage: Wie steht es mit den empfindlichen Vitaminen in den Konserven? Von verschiedener Seite, auch von Ärzten, wird noch behauptet oder jedenfalls angenommen, daß die Vitamine in den Konserven zerstört sind. Die Empfindlichkeit der Vitamine gegen Luft und Erwärmung hat zu dieser Annahme beigetragen, und auch die bei Polarexpeditionen auftretenden Avitaminosen. Es liegt nun schon ein großes experimentelles Material vor, das sich mit der Frage des Vitamingehaltes der Konserven befaßt. Wir können aus diesem Material bereits bestimmte Schlüsse über das Schicksal der Vitamine in den Konserven ziehen.

Da die Vitamine sich bei der Konservierung verschieden verhalten, ist aus praktischen Gründen der Stoff nach den verschiedenen Vitaminen und nicht nach der Art der Konserven eingeteilt.

Begriff der Konserve. Nach E. JACOBSEN erfolgte erstmalig im Jahre 1909 auf dem Genfer Internationalen Kongreß gegen Nahrungsmittelfälschung eine Begriffsfestlegung des Wortes Konserve. Nach den dort festgelegten Bestimmungen sind Konserven Nahrungs- und Genußmittel, die durch geeignete Behandlung ihre spezifischen Eigenschaften längere Zeit behalten, als dies ohne Vorbehandlung möglich wäre. Konserven im engeren Sinne sind Nahrungs- und Genußmittel in Dosen oder Gläsern, die durch einen Sterilisationsprozeß haltbar gemacht sind. Im Englischen wird eine solche Dauerware als „Canned Food" bezeichnet, wodurch darauf hingewiesen wird, daß das Nahrungsmittel sich in einer Dose befindet. Im Französischen und Italienischen verwendet man Namen, die von dem gleichen Worte wie die im Deutschen benutzte Bezeichnung „Konserve" abgeleitet sind. Im Norwegischen verwendet man das Wort „Hermetikk", worunter man ein durch Sterilisation in verschlossenen Behältern haltbar gemachtes Nahrungs- oder Genußmittel versteht.

Die sogenannten Präserven werden von den Verbrauchern vielfach mit den „Konserven im engeren Sinne" verwechselt. Als Präserven können wir Nahrungs- und Genußmittel bezeichnen, die in Dosen oder Gläsern verpackt sind und durch Salzen, Räuchern, Einsäuern oder durch Zusatz von chemischen Konservierungsmitteln haltbar gemacht sind. Diese Präserven sind im Gegensatz zu den Konserven im engeren Sinne nur begrenzt haltbar. Wir werden im folgenden bei der Behandlung der Frage des Vitamingehaltes der Konserven uns nur mit den Konserven im engeren Sinne, den Dauerwaren, befassen, da es nur diese sind, die bei der Nahrungsmittelversorgung eine größere Rolle spielen.

Entwicklung der Konservenindustrie. Das Prinzip des Abtötens von Mikroorganismen durch Sterilisation gründet sich auf die Arbeiten der ersten Entdecker der Bakterien. Die erste praktische Herstellung von Konserven können wir aber auf NICHOLAS APPERT zurückführen. Im Jahre 1795 begann er seine Untersuchungen über Konservierung von Nahrungsmitteln, ermuntert durch einen Preis von 12000 Francs, den die französische Regierung für eine bessere Methode zur Haltbarmachung der Nahrungsmittel für die Armee und Flotte Napoleons ausgesetzt hatte. Im Jahre 1804 veröffentlichte er in Paris sein grundlegendes Buch über die Konservierung von Nahrungsmitteln. Sein Prozeß bestand darin, daß die Nahrungsmittel in weithalsige Glasflaschen gegeben wurden. Die Flaschen wurden mit Wasser aufgefüllt und leicht verkorkt, worauf sie in kochendem Wasser genügend lange erhitzt wurden. Nach Beendigung der Erhitzung wurden die Flaschen endgültig verschlossen, indem sie fest verkorkt wurden. Die Entdeckung APPERTs erhielt größte Bedeutung und die Methode wurde sehr bald anderwärts erprobt.

Es ist behauptet worden, daß auch in anderen Ländern gleichzeitig mit APPERT das Problem der Konservierung durch Erwärmung erfunden wurde. So konnte beispielsweise der schwedische Chemiker SCHEELE im Jahre 1782 Essig haltbar machen durch Kochen und darauffolgendes

Verschließen, wenn der Essig noch warm war. Es ist aber zweifellos, daß durch APPERTs Arbeit die Konservenindustrie ins Leben gerufen wurde, und deshalb ist er auch als der Vater der Konservenindustrie bezeichnet worden. APPERT hatte auch das Prinzip des Dampfkochtopfes von PAPIN für die Konservierung herangezogen. PAPINs Kochtopf war ja der erste Vorläufer für die Autoklaven der modernen Konservenindustrie.

Die Glasflaschen von APPERT wurden später durch die Blechdose ersetzt. Die Blechdose wird zum erstenmal in einem englischen Patent von PETER DURAND 1810 erwähnt. Durch die Erfindung der Blechdose war die Möglichkeit dafür geschaffen, daß die Konservenindustrie sich zu einer Großindustrie entwickeln konnte. Nach JACOBSEN wurden die ersten größeren Konservenfabriken in Deutschland im Jahre 1845 gegründet. Aber erst im Jahre 1873 verwendeten die deutschen Fabriken Autoklaven, und damit war die Möglichkeit zu einem raschen Aufschwung der Industrie gegeben. In den Vereinigten Staaten finden wir die ersten Angaben über die Herstellung von Konserven um 1820 herum. Die Obstkonservenindustrie in Kalifornien, die heute von so großer Bedeutung ist, wurde in den Jahren 1859—1860 in bescheidenem Maße begonnen. In Norwegen wurde die erste Konservenfabrik 1841 errichtet. Doch erst im Jahre 1879 begann eine Fabrik in Stavanger mit der Herstellung von Brislingsardinen, und dieses Produkt sollte die norwegische Konservenindustrie zu einer Großindustrie machen.

Besonders in den letzten Jahren ist die Produktion von Konserven sehr stark gewachsen. Die heutige Weltproduktion an Konserven läßt sich leider nicht genau feststellen, da man nicht überall über statistische Angaben verfügt. Statistische Angaben einiger Länder geben aber einen gewissen Überblick über die Größe der Produktion. (Nach Statistical Year Book 1939 of the International Tin Research and Development Council.)

Die Vereinigten Staaten stehen hier in erster Reihe. Die Produktion von konservierten Gemüsen in den Vereinigten Staaten betrug für das Jahr 1937 189 919 000 Kisten; die Produktion von Obstkonserven belief sich im gleichen Jahr auf 63 764 000 Kisten; die Produktion von Fischkonserven wird im Jahre 1935 auf 12 300 000 Kisten angegeben. Die Erzeugung von konserviertem Lachs in Alaska betrug 1936 über 8 Millionen Kisten zu je 48 Pfund, im Jahre 1937 über $6^1/_2$ Millionen Kisten. Die Herstellung von konserviertem Fleisch belief sich im Jahre 1933 auf 137,3 Millionen Pfund.

Die Produktion von konservierten Gemüsen in Deutschland wird für das Jahr 1937 zu 116,3 Millionen $^1/_1$-Dosen und von Obst zu 54,4 Millionen $^1/_1$-Dosen angegeben. Großbritannien hat 1935 an konservierten Gemüsen 60 500 Tonnen erzeugt. Von Obstkonserven, Jams, Konfitüren und Marmeladen inbegriffen, wurden im gleichen Jahre 215 000 Tonnen

hergestellt. In Frankreich beträgt die jährliche Produktion von Gemüsekonserven rund 2—3 Millionen Kisten zu je 110 Pfund. In Italien beträgt die Produktion von Obst- und Gemüsekonserven zusammen etwa
200000 Tonnen.

Die Erzeugung von Fischkonserven in Norwegen beträgt jährlich
etwa 30—40000 Tonnen. Der Export von Fischkonserven aus Portugal
beläuft sich jährlich auf etwa 30—40000 Tonnen.

Ein wichtiges Produkt der Konservenindustrie ist auch die kondensierte gezuckerte oder ungezuckerte Milch. Die Herstellung dieses Produktes ist in vielen Ländern sehr bedeutend, und es bedeutet auch einen
großen Exportartikel, insbesondere aus Holland, Dänemark und der
Schweiz.

Aus diesen Zahlen geht mit aller Deutlichkeit hervor, daß die Konserven, insbesondere in Amerika, im Haushalt eine nicht unbedeutende
Rolle spielen.

Zu diesen in den Fabriken hergestellten Konserven kommen dann die
großen Mengen Konserven, die jährlich von den Hausfrauen selbst hergestellt werden.

Eine eingehende Untersuchung des Nährwertes der Konserven ist
deshalb eine für die Volksernährung sehr wichtige Frage.

Was uns hier besonders interessiert, ist das Schicksal der Vitamine,
nicht nur während der Vorbehandlung und des Sterilisierungsprozesses,
sondern auch während der Lagerung der Konserven. Wir werden im
folgenden bei der Besprechung der einzelnen Vitamine auch auf diese
Frage etwas näher eingehen. Für diejenigen, die sich auf dem Gebiete
der Herstellung von Konserven etwas näher unterrichten wollen, sei auf
die einschlägigen Arbeiten beispielsweise von BIDAULT, COBB, CRUESS,
SERGER und KRAUS, JACOBSEN, LUNDE, ASCHEHOUG, MATHIESEN und
KRINGSTAD, WOODCOCK und LEWIS sowie auf die erste Auflage vorliegenden Werkes hingewiesen.

Bedeutung der Vitamine für die Ernährung.

Die neuere Ernährungsforschung beschäftigt sich in steigendem Maße mit der Vitaminfrage. Nach der Entdeckung der verschiedenen Vitamine lernte man die Avitaminosen heilen. Später konnte gezeigt werden, daß Hypovitaminosen in bestimmten Gegenden und in bestimmten Volksschichten sehr häufig sind, und der Frage nach einer in bezug auf den Vitamingehalt vollständigen Ernährung wird immer mehr Beachtung geschenkt. Es konnte gezeigt werden, daß eine Reihe Krankheiten indirekt auf eine unrichtig zusammengesetzte Ernährung oder auf mangelhafte Ernährung zurückgeführt werden konnten, so beispielsweise Tuberkulose und Darmstörungen bei kleinen Kindern. So konnte man auch in Großbritannien zeigen, daß die Familien mit den geringsten Einkommen ihren Vitaminbedarf nicht gedeckt erhielten. Außer dem klaren Bilde der verschiedenen Avitaminosen, wie Xerophthalmie, Rachitis, Beriberi, Skorbut und Pellagra, findet man alle Formen von Hypovitaminosen, die sich beispielsweise bei Kindern durch schlechtes Wachstum, Disposition für Zahncaries, Anämie, Appetitmangel und Disposition für Infektionskrankheiten äußern.

In Großbritannien wurde durch ausgedehnte Versuche bewiesen, daß Kinder, die eine Zulage von Milch, die alle Vitamine enthält, bekamen, eine deutlich bessere Gesundheit zeigten. In Norwegen konnte Schiötz durch ein Schulfrühstück, das aus Milch, Vollbrot und Gemüse bestand, ebenfalls sehr gute Ergebnisse erreichen.

Es ist somit allgemein anerkannt, daß eine richtig zusammengesetzte Ernährung eine der ersten Bedingungen für eine gute Volksgesundheit ist. Vgl. beispielsweise die Untersuchungen in Großbritannien von Orr (1). Sowohl von einem sozialen als auch von einem nationalökonomischen Standpunkt aus betrachtet, ist es deshalb von der größten Wichtigkeit, daß das Volk in allen Gegenden und in allen Berufen eine möglichst vollständige und richtige Ernährung erhalten kann, damit ein möglichst gesundes Geschlecht aufwächst und Krankheiten vermieden werden, die große Ausgaben des Staates in Form von Fürsorge und Verpflegungen aller Art mit sich bringen.

Es ist, wie bereits einleitend erwähnt wurde, von der größten Bedeutung, in Verbindung mit der Ernährungsfrage zu wissen, wie sich die Bestandteile der Ernährung, vor allem die Vitamine, bei der Zubereitung der Nahrungsmittel verhalten. Wir wollen uns im folgenden in der Hauptsache mit der Frage des Vitamingehaltes der Konserven befassen, werden aber in Verbindung damit auch das Schicksal der Vitamine bei den anderen Konservierungsprozessen und bei der küchenmäßigen Zubereitung der Speisen etwas näher betrachten.

Vitamin A.

Die Entdeckung des Vitamin A.

HOPKINS (1) wies bereits im Jahre 1906 darauf hin, daß außer den bekannten Nährstoffen Fett, Eiweißkörper und Kohlehydrate, noch andere Stoffe in geringen Mengen vorhanden sein müssen, um das Leben aufrechtzuerhalten. Diese Theorie wurde durch eine Reihe Versuche von HOPKINS (2) bestätigt. Im Jahre 1909 konnte STEPP (1) mitteilen, daß weiße Mäuse durch eine aus den bekannten Hauptnährstoffen Fett, Eiweißkörpern, Kohlehydraten und Mineralstoffen bestehende Kost nicht am Leben erhalten werden konnten, wenn die Nahrung mit Alkohol und Äther extrahiert wurde. Es müßten somit alkohol- und ätherlösliche Verbindungen vorhanden sein, die für das Aufrechterhalten des Lebens notwendig waren. Die Verbindungen waren mit Fetten und Lipoiden nicht identisch.

Eine Reihe von Forschern beschäftigte sich nun mit diesen unbekannten neuen Stoffen, die McCOLLUM zuerst nach ihren Eigenschaften in zwei Bestandteile aufteilte, nämlich einen fettlöslichen Faktor A und einen wasserlöslichen Faktor B. Bald wurde die Bezeichnung dieser Stoffe als Vitamine, zuerst von FUNK vorgeschlagen, allgemein anerkannt. Es konnte gezeigt werden, daß Mangel an dem fettlöslichen Faktor bei Ratten eine Augenerkrankung, die Xerophthalmie, hervorruft. Diese Entdeckung wurde in Verbindung gebracht mit den Mitteilungen von INOUYE aus dem Jahre 1896 über schwere Epidemien von Xerophthalmie bei japanischen Kindern. Die Erkrankung trat vorwiegend bei den Kindern im Inneren des Landes auf, wo die Nahrung hauptsächlich aus Pflanzenkost, die wahrscheinlich carotinarm war, bestand, während sie bei der Küstenbevölkerung, wo Meeresfische zur Verfügung standen, kaum vorkam. Etwa 10 Jahre später beschrieb MORI eine ähnliche Augenerkrankung bei Kindern in Japan. Die Krankheit konnte mit gutem Erfolg mit Hühnerleber, Aalfett und Lebertran behandelt werden.

Bekannt sind ja die späteren Untersuchungen von BLOCH in Dänemark, der Auftreten von Xerophthalmie bei Kindern feststellen konnte, die an Stelle von Butter Margarine erhalten hatten.

Der nächste Schritt war die Trennung des fettlöslichen Faktors in zwei Faktoren, den Antixerophthalmiefaktor oder das Vitamin A und den Antirachitisfaktor oder das Vitamin D, wovon später die Rede sein wird.

Krankheitsbild bei Vitamin A-Mangel.

Die Folgen des Vitamin A-Mangels sind verschiedener Art. Sie lassen sich aber alle auf die gleiche Ursache zurückführen. Man kann eine Schwächung der Haut konstatieren, die in einem Austrocknen der oberen Hautzellen besteht. Dies zeigt sich besonders bei den wachsenden Organismen. Besonders wird die Binde- und Hornhaut der Augen angegriffen. Dies führt schließlich zur Verhornung und Geschwürbildung. Man nennt diese Krankheit Xerophthalmie. Wenn Vitamin A nicht rechtzeitig verabreicht wird, führt die Krankheit schließlich zum Verlust der Sehkraft. Eben aus diesem Grunde wurde für das Vitamin A der Name Axerophtol gewählt. Auch die Schleimhaut der Vagina wird angegriffen. Man nennt dieses Phänomen Kolpokeratose. Auch an den anderen Organen findet man Veränderungen. Beim wachsenden Organismus konstatiert man Aufhören des Wachstums, und das Wachstum setzt erst bei Zufuhr von Vitamin A-haltigen Nahrungsmitteln oder Präparaten wieder ein. Schon vor 13 Jahren konnte übrigens HENRIKSEN zeigen, daß ein Mangel an Vitamin A zu einem durchgreifenden Verfall fast sämtlicher Zellen im Organismus führt.

Ein typisches Merkmal des Vitamin A-Mangels ist die herabgesetzte Resistenz gegen Infektionskrankheiten. Dies ist bei allen Avitaminosen zum Teil der Fall, jedoch bei der A-Avitaminose ausgesprochen am meisten.

Ein typisches Symptom im ersten Stadium des Vitamin A-Mangels ist die Nachtblindheit oder Hemeralopie. Die Nachtblindheit, die sich dadurch äußert, daß die Empfindlichkeit des Auges bei schwachem Licht stark herabgesetzt ist, kommt ziemlich häufig vor. Nach RUDY trat sie in Rußland besonders während der Fastenzeit auf und in Japan hauptsächlich im Winter, wo es an frischen Fischen fehlte. In Wien wurde im Jahre 1921 eine Reihe Kinder davon befallen. Auch in Norwegen ist die Nachtblindheit von HÖYGAARD und RASMUSSEN (1) bei Schiffsmannschaften beschrieben. Sie haben besonders auf die große Bedeutung dieser Frage für die Schiffsmannschaften, insbesondere die Lotsen, hingewiesen. Auf die große Literatur über die Folgen des Vitamin A-Mangels kann hier nicht weiter eingegangen werden.

Konstitution des Vitamin A, Axerophtol.

Unsere Kenntnisse über den chemischen Aufbau des Vitamin A verdanken wir besonders den Arbeiten von KARRER und VON EULER (vgl. KARRER und WEHRLI). Es konnte gezeigt werden, daß das Vitamin A im Tierkörper aus dem Pflanzenfarbstoff Carotin entsteht. Die weiteren Untersuchungen, insbesondere aus den Instituten von KUHN und KARRER, haben gezeigt, daß das Carotin kein einheitliches Produkt ist, sondern aus mehreren Verbindungen besteht. Aus dem β-Carotin

entstehen durch Spaltung und Anlagerung von Wasser an die mittel-
ständige Doppelbindung zwei Moleküle Vitamin A.

β-Carotin

$$H_2C \quad CH_3$$
$$C$$
$$H_2C \quad C-CH=CH-C=CH-CH=CH-C=CH-CH \mathrel{\vdots} CH-CH=C-CH=CH-CH=C-CH=CH-C \quad CH_2$$
$$H_2C \quad C \qquad CH_3 \qquad CH_3 \qquad\qquad CH_3 \qquad CH_3 \qquad C \quad CH_2$$
$$CH_2 \; CH_3 \qquad\qquad\qquad\qquad\qquad H_3C \quad CH_3$$

Vitamin A, Axerophtol $\qquad + 2\,H_2O \qquad$ Vitamin A, Axerophtol

α-Carotin

$$H_3C \quad CH_3 \qquad\qquad\qquad\qquad\qquad\qquad H_3C \quad CH_3$$
$$C \qquad\qquad\qquad\qquad\qquad\qquad\qquad\qquad C$$
$$H_2C \quad CH-CH=CH-C=CH-CH=CH-C=CH-CH \mathrel{\vdots} CH-CH=C-CH=CH-CH=C-CH=CH-C \quad CH_2$$
$$H_2C \quad C \qquad CH_3 \qquad CH_3 \qquad\qquad CH_3 \qquad CH_3 \qquad C \quad CH_2$$
$$CH \; CH_3 \qquad\qquad\qquad\qquad\qquad\qquad H_3C \quad CH_3$$

$+ 2\,H_2O \qquad$ Vitamin A, Axerophtol

γ-Carotin

$$H_3C \quad CH_3 \qquad\qquad\qquad\qquad\qquad\qquad H_3C \quad CH_3$$
$$C \qquad\qquad\qquad\qquad\qquad\qquad\qquad\qquad C$$
$$HC \quad CH-CH=CH-C=CH-CH=CH-C=CH-CH \mathrel{\vdots} CH-CH=C-CH=CH-CH=C-CH=CH-C \quad CH_2$$
$$H_2C \quad C \qquad CH_3 \qquad CH_3 \qquad\qquad CH_3 \qquad CH_3 \qquad C \quad CH_2$$
$$CH_2 \; CH_3 \qquad\qquad\qquad\qquad\qquad\qquad H_3C \quad CH_3$$

$+ 2\,H_2O \qquad$ Vitamin A, Axerophtol

Kryptoxanthin

$$H_2C \quad CH_3 \qquad\qquad\qquad\qquad\qquad\qquad H_3C \quad CH_3$$
$$C \qquad\qquad\qquad\qquad\qquad\qquad\qquad\qquad C$$
$$H_2C \quad C-CH=CH-C=CH-CH=CH-C=CH-CH \mathrel{\vdots} CH-CH=C-CH=CH-CH=C-CH=CH-C \quad CH_2$$
$$HOHC \quad C \qquad CH_3 \qquad CH_3 \qquad\qquad CH_3 \qquad CH_3 \qquad C \quad CH_2$$
$$CH_2 \; CH_3 \qquad\qquad\qquad\qquad\qquad\qquad H_3C \quad CH_3$$

$+ 2\,H_2O \qquad$ Vitamin A, Axerophtol

Schließlich ist jetzt die Synthese des Vitamin A KUHN und MORRIS
gelungen.

Andere Carotine, α-Carotin, γ-Carotin und Kryptoxanthin, geben
bei ihrer Aufspaltung nur ein Molekül Vitamin A. Diese drei Farbstoffe
sind nicht symmetrisch aufgebaut, und es bildet nur die eine Hälfte
Vitamin A. Andere Carotinoide geben bei ihrer Aufspaltung überhaupt
kein Vitamin A.

Das Carotin kommt in den grünen Pflanzen vor und geht, wie erwähnt,
im tierischen Organismus in Vitamin A über.

HEILBRON, GILLAM und MORTON fanden im Jahre 1931 in verschiedenen
Vitamin A-haltigen Ölen Absorptionsbanden, die auf die Anwesenheit
eines zweiten Vitamin A hindeuteten. EDISBURY, MORTON, SIMPKINS und
LOVERN konnten bestätigen, daß neben Vitamin A, das von diesen
Autoren auch als Vitamin A_1 bezeichnet wurde, noch eine zweite Ver-
bindung, Vitamin A_2, existiert, die hauptsächlich in den Ölen von

Süßwasserfischen vorkommt. In den meisten Fischölen kommen die beiden Verbindungen Vitamin A_1 und Vitamin A_2 nebeneïnander vor. In den Meerfischen überwiegt Vitamin A_1; bei gewissen Süßwasserfischen überwiegt dagegen Vitamin A_2. Die Forelle, der Lachs und der Stör enthalten wieder mehr Vitamin A_1 als A_2.

Sowohl Vitamin A_1 als Vitamin A_2 besitzen die Formel $C_{20}H_{30}O$, sind aber von unterschiedlicher Struktur. Das Vitamin A_1 besitzt einen Ring und fünf Doppelbindungen:

$$H_3C \quad CH_3$$
$$\diagdown C \diagup$$
$$H_2C \quad C{-}CH{=}CH{-}C{=}CH{-}CH{=}CH{-}C{=}CH{-}CH_2OH.$$
$$H_2C \diagdown C \diagup \qquad CH_3 \qquad\qquad CH_3$$
$$CH_2 \quad CH_3 \qquad \text{Vitamin } A_1 \; C_{20}H_{30}O$$

Die Konstitutionsformel des Vitamins A_2 ist nach KARRER, GEIGER und BRETSCHER:

$$CH_3 \qquad\qquad CH_3 \qquad\qquad CH_3$$
$$CH_3\diagdown$$
$$\qquad C{=}CH{-}CH_2{-}CH_2{-}C{=}CH{-}CH{=}CH{-}C{=}CH{-}CH{=}CH{-}C{=}CH{-}CH_2OH.$$
$$CH_3\diagup$$

Es fehlt also hier der β-Iononring. Nach allem, was wir jetzt über den Zusammenhang zwischen Konstitution und Vitamin A-Wirkung wissen, ist aber die Vitaminwirkung am Iononring gebunden. Aus diesem Grunde sind KARRER, GEIGER und BRETSCHER der Ansicht, daß das Vitamin A_2 für Säugetiere kein eigentliches Vitamin ist, obwohl es vielleicht für Fische eine besondere Bedeutung haben durfte.

Bestimmungsmethoden des Vitamin A.
Biologische Bestimmungsmethoden.

Die biologischen Bestimmungen beruhen teils auf der wachstumfördernden Wirkung des Vitamin A, teils werden andere Symptome des Vitamin A-Mangels, die Xerophthalmie oder die Kolpokeratose, zur Bestimmung des Vitamins herangezogen. Im allgemeinen wird als Versuchstier die Ratte verwendet. In allen Fällen erhalten die Tiere eine Vitamin A-freie Kostmischung, die sonst alle notwendigen Bestandteile enthält. Die Bestimmung der Wirkung auf das Wachstum kann entweder als kurativer oder als prophylaktischer Test ausgeführt werden. Im allgemeinen wird der kurative Test vorgezogen. Da der kurative Wachstumstest im hiesigen Institut bei den biologischen Bestimmungen von Vitamin A in Konserven und ihren Rohprodukten verwendet wurde, soll das bei diesen Untersuchungen verwendete Verfahren hier etwas näher beschrieben werden.

Ratten in einem Alter von etwa 21 Tagen und von 25—30 g Gewicht
werden auf eine Vitamin A-freie Kostmischung folgender Zusammensetzung gesetzt:

Casein (Vitamin A- und D-frei)   . 15%   Bierhefe (mit Benzol extrahiert).   8%
Reisstärke (mit Alkohol extrahiert) 73%   Salzmischung (Steinbock Nr. 32)   4%

Dazu erhielten die Tiere noch 8 internationale Einheiten Vitamin D je Woche
als „Vigantol" verabreicht.

Nach etwa 6—7 Wochen ist die Vitamin A-Reserve der Ratten verbraucht, das Wachstum hört auf, oder die Tiere verlieren an Gewicht.
Gleichzeitig tritt in den meisten Fällen die typische Augenerkrankung,
die Xerophthalmie, auf. Nachdem man konstatiert hat, daß das Gewicht der Tiere nach 6—7 Wochen nicht mehr ansteigt, sind sie zum Test

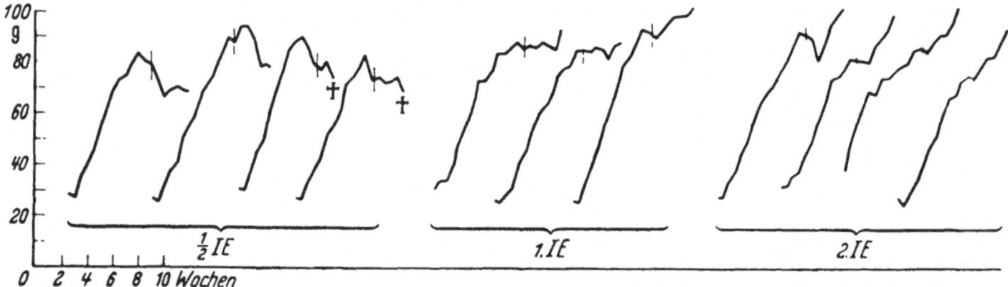

Abb. 1. Gewichtskurven von Ratten mit einer A-freien Grundkost. Nach Gewichtskonstanz erhielten
die Tiere ¹/₂, 1 bzw. 2 I. E. des internationalen Vitamin A-Standardpräparates. [Nach LUNDE (6).]

bereit. Die Vorperiode bis zum Aufhören des Wachstums ist von der
Vitamin A-Reserve der jungen Ratten abhängig. Damit diese nicht
von vornherein zu groß wird, erhalten die Zuchttiere, deren Würfe für
die Vitamin A-Bestimmungen verwendet werden sollen, eine Vitamin A-
arme Kost. Die Zuchtdiät, die wir verwenden, wurde von GUDJÓNSSON
vorgeschlagen und hat folgende Zusammensetzung:

Magermilchpulver . . . . 30%   Bäckereihefe, autolysiert 15%
Reisstärke. . . . . 40%   Arachisöl (mit Lebertran) . . . 15%

Die Menge des Dorschlebertrans im Arachisöl beträgt 0,3%.

Unter Anwendung dieser Zuchtkost erreichten wir mit der oben beschriebenen Vitamin A-freien Diät regelmäßig Aufhören des Wachstums
nach 6—7 Wochen. Versuche, die wir mit der von MORGAN und PRITCHARD
beschriebenen A-freien Basalnahrung unternahmen, zeigten keine Vorteile gegenüber der oben beschriebenen.

Wenn die Tiere gewichtskonstant und zum Test bereit sind, erhält
ein Teil die zu untersuchende Substanz in verschiedenen Dosen, während andere Tiere verschiedene Dosen des internationalen Vitamin A-
Standards erhalten. Tiere aus den gleichen Würfen erhalten stets teils
die zu untersuchende Substanz, teils das Standardpräparat. Die Substanz
wird täglich verabreicht und das mittlere Wachstum der Ratten während

einer Periode von 4—5 Wochen bestimmt. Man muß beachten, daß nur das Wachstum von Ratten des gleichen Geschlechtes direkt verglichen werden kann.

Abb. 1 zeigt Gewichtskurven von Ratten, die mit einer Vitamin A-freien Grundkost bis zur Gewichtskonstanz gefüttert wurden. Nach Gewichtskonstanz erhielten die Tiere verschiedene Mengen des internationalen Standardpräparates. Abb. 2 zeigt entsprechende Gewichtskurven von Ratten, die nach Gewichtskonstanz das Öl von konservierten Sardinen erhielten.

Außer der von uns verwendeten kurativen Wachstumsmethode kann auch ein prophylaktisches Verfahren verwendet werden. Es wird auch die

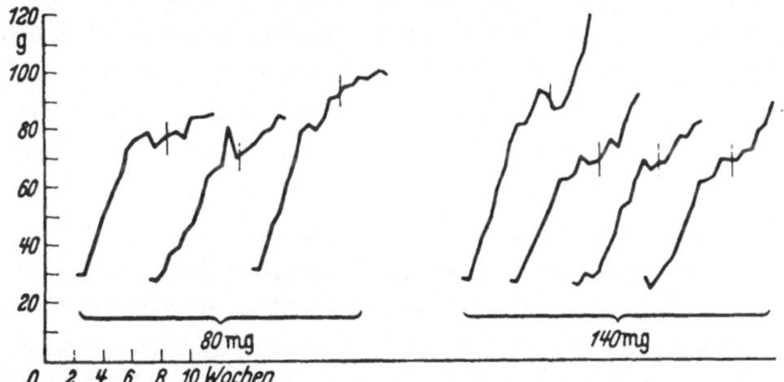

Abb. 2. Bestimmung von Vitamin A in konservierten Sardinen. Gewichtskurven von Ratten mit Vitamin A-freier Grundkost. Nach Gewichtskonstanz erhielten die Tiere 80 bzw. 140 mg des Sardinenöls der Konserve (Mischung von Fischöl und Olivenöl). [Nach LUNDE (6)].

xerophthalmieheilende Wirkung des Vitamin A als Test benutzt. Diese Methode ist aber schwerer durchführbar, da es nicht so leicht ist, ein einheitliches Material von Versuchstieren zu erhalten.

Wie bereits erwähnt, verursacht der Vitamin A-Mangel auch eine Erkrankung der Vaginalschleimhaut, die Kolpokeratose genannt wird. Die Heilung dieses Symptoms ist ebenfalls als Test herangezogen worden.

Chemische und physikalische Methoden.

Eine chemische Bestimmungsmethode des Vitamin A beruht auf colorimetrische Messung der Farbe, die durch Einwirkung von Antimontrichlorid in Chloroformlösung auf Vitamin A gebildet wird. Die Methode wird allgemein nach CARR und PRICE als die CARR-PRICE-Methode bezeichnet. Bei einer Reihe Untersuchungen über den Vitamin A-Gehalt in Konserven wurde im hiesigen Institut diese Methode verwendet.

Die Reaktion nach CARR-PRICE. Als Reagens verwendet man eine gesättigte Lösung von Antimontrichlorid in trocknem, alkoholfreiem Chloroform. Die auf Vitamin A zu untersuchende Substanz muß ebenfalls in Chloroform aufgelöst sein. Die Reaktion wird in einer Cuvette von 1 cm Dicke ausgeführt, indem 0,2 ccm einer Chloroformlösung der zu untersuchenden Substanz mit 2 ccm des Antimontrichloridreagens zusammengebracht werden. Die bei Anwesenheit von Vitamin A entstehende Blaufärbung wird in einem LOVIBOND-Tintometer gemessen (oder nach OSHIMA und ITAYA durch Vergleich mit gewissen Lösungen von Cu- und Co-Salzen). Die Messung muß unmittelbar nach dem Zusammenmischen der Flüssigkeiten erfolgen, da die Farbe sehr unbeständig ist. Wenn es sich um reines Vitamin A handelt, liegt die Absorptionsbande bei 620 mμ. Die Messung hat stets im unverseifbaren Anteil des Öles zu erfolgen, da sonst unrichtige Werte erhalten werden, indem die Öle, beispielsweise Lebertran, eine ungesättigte Säure enthalten, die in sehr geringer Menge imstande ist, die blaue Farbe der Reaktion zu unterdrücken [WOLFF (1)]. Konzentrate geben aber doch meistens ohne Verseifung richtige Werte. Man mißt die Anzahl Einheiten, die man mit den angegebenen Konzentrationen im LOVIBOND-Tintometer abliest, indem man die Konzentration so wählt, daß die Ablesung zwischen 4 und 6 Blaueinheiten erfolgt. Aus dieser Zahl berechnet man den sog. *Blauwert* $= a \cdot 2/b$, wo a die Ablesung für b Gramm Substanz in 10 ccm der zu untersuchenden Lösung ist. Um von dem Blauwert zur internationalen Einheit zu kommen, muß man die erhaltene Zahl mit dem Faktor 32 multiplizieren. Diesen Faktor erhält man aus den Bestimmungen des Blauwertes und der biologischen Wirksamkeit des reinen Vitamin A-Konzentrates von CARR und JEWELL. Dieses Vitamin A-Präparat enthielt $2,5 \cdot 10^6$ internationale Einheiten Vitamin A je Gramm, biologisch bestimmt, und hat den Blauwert $78 \cdot 10^6$ bis $80 \cdot 10^6$.

Es ist demnach 1 *Blauwert* $= \sim 32$ I.E. Die Provitamine geben ebenfalls eine Blaufarbe mit Antimontrichlorid. β-Carotin gibt eine Absorptionsbande bei 590 mμ, Xanthophyll bei 620 mμ. Die Farbe, die mit Carotin entsteht, ist aber bedeutend schwächer als für das reine Vitamin A und beträgt nur etwa $^1/_{20}$. Will man Carotin und Vitamin A nebeneinander bestimmen, so kann man zuerst die Stärke der gelben Farbe der Lösung im LOVIBOND-Tintometer messen und darauf die Farbe, die mit Antimontrichlorid entsteht. β-Carotin ist nämlich gelb, das reine Vitamin A dagegen farblos.

Es muß noch erwähnt werden, daß das Vitamin A_2 ebenfalls mit Antimontrichlorid eine Farbe gibt. Sie ist grünlich. Wir finden eine Absorptionsbande bei 693 mμ und eine zweite undeutlichere bei 645 bis 650 mμ. Die Extinktion $E_{1\,\mathrm{cm}}^{1\%}$ ist bei 697 mμ 1270 und bei 620 mμ 550. Für reines Vitamin A_1 ist E bei 620 mμ = 5000.

Spektrographische Bestimmung des Vitamin A. Eine spektrographische Methode, die auf der Messung des Extinktionskoeffizienten bei 328 mμ beruht, wo das Vitamin A einen Absorptionsstreifen mit dem Maximum bei 328 mμ hat, gibt für Vitamin A-Konzentrate und Fette mit einem hohen Vitamin A-Gehalt Werte, die mit den nach der CARR-PRICE-Methode ermittelten in guter Übereinstimmung sind. LUNDE, ASCHEHOUG und

KRINGSTAD (1) erhielten bei der Bestimmung von Vitamin A in Heringsleber eine sehr gute Übereinstimmung zwischen der Antimontrichloridreaktion und der spektrographischen Bestimmung, wie aus der nachstehenden Tabelle 1 hervorgeht:

Einige unveröffentlichte, in unserem Institut vorgenommene Bestimmungen des Vitamin A-Gehaltes in Vitaminkonzentraten zeigten ebenfalls eine gute Übereinstimmung zwischen der Antimontrichloridreaktion und der spektrographischen Bestimmung. Diese Ergebnisse sollen hier ebenfalls mitgeteilt werden (Tabelle 2), da sie einen weiteren Beweis für die Brauchbarkeit der Antimontrichloridreaktion für quantitative Bestimmungen des Vitamin A liefern. Die Antimontrichloridreaktion ist ja bekanntlich als offizielle Bestimmungsmethode des Vitamin A nicht anerkannt.

Tabelle 1.

Probe Nr.	Antimontrichlorid-reaktion		Spektrographische Bestimmung	
	Blauwert	Vitamin A in I. E. je g Öl	$E_{1\,cm}^{1\%}$ bei 328 mμ	Vitamin A in I. E. je g Öl
18	177	5,664	3,5	5,600
19	130	4,160	2,42	3,872
20	354	11,341	6,42	10,272
21	177	5,664	3,07	4,912
30	216	6,900	4,54	7,260

Tabelle 2.

Präparat Nr.	Antimontrichlorid-reaktion		Spektrographische Bestimmung	
	Blauwert	Vitamin A in I. E. je g Öl	$E_{1\,cm}^{1\%}$ bei 328 mμ	Vitamin A in I. E. je g Öl
1	6500	$208 \cdot 10^3$	130	$208 \cdot 10^3$
2	7286	$232 \cdot 10^3$	146	$233,6 \cdot 10^3$
3	4100	$131 \cdot 10^3$	80	$128 \cdot 10^3$

Andere Methoden. Unter den anderen in Vorschlag gebrachten Verfahren zur Bestimmung von Vitamin A sei das von KEDVESSY erwähnt; es beruht auf die leichte Oxydierbarkeit des Vitamin A (vgl. S. 27). Vitamin A fluresciert im Uviollicht mit grünlichgelber Farbe, durch Zusatz von Oxydationsmitteln, z. B. Pikrinsäure, kann diese Fluorescenz zum Verschwinden gebracht werden. Der Gehalt an Vitamin A in Lebertran und anderen Ölen kann deshalb durch Titrieren mit einer alkoholischen Pikrinsäurelösung bis zum völligen Verschwinden der Fluorescenz unter der Analysen-Quarzlampe ermittelt werden.

Eine umfassende Übersicht über die jetzigen biologischen, chemischen und physikalischen Methoden zur Bestimmung von β-Carotin und Vitamin A gaben kürzlich WAGNER und VERMEULEN.

Vitamin A-Einheiten.

Bevor das Vitamin A in reiner Form isoliert und die Konstitution bekannt war, wurden biologische Einheiten gewählt. Von diesen wurde die sog. SHERMAN-Einheit sehr viel angewandt, die von SHERMAN und

MUNSELL aufgestellt wurde. Eine SHERMAN-Einheit ist diejenige Menge Vitamin A, die, wenn sie täglich an Ratten verabreicht wird, welche vorher mit einer Vitamin A-freien Kostmischung bis zur Gewichtskonstanz gefüttert wurden, eine Gewichtszunahme von 3 g je Woche während 8 Wochen Versuchszeit bewirkt.

Nachdem Vitamin A in reiner Form zugänglich war und man zeigen konnte, daß β-Carotin im Tierkörper in Vitamin A übergeführt wird, wurde als internationaler Standard das β-Carotin gewählt. Eine internationale Einheit Vitamin A ist die Wirksamkeit von 0,6 γ dieses internationalen Standards.

Ältere Bestimmungen, die in anderen Einheiten angegeben sind, können in internationale Einheiten umgerechnet werden. So wurde eine SHERMAN-Einheit ungefähr gleich 1,4 I.E. gesetzt (DANIEL. und MUNSELL). Dieser Umrechnungsfaktor wurde von dem „U. S. P.-Vitamin Advisory Board" im Jahre 1933 vorgeschlagen. Später hat Council on Foods der „American Medical Association" angegeben, daß dieser Umrechnungsfaktor nicht richtig ist, und daß es zutreffender wäre, eine SHERMAN-Einheit = 0,66—0,80 I.E. zu setzen.

Auf alle Fälle kann man sagen, daß alle Bestimmungen, die ohne Vergleich mit einem internationalen Standard ausgeführt wurden, nicht leicht vergleichbar sind. Die in den verschiedenen Laboratorien erhaltene durchschnittliche wöchentliche Gewichtszunahme von mit Vitamin A-freier Kost ernährten Ratten schwankt sehr stark. Hier spielen die gewählte Kostmischung und vor allem der Umstand, in wie hohem Grade die Kost Vitamin A-frei ist, sowie eine Reihe anderer Faktoren eine bedeutsame Rolle. Im hiesigen Institut haben wir bei unseren biologischen Bestimmungen durchschnittlich eine wöchentliche Gewichtszunahme von 6 g je Woche mit $1^{1}/_{2}$ Einheiten des internationalen Standards erhalten. Demnach sollte nach unseren Messungen eine SHERMAN-Einheit etwa = 0,75 I.E. sein. Wir haben in unseren Angaben über den Vitamingehalt von Nahrungsmitteln und Konserven, wo diese in SHERMANEinheiten oder nur in Gewichtszunahme je Woche angegeben sind, eine SHERMAN-Einheit = 0,75 I.E. gesetzt und die Gewichtszunahme 6 g je Woche = 1,5 I.E. genommen. Wo eine derartige Berechnung aus den vorhandenen Daten durchgeführt wurde, ist dies stets angegeben worden.

Außer diesen biologischen Einheiten wird der Vitamin A-Gehalt von Gemüsen manchmal als Provitamin in β-Carotin angegeben. Unter der Voraussetzung, daß eine vollständige Resorption erfolgt, entsprechen 0,6 γ β-Carotin 1 I.E. des Vitamin A. Bekanntlich besteht das internationale Standardpräparat aus β-Carotin. Unter den Verhältnissen, die bei der biologischen Bestimmung von Vitamin A vorliegen, entspricht 1 γ β-Carotin genau 1 γ Vitamin A [MOORE (1)]. Wie schon erwähnt,

wird als Einheit auch der bereits definierte Blauwert verwendet. 1 Blauwert ist = 32 I. E. Es sei noch darauf hingewiesen, daß man außer diesem
Blauwert noch eine CLO-Einheit (Cod Liver Oil-Einheit) anwendet, die
10mal so groß ist (ROSENHEIM und WEBSTER). Außerdem wird eine
LOVIBOND-Einheit verwendet, die = 6,4 I. E. beträgt [WOLFF (2)]. Einige
Verfasser geben auch den Vitamin A-Gehalt in Blaueinheiten [MOORE (2)]
an. 1 Blaueinheit ist = 0,58 I. E.

Bei der Umrechnung der durch spektrographische Bestimmung ermittelten Extinktion verwendet man einen von dem zweiten internationalen Vitaminkongreß in London 1934 festgelegten Umrechnungsfaktor,
der durch eine große Reihe Untersuchungen an Dorschlebertranen experimentell festgelegt wurde. Der Faktor, womit der Extinktionskoeffizient
multipliziert werden muß, um den Vitamin A-Gehalt in internationalen
Einheiten zu geben, beträgt 1600. Die Extinktion $E_{1\,cm}^{1\%}$ bei 328 mμ des
reinsten Vitaminpräparates von CARR und JEWELL war 1600. Mit dem
von der Vitamin A-Konferenz festgelegten Faktor muß das reinste Vitamin A-Präparat demnach den biologischen Wert $2{,}56 \cdot 10^6$ I. E. je Gramm
gehabt haben. 1 I. E. des reinen Vitamin A entspricht dann 0,39 γ.

HOLMES und CORBET haben später ein krystallisiertes Vitamin A-
Präparat isoliert mit einer biologischen Wirksamkeit, bedeutend größer
als $2{,}27 \cdot 10^6$ I. E. und etwas geringer als $3{,}4 \cdot 10^6$ I. E. je Gramm. Die
Extinktion $E_{1\,cm}^{1\%}$ bei 328 mμ betrug 2100. 1 I. E. dieses neuen Präparates entspricht dann etwa 0,3 γ. Das reinste Präparat von KARRER (1)
hatte einen Blauwert von 100000; seine Extinktion $E_{1\,cm}^{1\%}$ bei 328 mμ
betrug 1700.

COWARD und UNDERHILL haben für krystallisierte Vitamin A-Ester
eine Wirksamkeit von $3{,}3 \cdot 10^6$ I. E. je Gramm, berechnet auf freies Vitamin, biologisch ermittelt. MOLL und REID sowie GRAB haben gezeigt,
daß der Umrechnungsfaktor 1600 für das Vitamin A-Präparat „Vogan"
weit geringere Vitamin A-Werte liefert als die biologisch ermittelten.
MOLL und REID konnten zeigen, daß die biologische Wirksamkeit von
Vitamin A-Estern doppelt so groß war wie von dem reinen Alkohol, und
daß die größere Wirksamkeit von „Vogan" sich dadurch erklären ließ.

Bei unseren Untersuchungen über den Vitamin A-Gehalt von Brisling-
Körperölen fanden wir ebenfalls große Unterschiede zwischen den biologisch und den chemisch oder spektrographisch ermittelten Werten,
wenn wir bei der Umrechnung den Faktor 32 für die CARR-PRICE-
Bestimmungen bzw. den Faktor 1600 bei der Umrechnung der Extinktion benutzten [LUNDE und KRINGSTAD (7)]. Der Umrechnungsfaktor
wurde bis zu 3200 gefunden. Auch bei Lebertranen fanden wir zum
Teil ähnliche Verhältnisse. Der Umrechnungsfaktor betrug von 1750 bis
3200. Eine befriedigende Erklärung dieser Abweichungen konnte bisher
nicht gegeben werden. Es besteht allerdings die Möglichkeit, daß das

Vitamin A in den Tranen als verschiedene Ester mit verschieden hoher Wirksamkeit vorkommen kann.

Bedeutung des Vitamin A für die Ernährung. Bedarf.

Auf die Physiologie und Wirkungsweise des A-Vitamin im Organismus kann hier nicht eingegangen werden. Die Folgen des Vitamin A-Mangels sind bereits beschrieben worden. Es soll hier nur darauf hingewiesen werden, daß das Vitamin A besonders für das Wachstum der Kinder von größter Bedeutung ist. Bei Vitamin A-Mangel in der Nahrung kommt es zu einem Wachstumsstillstand bei Kindern, wie besonders BLACKFAN und WOLBACH gezeigt haben. Die herabgesetzte Resistenz gegen Infektionskrankheiten und die Schädigungen der Schleimhäute sind schon erwähnt worden.

Es ist besonders wichtig, den täglichen Bedarf des Menschen an Vitamin A zu kennen. Erst wenn man diesen Bedarf kennt und auch über genügendes Material über den Vitamin A-Gehalt der Nahrungsmittel verfügt, kann eine effektive Prophylaxe gegen die Krankheitserscheinungen, die auf den Vitamin A-Mangel zurückzuführen sind, getrieben werden.

Der tägliche Bedarf des Menschen wird verschieden angegeben. Im allgemeinen wird der mittlere tägliche Bedarf zu 2—3 mg Vitamin A angegeben. Dies entspricht etwa 3500—5000 I.E. Einige Forscher, wie beispielsweise STEPP, KÜHNAU und SCHROEDER, geben den mittleren Bedarf bedeutend niedriger an, nämlich mit 0,1—0,3 mg, entsprechend 170—500 I.E. Obwohl diese Werte so spät wie im Jahre 1938 veröffentlicht wurden, konnten sie in den nachfolgenden Jahren von anderen Forschern nicht bestätigt werden. So gelangte SCHEUNERT (8) im Jahre 1940 nach umfassenden Versuchen mit 10 Personen zu dem folgenden Ergebnis: „Unter Berücksichtigung der Verhältnisse unserer gemischten Kost, deren wesentliche Vitamin A-Quellen die carotinhaltigen Gemüse sind, kommen wir zu einer Forderung von 4000 I.E. für den wenig arbeitenden Erwachsenen, halten aber 5000 I.E. zur Sicherung aller Ansprüche für geboten."

STIEBELING gibt den Vitamin A-Bedarf für Kinder von 6—7 Jahren zu 4200 I.E. an; für Kinder von 10—13 Jahren zu 4900 I.E. und für Erwachsene zu 5600 I.E. ORR (2) verwendet auch diese von STIEBELING angegebenen Zahlen für den Vitamin A-Bedarf bei seinen eingehenden Studien über die Ernährung in Großbritannien.

Im Jahresbericht 1934/35 des American Public Health heißt es, daß 2800 I.E. sich als ausreichend gezeigt haben, um gegen Vitamin A-Mangel bei Kindern zu schützen (EDDY und DALLDORF). Sie nehmen jedoch an, daß wachsende Kinder und Erwachsene wahrscheinlich mehr brauchen. ROSE nimmt an, daß 200 SHERMAN-Einheiten auf

100 Calorien für wachsende Kinder und 100 SHERMAN-Einheiten auf 100 Calorien für Erwachsene genügen. Auf dieser Grundlage ist die folgende Tabelle über den Vitamin A-Bedarf in internationale Einheiten zusammengestellt.

Tabelle 3.

Alter in Jahren	Maximaler Calorien-bedarf je Pfund	Maximales Gewicht	Maximaler totaler Calorienbedarf	Vitamin A-Bedarf in I.E.
Unter 1	45	22	990	2770
2	43	27	1160	3250
3	40	32	1270	3560
4	40	35	1400	3920
5	37	41	1515	4240
6	35	46	1610	4500
7	34	51	1730	4840
8	35	57	2000	5550
9	35	63	2200	6160
10	32	69	2200	6160
11	32	76	2430	6800
12	32	86	2750	7700
13	30	100	3000	8400
14	25	109	2720	7560
15	25	116	2900	8120
16	25	119	2970	8310
17 und mehr	18	120 und mehr	2160 und mehr	6000 und mehr

1935 wurde von einem Komitee des Völkerbundes ein täglicher Vitamin A-Bedarf für schwangere und stillende Mütter von 8700 I.E. je Tag angenommen. Sie nehmen weiter an, daß der Vitamin A-Bedarf für Kinder von 1—5 Jahren etwa 5000 I.E. beträgt.

JEGHERS bestimmte den Vitamin A-Bedarf durch Untersuchung der Nachtblindheit. Er fand in einer Gruppe Studenten bei 25% schwache und bei 12% deutlichere Vitamin A-Mangelerscheinungen. Die Untersuchung der Nahrung ergab, daß 4000 I.E. Vitamin A als Mindestmaß bei Erwachsenen anzusehen sind.

Um sicher zu sein, daß keine Mangelerscheinungen auftreten, meint JEGHERS, daß der tägliche Bedarf zu 6000 I.E. angesetzt werden muß, also ungefähr die gleiche Menge, die STIEBELING angibt. JEGHERS gibt auch an, daß bereits nach 5 Tagen Vitamin A-freier Ernährung Nachtblindheit nachgewiesen werden kann und weist unter anderem auf die Gefährlichkeit des Kraftwagensteuerns bei Nacht hin.

Abgesehen von den tierischen Vitamin A-Quellen, in der Hauptsache Fischöle und Leber, sind die Hauptquellen des Vitamin A die pflanzlichen Nahrungsmittel, wo das Vitamin A als Provitamin, Carotin und Kryptoxanthin vorkommt. Von diesen Provitaminen geht das β-Carotin im Tierkörper in Vitamin A über, indem aus einem Molekül β-Carotin zwei Moleküle Vitamin A entstehen. Aus α-Carotin und

γ-Carotin und Kryptoxanthin bildet nur die Hälfte des Moleküls Vitamin A. (Vgl. Formeln auf S. 8.)

Unter den Bedingungen, die bei der biologischen Bestimmung des Vitamin A nach dem Rattenwachstumstest vorliegen, soll das β-Carotin im Rattenkörper quantitativ in Vitamin A übergeführt werden. Indessen ist vielfach nachgewiesen worden, daß die chemisch bestimmten Carotinmengen in verschiedenen Nahrungsmitteln oft nicht mit den biologisch erhaltenen Ergebnissen übereinstimmen. WOLFF (2) hat darauf hingewiesen, daß diese Abweichungen auf die schlechte Resorbierbarkeit des Carotins, das ein Kohlenwasserstoff ist, zurückzuführen ist. So konnten VAN EEKELEN und PANNEVIS zeigen, daß beispielsweise das Carotin in den Karotten nur zu einem ganz geringen Teile resorbiert wird, und auch ein kleiner Teil des Carotins im Spinat. Durch Bestimmung des Carotins in den Faeces nach Genuß von Karotten bzw. Spinat konnten sie feststellen, daß von dem Carotin in den Karotten 99% in den Faeces wiedergefunden wurden, und aus dem Spinat 94%. Es wurde mit anderen Worten nur 1% des in den Karotten erhaltenen Carotins überhaupt resorbiert und nur 6% des Carotins im Spinat. Diese Befunde wurden in jüngster Zeit von VIRTANEN und KREULA bestätigt. Die Ausnutzung des Carotins von gekauten rohen und gekochten Mohrrüben betrug nur 2—5%, der Rest wurde im Faeces wiedergefunden. SCHEUNERT (8) findet diese Angaben sehr merkwürdig und meint, sie bedürfen einer Aufklärung.

Wird das Carotin in Öl aufgelöst verabreicht, so wird es viel besser resorbiert, nämlich bis zu 60%, indem 40% in den Faeces gefunden wurden. Zu fast demselben Ergebnis gelangte SCHEUNERT (8) durch Versuche mit 10 Personen. Bei 2500 I.E. Vitamin A in Form von Vogan oder bei 5000 I.E. Carotin in öliger Lösung wurde und blieb die Dunkeladaption normal. Die Ausnutzung des Carotins machte somit 50% aus.

Wird der Bedarf des Menschen an Vitamin A als Carotin angegeben, so findet man im allgemeinen Mittelzahlen von etwa 3—5 mg genannt, also bedeutend mehr, als man für das reine Vitamin A angibt.

AYKROYD und KRISHNAN untersuchten den Vitamin A-Bedarf von Kindern in Indien. Sie konnten feststellen, daß bei Kindern, die im Alter von 1—5, 5—8 und 8—12 Jahren täglich 0,45 bzw. 0,71 und 0,79 mg Carotin je Tag mit der Nahrung erhielten, Symptome von Vitamin A-Mangel auftraten. Bei 27% der Kinder ließen sich Augensymptome, die auf Vitamin A-Mangel zurückgeführt werden konnten, feststellen.

MAITRA und HARRIS fanden ebenfalls bei Untersuchung der Nachtblindheit bei Schulkindern in London und Cambridge, daß bei einer großen Anzahl der Kinder ein Vitamin A-Defizit vorliegt. Vitamin A-Mangelsymptome konnten durch Zufuhr von Vitamin A fast ausnahmslos gebessert werden.

CAMERON gibt an, daß reichliche Vitamin A-Zufuhr die Häufigkeit und Dauer von Erkältungen herabsetzt. Personen, die 3000 oder mehr Einheiten an Vitamin A mit der Nahrung aufnahmen, hatten häufigere und länger dauernde Erkältungen als Personen, die mehr als 5000 Einheiten einnahmen und Personen, denen als Zulage zu ihrer gewöhnlichen Nahrung 5000 Einheiten je Tag verabreicht wurden.

Unter den neuesten Untersuchungen seien die von DRIGALSKI erwähnt. Er gelangt zu dem Ergebnis, daß der optimale tägliche Bedarf an Vitamin A beim Gesunden etwa 6 mg β-Carotin (= 10000 I.E.), ebensoviel beim Kranken, bis 20 mg bei Schwangeren und 10 mg bei Stillenden beträgt.

Von WAGNER liegt übrigens kürzlich eine Übersicht über den Tagesbedarf des gesunden Menschen an Vitamin A und β-Carotin vor.

Daß die Vitaminzufuhr ohne Gefahr stark erhöht werden kann, wurde beispielsweise gezeigt, indem Kinder auf eine von BOYD, DRAIN und NELSON aufgestellte Diät, die 14000—16000 I.E. Vitamin A je Tag enthielt, gesetzt wurden (EDDY und DALLDORF). Die Kinder waren bei ausgezeichneter Gesundheit und zeigten weniger Zahncaries als die Kontrollgruppe, die 5000—6000 I.E. Vitamin A je Tag erhielten. Eine direkte Abhängigkeit zwischen Vitamin A-Zufuhr und wenig häufig auftretender Zahncaries konnte zwar nicht festgestellt werden. Diese Untersuchung wird aber hier nur mitgeteilt, um zu zeigen, daß derartig große Vitamin A-Mengen ohne irgendwelche Gefahr angewendet werden dürfen.

Dies wurde auch durch eine Reihe Tierversuche bestätigt. WELLS und HEDENBURG injizierten Meerschweinchen 20 mg Carotin, ohne die geringsten Symptome einer Vergiftung festzustellen. BELL, GREGORY und DRUMMOND fütterten Ratten mit 4 mg Carotin je Tag, und es zeigten sich keinerlei toxische Symptome. DAVIES und MOORE verwendeten 8 mg Carotin täglich; irgendein schädigender Einfluß ergab sich nicht.

Dieser erfahrungsgemäß höhere Bedarf an Carotin als an Vitamin A findet sicherlich durch die oben erwähnte schlechte Resorbierbarkeit des Carotins seine Erklärung.

Bei der biologischen Bestimmung des Vitamin A kann zwischen dem reinen Vitamin A und den Provitaminen nicht unterschieden werden. Wo sowohl Vitamin A als auch Carotin nebeneinander vorliegen, haben die durch biologische Bestimmungen an Ratten ermittelten Gehalte an Vitamin A nicht direkt ihre Gültigkeit auch für Menschen, da die Resorption des Carotins in verschiedenen Nahrungsmitteln bei Ratten und Menschen verschieden sein kann.

Jedenfalls können wir sagen, daß die Nahrungsmittel, worin das Vitamin A in reiner Form, wie in den Fischölen und in der Leber, vorkommt, nach unseren heutigen Kenntnissen als bessere Vitamin A-Quellen betrachtet werden müssen als diejenigen Nahrungsmittel, worin das Vitamin A als Provitamin vorkommt, wie hauptsächlich in den Gemüsen.

Vorkommen des Vitamin A in verschiedenen Nahrungsmitteln.

Wir haben bereits gesehen, daß das Vitamin A in verschiedenen Formen in den Nahrungsmitteln vorkommt. Als fettlösliches Vitamin A in Leber und Fischfetten, als Vitamin A_2 hauptsächlich in Süßwasserfischen, als Provitamine, β-Carotin, α-Carotin und γ-Carotin hauptsächlich in den Gemüsen und als das Provitamin Kryptoxanthin beispielsweise im Eidotter.

Vorkommen des Vitamin A in Fischen.

Auf die vielen Arbeiten über das Vorkommen von Vitamin A kann hier nicht eingegangen werden. Es soll nur eine kurze zusammenfassende Übersicht über die wichtigsten Vorkommen gegeben werden. Die reichsten Vitamin A-Quellen sind die Fischlebertrane. Im Anfang wurde angenommen, daß der Dorschlebertran die beste Vitamin A-Quelle war. Später konnte von einer Reihe von Forschern gezeigt werden, daß andere Leberöle bedeutend reicher an Vitamin A waren. Eine der reichsten Vitamin A-Quellen wurde vor allem in der Heilbuttleber gefunden, aber auch Makrelen und Heringsleber, Thunfisch- und Walleber sind sehr gute Vitamin A-Quellen. Einige Bestimmungen von Vitamin A in Fischlebertranen sind hier tabellarisch mitgeteilt. Die Tabelle 4 hat keinen Anspruch auf Vollständigkeit. Es sind nur einige der für die Volksnahrung und für die Technik wichtigeren Fischsorten in die Tabelle mit aufgenommen. Es wurde auch in die Tabelle der Wallebertran aufgenommen, da der Wal ein Meerestier ist. Eigentlich hätte ja die Walleber unter den Säugetieren besprochen werden sollen. Von den vielen zugänglichen Untersuchungen sind auch nur einige Bestimmungen herausgegriffen, so daß die Tabelle auch in diesem Sinne auf Vollständigkeit keinen Anspruch hat; dies erübrigt sich auch dadurch, daß WAGNER (2) kürzlich über den Gehalt des Finn-, Blau- und Spermwales an Vitamin A und β-Carotin ausführlich berichtete.

Aus der Tabelle 4 geht hervor, daß viele Lebertrane bedeutend Vitamin A-reicher sind als der Dorschlebertran. So enthalten beispielsweise die Lebertrane von Aal, Makrele, Hering und Lachs 5—10mal so viel Vitamin A wie der Dorschlebertran, und der Heilbutt-, Thunfisch- und Wallebertran sogar 50mal soviel. Es sei aber in diesem Zusammenhang darauf hingewiesen, daß die Lebern dieser Fische bedeutend fettärmer sind als die Dorschleber. Während die Dorschleber durchschnittlich etwa 60% Fett enthält, weist die Leber von Makrele, Hering und Heilbutt nur etwa 10—25% Fett auf, ja die Walleber enthält sogar nur 2—4%. Nach HIGASHI besteht für die meisten Fischleberöle zwischen dem Fettgehalt der Leber (F) und dem Gehalt des Leberöls an Vitamin A (A) die folgende Beziehung: $\log F = b - a \log A$ (wo a und b

Tabelle 4. Vitamin A in Fischlebertranen.

Fischlebertran	Vitamin A in I.E. per g Tran	Jahr	Verfasser
Dorsch	400—3000	1930	DRUMMOND und HILDITCH
	600—4000	1935	COWARD und MORGAN
	730—1720	1936	MCFARLANE und RUDOLPH
	200—10000	1937	NOTEVARP
	1000		Durchschnittswert
Kohlfisch „Seelachs"	1000—1500	1930	DRUMMOND und HILDITCH
	2300	1933	LOVERN, EDISBURY, MORTON
	2000—3000	1937	NOTEVARP
	2000		Durchschnittswert
Aal	13800—105000	1937	EDISBURY, LOVERN und MORTON
Heilbutte	20000—144000	1933	LOVERN, EDISBURY und MORTON
	35000—240000	1934	BILLS, IMBODEN, WALLEN-MEYER
	37500—62500	1934	EMMETT, BIRD, NIELSEN, CANNON
	30000—360000	1935	COWARD und MORGAN
	5000—300000	1935	EVERS und SMITH
	41000	1936	BILLS, MASSENGALE, IMBODEN, HALL
	50000		Durchschnittswert
Makrele	3000—15000	1933	SCHMIDT-NIELSEN, FLOOD und STENE
„ kleine . . .	600	1933	⎱ LUNDE, KRINGSTAD und
„ große . . .	5000—10000	1933	⎰ VESTLY; LUNDE (1)
	88000	1936	BILLS, MASSENGALE, IMBODEN, HALL
Sardine (Pilchard). .	15000	1937	PUGSLEY
Scholle	2560	1933	⎱ LOVERN, EDISBURY und
Pollack.	1000	1933	⎰ MORTON
	1024—2800	1936	BILLS, MASSENGALE, IMBODEN, HALL
Lachs	7680	1933	LOVERN, EDISBURY und MORTON
	5000—20000	1933	SCHMIDT-NIELSEN, FLOOD und STENE
	5000—20000	1934	LEE und TOLLE
	2970—5630	1937	DAVIES und FIELD
Stör	20480	1933	⎱ LOVERN, EDISBURY und
Brosme	2048	1933	MORTON
Merlan (Wittling) . .	128	1933	⎰
	100—3000	1933	SCHMIDT-NIELSEN, FLOOD und STENE
	2770	1936	BEAN, CLAGUE und FELLERS
Hering, groß	4000—11000	1935	⎱ LUNDE, KRINGSTAD und
„ klein	250	1935	⎰ VESTLY; LUNDE (1)

Tabelle 4 (Fortsetzung).

Fischlebertran	Vitamin A in I.E. per g Tran	Jahr	Verfasser
Hering	22 500	1937	PUGSLEY
Thunfisch	34 000—80 000	1936	BILLS, MASSENGALE, IMBODEN, HALL
	10 000	1929	S. u. S. SCHMIDT-NIELSEN (7)
Wal	30 000—50 000	1933	SCHMIDT-NIELSEN, FLOOD und STENE
Seewolf	1 500	1933	LOVERN, EDISBURY, MORTON
	1 300	1936	BILLS, MASSENGALE, IMBODEN, HALL
Dornhai	4 000	1937	PUGSLEY
	1 500	1938	LUNDE (2)

Konstanten sind). Außerdem ist unter sonst gleichen Bedingungen das Leberöl von älteren Fischen A-reicher als das Öl von jüngeren.

Für die Volksnahrung noch wichtiger ist der Vitamin A-Gehalt des Körperfettes der fetten Fische. Bestimmungen des Vitamin A-Gehaltes im Körperfett werden hier ebenfalls tabellarisch mitgeteilt (Tabelle 5).

Tabelle 5. Vitamin A in Fischkörperölen.

Fisch	Vitamin A in I.E. per g	Jahr	Verfasser
Aal	100—740	1937	⎱ EDISBURY, LOVERN, MORTON
Heilbutte	6—14	1937	⎰
Hering, groß	50—100	1930	S. und S. SCHMIDT-NIELSEN (3)
„ klein (ganz) .	20—60	1933	⎱ LUNDE, KRINGSTAD, VESTLY;
„ groß (Filet) .	5—40	1933	⎰ LUNDE (2)
„ groß	10—50	1937	NOTEVARP
„	50—65	1937	EDISBURY, LOVERN, MORTON
„	6	1937	⎱ PUGSLEY
Dornhai	27	1937	⎰
Brisling (Sprotten) (ganz) . . .	10—60	1933	⎱ LUNDE, KRINGSTAD und VESTLY;
Makrele	5—20	1933	⎰ LUNDE (2)
	40	1937	NOTEVARP
Lachs	300—1000	1930	NELSON und MANNING
	300—1000	1931	TOLLE und NELSON
Seehund	65—75	1940	LOJANDER (1)

Der Vitamin A-Gehalt der Fischkörperöle ist, wie man gleich sieht, von einer ganz anderen Größenordnung als der des Leberfettes. Die gefundenen Vitamin A-Mengen sind immerhin so groß, daß diese Nahrungsmittel von der größten Bedeutung als Vitamin A-Träger sind. Man muß bedenken, daß es sich hier um sehr fette Fische handelt. Der

Hering, die Makrele und der Brisling sind ja im allgemeinen sehr fett-
reich. Sie können bis zu 30% Fett enthalten, und es liegen auch hier
teilweise Fische vor, die in großen Mengen und billig für die Bevölkerung
zur Verfügung stehen.

Vorkommen des Vitamin A in pflanzlichen Ölen.

Die pflanzlichen Öle sind sehr arm an Vitamin A. Nach SCHEUNERT
und WAGNER (1) sind Citronkern-, Sesam- und Cocosöl A-frei; Lein-,
Rüb-, Mohn- und Kürbiskernöl entfalten nur eine sehr geringe A-Wirksamkeit, die 6—7 I.E. je Gramm nur bei Rüböl erreicht. Eine Ausnahme
macht das rote Palmöl infolge seines beträchtlichen Carotingehaltes.
Der Vitamin A-Gehalt beträgt bei diesem Öl mindestens 200 I.E. je
Gramm, wahrscheinlich aber wesentlich mehr.

Vorkommen von β-Carotin und anderen Provitaminen in Pflanzen.

Wie erwähnt, kommt das Vitamin A in den grünen Pflanzen als
Provitamin vor. Aus der großen Literatur über das Vorkommen
des Carotins in Gemüsen können nur einige repräsentative Untersuchungen herausgegriffen werden. Der Carotingehalt in einigen wichtigeren Gemüse- und Obstsorten ist hier tabellarisch zusammengestellt
(Tabelle 6). Es wurden nur die für die Volksnahrung wichtigeren Produkte in die Tabelle aufgenommen, und von den vielen vorliegenden
Bestimmungen nur einige herausgegriffen. In der Tabelle 6 sind teils
Werte verzeichnet, die durch chemische Bestimmung des Carotins
erhalten wurden, teils biologische Bestimmungen der Vitamin A-Wirkung.
Man sieht sofort, daß hier oft eine sehr schlechte Übereinstimmung
besteht. Auf die geringe Übereinstimmung zwischen biologischen und
chemischen Bestimmungen der Provitamine hat auch besonders WOLFF (2)
hingewiesen. Es ist wahrscheinlich, daß die Unstimmigkeiten auf die
schlechte Resorbierbarkeit des Carotins zurückzuführen sind. VAN
EEKELEN und VIRTANEN haben, wie bereits erwähnt, darauf hingewiesen,
daß nur wenige Prozente des in Spinat und Karotten vorhandenen
Carotins vom Menschen überhaupt resorbiert werden. Über die Frage,
ob das Carotin in der Form, wie es in den Gemüsen vorliegt, von den
für die biologische Untersuchung verwendeten Ratten quantitativ resorbiert wird, liegen bis jetzt keine Untersuchungen vor. Auf eine andere
Ursache der Unstimmigkeiten machten kürzlich ZECHMEISTER, CHOLNOKY
und NEUMANN aufmerksam. Auf chromatographischem Wege wiesen
sie nach, daß der Provitamin A-Gehalt von Weizenmehl höchstens 1 γ
je 100 g beträgt, während gleichzeitig aus 100 g Mehl 25 γ Xanthophyll
(Lutein) isoliert werden konnten.

Es geht aus der Tabelle hervor, daß vor allem Karotten und Spinat
gute Carotinquellen sind; aber auch Grünkohl, Salat und Sellerie sind
reichhaltige Carotinquellen.

Tabelle 6. Vitamin A und Carotin in Gemüsen und Früchten.

Produkt	Vitamin A in I.E. je 100 g biologisch bestimmt	Carotin in γ/100 g	Jahr	Verfasser
Grüne Bohnen . .	50—350		1932	Jung (1)
	950		1936	Hanning (3)
		170—220	1938	Wolff (2)
		210—220	1940	Zimmerman, Tressler und Maynard
Sojabohnen . . .		450—1000	1936	De (3)
Erbsen	50—350		1932	Jung (1)
	700		1935	Coward und Morgan
		140	1936	De (3)
		170	1938	Wolff (2)
	600		1940	Scheunert (8)
Karotten		2900—9600	1932	Bills und McDonald
	2000—4000		1932	Jung (1)
	1900		1935	Coward und Morgan
		2000—5600	1937	Ahmad, Mullick und Mazumdar
		6600—9100	1938	Wolff (2)
Kartoffeln		28—56	1936	De (3)
	30		1937	Daniel und Munsell
	20		1940	Scheunert (8)
Kohlrabi, Blätter.	10000		1940	Scheunert und Wagner (2)
Grünkohl	1000		1932	Jung (1)
	900		1935	Coward und Morgan
		5500	1938	Wolff (3)
Blumenkohl, Kopf		40	1936	De (3)
		10	1938	Wolff (2)
,,	praktisch 0		1940	} Scheunert und Wagner (2)
,, Blätter	13300		1940	
Spinat	2000—6000		1932	Jung (1)
		2600—3800	1936	De (3)
		5600—6500	1937	Ahmad, Mullick und Mazumdar
		4390	1938	Wolff (2)
Porree, grüne Blätter	6650		1940	Scheunert und Wagner (2)
Mangold		15	1934	van Wijngaarden (1)
Salat		2000—2400	1936	De (3)
		1500—2000	1937	Ahmad, Mullick und Mazumdar
		1430	1938	Wolff (2)
Kerbel	fast 10000		1940	Scheunert und Wagner (8)
Sellerie, Blatt .		5700—7400	1936	De (3)
,, Knolle .		10	1938	Wolff (2)
	20		1940	Scheunert (8)

Tabelle 6 (Fortsetzung).

Produkt	Vitamin A in I.E. je 100 g biologisch bestimmt	Carotin in γ/100 g	Jahr	Verfasser
Tomaten	400		1932	JUNG (1)
		320— 590	1936	DE (3)
		300	1938	WOLFF (2)
	1600		1940	SCHEUNERT (8)
Erdbeeren		60	1938	WOLFF (2)
Schwarze Johannisbeeren . . .	300—500		1936	SVENSSON
Heidelbeeren . .	100		1936	MERRIAM und FELLERS
Hagebutten . . .	6000—10000		1936	SVENSSON
Pflaumen		80—100	1937	AHMAD, MULLICK und MAZUMDAR
		0—230	1937	DE (2)
Birnen		80	1937	AYKROYD (2)
Pfirsich		760	1933	SMITH und MORGAN
Apfelsinen . . .		300—400	1937	AHMAD, MULLICK und MAZUMDAR
		360	1938	WOLFF (2)
Ananas		110—160	1937	AHMAD, MULLICK und MAZUMDAR
		60	1937	DE (2)
Aprikosen, frische		1800—2100	1933	MORGAN, FIELD und NICHOLS (1)
	500—1000		1934	WALTNER
		470	1938	WOLFF (2)
„ getrocknete		5100—5500	1933	MORGAN, FIELD und NICHOLS (1)
Bananen		250	1938	WOLFF (2)
Weizenmehl (Vollmehl)		100—390	1936	FIFIELD, SNIDER, STEVENS und WEAVER
		400	1937	BINNINGTON und GEDDES
Weizenschrot . .		240—400	1936	FIFIELD, SNIDER, STEVENS und WEAVER
Weizenmehl (Patent)		80—280	1936	
		41—420	1936	FERRARI und BAILEY
Mais	500—1000		1934	WALTNER
		270—900	1935	SHINN, KANE, WISEMAN und CARY
		170—260	1936	FRAPS, TREICHLER und KEMMERER
		10—110	1937	CLARK und GRING
		90—110	1940	ZIMMERMAN, TRESSLER und MAYNARD

Bemerkt sei, daß SCHEUNERT (5) für diese Gemüse erstaunlich hohe Vitamin A-Werte angibt: für Spinat, Grünkohl und Karotten je 10000 und für Salat 8000 I.E. je 100 g. Weil diese Zahlen nicht mit den Werten anderer Forscher stimmen, wurden sie nicht in Tabelle 6 aufgenommen.

Bemerkenswert ist jedoch, daß die genannten Gemüse trotz verschiedener Herkunft, Düngung und Erntejahre immer dieselben Werte ergaben [vgl. SCHEUNERT und WAGNER (5)].

Vorkommen in anderen tierischen Produkten.

Wichtige Vitamin A-Quellen sind die Milch und die Butter (Tabelle 7). Der Vitamin A-Gehalt schwankt aber mit der Jahreszeit und

Tabelle 7. Vitamin A und Carotin in Nahrungsmitteln je 100 g.

Produkt	Vitamin A biologisch	Vitamin A spektrographisch	Jahr	Verfasser
Milch	185—280		1931	RICE und MUNSELL
	280—320		1935	COWARD und MORGAN
		133—220	1935	DE (1)
		290	1939	FLEISCH und SCHNIEPER
„ im Sommer	246—311[1]		1940	DORNBUSH, PETERSON und OLSON
„ „ Winter	140—172		1940	
Butter:				
Dänemark .	1000—2000		1937	MORGAN und PRITCHARD
Niederlande .	1780—3200		1937	
England . .	1540—2700		1937	
	3300—4500		1935	COWARD und MORGAN
	2700		1938	WOLFF (2)
Eigelb		2300	1933	EULER und KLUSSMANN
		3100—5000	1935	RUSSELL und TAYLOR
		3000	1935	COWARD und MORGAN
		3200—3800	1937	DE (2)
Kalbsleber . .	10000		1934	SHERMAN und TODHUNTER
	52000—160000		1936	HOLMES, TRIPP und SATTERFIELD
Ochsenleber .	12000—41000		1936	
Schweineleber .	8000		1931	RICE und MUNSELL
	12000—36000		1936	HOLMES, TRIPP und SATTERFIELD
Lammleber . .	6700—113000		1936	

[1] Werte berechnet aus den angeführten Daten.

hängt von der Nahrung ab. Im Winter enthalten demnach Milch und Butter bedeutend weniger Vitamin A als im Sommer, wo frisches Gras zur Verfügung steht. Eier sind ebenfalls eine gute Vitamin A-Quelle. Das Vitamin A ist hier hauptsächlich als das Provitamin Kryptoxanthin vorhanden. Auch bei den Eiern hängt der Vitamin A-Gehalt von dem Futter der Hühner ab.

Fleisch und tierische Fette enthalten wenig oder überhaupt kein Vitamin A. Dagegen ist die Leber eine gute Vitamin A-Quelle. Es findet hier die Bildung von Vitamin A aus dem Carotin statt. Auch Niere und Herz sind Vitamin A-reich.

Beständigkeit des Vitamin A.
Chemische Eigenschaften.

Das reine Axerophtol ist ein schwach gelbliches Öl, das in Fetten löslich ist. Es kann demnach aus den Nahrungsmitteln mit fettlösenden Lösungsmitteln extrahiert werden. Mit seinen vielen Doppelbindungen ist das reine Vitamin A sehr reaktionsfähig und wird durch Luftsauerstoff leicht oxydiert. Das Carotin ist ebenfalls fettlöslich, kommt aber in den grünen Pflanzen in einer Form vor, welche schwer extrahierbar ist. Das β-Carotin besteht in reiner Form aus rotbraunen Krystallen, die bei 184° schmelzen. Auch die reinen Carotine sind reaktionsfähig und gegen Sauerstoff empfindlich. In der Pflanze sind aber die Carotine gegen Oxydation weitgehend geschützt.

Beständigkeit gegen Sauerstoff und Erhitzung.

Nach der Konstitution des Axerophtols und des Carotins mit den vielen Doppelbindungen sollte man eine hohe Empfindlichkeit gegen den Sauerstoff der Luft erwarten. Man hat früher auch angenommen, daß das Vitamin A durch Erhitzung vernichtet wird. Diese ersten Ergebnisse beruhten aber auf mangelhafter Untersuchungstechnik, indem man die Einwirkung der gleichzeitigen Oxydation nicht beachtete. Nachdem man die Einwirkung des Sauerstoffs ausgeschlossen hatte, konnte eine große Hitzebeständigkeit des Vitamin A festgestellt werden. Bei den ersten biologischen Untersuchungen beherrschte man auch die Technik der Bestimmungen nicht so gut wie später und wurde dadurch leicht zu unrichtigen Ergebnissen geführt. DRUMMOND (1) fand eine hohe Vitamin A-Wirksamkeit von Dorschlebertran, der mit Dampf behandelt worden war. Bei der Fetthärtung von Walöl bei hohen Temperaturen mit Wasserstoff und Nickelkatalysator fand DRUMMOND (2), daß das Vitamin A vollständig zerstört wurde. Bei vierstündigem Erhitzen von Walöl auf Temperaturen zwischen 100° und 150° C wurde das Vitamin A noch nicht ganz vernichtet [DRUMMOND (2)]. Durch Erhitzen von Butterfett während 1—4 Stunden auf 100° wurde nach den Versuchen von DRUMMOND (3) das Vitamin A vollständig zerstört. Dagegen konnte er feststellen, daß, wenn die Butter 3 Wochen lang in Luft auf 37° erhitzt wurde, nur ein Teil des Vitamin A zerstört wurde. Nach diesen Versuchen neigte auch DRUMMOND zu der Auffassung, daß Vitamin A gegen Hitze empfindlich war.

Durch spätere Untersuchungen von DRUMMOND und COWARD wurde jedoch diese Frage aufgeklärt. Beim Durchleiten von Dampf durch Butterfett während 6 Stunden konnte kein Verlust an Vitamin A festgestellt werden. Man fand gutes Wachstum der Vitamin A-frei ernährten Ratten mit 0,2 g Butterfett je Tag. Durch Erhitzen während 15 Stunden auf 95⁰ unter Ausschluß von Luft konnte ebenfalls kein Verlust an Vitamin A ermittelt werden. Wurde dagegen das Butterfett 15 Stunden auf 95⁰ in Gegenwart von Luft erhitzt, so wurde das Vitamin A praktisch vollständig zerstört. Auch durch Erhitzen auf 95⁰ während 3 Stunden in Gegenwart von Luft wurde das Vitamin A praktisch vollständig vernichtet. Dasselbe trat auch bei Erhitzen in Luft auf 50⁰ während 6 Stunden ein.

Damit war bewiesen, daß die Zerstörung des Vitamin A nicht durch die Erhitzung, sondern durch den gleichzeitig vorhandenen Sauerstoff der Luft verursacht war. Die Ergebnisse von DRUMMOND und COWARD konnten von HOPKINS (3) bestätigt werden. Bei einem Erhitzen von Butterfett während 4 Stunden im Autoklav auf 120⁰ konnte kein Verlust an Vitamin A festgestellt werden. Durch Erhitzen des Butterfettes während 4 Stunden in einem Ölbad von 120⁰ unter Durchleiten von Luft wurde das Vitamin A dagegen praktisch vollständig zerstört. Wurde während der gesamten Erhitzungsdauer nur 2 Stunden lang Luft durchgeleitet, so war ein Teil des Vitamin A noch vorhanden, und der Verlust war noch geringer, wenn Luft nur während einer der 4 Stunden durchgeleitet wurde. Durch Erhitzen auf 120⁰ während 16 Stunden und Durchleiten von Luft in der ganzen Zeit konnte eine vollständige Vernichtung des Vitamin A erreicht werden. Auch bei tieferen Temperaturen wurde das Vitamin A durch den Luftsauerstoff weitgehend zerstört, so beispielsweise beim Durchleiten von Luft während 12 Stunden bei 80⁰, wobei das Vitamin A praktisch vollständig zerstört wurde. Wurde das Butterfett in dünnen Schichten der Luft ausgesetzt, so war das Vitamin A bei einer Temperatur von 15⁰—25⁰ nach 3 Monaten praktisch ganz vernichtet. ZILVA (1) fand, daß Vitamin A in Butterfett, Walöl und Dorschlebertran bei Bestrahlung mit ultraviolettem Licht während 6—8 Stunden vollständig vernichtet wird, wenn die Luft nicht ausgeschlossen ist. Auch durch Behandlung im Dunkeln mit Ozon wird das Vitamin A zerstört. Wenn aber die Bestrahlung mit ultraviolettem Licht unter Ausschluß von Luft stattfand, konnte kein Verlust an Vitamin A festgestellt werden. Es ließ sich demnach die Zerstörung des Vitamin A durch Bestrahlung mit ultraviolettem Licht ebenfalls auf Oxydation zurückführen.

Die Ergebnisse von DRUMMOND und COWARD und von HOPKINS (3) konnten auch von McCOLLUM und Mitarbeitern bestätigt werden. Sie leiteten während 12—20 Stunden Luft durch Dorschlebertran bei etwa 100⁰ und fanden, daß der Tran keine Wirksamkeit mehr gegen die

Xerophthalmie aufwies. Auch STEENBOCK und NELSON konnten bestätigen, daß das Vitamin A beim Durchleiten von Luft bei 100⁰ zerstört wurde. Nach Durchleiten von Luft während 10 Stunden war immer noch etwas Vitamin A vorhanden. Nach 20—40 Stunden war aber das Vitamin A vollständig zerstört.

Die früheren Angaben über die Hitzeempfindlichkeit des Vitamin A können somit nicht aufrechterhalten werden. Die Ursache der Zerstörung des Vitamin A bei der Erhitzung ist die Oxydation, weil gleichzeitig Luft vorhanden war. Bei sehr hohen Temperaturen wird aber das Vitamin A vernichtet. SOUTHGATE konnte feststellen, daß, wenn man Lebertran unter Luftausschluß auf 200⁰ erhitzt, die Vitamin A-Wirkung nach 2 Stunden herabgesetzt ist. Nach dreistündigem Erhitzen war das Vitamin A weitgehend zerstört. Bei 300⁰ geht die Zerstörung rascher. Daß das Vitamin A auch bei diesen hohen Temperaturen weitgehend beständig ist, zeigen die Versuche von DRUMMOND, CHANNON und COWARD, die den unverseifbaren Teil des Lebertrans bei etwa 200⁰ im Hochvakuum destillieren konnten ohne Verlust der Vitamin A-Wirkung.

SCHEUNERT und WAGNER (3) bestimmten biologisch den Vitamin A-Gehalt von Butter, die für Backzwecke und beim Braten bis auf 160⁰ bis 200⁰ in einer offenen Bratpfanne erwärmt worden war. Es ergab sich, daß bei der üblichen Herstellung von Backwaren keine größeren Verluste an Vitamin A auftreten. Auch das Braten bei 160⁰—200⁰ vernichtet das Vitamin A nicht vollständig.

Ebenso sind die Provitamine in den Gemüsen gegen Erhitzung weitgehend beständig. HOGAN erhitzte Mais im Autoklav, ohne einen Einfluß auf den Vitamin A-Gehalt feststellen zu können.

Da auch die Provitamine wie das reine Vitamin beim Ausschluß von Luft weitgehend hitzebeständig sind, werden bei den üblichen Kochprozessen die Provitamine nur ganz unwesentlich zerstört. So konnten McCOLLUM und DAVIS (1) bereits im Jahre 1914 zeigen, daß der Wachstumsfaktor in Eiern durch Kochen nicht verändert wird. DELF (1) konnte beim Kochen von Kohl bei 100⁰ keine Verluste an Vitamin A feststellen. Bei 120⁰ konnten nach 1 Stunde ebenfalls keine Verluste an Vitamin A gefunden werden, und erst nach 2 Stunden ergaben sich bei dieser Temperatur Anzeichen einer geringen Abnahme des Vitamingehaltes. Beim Kochen bei 130⁰ waren nach einer Stunde nur geringe Verluste an Vitamin A festzustellen, und erst nach 2 Stunden fanden sich bei dieser Temperatur deutliche Verluste an Vitamin A. OSBORNE und MENDEL dämpften Sojamehl während 3 Stunden und trockneten nachher bei 80⁰—90⁰. Das Mehl enthielt noch Vitamin A. DANIELS und NICHOLS erhitzten Sojabohnen während 30—40 Minuten auf 120⁰ und konnten keine Verluste an Vitamin A feststellen. STEENBOCK und BOUTWELL behandelten Mais, Artischoken, Karotten, Kürbis und Alfalfa 3 Stunden im Autoklav bei 120⁰, ohne daß sich Verluste an Vitamin A ergaben. DANIELS und LAUGHLIN konnten ebenfalls zeigen, daß die Vitamin A-Wirkung durch die üblichen Kochprozesse nur unwesentlich beeinträchtigt wurde. HUME dämpfte Grünkohl bei 100⁰ 1 Stunde lang und konnte ein besseres Wachstum von Meerschweinchen mit den gekochten Gemüsen als mit der gleichen Menge der rohen feststellen. Dieses scheinbar etwas eigentümliche Ergebnis beruht sicherlich auf der bereits erwähnten schlechten Resorbierbarkeit der Carotine. Man muß annehmen, daß die Carotine durch das Kochen leichter resorbierbar werden. Auch durch zweistündiges Dämpfen bei 100⁰ fand HUME keine Verluste an Vitamin A.

COWARD und MORGAN untersuchten den Einfluß des Kochens auf den Vitamin A-Gehalt von Karotten, Bohnen und Kohl; es ergaben sich bei dem üblichen Kochprozeß keine Verluste.

MORGAN, FIELD und NICHOLS (1) untersuchten den Einfluß des Kochens auf den Vitamin A-Gehalt von frischen und getrockneten Aprikosen. Sie konnten feststellen, daß der Vitamin A-Gehalt von gekochten frischen Aprikosen etwas höher war als der beim entsprechenden frischen Obst. Diese Ergebnisse führen sie darauf zurück, daß das gekochte Obst besser ausgenutzt wurde, entweder weil die Enzyme zerstört waren, oder weil die Resorption des Carotins besser war. Die letzte Annahme stimmt auch mit dem überein, was bereits früher erwähnt wurde, daß die Resorbierbarkeit des Carotins eine große Rolle spielt. Das Kochen der carotinhaltigen Gemüse und Früchte scheint eine bessere Resorbierbarkeit des Carotins zu bewirken.

Nur geringe Veränderungen im Vitamin A-Gehalt konnten durch Kochen von getrockneten Früchten gefunden werden. Die Verluste bei der Trocknung waren 59—74% bei den mit schwefliger Säure behandelten, 76—82% bei den ohne schweflige Säure getrockneten und 71 bis 82% in den konservierten. Obwohl diese Verluste stattgefunden haben, müssen die getrockneten Aprikosen als sehr gute Vitamin A-Quellen betrachtet werden.

FOGLIENI untersuchte die Einwirkung des Erwärmens auf den Vitamingehalt von Citronensaft. Er fand, daß ein Erhitzen bis zu Temperaturen von 120⁰—134⁰ den Vitamin A-Gehalt nicht zerstört, wenn die Luft ausgeschlossen ist.

Verhalten des Vitamin A beim Lagern und Trocknen.

Man muß bei der Beurteilung der Haltbarkeit des Vitamin A beim Lagern und Trocknen wieder zwischen dem eigentlichen Vitamin A und den Carotinen unterscheiden. Das Vitamin A in Lebertran soll weitgehend beständig sein, selbst bei jahrelangem Lagern, wenn es unter Ausschluß von Luft aufbewahrt wird. Überhaupt ist die Haltbarkeit des Vitamin A beim Lagern, genau ebenso wie bei der Einwirkung von Hitze, von der Anwesenheit des Sauerstoffs der Luft abhängig.

Es liegt eine große Reihe Untersuchungen über die Haltbarkeit der Carotine in Gemüsen und Obst beim Lagern und Trocknen vor. SCHEUNERT (1) gibt an, daß die künstliche Trocknung von Früchten den Vitamin A-Gehalt nicht zerstört. MORGAN und FIELD konnten reichlich Vitamin A in getrockneten Aprikosen, Pflaumen und Pfirsichen feststellen. Auch eine über 1 Jahr dauernde Lagerung beeinflußte den Vitamin A-Gehalt nicht. In Pfirsichen waren 86—100% des Vitamin A erhalten, bei Pflaumen und Aprikosen waren die Verluste größer; bei Pflaumen blieben 24—91% und bei Aprikosen 16—51% des ursprünglichen Vitamin A-Gehaltes erhalten. Die Verfasser sind der Ansicht, daß oxydative Katalysatoren für die Verluste an Vitamin A verantwortlich sind. In ähnlicher Weise fanden QUINN, HARTLEY und DEROW, daß der Vitamin A-Gehalt von getrocknetem Spinat nach 12—15 monatiger Lagerung auf 30% zurückgegangen war. FRAPS und TREICHLER (1) konnten einen allmählich fortschreitenden Verlust an Vitamin A bei Alfalfa, getrockneten Erbsen, getrocknetem grünen Pfeffer, Mais und Milchpulver feststellen. Der Verlust betrug nach 11 Monaten bei Alfalfa 50%, nach 9 Monaten bei Erbsen 50%, nach 19 Monaten bei Pfeffer 80%. Der Verlust war bei Mais nach 6 Monaten 30—50% und bei Milchpulver nach 9 Monaten 60%. HAUGE und AITKENHEAD untersuchten die Einwirkung von künstlicher Trocknung auf den Vitamin A-Gehalt von Alfalfa. Bei gewöhnlicher Trocknung wurden große Verluste an Vitamin A festgestellt. Bei künstlicher Trocknung mit warmer Luft und ohne Luft ergaben sich nur geringe Verluste an Vitamin A. Die Verfasser nehmen an, daß die Wirkung von Enzymen für die großen Verluste an Vitamin A bei der natürlichen Trocknung verantwortlich sein müssen. Bei der künstlichen Trocknung werden diese Enzyme verhältnismäßig schnell vernichtet. FRAPS und TREICHLER (2) konstatierten einen Verlust von 80% des Vitamin A-Gehaltes der Karotten beim Trocknen im Vakuum. Dieses Ergebnis steht mit den anderen scheinbar nicht in Übereinstimmung. Kürzlich gelangte aber DILLER zu ähnlichen Ergebnissen. Durch Untersuchung verschiedener Trockengemüse fand er Verluste an Carotin von 30% bei Sellerie, bis 90% bei Spinat. Durch Trocknungsversuche mit Grünkohl konnte er zeigen, daß ein Trocknen bei 105° ohne genügende Luftabführung den Carotingehalt am meisten schädigt, daß aber bei 50° und ungenügender Luftabführung die Verluste geringer sind. Eine Vakuumtrocknung bei 45° ist zwar etwas günstiger, doch nicht so gut wie erwartet. Eine Heizlufttrocknung bei 85° (Föntrocknung) scheint erfolgversprechend, aber die höchsten Werte hinsichtlich des Carotingehaltes ergab die Trocknung bei niedriger Temperatur über der Dampfheizung (Hordentrocknung). Durch ein vorheriges Blanchieren geht allgemein mehr Carotin verloren als ohne Blanchieren.

Bauer stellte fest, daß ein Erwärmen auf 100⁰ ohne Zufuhr von Luft dem Vitamin A-Gehalt nicht schadet. Beim Trocknen sollte stets direkte Bestrahlung mit dem Sonnenlicht verhindert werden, da der Vitamin A-Gehalt sonst zurückgeht. Anwendung von schwefliger Säure wirkt nicht herabsetzend auf den Vitamin A-Gehalt. Morgan (1) stellt ebenfalls fest, daß Sonnentrocknen einen schädigenden Einfluß auf den Vitamin A-Gehalt von Pfirsichen, Pflaumen, Aprikosen und Trauben hat. Dagegen ist Anwendung von schwefliger Säure nicht ungünstig. Nach Richardson und Mayfield (1) behielten Kartoffeln und Karotten durch mehrmonatiges Lagern ihren Vitamin A-Gehalt unverändert bei. Morgan und Field fanden keine Verluste an Vitamin A bei Pfirsichen, Pflaumen und Aprikosen bei Aufbewahrung bei einer Temperatur von 0⁰. Manville und Chuinard konnten dagegen feststellen, daß ein Teil des Vitamin A in Birnen bei langem Lagern verlorenging. Manville, McMinis und Chuinard zeigten, daß langes Lagern· von Äpfeln den Vitamin A-Gehalt nur wenig herabsetzt. Morgan, Kimmel, Field und Nichols konnten einen raschen Verlust an Vitamin A bei Aufbewahrung von Weintrauben im Kühlraum ermitteln, sogar unter Ausschluß von Luft. Künstlich getrocknete Trauben behielten den Vitamin A-Gehalt, indem sie 1 I.E. in 0,5 g aufwiesen. Morgan, Field, Kimmel und Nichols konnten auch bei Feigen zeigen, daß durch künstliches Trocknen der Vitamin A-Gehalt besser bewahrt blieb als beim Trocknen an der Sonne. Die getrockneten Feigen enthielten 50—143 I.E. je 100 g. Dutcher und Outhouse bewiesen, daß der Vitamin A-Gehalt von Weintrauben durch Trocknen fast vollständig verlorenging. Untersuchungen von Smith und Meeker ergaben, daß das Trocknen einen schlechten Einfluß auf den Vitamin A-Gehalt von Datteln hatte.

Merriam und Fellers untersuchten den Vitamin A-Gehalt von Heidelbeeren. Während 5 g von frischen Heidelbeeren gutes Wachstum der Ratten verursachten und der Vitamin A-Gehalt zu etwa 1 I. E. je Gramm festgestellt werden konnte, reichten· 0,5 g der getrockneten Heidelbeeren (entsprechend 5 g frischen) bei weitem nicht aus, um eine gleiche Vitamin A-Wirkung hervorzurufen. Die Verfasser schließen daraus, daß das Trocknen eine große Menge des Vitamin A zerstört hat.

Zusammenfassend können wir sagen, daß das Vitamin A der Gemüse und Früchte bei der Lagerung etwas zurückgeht. Beim Trocknen nimmt der Vitamin A-Gehalt ebenfalls etwas ab.

Stabilisierung des Vitamin A durch Antioxydationsmittel.

Huston, Lightbody und Ball jr. geben an, daß sie durch Zusatz von Hydrochinon zu Milchfett und Lebertran den Vitamin A-Gehalt weitgehend stabilisieren können. Der Zusatz von 0,5—1 mg Hydrochinon zu 1 g Butterfett oder Lebertran verhinderte die Zerstörung des

Vitamin A bei längerem Erwärmen. HUME und SMEDLEY-McLEAN konnten dagegen die Oxydation von Carotin durch Zusatz von Hydrochinon nicht verhindern. H. G. MILLER wieder zeigte, daß Baumwollsamenmehl das Vitamin A gegen Oxydation weitgehend schützte. Dorschlebertran wurde mit Baumwollsamenmehl vermischt und das Vitamin A dadurch weitgehend geschützt. Baumwollsamenmehl ist ja auch dafür bekannt, daß es als Antioxydationsmittel Fette vor dem Ranzigwerden bewahrt. Das gleiche gilt von Hafermehl. Es sei hier auf die Arbeiten über die schützende Wirkung von Hafermehl von LOWEN, ANDERSON und HARRISON hingewiesen, die durch Zusatz von Hafermehl zu Heilbuttleber- und Lachsöl die Öle gegen Oxydation sichern konnten. Eine deutliche schützende Wirkung in bezug auf den Vitamin A-Gehalt konnte jedoch nicht mit Sicherheit festgestellt werden. Die erwähnte Arbeit enthält umfassende Literatur über verschiedene Antioxydationsmittel.

Verhalten des Vitamin A bei der Konservierung.

Aus dem vorhergehenden ist ersichtlich, daß sowohl das Vitamin A als auch die Carotine gegen Erhitzung unter Luftausschluß weitgehend beständig sind. Wir sollten somit erwarten, daß das Vitamin A bei der üblichen Konservierung nicht geschädigt wird. Dies ist auch durch eine Reihe von Arbeiten gezeigt worden, über die hier möglichst vollständig berichtet werden soll. Wir müssen wiederum zwischen Nahrungsmitteln, die das reine Vitamin A enthalten, vor allem Fischprodukten, und solchen, die das Vitamin A als Carotine enthalten, unterscheiden.

Verhalten des Vitamin A bei der Konservierung von Fischen und Fischprodukten.

Die wichtigsten Vitamin A-Quellen sind die fetten Fische und Fischlebern. Über das Schicksal des Vitamin A bei der Konservierung dieser Produkte liegen einige Untersuchungen vor. S. und S. SCHMIDT-NIELSEN (1) untersuchten den Vitamin A-Gehalt von norwegischen Heringen und Sardinen. Sie geben an, daß sie in konservierten Sardinen aus Brisling einen Vitamin A-Gehalt von 65 Einheiten je Gramm Fett feststellen konnten. Die untersuchte Ware war 8 Jahre alt. In einer weiteren Probe fanden sie ebenfalls etwa 65 Einheiten, in einer Probe von Heringssardinen 30 Einheiten. Die Untersuchungen zeigten, daß der Vitamin A-Gehalt etwas geringer war als in frischen Heringen. Sie führen die Abnahme des Vitamin A-Gehaltes auf die Wirkung der Luft beim Räuchern der Fische zurück. In einer späteren Arbeit untersuchten S. und S. SCHMIDT-NIELSEN (2) den Vitamin A-Gehalt von konserviertem Kippered-Hering. Sie geben an, daß sie im Fett von geräucherten und konservierten Heringen einen Vitamin A-Gehalt von 60—90 Einheiten fanden. Die Einheiten sind in USA. Pharmacopöe X-Einheiten angegeben.

Lunde, Kringstad und Vestly untersuchten eingehend den Vitamin A-Gehalt von Hering und Brisling, und die Einwirkung von Räuchern und Konservieren auf den Vitamin A-Gehalt. Es wurden eine Reihe ungleicher Brislingfänge aus verschiedenen Gegenden und mit abweichend hohem Fettgehalt geprüft. Die Tabelle 8 gibt eine Übersicht über die untersuchten Proben.

Tabelle 8.

Probe Nr.	Tag des Fanges	Durchschnittliche Länge der Fische in cm	Durchschnittliches Gewicht der Fische in g	Fettgehalt der Fische	
				frisch %	geräuchert %
1	8/6			11,4	15,5
2	15/6	10,1	7,0	9,8	14,6
3	16/6			16,5	20,5
4	14/6			11,4	15,5
5	23/6				
6	5/7	10,3	7,9	8,9	14,7
7	11/7	9,6	6,4	8,5	
8	13/7	10,2	7,7	9,0	
12	22/7			13,0	15,4
14	31/7	10,7	8,4	5,6	(9,8)
17	12/9	10,5	7,8	10,0	13,5
24	15/6			8,4	12,9

In den meisten dieser Proben wurde der Vitamin A-Gehalt des Fettes, sowohl der rohen als auch der geräucherten Fische, bestimmt. Die Vitaminbestimmungen wurden nach der Carr-Price-Methode durchgeführt. Das Fett in den frischen bzw. geräucherten Fischen wurde möglichst schonend unter Ausschluß von Luft extrahiert und Vitamin A nach der bereits beschriebenen Methode von Carr-Price im unverseifbaren Teil des Fettes bestimmt.

Wir haben später zeigen können, daß wir gerade bei diesen Produkten bedeutend geringere Werte für den Vitamin A-Gehalt nach der Methode von Carr-Price finden als nach der biologischen Rattenwachstumsmethode. Wir werden weiterhin auch auf die Untersuchungen nach der biologischen Methode näher eingehen. Immerhin haben die Bestimmungen nach Carr-Price auch deshalb Interesse, weil die Analysen sowohl in der Rohware als in dem geräucherten und konservierten Produkt nach der gleichen Methode durchgeführt und deshalb direkt vergleichbar sind. Die Tabelle 9 zeigt uns die Bestimmungen des Vitamin A in der Rohware, in dem geräucherten und in dem konservierten Produkt.

Aus unseren Bestimmungen geht hervor, daß der Vitamin A-Gehalt des Fettes beim Räuchern überhaupt nicht zurückgeht. Dieses Ergebnis

Tabelle 9. Vitamin A in I. E. je Gramm.

Probe Nr.	Im Fett des frischen Fisches	Im Fett des geräucherten Fisches	Im Mischöl des konservierten Fisches	Im Fischöl der Konserven	Vitamin A in der Konserve in I. E. je 100 g
1	12	11	5	11	150
1a			5	11	150
2	11	11	3	8	90
3	11	11	3	6	90
4	11	10	5	10	160
5	27		11		330
6	29	29			
7	10				
8	44	50	14	35	490
12	26	26	13	23	320
12a			11	21	300
14	64	64	18	59	530
17	22	22			
24	32	32			

a in Aluminiumdosen konserviert.

erscheint zuerst erstaunlich. Die Fische kommen ja beim Räuchern bei erhöhter Temperatur mit Luft in Berührung. Unsere Ergebnisse finden aber dadurch ihre Erklärung, daß das Vitamin A im Fett, im Fleisch und in den inneren Organen der Fische hinter der Haut geschützt ist, wodurch der Sauerstoff der Luft überhaupt keinen Zugang hat.

Nach dem Räuchern werden die Fische in Olivenöl in Dosen verpackt und sterilisiert. Wir bestimmten den Vitamin A-Gehalt in dem Mischöl, das aus Fischöl und Olivenöl besteht, und da der Fettgehalt der Fische und die zugesetzte Menge Olivenöl bekannt waren, konnte die Vitamin A-Menge des konservierten Fischöls daraus berechnet werden. Es zeigte sich, daß der Vitamin A-Gehalt nicht oder nur unwesentlich zurückgeht. Die geringen Abnahmen, die in einigen Proben gefunden wurden, sind aber so klein, daß man sie als innerhalb der Fehlergrenzen liegend betrachten muß. Zwei der untersuchten Proben wurden parallel sowohl in Weißblech als auch in Aluminium verpackt. Es zeigten sich da keine Unterschiede.

Um zu sehen, wie der Vitamin A-Gehalt sich bei längerem Lagern der Konserven verhält, untersuchten wir den Vitamin A-Gehalt in 2—4 Jahre alten Brislingsardinen. Die Tabelle 10 zeigt das Ergebnis dieser Untersuchungen. Es wurde auch hier die Methode von CARR-PRICE benutzt, die, wie erwähnt, bedeutend geringere Werte liefert als die biologische Methode. Man sieht aber, daß wir in den gelagerten Konserven mit der gleichen Versuchsmethode ähnliche Werte finden wie in den frisch gepackten.

In einer späteren Arbeit haben LUNDE, ASCHEHOUG und KRINGSTAD (1) auch die Einwirkung des Räucherns auf Heringsfilets untersucht. Es

3*

Tabelle 10.

Probe Nr.	Alter in Monaten	Vitamin A in I.E.		Probe Nr.	Alter in Monaten	Vitamin A in I.E.	
		je g Öl	je 100 g der Konserve			je g Öl	je 100 g der Konserve
28	27	6	180	37	25	11	330
29	27	10	300	38	25	13	390
30	27	8	240	39	24	14	420
31	27	4	120	40	23	14	420
32	26	14	420	41	23	32	960
33	26	10	300	42	23	17	510
34	26	8	240	43 a	47	9	270
35	26	11	330	44 a	27	8	240
36	26	10	300				

a In Aluminium verpackt.

wurden Heringe aus verschiedenen Fängen untersucht. Die Methodik war die gleiche wie bei der Untersuchung von Brisling.

Es konnte keine oder nur eine geringe Abnahme des Vitamin A-Gehaltes beim Räuchern festgestellt werden. Bei den konservierten Produkten ergab sich aber eine deutliche Abnahme des Vitamin A-Gehaltes, obwohl das Vitamin A in sämtlichen Proben von konservierten geräucherten Heringen nachgewiesen werden konnte. Die Vitamin A-Mengen im Körperöl von Heringen sind aber relativ gering. Sie betrugen nach unseren Untersuchungen 2—38 I.E. je Gramm Öl (nach der CARR-PRICE-Methode bestimmt), und die Methode ist bei derartig geringen Mengen verhältnismäßig ungenau. Immerhin muß es als sicher betrachtet werden, daß der Vitamin A-Gehalt beim Konservieren der geräucherten Fische zurückgegangen ist. Das war auch zu erwarten, denn dieses Produkt wird trocken in den Dosen verpackt, ohne Aufgußflüssigkeit in Form von Öl oder Brühe. Es wird somit eine nicht geringe Menge Luft mit in die Dosen eingeschlossen, und man muß annehmen, daß diese Luft genügt, um das Vitamin A bei der hohen Temperatur der Sterilisierung teilweise zu zerstören.

Wie wir bereits erwähnt haben (S. 15), wurden bei der Bestimmung des Vitamin A-Gehaltes von Brisling- und Heringsardinen nach der CARR-PRICE-Methode zum Teil bedeutend geringere Werte gefunden als nach der biologischen Methode. ASCHEHOUG, KRINGSTAD und LUNDE (2) bestimmten deshalb den Gehalt an Vitamin A in Brislingsardinen biologisch. Die Untersuchungen wurden nach der therapeutischen Rattenwachstumsmethode durchgeführt. Die Ergebnisse gehen aus der Tabelle 11 hervor.

Aus der Tabelle geht hervor, daß der Gehalt an Vitamin A recht große Schwankungen aufweist. Dies steht auch in Übereinstimmung mit den bereits früher mitgeteilten Ergebnissen nach der CARR-PRICE-

Tabelle 11. Vitamin A in konservierten Brislingsardinen.
[Nach ASCHEHOUG, KRINGSTAD und LUNDE (2).]

Probe Nr.	Alter des Produktes in Monaten	Fettgehalt in %	Vitamin A	
			im Öl in I.E. je g	im Gesamtprodukt in I.E. je 100 g
1269	13	33	30	990
1278	12	31	90	2740
1782	2	30	11	330
1788	2	25	40	1000
1824	2	34	19	650
1834	2	29	23	670

Methode. Die biologisch gefundenen Werte liegen aber im großen und ganzen bedeutend höher als die nach der CARR-PRICE-Methode gefundenen.

Bei einigen Proben untersuchten wir den Vitamingehalt sowohl in der rohen Fischprobe als auch in der Konserve. Der Vitamin A-Gehalt in den frischen Fischen vor der Konservierung wurde ermittelt. Die Fische werden vor dem Einlegen geräuchert und verlieren dann einen großen Teil des Wassers, wobei gleichzeitig der Fettgehalt in Prozenten erhöht wird. Der Fettgehalt der geräucherten Fische wurde ermittelt, und da die Menge der geräucherten Fische, die in eine Konservendose eingelegt wurden, bekannt war, so konnte die theoretische Menge Vitamin A in der Konserve berechnet werden. Die Tabelle 12 enthält diese berechneten Zahlen sowie die durch biologische Versuche gefundenen.

Tabelle 12. Verhalten des Vitamin A bei der Konservierung von Brislingsardinen. [Nach ASCHEHOUG, KRINGSTAD und LUNDE (2).]

Probe Nr.	Vitamin A im rohen Fisch in I.E. je g Öl	Fettgehalt im geräucherten Fisch in %	Vitamin A im Gesamtprodukt in I.E. je ¼ D Dose (115 g)	
			ber.	gef.
1782	20	19,9	380	380
1788	75	14,3	1070	1160
1824	42	18,3	840	730
1834	67	11,4	690	760

Aus der Tabelle geht hervor, daß die berechneten und gefundenen Zahlen innerhalb der Fehlergrenzen der biologischen Bestimmungen die gleichen sind. Es muß allerdings hinzugefügt werden, daß das zugesetzte Olivenöl geringe Mengen Carotin enthält, das ebenfalls biologisch als Vitamin A bestimmt wird. Jedenfalls geht aus der Untersuchung hervor, daß die Verluste an Vitamin A nur gering sein können.

WILLSTAEDT und JENSEN (2) untersuchten den Einfluß des Räucherns auf fette Fische Sie konnten feststellen, daß der Vitamin A-Gehalt des Fettes von Hering, Aal und Makrele durch das Räuchern nicht zerstört wird. Sie benutzten bei ihren Untersuchungen ebenfalls die CARR-PRICE-Methode.

SCHEUNERT (3) konnte zeigen, daß geräucherte Heringe und Brislinge gute Vitamin A-Quellen waren. Dagegen fand er wenig Vitamin A in Ölsardinen. Der Verfasser sagt, daß hier wahrscheinlich Clupea pilchardus vorgelegen hat. Da der Vitamin A-Gehalt des frischen Fisches nicht bekannt war, kann nicht entschieden werden, ob in diesem Fall eine Zerstörung des Vitamin A-Gehaltes durch die Konservierung stattgefunden hat. SCHEUNERT und SCHIEBLICH (1) untersuchten ebenfalls den Vitamin A-Gehalt von Heringen und fanden, daß der Vitamin A-Gehalt durch Räuchern nicht geschädigt wird.

Von anderen Untersuchungen über den Vitamin A-Gehalt von konservierten Fischprodukten sei noch auf eine Arbeit von MOORE und MOSELEY hingewiesen. Sie finden die konservierten Garnelen Vitamin A-haltig. BAILEY (1) untersuchte den Vitamin A-Gehalt des Fettes von konserviertem Lachs aus British Columbia. Es ergab sich ein Vitamin A-Gehalt von 2—8,5 Einheiten je Gramm Öl. Auch DEVANEY und PUTNEY untersuchten den Vitamin A-Gehalt von konserviertem Lachs. Sie fanden 0,3—8 I.E. je Gramm Fett, je nach der Art des Lachses. Der rote Lachs „Chinook Salmon" war am reichsten.

WHIPPLE prüfte den Einfluß des Kochens auf den Vitamin A-Gehalt von Austern. Sie fand einen Vitamin A-Gehalt in den Austern von 3 I.E. je Gramm. Das entspricht einer Menge von 208 Einheiten je Gramm Fett. Es konnte eine geringe Abnahme des Vitamin A-Gehaltes beim Kochen der Austern festgestellt werden.

Tabelle 13. Vitamin A in Konserven je 100 g.

Produkt	Biologisch	Chemisch (oder spektrogr.)	Jahr	Verfasser
Brislingsardinen in Olivenöl . .	1670		1925	S. und S. SCHMIDT-NIELSEN (1)
		90—960	1933	LUNDE, KRINGSTAD und VESTLY
Heringsardinen in Olivenöl . .	500		1925	S. und S. SCHMIDT-NIELSEN (1)
		150—400	1933	LUNDE, KRINGSTAD und VESTLY
Kippers	720—1080		1927	S. und S. SCHMIDT-NIELSEN (2)
		50—60	1937	LUNDE, ASCHEHOUG und KRINGSTAD (1)
		160	1937	WILLSTAEDT und BEHRNTS-JENSEN (2)
Lachs	25—800		1935	DEVANEY und PUTNEY

An dieser Stelle sei noch auf eine Arbeit von Holmes, Tripp und Satterfield hingewiesen, die den Vitamin A-Gehalt von frischer und gekochter Ochsenleber untersuchten. Sie konnten zeigen, daß der Vitamin A-Gehalt beim Kochen unverändert bleibt.

Tabelle 13 gibt eine Übersicht über die vorliegenden quantitativen Bestimmungen von Vitamin A in Konserven.

Verhalten des Carotins bei der Konservierung von Gemüsen und Früchten.

Über die Bestimmung von Carotin biologisch als Vitamin A oder chemisch als Carotin in konservierten Gemüsen und Früchten liegen eine Reihe Arbeiten vor. So untersuchten Campbell und Chick die Einwirkung des Konservierungsprozesses auf den Vitamin A-Gehalt von Kohl. Der Kohl wurde 3 Minuten in einer verdünnten Natriumbicarbonatlösung blanchiert und in lackierte Dosen gepackt. Kochendes Wasser wurde aufgefüllt, und die verschlossenen Dosen wurden in kochendem Wasser $1^1/_2$ Stunden erhitzt. Die Temperatur in der Mitte der Dose lag zwischen 90^0 und 100^0 während 1 Stunde. 15 g Kohl sowohl von der Rohware als auch von dem konservierten Produkt genügten als einzige Vitamin A-Quelle für Meerschweinchen. Zu bemerken ist, daß auch eine dem konservierten Kohl entsprechende Menge der Aufgußflüssigkeit mit verfüttert wurde.

Morgan und Stephenson untersuchten den Vitamin A-Gehalt von 15 Pfund Artischoken, die 1 Stunde sterilisiert waren. Die Verfasser geben an, daß eine Abnahme des Vitamin A-Gehaltes um etwa 50% festzustellen war, jedoch sind die Daten etwas unvollständig. C. D. Miller (1) bestimmte den Vitamin A-Gehalt von Ananas, roh und konserviert. Dabei erhielt er gleich gute Wachstumskurven bei Ratten mit 5 g täglich sowohl von dem rohen als auch von dem konservierten Obst. Eddy, Kohman und Mitarbeiter haben in den Laboratorien der National Canners Association und Columbia Universität umfassende Untersuchungen über den Vitamin A-Gehalt von Konserven ausgeführt. So untersuchten Kohman, Eddy und Zall die Einwirkung des Konservierungsprozesses auf Tomaten. Die Untersuchung erstreckte sich über 3 Jahre. Sie konnten zeigen, daß der Vitamin A-Gehalt in reifen roten Tomaten fast doppelt so groß ist wie in grünen, und daß die technische Konservierung nur einen kleinen oder keinen Einfluß auf den Vitamin A-Gehalt hat. Kohman, Eddy, Carlsson und Halliday untersuchten den Vitamin A-Gehalt von konservierten Pfirsichen. Sie konnten feststellen, daß $^1/_2$ g konservierte Pfirsiche täglich für eine Gewichtszunahme von 3 g je Woche während einer Versuchsperiode von 8 Wochen bei Vitamin A-frei ernährten Tieren ausreichte. Eddy, Kohman und Carlsson (1) untersuchten den Vitamin A-Gehalt in konserviertem Spinat. Sie fanden, daß 26 mg roher Spinat genügen, um den Vitamin A-Bedarf der Ratten zu decken. Das Kochen von rohem Spinat, wie es gewöhnlich im Haushalt geschieht, hat nur einen geringen schädigenden Einfluß auf den Vitamin A-Gehalt. Die Konservierung, wie sie in der Technik geschieht, durch ein- bis zweistündiges Erhitzen auf 115⁰, hat keinen merkbaren Einfluß auf den Vitamin A-Gehalt des Produktes.

KRAMER, EDDY und KOHMAN untersuchten den Einfluß der Konservierung sowohl im Haushalt als auch fabrikmäßig auf den Vitamin A-Gehalt von Birnen. Sie konnten feststellen, daß Bartlettbirnen eine sehr schlechte Vitamin A-Quelle seien. 5—7 g täglich genügten nicht, um das Wachstum der Ratten aufrechtzuerhalten. Der Vitamin A-Gehalt in den konservierten Proben war aber nicht geringer als in den Proben von frischem Obst.

KOHMAN, EDDY und GURIN (1) untersuchten den Vitamin A-Gehalt in konservierten Gemüsen. Sie fanden, daß konserviertes Rübengras wie andere grüne Gemüse eine außerordentlich reiche Vitamin A-Quelle war. 25 mg dieser konservierten Gemüse genügten, um ein gutes Wachstum der Ratten zu gewährleisten. Von konserviertem Sellerie reichen 500 mg aus, wenn er nicht blanchiert, und 5 g, wenn er blanchiert war, um ein genügendes Wachstum der Ratten aufrechtzuerhalten. In Übereinstimmung mit diesen Ergebnissen fand auch NEWTON, daß das Blanchieren und Kochen von Rübengras den Vitamin A-Gehalt nicht schädigte.

EDDY, KOHMAN und CARLSSON (2) studierten den Einfluß des Konservierungsprozesses auf den Vitamingehalt von grünen Erbsen. Sie konnten aus ihren Versuchen den Schluß ziehen, daß weder der Kochprozeß noch der Konservierungsprozeß den Gehalt an Vitamin A merkbar beeinflußte. Im Vergleich mit anderen Vitamin A-Quellen konnten sie feststellen, daß konservierte Erbsen, rund gerechnet, mindestens halb so viel Vitamin A enthalten wie Butter. KOHMAN, EDDY und HALLIDAY untersuchten den Vitamingehalt in konservierten Erdbeeren. Sie konstatierten, daß Erdbeeren keine gute Vitamin A-Quelle seien, indem 3 g Erdbeeren etwa die gleiche Menge Vitamin A aufweisen wie 100 mg konservierte Tomaten. Es liegt kein Grund vor anzunehmen, daß der Vitamin A-Gehalt während des Konservierungsprozesses herabgesetzt wird. KOHMAN, EDDY und GURIN (2) konnten in einer späteren Arbeit zeigen, daß der Vitamin A-Gehalt auch in der Grapefrucht und in Pflaumen bei der Konservierung bewahrt bleibt.

Eine Übersicht über die Arbeiten von KOHMAN wurde auf dem ersten internationalen Kongreß der Konservenindustrie in Paris 1937 gegeben [KOHMAN (2)].

SCHEUNERT und WAGNER (4) fanden bei ihren Untersuchungen über Konservierung von Bohnen, daß durch eine zweistündige Kochung im offenen Kessel eine geringe Verminderung der Vitamin A-Wirkung und auch des β-Carotingehaltes eintritt. Durch vorherige Entfernung der Luft durch Evakuieren oder Exhaustieren wird diese Herabsetzung vermieden. Werden die Dosen bei höheren Temperaturen (115 bzw. 127⁰) sterilisiert und die Kochdauer entsprechend verkürzt, so können Einflüsse von vorherigem Luftentzug durch Evakuieren oder Exhaustieren nicht mehr festgestellt werden. Ein kurzes Erhitzen auf höhere Temperatur (10 Minuten bei 127⁰) schont das Vitamin A besser als längeres Erhitzen bei niederen Temperaturen.

HANNING (1) untersuchte den Vitamin A-Gehalt in einer Reihe technisch konservierter Produkte, die als Kindernahrung verkauft wurden, darunter Spinat, Bohnen, Erbsen, Karotten und Tomaten. Die Ergebnisse deuten auf einen geringen Verlust an Vitamin A hin, jedoch muß bemerkt werden, daß keine Vergleiche mit den frischen Gemüsen angestellt wurden. Der Vitamin A-Gehalt des Rohproduktes war also unbekannt. CHRIST und DYE untersuchten Spargel, frisch, gekocht und konserviert, und fanden überall den gleichen Vitamin A-Gehalt. FELLERS, CLAGUE und ISHAM konnten in Übereinstimmung mit KOHMAN und Mitarbeitern ebenfalls nur einen geringen oder keinen Einfluß der Konservierung auf den Vitamin A-Gehalt von Tomaten feststellen.

Von weiteren Arbeiten, die diese Befunde bestätigen, sei noch die Arbeit von LANGLEY, RICHARDSON und ANDES erwähnt, die keine Abnahme des Vitamin A-Gehaltes von Karotten beim Konservierungsprozeß finden konnten. Dagegen zeigte sich eine geringe Abnahme des Vitamin A-Gehaltes bei gewöhnlichem Kochen. KOHMAN (1) beschäftigt sich mit der Frage, weshalb man eine geringe Abnahme des Vitamin A-Gehaltes beim Kochen findet, dagegen nicht bei der Konservierung, und führt diese geringe Zerstörung des Vitamin A auf Oxydation zurück, verursacht durch die bei dem gewöhnlichen Kochen anwesende Luft.

FELLERS, YOUNG, ISHAM und CLAGUE untersuchten die Einwirkung des Kochens und Konservierens auf den Vitamingehalt von Spargel. Sie geben den Vitamin A-Gehalt sowohl von frischem als von gekochtem Spargel zu etwa 8 I.E. Vitamin A je Gramm an. Eine Abnahme des Vitamin A-Gehaltes durch das Kochen konnte demnach nicht festgestellt werden.

SCHEUNERT (2) untersuchte im Tierphysiologischen Institut der Universität Leipzig durch eine Reihe Arbeiten die Einwirkung des Konservierungsprozesses auf den Vitamingehalt von Obst und Gemüsen. Von den Ergebnissen seiner Untersuchungen über den Vitamin A-Gehalt sei folgendes hier mitgeteilt. Erdbeeren sind keine gute Vitamin A-Quelle. Es konnte jedoch kein Einfluß der Konservierung auf den Vitamin A-Gehalt festgestellt werden. Heidelbeeren sind nach SCHEUNERT als eine recht gute Vitamin A-Quelle zu betrachten, indem 1 g der rohen Beeren ein sehr starkes Wachstum der Vitamin A-frei ernährten Ratten hervorrief. 1 g der flaschenkonservierten Heidelbeeren gab ein nicht ganz so gutes Wachstum. Bei Himbeeren konnten keine Unterschiede im

Vitamin A-Gehalt bei rohen und gekochten Beeren festgestellt werden. Bei Johannisbeeren rechnet SCHEUNERT auch damit, daß keine Verluste des Vitamin A-Gehaltes beim Kochen stattfinden. Auch bei Holunderbeeren und Stachelbeeren, die ebenfalls als gute Vitamin A-Quellen anzusprechen sind, ergaben sich keine Unterschiede zwischen den rohen und den konservierten Beeren.

Kernobst und Steinobst sind mit Ausnahme von Pflaumen nach SCHEUNERT keine guten Vitamin A-Quellen, so daß der Vitamin A-Gehalt als „gering" bezeichnet werden muß. Es konnte aber auch hier kein nachteiliger Einfluß des Kochens oder Konservierens gefunden werden.

SCHEUNERT teilt an der gleichen Stelle Untersuchungen über das Verhalten der Vitamine beim Kochen von Gemüsen mit. Grünkohl wurde gekocht, wobei die Kochdauer absichtlich lang gewählt wurde. Auch wurde eine Probe von Grünkohl blanchiert, so wie es bei der Herstellung von Konserven in der Technik geschieht, und das Blanchierwasser weggegossen. Die Untersuchungen über den Vitamin A-Gehalt zeigten, daß der Grünkohl sowohl roh, gekocht als auch blanchiert als eine sehr gute Vitamin A-Quelle bezeichnet werden muß, indem 0,3 g Grünkohl gutes Wachstum von Vitamin A-frei ernährten Ratten hervorrief. Dagegen waren Wirsingkohl und Weißkohl praktisch Vitamin A-frei, sowohl in rohem als auch in gekochtem Zustand. Mangold ist ebenfalls eine gute Vitamin A-Quelle, und auch hier konnten durch Kochen keine Verluste an Vitamin A festgestellt werden. Spinat wurde ebenfalls untersucht, sowohl roh als auch gedämpft und gekocht. Es ergaben sich keine Verluste an Vitamin A. Auch beim Blanchieren geht kein Vitamin A verloren, das Blanchierwasser enthält kein Vitamin A. Das steht auch in Übereinstimmung mit anderen Beobachtungen, nach denen das Carotin in grünen Pflanzen sich durch Wasser nicht lösen läßt. Auch Kochen von Spinat in Autoklaven hatte keine herabsetzende Wirkung auf den Vitamin A-Gehalt. Versuche mit Rosenkohl zeigten das gleiche Ergebnis. Rosenkohl war sowohl in rohem als auch in gedämpftem Zustand eine gute Vitamin A-Quelle. Im Blumenkohl ist der Vitamin A-Gehalt gering. Auch hier konnte aber keine Abnahme des Vitamin A-Gehaltes durch Kochen gefunden werden. Sogar durch Kochen und Aufbewahren in einer Kochkiste während 4 Stunden wurde der Vitamin A-Gehalt nicht verringert. Bei Bohnen ist der Vitamin A-Gehalt ebenfalls gering. Konservierungsversuche zeigten, daß der Vitamin A-Gehalt jedoch durch diesen Prozeß nicht herabgesetzt wird. Das gleiche Ergebnis wurde auch bei Erbsen erhalten.

Von den Wurzelgemüsen sind die Karotten als Vitamin A-Quelle am wichtigsten. Auch hier konnte SCHEUNERT durch Dämpfen oder Erwärmen im Autoklav keine Abnahme des Vitamin A-Gehaltes feststellen. Pfefferlinge werden von SCHEUNERT als eine sehr gute Vitamin A-Quelle bezeichnet. Kochen und Konservieren hatten keinen nachteiligen Einfluß auf den Vitamin A-Gehalt. Scheunert (2) kommt nach seinen umfassenden Versuchen zu dem folgenden Schluß:

„Die in mannigfaltiger Abwechslung durchgeführte Zubereitung durch Kochen, Dämpfen, Einwecken usw. erlaubt, eindeutige Schlüsse auf das Verhalten der Vitamine in Obst und Gemüse zu ziehen. Vitamin A wird durch die haushaltübliche Kochbehandlung und durch das Einwecken nicht entscheidend beeinflußt. Die diesbezüglich in weiten Kreisen verbreiteten Befürchtungen sind stark übertrieben und entsprechen auch nicht den rein wissenschaftlichen Ergebnissen über den Einfluß der Erhitzung auf die Vitamine. Es ist auch neuerdings von verschiedener Seite auf die große Widerstandsfähigkeit der beiden genannten Vitamine (A und B) bei der Zubereitung der Nahrungsmittel hingewiesen worden (Remy und bezüglich Vitamin A Sherman). Im übrigen ist es praktisch ohne Bedeutung, wenn in diesem oder jenem Falle wirklich eine kleine Herabsetzung, betrage sie selbst 10—20%, vorkommt. Solche Herabsetzungen kommen bei der schätzungsweisen Bewertung eines Vitaminversuches nicht zum Ausdruck, wurden im übrigen bei unseren Versuchen nur vereinzelt gefunden."

Eine Reihe neuerer Versuche, bei denen die neuesten Verbesserungen der biologischen und chemischen Vitamin A-Bestimmungen zur Anwendung kamen, haben die bereits erwähnten Ergebnisse über das Verhalten des Vitamin A bei der Konservierung bestätigt. So untersuchten Willstaedt und Jensen (1) den Gehalt an Carotinoiden in rohem und gekochtem Spinat nach der chromatographischen Methode. Sie fanden die gleiche Menge Carotinoide und die gleiche Menge β-Carotin in dem rohen, dem dampfgekochten und dem in Wasser gekochten Spinat. Die Menge von Total-Carotinoiden beträgt nach diesen Verfassern etwa 7 mg je 100 g Spinat und an β-Carotin etwa 5,5 mg. Die Verfasser schließen aus ihren Versuchen, daß eine Zerstörung des Provitamins beim Kochprozeß nicht stattfindet. Beim Trocknen des Spinats bei 103⁰ und Aufbewahren waren aber nach 3 Monaten große Verluste an Provitamin eingetreten.

C. D. Miller (1) und Killian haben gezeigt, daß sowohl frische als auch konservierte Ananas gute Vitamin A-Quellen sind. Guerrant, Dutcher, Tabor und Rasmussen untersuchten den Vitamingehalt von konserviertem Ananassaft durch biologische Versuche. Sie konnten zeigen, daß Ananassaft eine gute Vitamin A-Quelle ist, indem 100 ccm etwa 100 Sherman-Einheiten Vitamin A enthalten.

Hoff untersuchte den Vitamin A-Gehalt von rohem, gekochtem und in Blechdosen konserviertem Spinat. Er schließt aus seinen Versuchen, daß etwa 50% des Vitamin A-Gehaltes beim Kochen und beim Konservieren des Spinats verlorengehen. Dieser Befund steht nicht in Übereinstimmung mit den Ergebnissen der meisten anderen Forscher. Die Versuche von Hoff wurden auch so ausgeführt, daß Vitamin A-frei ernährte Ratten einen Zusatz von 10% rohem bzw. 10% gekochtem und konserviertem Spinat zu ihrer Vitamin A-freien Diät erhielten. Mit dieser Menge wurde normales Wachstum gefunden. Das Wachstum wurde aber bei Ratten, die statt Spinat 10% Butter erhielten, noch größer. Der Verfasser schließt daraus, daß in den Spinatversuchen die

untere Grenze bezüglich des Vitamin A-Gehaltes der Nahrung erreicht
war, und er nimmt an, daß der Spinat beim Kochen und Konservieren
durch Austritt von Wasser etwa die Hälfte seines Gewichts verliert und
der Vitamin A-Gehalt deshalb um 50% zurückgegangen sein muß. Da
aber hier keine Versuche mit geringeren Mengen Spinat ausgeführt wurden, bin ich der Ansicht, daß man aus diesen Versuchen einen solchen
Schluß nicht ziehen darf. Daß dieser Schluß nicht statthaft ist, dürfte
auch aus den Versuchen anderer Forscher hervorgehen, die bei Gemüsen
keine Verluste an Vitamin A durch Kochen und Konservieren haben
feststellen können.

Tabelle 14. Vitamin A und Carotin in Konserven je 100 g.

Produkt	Vitamin A biologisch	Carotin in γ/100 g	Jahr	Verfasser
Bohnen	400		1932	Scheunert (4)
		170—220	1936	Wolff (1)
	950		1936	Hanning (3)
	600—800		1940	Scheunert und Wagner (4)
Grüne Erbsen . .	1100—2800		1926	Eddy, Kohman und Carlson (2)
Karotten	2000		1932	Scheunert (4)
Grünkohl	300—500		1929	Scheunert (5)
Spinat	7200		1925	Eddy, Kohman und Carlson (1)
	4000		1932	Scheunert (4)
	12000		1936	Hanning (3)
		4400	1936	Wolff (1)
Mangold	700		1929	Scheunert (5)
Spargel	800		1934	Fellers, Young, Isham und Clague
Rübengras . . .	5000		1931	Kohman, Eddy und Gurin (1)
Endivie		1280	1936	Wolff (1)
Tomatenpaste . .	1000—2000		1930	Kohman, Eddy und Zall
	100—500		1934	Waltner
	4000		1936	Hanning (3)
Saure Kirschen .	100		1932	Scheunert (4)
	200—500		1934	Kramer und Agan
Schattenmorellen	100		1932	Scheunert (4)
Erdbeeren	35		1928	Kohman, Eddy und Halliday
Pfirsich	280		1926	Kohman, Eddy, Carlson und Halliday
	50		1929	Scheunert (5)
Datteln	75—100		1931	Smith und Meeker
	100		1933	} Morgan (2)
	66—90		1933	
Oliven	270—290		1932	Kifer
Ananassaft . . .	75		1936	Guerrant, Dutcher, Tabor und Rasmussen

WOLFF (1) teilt in einer zusammenfassenden Übersicht einige Untersuchungen über den Carotingehalt von Konserven mit. So findet er in frischer gekochter Endivie und in konservierter Endivie 1,28 mg Carotin je 100 g, in grünen gekochten Bohnen und auch in konservierten 0,22 mg Carotin je Gramm und in Schnittbohnen, gekochten und konservierten, 0,17 mg Carotin je Gramm. Für konservierte Schotenerbsen gibt er 0,43 mg Carotin je Gramm an. Spinat wurde in Übereinstimmung mit anderen Verfassern als eine sehr gute Vitamin A-Quelle ermittelt. In frischem und gekochtem Spinat als auch in konserviertem wurden übereinstimmend 4,39 mg Carotin je 100 g gefunden.

Von anderen Arbeiten seien noch die von KRAMER und AGAN erwähnt, die in konservierten Kirschen einen Vitamin A-Gehalt von 2—4 SHERMAN-Einheiten feststellen konnten.

LECOQ untersuchte den Einfluß des technischen Konservierungsprozesses auf den Vitamingehalt einer Kostmischung. Einige der Versuchstiere erhielten die Kostmischung roh, während andere Tiere die gleiche Kostmischung, in Dosen sterilisiert, erhielten. Der Verfasser zieht aus den Versuchen den Schluß, daß eine Änderung des Vitamin A-Gehaltes durch den Konservierungsprozeß nicht nachgewiesen werden konnte. CULTRERA (1) bestimmte den Vitamin A-Gehalt von Tomaten und Tomatenkonserven. Bei Konzentrierung des Tomatenmarks zur Herstellung von Tomatenpasten und bei Sterilisierung in Dosen konnten keine schädigenden Einflüsse auf das Vitamin A festgestellt werden. CARO und PERLING bestätigten die Befunde von CULTRERA. Sie konnten ebenfalls zeigen, daß der Vitamin A-Gehalt bei der Konservierung von Tomaten gewahrt bleibt.

Tabelle 14 gibt eine Übersicht über die vorliegenden quantitativen Bestimmungen von Vitamin A und Carotin in Gemüse- und Obstkonserven.

Verhalten des Carotins beim Lagern der Konserven.

Über das Verhalten des Vitamin A beim Lagern von Gemüsekonserven liegen auch einige Arbeiten vor.

DOUGLASS und RICHARDSON bestimmten Vitamin A in Karotten nach Konservierung im Haushalt. Sie konnten keinen Verlust an Vitamin A feststellen, weder gleich nach der Konservierung noch nach einer Lagerung von 6 Monaten. EDDY, KOHMAN und HALLIDAY fanden auch, daß der Vitamin A-Gehalt in konserviertem Spinat nach einer Lagerung von 3 Jahren nicht zurückgegangen war. Bei der Iowa State Experiment Station ergab sich ebenfalls, daß der Vitamin A-Gehalt von konservierten Tomaten nach einer Lagerung von 3 Jahren nicht zurückgegangen war. Zu demselben Ergebnis gelangten auch SWANSON, STEVENSON und NELSON, denn in konservierten Tomaten fanden sie selbst nach einer Lagerung von 42 Monaten keine Verminderung des Gehaltes an Vitamin A.

NELSON, SWANSON und HABER untersuchten den Vitamin A-Gehalt in konservierten Tomaten. Sie kommen nach ihren Versuchen zu dem

Schluß, daß die Konservierung der Tomaten dem Vitamin A-Gehalt nicht schadet. Ein dreijähriges Lagern der konservierten Tomaten hatte keinen schädigenden Einfluß auf den Vitamin A-Gehalt.

DRUMMOND und MACARA bestimmten colorimetrisch den Carotingehalt in einer Probe von konservierten Karotten, die im Jahre 1824 für die arktische Expedition von PARRY hergestellt waren. Die Probe war seit Jahren im „National Maritime Museum" in Greenwich in England aufbewahrt und wurde erst im Jahre 1938 zur Untersuchung geöffnet. Der Carotingehalt war 6,4 mg je 100 g des Inhaltes der Konservendose. DRUMMOND und MACARA schreiben, daß diese Zahl zeigt, daß der Carotingehalt der Karotten durch die Konservierung und die außerordentlich lange Lagerung nur wenig verändert worden ist.

Die vielen Untersuchungen, die über das Verhalten des Vitamin A und der Carotinoide beim Kochen und Konservieren vorliegen, zeigen mit wenigen Ausnahmen, daß das Vitamin A praktisch vollständig erhalten bleibt.

Das reine Vitamin A, wie es in den Fischölen vorkommt, scheint weniger beständig zu sein als die Provitamine. In einigen Fällen findet man bei der Konservierung von Vitamin A-haltigen Fischprodukten eine geringe Abnahme des Vitamin A-Gehaltes. Dies kann aber in allen Fällen auf die Einwirkung von Luft während der Vorbehandlung der Waren oder auf die Einwirkung der bei sogenannten trockenen Packungen in der Konservendose eingeschlossenen Luft zurückgeführt werden.

Die Empfindlichkeit der Fischprodukte gegen Oxydation der Luft ist aber nicht groß. So wird beispielsweise der Vitamin A-Gehalt von fetthaltigen Fischprodukten durch Räuchern nicht herabgesetzt, indem das Vitamin in den Fetten hinter der Haut oder in der Muskulatur vor der Einwirkung des Sauerstoffes der Luft geschützt bleibt. Es liegt somit nur bei der Herstellung von Fisch- und Leberpasten, wo eine innige Mischung der Produkte in Gegenwart von Luft stattfindet, die Möglichkeit vor, daß der Vitamin A-Gehalt wesentlich abnehmen kann. Aber auch hier haben praktische Versuche gezeigt, daß die Verminderung des Vitamin A-Gehaltes nicht so groß ist, daß der Vitamin A-Gehalt des Endproduktes ernstlich Schaden leidet.

Das Vitamin A in Form von Carotin in Obst und Gemüsen scheint noch beständiger zu sein als in den Fischprodukten. Durch Kochen oder Konservieren konnte von fast allen Forschern festgestellt werden, daß eine Abnahme des Vitamin A-Gehaltes nicht stattfindet. Aus einigen Versuchen geht sogar hervor, daß die Vitamin A-Wirkung der gekochten und konservierten Produkte größer ist als die der rohen. Dieses Ergebnis kann nur dadurch erklärt werden, daß das Carotin, wie es in den Pflanzen vorkommt, vom Organismus nicht vollständig resorbiert wird. Beim Kochen oder Konservieren der Pflanzenteile, wobei die Zellwände weitgehend zerstört werden, wird das Carotin leichter resorbiert.

Wichtig ist auch, daß das Carotin sich aus den Pflanzenteilen durch Wasser nicht ausziehen läßt. Bei dem in der Konservenindustrie üblichen Blanchieren finden demnach keine Verluste an Vitamin A statt. (Siehe doch die Schlußfolgerungen von DILLER, S. 31.) In einigen wenigen Fällen, wo angebliche Verluste an Vitamin A durch Kochen oder Konservieren festgestellt worden sind, handelt es sich um Untersuchungen, bei denen entweder das Rohprodukt nicht auch gleichzeitig untersucht wurde, so daß der Ausgangspunkt des Versuches unbekannt war, oder es sind aus den Versuchen zu weitgehende Schlüsse gezogen worden.

Zusammenfassend kann gesagt werden, daß eine Abnahme des Vitamin A-Gehaltes der Nahrungsmittel weder durch Kochen noch durch Konservieren zu befürchten ist.

Der Vitamin B-Komplex.

Mit der Aufklärung des Vitamin B-Komplexes waren besonders in den letzten Jahren eine Reihe Forscher beschäftigt. Mehrere Faktoren des B-Komplexes konnten identifiziert und synthetisch hergestellt werden. Der Mangel an diesen verschiedenen Faktoren in der Nahrung gibt verschiedene Symptome, so daß man mehrere Mangelkrankheiten oder Avitaminosen kennt, die auf Vitamin B-Mangel beruhen, je nachdem, welcher Faktor des Komplexes in der Nahrung fehlt. Da der Gehalt der Nahrungsmittel an diesen Vitamin B-Faktoren sehr wichtig ist und die verschiedenen Faktoren sich gegenüber äußeren Einflüssen wie Wärme und Oxydation verschieden verhalten, sollen sie hier getrennt behandelt werden.

Es soll zuerst ein kurzer Überblick über die verschiedenen Faktoren des Vitamin B-Komplexes gegeben werden.

Es war das Verdienst des Holländers EIJKMAN (1), eine der menschlichen Beriberi ähnliche Krankheit bei Hühnern hervorrufen zu können. Die Krankheit entwickelte sich, wenn die Nahrung hauptsächlich aus poliertem Reis bestand, und konnte sowohl bei Menschen als auch bei den Hühnern durch Verabreichung von Reisschalen oder von unpoliertem Reis geheilt werden. Es wurde somit die Theorie des japanischen Sanitätsarztes Admiral TAKAKI, die er im Jahre 1882 aufstellte, daß die Beriberi durch eine unrichtig zusammengesetzte Nahrung verursacht wurde, bestätigt, obwohl die Annahme von TAKAKI, daß die Krankheit durch Eiweißmangel hervorgerufen würde, nicht richtig war. Die im fernen Osten und bei Schiffsmannschaften sehr verbreitete Krankheit Beriberi war somit als eine Vitaminmangelkrankheit erkannt. Das entsprechende Vitamin wurde später als Vitamin B bezeichnet, im Gegensatz zu dem fettlöslichen Vitamin A.

Im Jahre 1926 wurde zuerst von GOLDBERGER und Mitarbeitern (1) gezeigt, daß Vitamin B in Wirklichkeit aus zwei verschiedenen Faktoren bestand, dem eigentlichen Vitamin B oder dem Antiberiberifaktor und einem zweiten Faktor, der für das Wachstum notwendig war und das Auftreten einer pellagraähnlichen Dermatitis bei Ratten verhinderte. Nach GOLDBERGERs Meinung war dieser Faktor identisch mit dem Faktor, der die Pellagra bei Menschen verhinderte. Dieser zweite Faktor wurde von GOLDBERGER als Vitamin G bezeichnet, während der Antiberiberifaktor den Namen Vitamin F erhielt. Andere Forscher zogen vor, den Buchstaben B für die neuen Faktoren beizubehalten und bezeichneten den Antiberiberifaktor mit B_1 und den Antipellagrafaktor mit B_2. Es wurde von GOLDBERGER und Mitarbeitern (2) später angenommen, daß dieser Faktor G identisch war mit einem Faktor, der eine Krankheit bei Hunden verhindern konnte, die als „Black tongue" bezeichnet wurde. Durch spätere Untersuchungen, die sich mit der Bestimmung des neuen Faktors G oder B_2 in Nahrungsmitteln befaßten, konnte aber gezeigt werden, daß es oft sehr schwierig war, regelmäßig die pellagraähnliche Krankheit bei Ratten durch eine geeignete Mangelkost hervorzurufen. Die meisten Forscher, die sich mit der Bestimmung des Vitamin G in Nahrungsmitteln befaßten, gingen deshalb dazu über, bei der biologischen Bestimmung des Vitamin G-Gehaltes die Wirkung auf das Wachstum von Vitamin G-frei ernährten Ratten zu verwenden.

Im Jahre 1930 führte die Erforschung des Vitamin B-Komplexes wieder zu einem Fortschritt, als AYKROYD (1) zeigen konnte, daß das Vitamin G oder B_2, wie es von den englischen Forschern bezeichnet wurde, in einer typischen Pellagradiät vorhanden war. Es schien also, als ob hier zwei verschiedene Faktoren vorhanden waren, ein Faktor, der für das Wachstum der Ratten von Bedeutung war und ein anderer, der das Auftreten von Pellagra bei Menschen verhindern konnte. Diese Frage wurde durch Arbeiten von GYÖRGY, KUHN und WAGNER-JAUREGG geklärt, indem sie zeigen konnten, daß das Vitamin B_2 in Wirklichkeit aus zwei Faktoren bestand, nämlich aus Lactoflavin und einem zweiten Faktor. Später wurde von GYÖRGY (1), CHICK, COPPING und EDGAR und auch von HARRIS (1) gezeigt, daß die eine dieser Komponenten, das Lactoflavin, die pellagraähnliche Dermatitis der Ratten nicht heilen konnte. Der zweite Faktor, der Antipellagrafaktor der Ratte, wurde von GYÖRGY (1) als Vitamin B_6 bezeichnet. (Vitamin B_3 und B_5 waren bereits als Bezeichnungen für spezielle, für die Tauben notwendige Faktoren des Vitamin B-Komplexes verwendet worden. Als Vitamin B_4 wurde ebenfalls ein für die Ratten notwendiger Faktor bezeichnet, der weiterhin besprochen werden soll.) Später konnten BIRCH, GYÖRGY und HARRIS und auch DANN (1) zeigen, daß weder der neue Wachstumsfaktor der Ratten, das Lactoflavin, noch der Antipellagrafaktor der Ratten, das Vitamin B_6, mit dem Antipellagrafaktor des Menschen identisch waren. Daß das Lactoflavin, das jetzt auch vielfach als Vitamin B_2 bezeichnet wurde, gegen menschliche Pellagra unwirksam war, wurde noch durch Untersuchungen von Fouts und Mitarbeitern (Fouts, Lepkovsky, Helmer und Jukes), Sebrell und Mitarbeitern (Sebrell, Hunt und Onstott) u. a. bestätigt.

Eine weitere Aufklärung dieser Frage wurde erreicht, als Elvehjem, Madden, Strong und Woolley (1) mitteilten, daß sie „Black tongue" bei Hunden durch Nicotinsäure oder Nicotinsäureamid heilen konnten. Es ließ sich auch Nicotinsäure aus Leber, die als ein typischer Träger des Anti-„Black tongue"-Faktors angesehen worden war, isolieren. Harris (2), Dann (2), Street und Cowgill konnten die Befunde von Elvehjem bestätigen.

Kurz darauf wurde von einer Reihe Forscher, Smith und Mitarbeitern, Fouts und Mitarbeitern (Fouts, Helmer, Lepkovsky und Jukes), Harris und Hassan und von Spies und Mitarbeitern gezeigt, daß Nicotinsäure auch die menschliche Pellagra heilen konnte. Damit war also bewiesen, daß der Anti-„Black tongue"-Faktor mit dem Antipellagrafaktor des Menschen identisch war.

Der Antipellagrafaktor der Ratte, Vitamin B_6, ist in der letzten Zeit von mehreren Forschern in krystallisiertem Zustand erhalten worden, worauf später eingegangen werden soll. Außer diesen Faktoren wurde durch Arbeiten von Lepkovsky, Jukes und Krause, Edgar und Macrae und von Lunde und Kringstad (2) gezeigt, daß der Vitamin B-Komplex noch einen oder mehrere weitere Faktoren enthält, die für das Wachstum der Ratte notwendig sind. Da dieser oder diese Faktoren sich auf Fullererde nicht adsorbieren lassen und deshalb in dem Filtrat nach einer Fullererdeadsorption vorhanden sind, erhielten sie vorläufig die Bezeichnung „Filtratfaktor".

Spätere Untersuchungen haben gezeigt, daß dieses „Filtrat" mehrere Faktoren enthielt, nämlich einen Faktor, der eine charakteristische Dermatitis bei Kücken verhindert und heilt. Dieser Kücken-Antidermatitisfaktor hat sich mit der bereits bekannten Pantothensäure als identisch erwiesen, worauf später eingegangen werden soll.

Der für das Wachstum der Ratten notwendige Faktor in diesem Filtrat wurde von Lunde und Kringstad [Lunde (3)] vorläufig als Vitamin B_W bezeichnet. Das Filtrat enthält noch weiter einen Faktor, der für die normale Entwicklung des Pelzes notwendig ist. Dieser Faktor wurde von Lunde, Kringstad und Jansen kürzlich als mit der Pantothensäure identisch gefunden

Morgan, Cook und Davison, die ebenfalls das Grauwerden der Haare als Mangelkrankheit erkannt haben, unterscheiden nicht zwischen dem Rattenwachstumsfaktor und dem Anti-graue-Haare-Faktor.

Außer diesen für die Ratten notwendigen Faktoren sollen einige für das Wachstum von Tauben notwendige besondere Faktoren des Vitamin B-Komplexes vorhanden sein. So konnten Williams und Waterman einen für das Wachstum der Tauben notwendigen Faktor in Hefe beschreiben, der angeblich sehr empfindlich gegen Erwärmung sein sollte. PETERS (1) und auch EDDY und Mitarbeiter vermochten den gleichen Faktor auch aus Vollweizen und Malz herzustellen. Dieser Faktor, den man mit B_3 bezeichnete, wurde später von O'BRIEN aus Weizenkeimen gewonnen. Die Empfindlichkeit gegen Hitze konnte nicht bestätigt werden, dagegen soll der Faktor sehr empfindlich gegen Sauerstoff sein. Ob es sich hier wirklich um eine einheitliche neue Substanz handelt, kann nicht als sicher betrachtet werden.

CARTER, KINNERSLEY und PETERS haben einen weiteren Faktor des Vitamin B-Komplexes beschrieben, der ebenfalls nur für Tauben notwendig sein soll und mit B_5 bezeichnet wurde. Die Befunde von CARTER konnten durch Untersuchungen von WILLIAMS, WATERMAN und GURIN (1) bestätigt werden.

Ob es sich hier aber wirklich um zwei neue verschiedene einheitliche Faktoren, B_3 und B_5, handelt, kann nicht als sicher betrachtet werden.

Es sei schließlich noch erwähnt, daß es einen von READER zuerst beschriebenen Faktor der Ratte, B_4, geben soll. Die Existenz dieses Faktors wurde von verschiedenen Seiten bezweifelt, wurde aber wiederum von anderen Forschern, unter anderem von KLINE, ELVEHJEM und Mitarbeitern bestätigt.

Tabelle 15. Vitamin B-Komplex.

Vitamin	Chemische Bezeichnung	Formel	Vitaminmangelsymptome	
			beim Menschen	bei Versuchstieren
B_1	Aneurin	$C_{12}H_{16}N_4OS \cdot 2\ HCl$	Beriberi Appetit-losigkeit	Polyneuritis Bradykardie
B_2	Lactoflavin	$C_{12}H_{20}O_6N_4$	?	Katarakt Alopecie
Antipellagra-faktor	Nicotinsäure	C_5H_4NCOOH	Pellagra	„Schwarze Zunge"
B_6	Adermin	$C_8H_{11}O_3N \cdot HCl$	?	Ratten-„Pellagra"
Kücken-Antider-matitisfaktor	Pantothen-säure	$C_9H_{17}O_5N$	?	Kücken-„Pellagra"
B_W (Ratten-Wachstumsfaktor)	Pantothen-säure ?	$C_9H_{17}O_5N$	?	Wachstums-störung
W (Präcipitat-faktor)	?		?	Wachstums-störung
B_X (Anti-graue-Haare-Faktor)	Pantothen-säure	$C_9H_{17}O_5N$	?	Grauwerden der schwarzen Haare
B_4			?	Paralyse
B_3 B_5 Tauben-faktoren	?			

Die Erforschung dieses Gebietes wird dadurch weiter erschwert, daß die verschiedenen Forscher keine einheitliche Nomenklatur benutzen. Die vorstehende Tabelle soll einen Überblick über den heutigen Stand der Erforschung des Vitamin B-Komplexes geben. Die Übersicht hat keinen Anspruch auf Vollständigkeit. Es sind nur die Faktoren aufgenommen, deren Existenz einigermaßen sichergestellt erscheint.

Eine aufschlußreiche Übersicht über die Rolle der Vitamine, besonders der verschiedenen B-Vitamine, im tierischen Stoffwechsel gab kürzlich v. EULER.

Vitamin B₁ (Aneurin).

Die Entdeckung des Vitamin B₁.

Wie bereits erwähnt, kann die Entdeckung des Antiberiberifaktors, des Vitamin B₁, auf die Untersuchungen von EIJKMAN (1) im Jahre 1897 zurückgeführt werden, der eine der menschlichen Beriberi ähnliche Polyneuritis bei Hühnern hervorrufen konnte. Im Jahre 1926 konnten JANSEN und DONATH das Vitamin B₁ in krystallisierter Form darstellen. Später wurde von WINDAUS und Mitarbeitern (2) Vitamin B₁ auch in krystallisierter Form aus Hefe gewonnen, während das Präparat von JANSEN und DONATH aus Reiskleie hergestellt war. Eine große Reihe Arbeiten, besonders aus den Laboratorien von WINDAUS in Deutschland und WILLIAMS in den Vereinigten Staaten, führten nun schließlich zur Aufklärung der chemischen Konstitution des Vitamin B₁ und zur Synthese des Vitamin durch WILLIAMS (1) im Jahre 1936.

Krankheitsbild bei Vitamin B₁-Mangel.

Die Krankheitserscheinungen, die bei Mangel an Vitamin B₁ auftreten, haben, wie die bei Vitamin A-Mangel auftretenden, verschiedene Natur. Sie lassen sich aber auch hier auf eine einzige Ursache zurückführen, nämlich auf Störungen im Kohlehydratstoffwechsel, worauf später kurz eingegangen werden soll. Die Beriberi tritt seit Jahrtausenden bei der Bevölkerung im Fernen Osten auf. Sie äußert sich vor allem in Appetitlosigkeit, Darmstörungen, Müdigkeit, Nervosität und Herzklopfen. Vor allem in den Beinen tritt eine mehr oder weniger ausgeprägte Unempfindlichkeit auf. In schweren Fällen kommen starke Abmagerung und Lähmungen vor. An Versuchstieren findet man vor allem das typische Bild der Polyneuritis bei Tauben und Ratten, die im letzten Stadium zu schweren Krämpfen führt. Silberfüchse erhalten bei B₁-freier Ernährung eine beriberiähnliche Krankheit. Bei Ratten gehört auch eine *Sinusbradykardie*, eine bis zur Hälfte der normalen herabgesetzte Herzfrequenz, zu dem typischen Bilde des B₁-Mangels.

Physiologische Wirkung des Vitamin B₁.

Wie erwähnt, können die vielen Krankheitserscheinungen bei Vitamin B₁-Mangel auf Störungen des Kohlehydratstoffwechsels zurückgeführt

werden. Bei Vitamin B_1-Mangel findet eine Anhäufung von Brenztraubensäure und Milchsäure im Gewebe statt. Die Brenztraubensäure bildet ein
Zwischenstadium bei dem oxydativen Abbau der Kohlehydrate im Organismus. Man nimmt an, daß eben diese Anhäufung von Brenztraubensäure
zu Vergiftungen führt und für nervöse Erscheinungen, Krämpfe und Lähmungen verantwortlich ist. PASSMORE, PETERS und SINCLAIR haben
ein auf diese Erscheinungen fußendes Verfahren zur Bestimmung des
Vitamin B_1 ausgearbeitet, das auf dem Sauerstoffverbrauch von Gehirn-
brei Vitamin B_1-frei ernährter Tiere durch Zusatz von Vitamin B_1 in
vitro beruht *(Katatorulintest)*. LOHMANN und SCHUSTER konnten
schließlich zeigen, daß das Vitamin B_1 für den Abbau der Brenztraubensäure im Organismus notwendig ist. Es ergab sich weiter, daß Vitamin B_1
mit Pyrophosphorsäure zusammen als Co-Enzym der Carboxylase wirkt.
Somit steht das Vitamin B_1 hier in engstem Zusammenhang mit den
Enzymen. Über diese enge Beziehung zwischen Vitamin B_1 und Cocarboxylase („Über das Redox-System des Aneurins“) hat kürzlich ZIMA
ausführlich berichtet.

Konstitution des Vitamin B_1.

Unsere Kenntnisse über die Konstitution des Vitamin B_1 verdanken
wir vor allem den Untersuchungen aus den Laboratorien von JANSEN,
WINDAUS und WILLIAMS. Die Konstitution geht aus dem Formelbild
hervor. Die Formel wurde zuerst von WILLIAMS (1) aufgestellt, eine For-
mulierung, die auch von MAKINO und IMAI erhalten worden war.

Vitamin B_1.

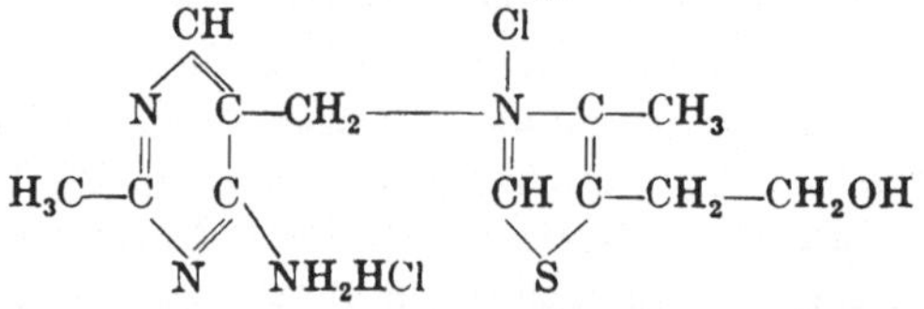

$$
\begin{array}{c}
\text{CH} \qquad\qquad\qquad \text{Cl} \\
| \qquad\qquad\qquad\qquad | \\
\text{N}\!-\!\text{C}\!-\!\text{CH}_2\!-\!\!-\!\!-\!\text{N}\!-\!\text{C}\!-\!\text{CH}_3 \\
\| \qquad | \qquad\qquad\quad \| \quad \| \\
\text{H}_3\text{C}\!-\!\text{C} \quad \text{C} \qquad\qquad \text{CH} \;\; \text{C}\!-\!\text{CH}_2\!-\!\text{CH}_2\text{OH} \\
\diagdown \;\; \diagup \qquad\qquad \diagdown \;\; \diagup \\
\text{N} \quad \text{NH}_2\text{HCl} \qquad\qquad \text{S}
\end{array}
$$

Man hat übrigens etwa 40 ähnlich aufgebaute Stoffe auf ihre Vitamin B_1-Wirkung untersucht. Einige davon zeigten eine gewisse, allerdings sehr geringe Wirksamkeit.

Bestimmungsmethoden des Vitamin B_1.
Biologische Bestimmungsmethoden.

Die erste Bestimmungsmethode für Vitamin B_1 beruhte auf der Heilung der durch Vitamin B_1-freie Kost erzeugten Taubenberiberi. Später
wurde hauptsächlich die Ratte für B_1-Bestimmungen herangezogen. Ein
Verfahren beruht auf der Bestimmung der Substanzmenge, die nötig
ist, um die Rattenberiberi zu heilen (KINNERSLEY, PETERS und READER).
Einfacher durchzuführen ist der Rattenwachstumstest, der von CHICK
und ROSCOE (1) zuerst eingeführt wurde. Eine andere Bestimmungs-

methode beruht auf der Wirkung von Vitamin B$_1$ auf die Gehirnsubstanz B$_1$-avitaminotischer Tiere in vitro (Katatorulintest) (PASSMORE, PETERS und SINCLAIR).

Bei einer weiteren Methode wird das Wachstum des Pilzes *Phycomyces blaksleeanus* benutzt. Die Menge des gebildeten Pilzmycels ist von der Vitamin B$_1$-Menge im Nahrungssubstrat abhängig (SCHOPFER, MEIKLEJOHN). FÜRST verwendet statt dessen eine Bakterie, *Staphylococcus aureus*. Sie gedeiht nicht auf völlig B$_1$-freiem Substrat, fängt aber schon bei einem Zusatz von 0,0005 γ Aneurin je 10 ml zu wachsen. Bei 0,01 γ ist das Wachstum optimal, und auf diese Weise läßt sich der Aneuringehalt recht genau ermitteln. Die Methode soll doch vorläufig nur für reine Aneurinlösungen verwendbar sein.

Bei den meisten der in der Literatur angegebenen Bestimmungen des Vitamin B$_1$ wurden die Taubenberiberi- und die Rattenwachstumsmethode angewandt. Die Schwierigkeit bei dem letzteren Verfahren besteht hauptsächlich in der Herstellung einer Basalnahrung, die alle B-Faktoren außer B$_1$ enthält. Die Natur aller B-Faktoren ist ja noch nicht aufgeklärt. Man gerät deshalb bei der Anwendung der Rattenwachstumsmethode in die Gefahr, daß eine Gewichtssteigerung der Ratten, die auf einem anderen in der Basalnahrung in nicht ausreichender Menge vorhandenen B-Faktor beruht, einen Gehalt an B$_1$ vortäuscht.

DRURY, HARRIS und MAUDSLEY haben festgestellt, daß Ratten, die auf eine Vitamin B$_1$-freie Kost gesetzt werden, nach einer gewissen Zeit Bradykardie zeigen. Dieses Symptom tritt zu einem Zeitpunkt auf, wo die typischen Beriberisymptome noch nicht vorhanden und die Ratten noch so gesund sind, daß sie verhältnismäßig große Mengen Nahrung zu sich nehmen können. Diese Methode wurde später von BIRCH und HARRIS zu einem quantitativen Verfahren zur Bestimmung von Vitamin B$_1$ ausgearbeitet.

PARADE hat kürzlich gezeigt, daß eine Sinusbradykardie der Ratten auch bei Hunger entsteht und die Bradykardie bei B$_1$-Mangel auf eine durch die zu geringe Vitamin B$_1$-Zufuhr bedingte Appetitlosigkeit verursacht sein muß. Wir haben in unserem Institut in unveröffentlichten Versuchen diese Befunde bestätigen können. Bei Vitamin B$_1$-Mangel entsteht Appetitlosigkeit, bedingt durch die fehlende Fähigkeit der Ratten, die Kohlehydrate umzusetzen. Dieser Zustand führt dann sekundär zur Bradykardie. Die Brauchbarkeit der Bradykardiemethode zur B$_1$-Bestimmung wird durch diese Befunde nicht berührt.

BIRCH und HARRIS haben diese neue Methode mit den älteren Methoden, Heilung von Rattenberiberi, Rattenwachstumsverfahren und Heilung von Taubenberiberi, verglichen und gezeigt, daß die Bradykardiemethode ausgezeichnete Werte liefert. Nach HARRIS (3) hat das Bradykardieverfahren folgende Vorteile: Es ist spezifisch und empfindlich, schnell und bequem durchführbar. Es tritt keine Störung durch Refektion auf, und die Methode ist auf Substanzen mit wenig Vitamin B$_1$ anwendbar.

Da dieses Verfahren bei den umfassenden Untersuchungen über Vitamin B$_1$ in Konserven und ihren Rohstoffen in unserem Institut angewendet wurde, soll es hier etwas ausführlicher beschrieben werden [LUNDE, KRINGSTAD und OLSEN (1)].

Ratten mit einem Gewicht von etwa 70 g werden auf eine Vitamin B$_1$-freie Kostmischung gesetzt. Die Basalnahrung hatte folgende Zusammensetzung: Zucker 60%, Casein, vitaminfrei 20%, Arachisöl 15%, Salzmischung (McCOLLUM) 5%.

Zu 1 kg dieser Mischung wurden 60 g Marmit gesetzt, das in folgender Weise vorbehandelt wurde, um den Gehalt an B$_1$ zu zerstören:

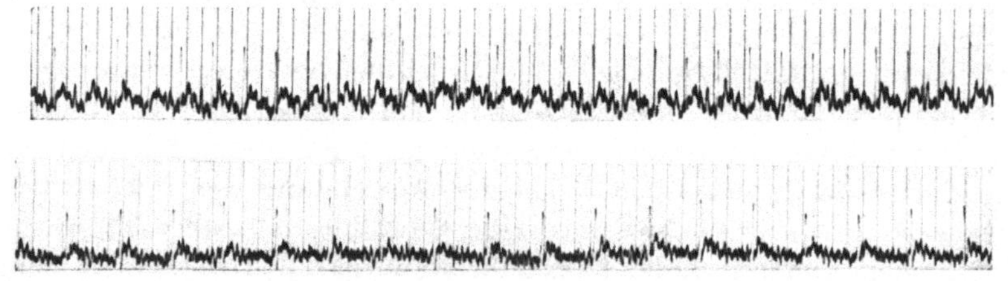

Abb. 3. Elektrokardiogramme von Ratten. [Nach LUNDE, KRINGSTAD und OLSEN (1).] Der Abstand zwischen den senkrechten Einteilungslinien entspricht $^1/_{20}$ Sekunde. Oben: Elektrokardiogramm einer normalen Ratte, Pulsfrequenz 580 Schläge je Minute. Unten: Elektrokardiogramm einer Ratte mit Bradykardie, Pulsfrequenz 340 Schläge je Minute.

Marmit (Marmite Food Extract Co. Ltd.) wird mit Baryt alkalisch gemacht (p$_H$ = 10) und 3 Stunden auf 120⁰ im Autoklav erwärmt. Nach dem Erhitzen wird das Baryt mit Schwefelsäure gefällt. Zu dieser Kostmischung erhielten die Tiere noch 2 Tropfen Dorschlebertran je Tag. Die Tiere werden in Einzelkäfigen mit weitmaschigem Boden gehalten, um Koprophagie zu verhindern. Das Wasser wird in hängenden Gefäßen verabreicht.

Der Puls der Ratte hat normalerweise 500—600 Schläge je Minute. Nach etwa 3 Wochen auf dieser Vitamin B$_1$-freien Kost ist die Herzfrequenz der Versuchstiere auf etwa 400 je Minute gefallen.

Die Herzfrequenz wird mit einem Elektrokardiographen gemessen. Das Tier wird in einem besonders konstruierten Apparat aufgespannt und eine Nadelelektrode im rechten Vorderbein, eine andere im linken Hinterbein angebracht. Die Pulsfrequenz wird auf dem Elektrokardiogramm gezählt.

Abb. 3 zeigt typische Elektrokardiogramme.

Wenn der Puls der Versuchstiere 360—400 Schläge je Minute zeigt, ist das Tier zum Test bereit. Das Versuchstier erhält eine abgewogene Menge der zu untersuchenden Substanz. Im allgemeinen nimmt die Ratte die Substanz freiwillig. Falls größere Mengen als 5 g verabreicht werden, wird die Substanzmenge in zwei Teile zerlegt und der zweite Teil nach einer Pause gegeben. Wenn die zu untersuchende Substanz sehr arm an B_1 war, wurde in einigen Fällen ein wässeriger Extrakt der Substanz hergestellt und im Vakuum konzentriert. Nahm die Ratte diesen Extrakt nicht freiwillig, so wurde er mit einer Kautschukkanüle direkt in den Magen hineingespritzt. Am nächsten Tag wird der Puls wieder gemessen, und ein Ansteigen der Pulsfrequenz zeigt die Anwesenheit von B_1 in der untersuchten Substanz. Der Puls wird jetzt täglich zum gleichen Zeitpunkt gemessen. Wir haben bei der Aufnahme des Pulses zu verschiedenen Zeitpunkten am Tag Unregelmäßigkeiten beobachtet. Es werden jetzt die Anzahl Tage bestimmt, bis die Pulsfrequenz des Versuchstieres wieder auf den Anfangswert, wie beim Verabreichen der Testsubstanz, gefallen ist. Mehrere Versuchstiere erhalten die gleiche Substanzmenge, und aus der mittleren Anzahl Tage, während deren die Wirkung der Substanz auf den Puls andauert, wird die Menge Vitamin B_1 berechnet. Abb. 4 zeigt charakteristische Pulskurven mehrerer Versuchstiere, die die gleiche Substanz erhalten haben.

Um den B_1-Gehalt aus der Anzahl Tage der Wirkung ermitteln zu können, muß die Wirkung eines Bezugspräparates mit bestimmtem B_1-Gehalt bekannt sein. Durch Feststellung der Wirkung verschiedener Dosen des internationalen Vitamin B_1-Standards wird eine Eichkurve aufgestellt (Abb. 5). Der internationale Vitamin B_1-Standard (Fullererdeadsorbat) wurde, in Wasser aufgeschlämmt, mit der Kautschukkanüle eingespritzt.

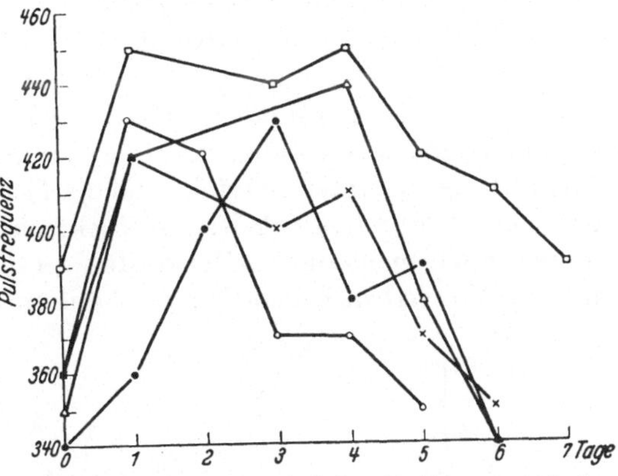

Abb. 4. Beispiel einer biologischen Bestimmung nach der Bradykardiemethode. [Nach LUNDE, KRINGSTAD und OLSEN (1).] Fünf Ratten mit Bradykardie erhielten je 2 g eines Nahrungsmittels, dessen Gehalt an Vitamin B_1 bestimmt werden sollte. Die Dauer der Wirkung bei den fünf Tieren schwankt zwischen $4^1/_2$ und 7 Tagen, im Durchschnitt etwa $5^1/_2$ Tage.

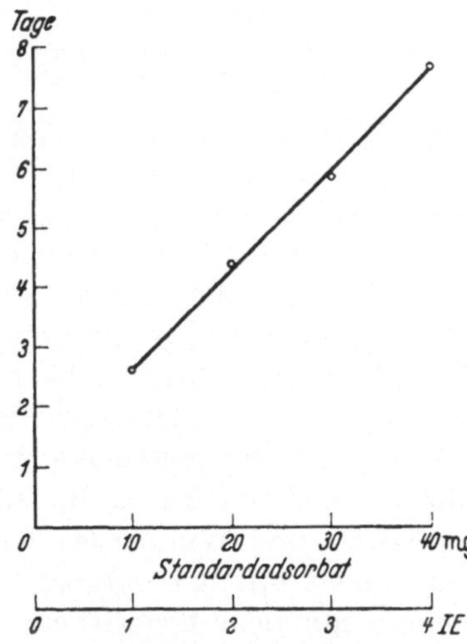

Abb. 5. Eichkurve des internationalen Vitamin B_1-Standardadsorbates. [Nach LUNDE, KRINGSTAD und OLSEN (1).]

Wenn der Puls des Versuchstieres nach einem beendeten Test wieder gefallen ist, ist das Tier zu einem neuen Test verwendbar. Abb. 6 zeigt eine typische Pulskurve einer Ratte, die zu mehreren Bestimmungen verwendet wurde. Es ist aber darauf zu achten, daß die Tiere nicht zu stark erschöpft werden und der Puls nicht zu schwach wird. Tiere, deren Puls unter 360 sinkt, erhalten ein Hefepräparat oder eine andere Vitamin B$_1$-reiche Substanz, wobei sie sich in einigen Tagen erholen. Wenn die Pulsfrequenz unter 360 sinkt und die Tiere stark erschöpft sind, treten manchmal Unregelmäßigkeiten im Elektrokardiogramm auf. Diese Tiere können auch nicht die B$_1$-Menge der verabreichten Substanz voll ausnützen. Wir haben bei solchen erschöpften Tieren manchmal überhaupt

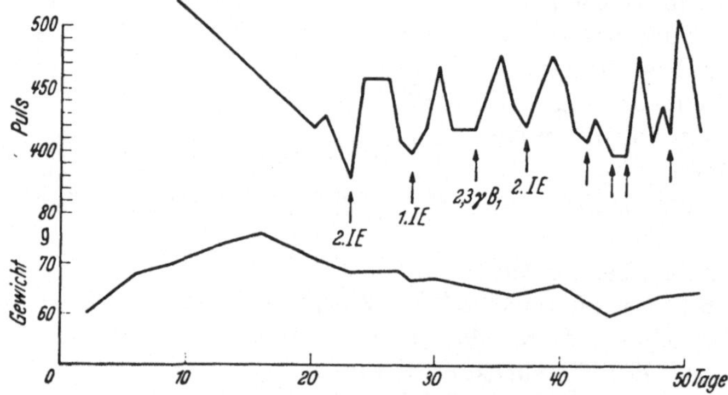

Abb. 6. Pulskurve und Gewichtskurve einer Ratte, die zu mehreren Bestimmungen hintereinander verwendet wurde. [Nach LUNDE, KRINGSTAD und OLSEN (1).]

keine Wirkung auf den Pulsschlag bei Zufuhr von 2 I.E. B$_1$ gesehen. Solche Tiere und andere, die Beriberisymptome zeigen, sind für die quantitativen Bestimmungen nicht verwendbar. Sie müssen entweder ausgeschaltet oder durch eine größere Menge Vitamin B$_1$ wieder geheilt werden.

Aus der Eichkurve geht hervor, daß die Zeit der Wirkung des Vitamin B$_1$ annähernd proportional der Menge ist. Bei größeren Dosen ist diese Proportionalität nicht mehr vorhanden; die Wirkungsdauer ist kürzer, indem das Tier das Vitamin B$_1$ nicht speichert, sondern wieder ausscheidet. Die besten Werte erhält man, wenn die verabreichte Substanzmenge etwa 2 I.E. B$_1$ entspricht.

BAKER und WRIGHT (4) haben später gezeigt, daß die Wirkungsdauer nicht mit der verabreichten Menge Vitamin B$_1$ proportional ist, sondern mit dem Logarithmus der Menge.

LEONG und HARRIS (1) haben die Genauigkeit der Bradykardiemethode untersucht. Die Genauigkeit ist natürlich von der Zahl der Versuchstiere stark abhängig. Falls 40 Bestimmungen ausgeführt werden, ist die Abweichung vom richtigen Wert im Maximum 8%, bei 10 Bestimmungen 16% und bei 5 Bestimmungen 22%. W. KARRER und KUBLI finden bei Anwendung von 6 Ratten eine Genauigkeit von ± 10%.

Chemische Bestimmungsmethoden.

Nachdem das Vitamin B_1 in seiner Konstitution bekannt war, lag es nahe, ein chemisches Bestimmungsverfahren dieses Vitamins zu suchen. KINNERSLEY und PETERS (1) beschreiben eine Methode zur chemischen Bestimmung des Vitamin B_1, die auf einer Farbreaktion mit diazotierter Sulfanilsäure in alkalischer Lösung beruht. Die Methode hat aber nicht viel Anwendung gefunden, da sie nur für hochgereinigte Lösungen verwendbar ist. PREBLUDA und McCOLLUM haben ebenfalls ein Bestimmungsverfahren ausgearbeitet, das darauf beruht, daß diazotiertes p-Aminoacetanilid und p-Aminoacetophenon mit B_1 in Wasser schwer lösliche rote Verbindungen geben. Die Methode wurde später von mehreren Forschern, besonders von MELNICK und FIELD (1), zur quantitativen Bestimmung von Vitamin B_1 weiter ausgebaut. Wichtiger ist eine Methode, die auf der Oxydation des Vitamin B_1 zu einem stark fluorescierenden Körper beruht. PETERS (2) konnte zuerst zeigen, daß aus Vitamin B_1 durch Oxydation Produkte gebildet werden, die stark blau fluorescieren. KUHN und Mitarbeiter isolierten aus Hefe einen stark blau fluorescierenden Körper, den sie Thiochrom nannten und als ein Dehydro-Vitamin B_1 auffaßten. BARGER und Mitarbeiter konnten das Vitamin B_1 durch Oxydation mit Kaliumferricyanid in alkalischer Lösung in Thiochrom überführen. KUHN und VETTER haben ebenfalls Thiochrom durch Oxydation mit Porphyrexid erhalten. Bei dieser Reaktion geht das Vitamin B_1 (I) in die dehydrierte Verbindung Thiochrom (II) über.

$$
\begin{array}{l}
\text{I} \qquad
\underset{H_3C-C\ \ \ C}{\overset{\overset{\displaystyle CH}{N\ \ \ C-CH_2-}}{}}
\underset{CH\ \ C}{\overset{\overset{\displaystyle Cl}{N-C-CH_3}}{}}
-CH_2-CH_2OH
\end{array}
$$

$$
\begin{array}{l}
\text{II} \qquad
\underset{H_3C\ \ N\ \ N\ \ S}{\overset{\overset{\displaystyle CH\ CH_2}{N\ \ C\ \ N-C-CH_3}}{C\ \ C\ \ C\ \ C}}
-CH_2-CH_2OH
\end{array}
$$

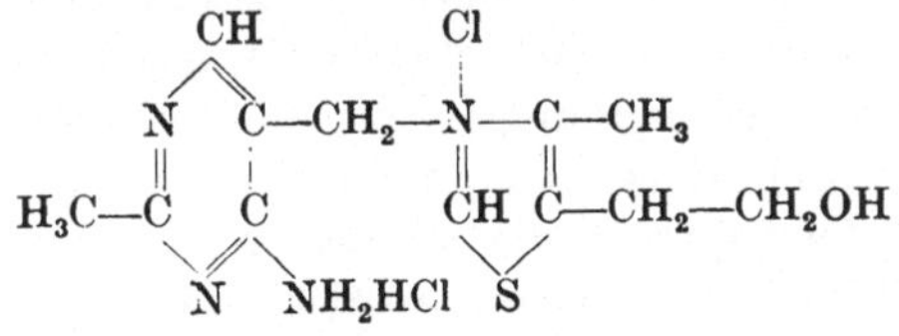

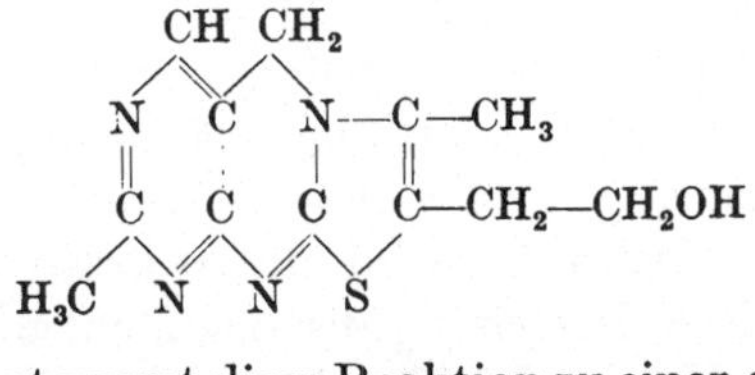

B. JANSEN (1) hat zuerst diese Reaktion zu einer quantitativen Methode zur Bestimmung des Vitamin B_1 ausgearbeitet. Die Fluorescenz wird mit Hilfe einer Photozelle und eines Spiegelgalvanometers quantitativ gemessen. Dieses Verfahren wurde von mehreren Forschern verwendet, beispielsweise von W. KARRER und KUBLI, die die Fluorescenz der zu untersuchenden Lösung im U.V.-Licht mit der Fluorescenz einer Lösung mit einer bekannten Menge oxydierten Vitamin B_1 vergleichen. Die zu untersuchende Lösung wird verdünnt, bis dieselbe Stärke der Fluorescenz erhalten wird.

Lunde, Kringstad und Olsen (1) haben bei ihren Untersuchungen über Vitamin B$_1$ in den Konserven und ihren Rohstoffen die quantitative Messung der Fluorescenz mit Hilfe des Pulfrichschen Stufenphotometers ausgeführt. [Über die quantitative Messung der Fluorescenz mit Hilfe des Stufenphotometers sei auf eine Arbeit von Lunde und Stiebel (1, 2) über die Fluorescenz von Olivenölen verwiesen.] Als Standard diente eine Thiochromlösung, die durch Oxydation einer bekannten Menge Vitamin B$_1$-Hydrochlorid hergestellt wurde.

B. Jansen (1) hatte bereits darauf hingewiesen, daß die Menge des Oxydationsmittels für das Ergebnis der Analyse von ausschlaggebender Bedeutung ist.

Wir konnten feststellen, daß mit 0,01—0,05 ml einer 1%igen Lösung von Kaliumferricyanid die größte Fluorescenz erhalten wird.

Lunde, Kringstad und Olsen (1) gaben seinerzeit für die praktische Durchführung der chemischen Bestimmung eine Vorschrift. Diese wurde später von Lie und Lunde etwas abgeändert und lautet jetzt folgendermaßen:

Das zu untersuchende Lebensmittel wird gut homogenisiert und eine Probe von 10—50 g abgewogen. Dann wird mit 100—250 ml 96%igem Alkohol im Wasserbad extrahiert. Schließlich wird mit 50%igem Alkohol zweimal extrahiert. Bei chlorophyllhaltigen Stoffen lohnt es sich, mit Wasser vom p$_H$ = 3 zu extrahieren, weil dadurch erreicht wird, daß einige Farbstoffe nicht mitgehen. Falls das Vitamin B$_1$ des betreffenden Lebensmittels in gebundener Form als Co-Carboxylase vorliegt, wird die Probe mit Taka-Diastase nach Hennessy und Cerecedo behandelt.

Die Extrakte werden vereinigt, zentrifugiert und filtriert. Darauf werden sie im Vakuum bei etwa 55° auf kleines Volum eingeengt und in einen 50 ml Meßkolben quantitativ überführt. In je von 2 Zentrifugengläschen wird 1 ml des Extraktes einpipettiert. Durch ein enges Glasrohr wird dann einige Sekunden O-freier Stickstoff durch die Flüssigkeit geleitet, dann werden 3 ml 10%ige Natronlauge + 0,3 ml 1%ige Kaliumferricyanidlösung in das eine Zentrifugengläschen (H = Hauptprobe) und 3 ml 10%ige Natronlauge in das andere (B = Blindprobe) zugefügt. Die Durchleitung des Stickstoffs wird unter kräftigem Rühren noch 1^1/$_2$ Min. fortgesetzt. Zur Erreichung der maximalen Fluorescenz muß für jede Analyse die Menge des Oxydationsmittels geprüft werden. Mit einer Pipette werden dann 12 ml Isobutanol zugefügt, wonach ein kräftiger Stickstoffstrom noch etwa 2 Min. durch die Flüssigkeit geleitet wird. Durch Zentrifugieren werden die Flüssigkeitsschichten getrennt. Der Isobutanol wird mittels einer Pipette entfernt und wird dann, nötigenfalls nach Filtrieren, in reine Reagensgläschen gefüllt. Nun wird die Fluorescenz durch Vergleich mit einer Standardlösung gemessen. Diese Lösung wird aus einer anderen, 10γ Aneurinhydrochlorid je Milliliter destilliertem Wasser enthaltenden Standardlösung bereitet. Im

Kühlschrank ist die Lösung monatelang haltbar. Von dieser Standardlösung wird 1 ml wie oben oxydiert, nur wird 0,1 ml einer 0,1%igen Kaliumferricyanidlösung verwendet.

Die Messung der Fluorescenz wird am besten im Fluorometer oder Stufenphotometer vorgenommen. Die Differenz H—B ist dann als die Fluorescenz des Thiochroms anzusehen.

Aus der gefundenen Fluorescenz berechnet man die Menge Vitamin B$_1$ in der untersuchten Substanz. Die Werte werden in γ erhalten. Will man den Vitamingehalt in internationalen Einheiten angeben, so müssen diese Werte durch den Faktor 3 dividiert werden (vgl. später).

Schon LUNDE, KRINGSTAD und OLSEN (1) wiesen darauf hin, daß man bei der Bestimmung des Vitamin B$_1$-Gehaltes verschiedener Produkte genau darauf achten muß, daß die richtige Menge Oxydationsmittel verwendet wird.

Im allgemeinen wurden die höchsten Werte mit einer Menge von 0,05—0,1 ml einer 1%igen Kaliumferricyanidlösung unter den gewählten Versuchsbedingungen erhalten, also mit genau derselben Menge des Oxydationsmittels wie bei Bestimmung des internationalen Vitaminstandardpräparates.

Bei der chemischen Bestimmungsmethode muß man weiter beachten, daß die Substanz nicht zu lange erhitzt wird, da es sonst zu Verlusten von Vitamin B$_1$ kommen kann. Beim Einengen der Extrakte ist die Temperatur so niedrig, daß Verluste an Vitamin B$_1$ nicht zu befürchten sind.

Auch die Fähigkeit des Aneurins, den Gärungsvorgang zu beschleunigen, wurde von mehreren Forschern zur Bestimmung des Vitamin B$_1$ verwendet. WESTENBRINK arbeitete das Verfahren für die gleichzeitige Bestimmung von Cocarboxylase und Aneurin aus. Die Erfassungsgrenze soll angeblich bei 0,00005 γ Cocarboxylase und 0,0005 γ Aneurin liegen.

Vitamin B$_1$-Einheiten.

Bevor die Konstitution des Vitamin B$_1$ bekannt und das Vitamin noch nicht in reinem Zustande zugänglich war, wurde als internationaler Standard ein Vitaminkonzentrat gewählt, und zwar wurde von der Kommission für biologische Standardisierung des Völkerbundes im Jahre 1931 ein von B. JANSEN und DONATH aus dem Extrakt von Reisschalen in bestimmter Weise hergestelltes Adsorbat auf Fullererde als internationaler Standard definiert. 1 I.E. wurde als die biologische Wirkung von 10 mg dieses Standardadsorbats festgesetzt. Bevor diese Einheit eingeführt war, wurde als Einheit auch die Menge verwendet, die notwendig war, um die Polyneuritissymptome bei Tauben zu heilen; sie wurde Taubeneinheit genannt. Außerdem verwendete man als Einheit diejenige Menge Vitamin B$_1$, die notwendig war, um ein Wachstum von Vitamin B$_1$-frei ernährten Ratten bei 3 g je Woche während einer Periode von 8 Wochen zu gewährleisten. Die Kost dieser Ratten war ebenfalls festgelegt. Diese Einheit wurde als Sherman oder Sherman-Chase-Einheit bezeichnet.

Nachdem Vitamin B$_1$ in reiner krystallisierter Form zugänglich geworden war, wurde es von vielen Forschern vorgezogen, die Vitamin B$_1$-Mengen in absolutem Maß als mg oder Mikrogramm (γ) Vitamin B$_1$ oder Aneurinhydrochlorid anzugeben. Das reine Aneurinhydrochlorid wurde auch von vielen Forschern statt des internationalen Standardpräparates als Bezugssubstanz gewählt.

Es ist deshalb von der größten Bedeutung, die Menge des reinen Vitamin B$_1$ in internationalen Einheiten zu kennen, damit man die in internationalen Einheiten angegebenen Vitamin B$_1$-Mengen in absolutem Maß in Milligramm umrechnen kann oder umgekehrt. Eine Reihe Forscher hat sich damit befaßt, die Menge des Vitamin B$_1$ in dem internationalen Standardpräparat bzw. die biologische Wirkung des reinen Aneurinhydrochlorids im Vergleich zum Standardpräparat zu bestimmen.

Die folgende Tabelle zeigt das Ergebnis dieser Feststellungen.

Tabelle 16. Vitamin B$_1$-Gehalt des internationalen Standardpräparates.

Methode	1 I.E. 10 g Fullererde entsprechen B$_1$-Hydrochlorid in γ	Verfasser
Biologische Methoden:		
Kurativer Taubentest . .	1,5	Ohdake und Yamagishi 1935
Rattenwachstumstest. . .	1,5	Ohdake und Yamagishi 1935
Rattenwachstumstest. . .	5	Waterman und Ammerman 1935
Kurative Taubenmethode.	2,3	Kinnersley, O'Brien und Peters 1935
Katatorulintest	2	Kinnersley und Peters 1936 (2)
Kurative Rattenpolyneuritismethode	3	B. Jansen 1936 (2)
Bradykardiemethode . . .	3	Leong und Harris 1937 (1)
Bradykardiemethode . . .	2,3	W. Karrer und Kubli 1937
Kurative Rattenpolyneuritismethode	2,5	Sampson und Keresztesy 1937
Kurative Rattenpolyneuritismethode	3,07	Greene und Black 1937
Kückenwachstumsmethode	3	Arnold und Elvehjem 1938 (1)
Rattenwachstumsmethode	3	Arnold und Elvehjem 1938 (2)
Bradykardiemethode . . .	3	Lunde, Kringstad und Olsen 1938 (1)
Rattenwachstumsmethode	3,1	Euler und Willstaedt 1938
Rattenwachstumsmethode	4	Sampson 1938
Rattenwachstumsmethode	3,1	Randoin und Gallic 1938
Chemische Methoden:		
Thiochrommethode. . . .	2,4	B. Jansen 1936 (1)
Thiochrommethode. . . .	2,3	W. Karrer und Kubli 1937
Thiochrommethode. . . .	2,5	Pyke 1937 (1)
Thiochrommethode. . . .	3	Lunde, Kringstad und Olsen 1938 (1)
Thiochrommethode. . . .	2,8	Meunier und Blancpain 1939

Wie aus der Tabelle 16 hervorgeht, ist die Übereinstimmung zwischen den verschiedenen Verfahren nicht sehr gut. Da sowohl das krystallisierte Vitamin B_1 und das internationale Standardpräparat einheitlich sind, müssen diese verschiedenen Werte auf die Versuchsmethodik zurückgeführt werden, wahrscheinlich auf das verschieden große Vermögen der Tiere, die Präparate auszunützen. Es ist jedoch ersichtlich, daß der von LUNDE, KRINGSTAD und OLSEN (1) chemisch ermittelte Wert in guter Übereinstimmung ist mit dem nach der Bradykardiemethode sowohl von LEONG und HARRIS (1) als auch von uns gefundenen und auch mit dem von B. JANSEN (2) ermittelten Wert. Wir halten deshalb diesen Wert für den richtigen.

Es ist somit 1 I.E. Vitamin B_1 = 3 γ Aneurinhydrochlorid.

Einige der älteren Bestimmungen, insbesondere von Forschern in den Vereinigten Staaten, sind in SHERMAN-Einheiten angegeben. 1 I.E. entspricht nach WATERMAN und AMMERMAN 2 SHERMAN-CHASE-Einheiten. Dies steht auch in Übereinstimmung mit den bei WILLIAMS (2) zitierten Versuchen von SAMPSON, wonach 1 I.E. des internationalen Standardpräparates bei Vitamin B_1-frei ernährten Ratten ein Wachstum von 6,7 g je Woche bewirkte, also eine etwa doppelt so große wöchentliche Zunahme, wie es einer SHERMAN-Einheit entsprechen sollte.

Bedeutung des Vitamin B₁ für die Ernährung. Bedarf.

Wie bereits erwähnt, spielt das Vitamin B_1 beim Kohlehydratstoffwechsel eine große Rolle. Der Vitaminbedarf ist deshalb auch abhängig von der mit der Nahrung zugeführten Menge Kohlehydrate. Der von verschiedenen Forschern angegebene geringere Bedarf an Vitamin B_1 bei fettreicher Nahrung ist wahrscheinlich nicht durch die erhöhte Fettzufuhr, sondern durch die bei der fettreichen Nahrung geringere Kohlehydratzufuhr bedingt. COWGILL hat den Vitamin B_1-Bedarf von Menschen und Tieren eingehend studiert. Er kommt zu dem Schluß, daß der Bedarf an Vitamin B_1 vom Gewicht der Tiere und von dem Verbrennungswert der Nahrung in Calorien abhängig ist, und zwar nach folgender Formel: Vitamin B_1/Calorien = K × Gewicht. Hier ist K eine Konstante, die für die betreffende Tiergattung charakteristisch ist. „American Medical Association, Council of Pharmacy" hat den Bedarf bei Menschen zu 50 I.E. je Tag für Kinder und bis zu 200 I.E. für Erwachsene festgestellt (EDDY und DALLDORF). Diese Werte fallen innerhalb der nach COWGILL berechneten. STEPP, KÜHNAU und SCHROEDER geben den täglichen Mindestbedarf zu 250—750 γ Aneurinhydrochlorid an. Dies sollte 80 bis 250 I.E. entsprechen, indem wir mit dem nach den neuesten Untersuchungen bestimmten Wert für die biologische Wirksamkeit von Aneurinchlorid: 1 I.E. Vitamin B_1 = 3 γ Aneurinchlorid, rechnen. Die Hygienesektion des Völkerbundes setzt den Mindestbedarf zu 300 Einheiten

Vitamin B$_1$ an, entsprechend 900 γ. STIEBELING gibt den Bedarf an Vitamin B$_1$ in Abhängigkeit vom Alter an, wie aus folgender Tabelle ersichtlich:

Tabelle 17. Bedarf an Vitamin B$_1$ nach STIEBELING.

	Bedarf an Vitamin B$_1$ in I.E. je Tag
Kinder unter 4 Jahren	60—150
Knaben 4—6; Mädchen 4—7 Jahre .	75—188
Knaben 7—8; Mädchen 8—10 Jahre .	105—262
Knaben 9—10; Mädchen 11—13 Jahre	120—300
Frauen mit leichterer Arbeit und Knaben 11—12 Jahre; Mädchen über 13 Jahre	125—308
Frauen mit schwerer Arbeit und Knaben 13—15 Jahre	150—385
Knaben über 15 Jahre	200—500
Männer mit leichterer Arbeit.	150—385
Männer mit schwerer Arbeit	225—562
Durchschnitt	140—350

WILLIAMS (2) hat die Angaben von COWGILL kritisiert. Er ist der Ansicht, daß der Vitamin B$_1$-Bedarf im wesentlichen von den zugeführten Mengen an Kohlehydraten abhängig ist und kommt zu dem Ergebnis, daß das Verhältnis zwischen zugeführten γ Vitamin B$_1$ und Nichtfettcalorien größer als 0,3 sein muß, um beim normalen Menschen Beriberi zu verhindern. Bei den verschiedenen Tiergattungen findet man wenig Unterschied; er führt an, daß Tiere etwa 1 γ Aneurinhydrochlorid je Gramm umgesetztes Kohlehydrat brauchen, um frei von Polyneuritissymptomen zu bleiben. Er gibt weiter die Menge, die notwendig ist, um Polyneuritissymptome bei Menschen zu verhindern, zu 750 γ Aneurinhydrochlorid je Tag an.

WILLIAMS (2) weist weiter besonders darauf hin, daß die Vitamin B$_1$-Menge, die notwendig ist, um normales Wachstum zu gewährleisten, viel größer ist als die Menge, die notwendig ist, um Polyneuritissymptome zu verhindern, daß mit anderen Worten der optimale Bedarf an Vitamin B$_1$ um ein Vielfaches größer ist als der minimale Bedarf. Der Bedarf an Vitamin B$_1$ ist auch im Kindesalter sowie während der Schwangerschaft und der Lactation erhöht.

Tabelle 18. Täglicher Bedarf an Vitamin B$_1$.

Bedarf in γ B$_1$	Jahr	Verfasser
900—1500	1934	COWGILL
900	1935	BURNET und AYKROYD
> 900	1935	MÜLLER
1125	1935	JUNG (2)
900	1936	SCHEUNERT (7)
2700	1936	ANDROSS
1125	1936	VAN VEEN [SCHEUNERT (7)]
1500	1937	COPPING und ROSCOE
1500	1937	BAKER und WRIGHT (3)
1500	1937	DRUMMOND (5)
1000—2000	1938	STEPP, KÜHNAU u. SCHROEDER
500	1938	LANGFELDT

Die Tabelle 18 gibt eine Übersicht über den von verschiedenen Forschern angegebenen Bedarf an Vitamin B$_1$.

Auf die Bedeutung einer erhöhten Zufuhr von Vitamin B$_1$ für die Anorexie (Appetitlosigkeit) bei Kindern wurde von vielen Forschern hingewiesen. Durch Versuche in den Vereinigten Staaten hat man auch eindeutig zeigen können, daß der optimale Bedarf an Vitamin B$_1$ oft nicht gedeckt ist. So haben GAYNOR und DENNETT einen Versuch mit Säuglingen angestellt. 100 normale Kinder erhielten Trockenmilch, der ein besonders präparierter wässeriger Extrakt aus Reisschalen als B$_1$-Quelle zugesetzt war. 50 Kinder erhielten Trockenmilch ohne diesen Zusatz. Der Versuch dauerte 5 Monate. Es zeigte sich, daß das Wachstum durch die B$_1$-Zufuhr günstig beeinflußt war. Appetitlosigkeit und Magen-Darmstörungen waren beseitigt, die Kinder sahen gesund aus und zeigten auch eine bessere Resistenz gegen Infektionen. Die Kinder der Vitamin B$_1$-Gruppe waren im ganzen lebhafter und zeigten weniger nervöse Erscheinungen. Sie schliefen besser und hatten praktisch keine der üblichen, bei Säuglingen vorkommenden Beschwerden. MORGAN und BARRY erhielten günstige Ergebnisse mit Vitamin B-Gaben an untergewichtige Kinder. Sie erreichten Gewichtszunahmen von 150—170% mehr als die erwartete Gewichtszunahme, wenn die Kinder 2 Weizenkeimbrötchen zum zweiten Frühstück erhielten, während die Kontrollgruppe, mit Brötchen aus gewöhnlichem Weizenmehl nur 50—71% der erwarteten Gewichtszunahme im gleichen Zeitraum zeigte.

SUMMERFELDT erhielt ebenfalls gute Ergebnisse mit Vitamin B bei unterernährten Kindern. Wenn jede Woche 120 g Weizenkeime und 8 g Hefe mit dem Frühstück gegeben wurden, waren in 10 Wochen Gewichtszunahmen von 4,54 und 5,27 Pfund festzustellen, während die Kontrollgruppe, die diese Zulagen nicht bekam, nur eine Gewichtszunahme von 1,25 und 1,27 Pfund zu verzeichnen hatte.

Ross und SUMMERFELDT zeigten in einem späteren Versuch, daß die größere Gewichtszunahme in der ersten Gruppe jedenfalls teilweise dem Vitamin B$_1$-Gehalt der Zulagen zugeschrieben werden mußte.

KNOTT ist der Ansicht, daß Anorexie bei Kindern vielfach durch Vitamin B-Mangel bedingt ist und die Häufigkeit dieser Erscheinung auf einen Mangel an Vitamin B$_1$ in der Nahrung deutet. KNOTT gibt nach einer experimentellen Untersuchung den optimalen Bedarf der Kinder mit 20 Einheiten je Kilogramm Körpergewicht an.

In einer Arbeit von SCHLUTZ, KNOTT und Mitarbeitern werden Ergebnisse mitgeteilt, die bei Zusatz von Vitamin B$_1$ zur Nahrung an Kindern im Alter von 4—11 Jahren erreicht wurden. Die Kinder, die Vitamin B$_1$ als Zulage erhielten (etwa 150 I. E. je Tag), nahmen 17—25% mehr Nahrung zu sich als die Kinder ohne Vitamin B$_1$-Zulage.

Auf den erhöhten Bedarf an Vitamin B$_1$ während der Schwangerschaft ist bereits hingewiesen worden. PLASS und MENGERT machen auf diese Graviditätspolyneuritis aufmerksam und führen das Schwangerschaftserbrechen auf Vitamin B$_1$-Mangel zurück. Auch für das Auftreten von Zahncaries soll der Vitamin B$_1$-Gehalt der Nahrung Bedeutung haben.

KELLOGG und EDDY konnten zeigen, daß eine Vitamin B_1-reiche Ernährung die Säurezerstörung des Schmelzes bei Ratten verhinderte. Nach GRÜNIG ist das Vitamin B_1 auch für die Verhütung von Zahncaries bei Menschen wichtig. Vitamin B_1-Mangel wird weiter als mitwirkende Ursache für die Entstehung von Geschwüren in Magen und Duodenum verantwortlich gemacht (SCHIÖDT). Ähnliche Angaben finden wir noch bei MACKIE und POUND.

Vorkommen des Vitamin B_1.

Das Vitamin B_1 ist sehr verbreitet. Man findet es in den meisten sowohl pflanzlichen als tierischen Nahrungsmitteln, jedoch im allgemeinen in geringen Mengen. Wichtig aber sind vor allem die Getreidearten, wo das Vitamin B_1 sich besonders in den Schalen befindet. Die Vollmehle sind deshalb bedeutend reicher an diesem Vitamin als die fein ausgemahlenen Mehlsorten. Die Tabelle 19 gibt eine Übersicht über den Vitamin B_1-Gehalt der hauptsächlichsten Getreidearten. Wichtige Quellen sind sonst Nüsse, Erbsen und andere Samen. Vor allem ist aber Hefe sehr reich an Vitamin B_1, wie aus der Tabelle 19 hervorgeht. Auch die Leber von Warmblütern enthalten verhältnismäßig viel Vitamin B_1. LUNDE, KRINGSTAD und OLSEN (1), die besonders das Vorkommen dieses Vitamins in Fischen und Fischprodukten eingehend untersuchten, konnten einen sehr hohen Gehalt an Vitamin B_1 in dem Rogen der mageren Fischarten feststellen. So fanden sie in dem Rogen von Dorsch, Kohlfisch (Seelachs), Schellfisch und anderen Magerfischen 200—700 I.E. Vitamin B_1 je 100 g, im allgemeinen 300—400 I.E. Dies ist ungefähr der gleiche Betrag wie in feuchter Hefe und mehr als in allen anderen Nahrungsmitteln. Dagegen enthielt der Rogen der Clupeiden, Hering und Brisling nur sehr geringe Mengen Vitamin B_1. Diese Befunde konnten später von PYKE (2) bestätigt werden, der ebenfalls in Dorschrogen einen hohen Gehalt an Vitamin B_1 nachweisen konnte, nämlich 300 I.E. je 100 g. Im Heringsrogen fand er dagegen, ebenfalls in Bestätigung unserer früheren Untersuchungen, nur Spuren von Vitamin B_1.

Bemerkenswert ist es, daß gerade bei den Clupeiden andere Verhältnisse gefunden wurden. Die Clupeiden gehören zu den Fischen, die das Fett in der Muskulatur speichern, im Gegensatz zu den mageren Fischen, die das Fett in der Leber speichern. Typische Repräsentanten dieser letzteren Art sind die Gadusarten, die gerade einen großen Vitamin B_1-Gehalt im Rogen aufweisen. Es liegt deshalb nahe anzunehmen, daß Vitamin B_1 eine Rolle beim Fettstoffwechsel spielt. Ganz einfach scheinen die Verhältnisse doch nicht zu sein, denn die Makrele, die ebenfalls zu den Fischen gehört, die das Fett in der Muskulatur speichern, hat relativ viel Vitamin B_1 im Rogen, etwa 100—200 I.E. je 100 g, immerhin weniger als die Gadusarten.

Tabelle 19. Vitamin B_1 in Nahrungsmitteln in I.E. je 100 g.

Produkt	Vitamin B_1 biologisch	Vitamin B_1 biologisch + chemisch	Jahr	Verfasser
Fischfleisch				
Gadusarten . .	30—40		1935	BAKER und WRIGHT (1)
		10—30	1938	LUNDE, KRINGSTAD und OLSEN (1)
Schollefleisch . .	60		1938	BAKER und WRIGHT (1)
		40	1938	LUNDE, KRINGSTAD und OLSEN (1)
Heringsfleisch . .		10	1938	
Makrelefleisch . .		45	1938	
	29—31		1940	
Brisling				LIE und LUNDE
(ganze Fische)		12	1940	
Rogen (Gadus-				
arten)		200—700 (normal 300 bis 400)	1938	LUNDE, KRINGSTAD und OLSEN (1)
Dorschrogen . . .	120—360	210—280	1940	LIE und LUNDE
Schellfischrogen .	420	600	1940	
Heringsrogen. . .		10—15	1938	LUNDE, KRINGSTAD und OLSEN (1)
Dorschleber . . .		90—130	1938	
	40—75	20—44	1940	LIE und LUNDE
Leber (anderer				LUNDE, KRINGSTAD und OLSEN (1)
Gadusarten) .		30—100	1938	
Dorschmilch . . .	60—70		1940	LIE und LUNDE
Schweinefleisch,				
mageres . . .	220		1935	BAKER und WRIGHT (1)
	(350)		1936	CHRISTENSEN, LATZKE und HOPPER
		240[1]	1937	PYKE (1)
		130—180	1938	LUNDE, KRINGSTAD und OLSEN (1)
	300—510		1939	MICKELSEN, WAISMAN und ELVEHJEM (2)
Ochsenfleisch . .	30—50		1935	BAKER und WRIGHT (1, 2)
	(30)		1936	CHRISTENSEN, LATZKE und HOPPER
		16—26	1938	LUNDE, KRINGSTAD und OLSEN (1)
Kalbfleisch . . .		25—35	1938	
Lammfleisch . . .	60		1935	BAKER und WRIGHT (1)
		16—20	1938	LUNDE, KRINGSTAD und OLSEN (1)
	110		1939	MICKELSEN, WAISMAN und ELVEHJEM (2)
Hühnerfleisch . .	48		1940	LIE und LUNDE
Walfleisch	20—28	14	1940	
Ochsenleber . . .	150		1935	BAKER und WRIGHT (1)
		90—120	1938	LUNDE, KRINGSTAD und OLSEN (1)

[1] Nur chemisch bestimmt.

Vitamin B$_1$ (Aneurin).

Tabelle 19 (Fortsetzung).

Produkt	Vitamin B$_1$ biologisch	Vitamin B$_1$ biologisch + chemisch	Jahr	Verfasser
Ochsenleber . . .	130		1939	MICKELSEN, WAISMAN und ELVEHJEM (2)
Hühnerleber . . .	40—70 260—340	55	1940 1940	} LIE und LUNDE
Schweineleber . .		90—125	1938	LUNDE, KRINGSTAD und OLSEN (1)
	155		1939	MICKELSEN, WAISMAN und ELVEHJEM (2)
Eidotter	100		1936	CARO und LOCATELLI
		160[1]	1937	PYKE (1)
	100		1939	LUNDE, KRINGSTAD und OLSEN (5)
Milch	23		1935	BAKER und WRIGHT (1)
		25[1]	1937	PYKE (1)
Grüne Bohnen .		17—21 25—30	1939 1939	
Schnittbohnen . .		25	1939	} LUNDE, KRINGSTAD und OLSEN (5, 6)
Grüne Erbsen . .		70—100	1939	
Markerbsen, japanisch	90	73	1940	LIE und LUNDE
Zuckererbsen . . .		35—45	1939	LUNDE, KRINGSTAD und OLSEN (5, 6)
	60	36	1940	LIE und LUNDE
Sojabohnen . . .	320—480		1940	HALVERSON und SHERWOOD
Blumenkohl . . .	110 (roh) 30 (gekocht)		1935 1935	} BAKER und WRIGHT (1)
		30—40	1939	LUNDE, KRINGSTAD und OLSEN (6)
	40—50 (roh)		1938	BAKER und WRIGHT (2)
	45—48		1940	PYKE (3)
Spinat	20		1933	GHOSH und GUHA (1)
	70		1935	BAKER und WRIGHT (1)
	23	29	1940	} LIE und LUNDE
Löwenzahn, Blätter	90	90	1940	
Tomaten	40		1935	BAKER und WRIGHT (1)
		20	1939	LUNDE, KRINGSTAD und OLSEN (5)
Treibhaustomaten	11	10	1940	LIE und LUNDE
Weiße Rüben . .		10	1939	LUNDE, KRINGSTAD und OLSEN (5)
Radieschen . . .	60		1935	BAKER und WRIGHT (1)
	6		1937	C. D. MILLER (2)
		12	1938	LUNDE, KRINGSTAD und OLSEN (1)

[1] Nur chemisch bestimmt.

Tabelle 19 (Fortsetzung).

Produkt	Vitamin B$_1$ biologisch	Vitamin B$_1$ biologisch + chemisch	Jahr	Verfasser
Karotten	60		1935	BAKER und WRIGHT (1)
		20	1939	LUNDE, KRINGSTAD und OLSEN (5)
	31	20	1940	LIE und LUNDE
Kartoffeln . . .	40		1935	BAKER und WRIGHT (1)
		30—50	1939	LUNDE, KRINGSTAD und OLSEN (5)
	25—30		1938	STEPP (2)
	12—28		1940	LIE und LUNDE
Beeren		6—12	1938	LUNDE, KRINGSTAD und OLSEN (1)
Hagebutten, ohne Kerne.	15—20		1940	LIE und LUNDE
Nüsse	100—200		1935	BAKER und WRIGHT (1)
Weizenkeimmehl .	600		1937	SCHEUNERT und SCHIEBLICH (2)
	600—840		1937	LEONG und HARRIS (2)
		560—800[1]	1937	PYKE (1)
		730—810	1938	LUNDE, KRINGSTAD und OLSEN (1)
		420—500	1939	LUNDE, KRINGSTAD und OLSEN (2)
Weizenmehl: Vollmehl . . .	150		1937	LEONG und HARRIS (2)
		130—160	1939	LUNDE, KRINGSTAD und OLSEN (2)
	150—175		1941	SCHULERUD, KANTER und ERICHSEN
Weizenmehl: feingemahlen. .	20—30		1937	LEONG und HARRIS (2)
	24		1937	SCHEUNERT und SCHIEBLICH (2)
		25—44	1939	⎱ LUNDE, KRINGSTAD und
Weizenschrot. .		200	1939	⎰ OLSEN (2)
Roggenmehl: Vollmehl . . .	136		1935	MORGAN und FREDERICK
	100		1937	SCHEUNERT und SCHIEBLICH (2)
		140	1939	LUNDE, KRINGSTAD und OLSEN (2)
	155—175		1941	SCHULERUD, KANTER und ERICHSEN
65%ig	50		1937	SCHEUNERT und SCHIEBLICH (2)
		53	1939	LUNDE, KRINGSTAD und OLSEN (2)

[1] Nur chemisch bestimmt.

Tabelle 19 (Fortsetzung).

Produkt	Vitamin B$_1$ biologisch	Vitamin B$_1$ biologisch + chemisch	Jahr	Verfasser
Roggenmehl				
65%ig	55—75		1941	SCHULERUD, KANTER
85%ig	90—105		1941	und ERICHSEN
95%ig	155		1941	
Roggenschrot .		175—240	1939	LUNDE, KRINGSTAD und
Hafermehl (Voll-				OLSEN (2)
mehl)		150—170	1938	
		110—170	1938	BAKER und WRIGHT (2)
Gerste (Vollmehl)		155—210	1939	LUNDE, KRINGSTAD und
Maismehl		160	1939	OLSEN (2)
Bierhefe, getrock-				
net	600—2300		1935	BAKER und WRIGHT (1)
		1300[1]	1937	PYKE (1)
		800—2000	1938	LUNDE, KRINGSTAD und
Bierhefe, feucht .		250—400	1938	OLSEN (1)
Holzzucker-				
trockenhefe . .	500—800		1940	SCHEUNERT und WAG-NER (6)

[1] Nur chemisch bestimmt.

Es sei in diesem Zusammenhang auch daran erinnert, daß Schweinefleisch sehr viel Vitamin B$_1$ enthält, während das Fleisch der anderen untersuchten Warmblüter, die keine Speckschicht haben, sehr wenig Vitamin B$_1$ enthält.

Auch die Leber der Magerfische wurde als eine gute Vitamin B$_1$-Quelle gefunden, während die Leber des Herings wiederum sehr arm an diesem Vitamin war. LUNDE, KRINGSTAD und OLSEN (1) untersuchten auch die anderen Organe der Fische, sowie das Fischfleisch einer Reihe verschiedener Fischarten, sowohl nach dem chemischen fluorimetrischen Verfahren als auch nach der Bradykardiemethode. Auf alle Ergebnisse dieser Untersuchung kann hier nicht eingegangen werden. Es sind nur einige der wichtigsten Bestimmungen mit in die Tabelle 19 aufgenommen worden.

In Übereinstimmung mit anderen Forschern konnten LUNDE, KRINGSTAD und OLSEN (1) auch feststellen, daß der Gehalt an Vitamin B$_1$ in Schweinefleisch etwa 5—10mal so groß ist wie im Fleisch der anderen Haustiere, im Kalbfleisch, Ochsenfleisch und Lammfleisch.

Die Gemüse haben einen mittleren Gehalt an Vitamin B$_1$. Auf den relativ hohen Gehalt an Vitamin B$_1$ in Kartoffeln wird besonders hingewiesen, da die Kartoffel eines unserer wichtigsten Nahrungsmittel ist.

Beständigkeit des Vitamin B₁.
Chemische Eigenschaften.

Vitamin B_1 ist in Wasser löslich. Es kommt in den Nahrungsmitteln zum großen Teil als Pyrophosphorsäureester, als das Co-Ferment der Carboxylase vor, worauf früher (S. 52) bereits eingegangen wurde.

Die Carboxylase wird beim Kochen zerstört, indem die Eiweißkomponente des Enzyms denaturiert wird. Sowohl der Phosphorsäureester als auch das reine Vitamin B_1 sind wasserlöslich und werden beim Kochen zum Teil aus den Nahrungsmitteln ausgezogen.

Vitamin B_1 ist empfindlich gegen Alkali. Bei Zusatz von Natronlauge wird zuerst das eine Molekül Salzsäure neutralisiert und abgespalten. Bei Zusatz von weiteren Mengen Alkali wird auch das zweite Salzsäuremolekül neutralisiert und der Thiazolring geöffnet. Bei Zusatz von Salzsäure geht die ganze Reaktion wieder zurück. Falls aber die Lösung eine Zeitlang alkalisch stehen bleibt, geht die Reaktion, wenn die Lösung angesäuert wird, nur teilweise zurück. Das Vitamin B_1 ist demnach sehr empfindlich gegen Alkali.

Vitamin B_1 ist auch empfindlich gegen Temperaturerhöhung. Nach WILLIAMS (2) ist aber das reine Aneurinhydrochlorid verhältnismäßig stabil gegen Erwärmung, und Lösungen können sterilisiert werden, ohne daß eine Veränderung zu befürchten ist. Nach SAMPSON und WILLIAMS können Lösungen von Vitamin B_1 bei einer Wasserstoffionenkonzentration von $p_H = 3{,}0$ eine Stunde auf 140^0 erhitzt werden, ohne wesentliche Verluste an Vitamin B_1. Mit $p_H = 7{,}0$ gehen bei dieser Behandlung etwa 50% des Vitamin B_1 verloren.

Das Vitamin B_1 läßt sich durch Oxydation in Thiochrom überführen. Diese Reaktion wurde bereits bei der Besprechung der chemischen Methoden zur Bestimmung des Vitamin B_1 beschrieben.

Beständigkeit des Vitamin B₁ in Nahrungsmitteln beim Lagern und Trocknen.

Es liegen verhältnismäßig wenige Untersuchungen über das Verhalten des Vitamin B_1 in Nahrungsmitteln beim Lagern vor. COOPER teilt mit, daß getrocknete und 2 Jahre aufbewahrte Hefe genau so wirksam als B_1-Quelle war wie frische Hefe. HOUSE, NELSON und HABER (1) teilen mit, daß sie keine Verluste an Vitamin B_1 beim Lagern von Karotten während 5 Monaten feststellen konnten. Ähnliche Beobachtungen werden auch von DOUGLASS und RICHARDSON mitgeteilt. LANGLEY, RICHARDSON und ANDES konnten ebenfalls diese Befunde bestätigen, indem sie nach 4 Monate langem Lagern von Karotten im Keller keine Verluste an Vitamin B_1 feststellen konnten. Im Gegensatz zu diesen Ergebnissen steht eine Beobachtung von JONES und NELSON, die allerdings nur an Hand eines begrenzten Materials einen deutlichen Verlust an Vitamin B_1

beim Lagern von Tomaten ergab. MORGAN, KIMMEL, FIELD und NICHOLS untersuchten die Einwirkung von Einfrieren und Trocknen auf den Vitamin B$_1$-Gehalt von Weintrauben. Sie finden einen relativ guten Gehalt an Vitamin B$_1$ in Weintrauben. Beim Einfrieren geht ein großer Teil verloren, so daß die gefrorenen Trauben nur 37% des ursprünglichen Vitamin B$_1$ enthalten. In der Sonne getrocknete Weintrauben enthalten bedeutend mehr.

MORGAN, HUNT und SQUIER untersuchten den Vitamin B$_1$-Gehalt von getrockneten Pflaumen. Sie fanden etwa 65 I.E. Vitamin B$_1$ je 100 g. Angaben über den Vitamingehalt der frischen Pflaumen wurden nicht gemacht. MORGAN, FIELD, KIMMEL und NICHOLS konnten diese Beobachtung bestätigen. In frischen Feigen fanden sie 25 I.E. Vitamin B$_1$ je 100 g. In den ungeschwefelten getrockneten Pflaumen blieben 61% des Vitamin B$_1$ erhalten und in den geschwefelten Produkten nur 37% oder weniger.

MORGAN (1) gibt ebenfalls an, daß beim Trocknen von Pfirsichen, Pflaumen, Aprikosen und Trauben ein schädigender Einfluß der schwefligen Säure festgestellt werden konnte, dagegen das Trocknen in der Sonne das Vitamin B$_1$ nicht schädigte.

KONDO und OKAMURA untersuchten den Vitamin B$_1$-Gehalt von Reisschalen. Eine Aufbewahrung während 4 Jahren in Kohlensäureatmosphäre schädigte den Vitamin B$_1$-Gehalt nicht. Dagegen konnten deutliche Verluste bei denjenigen Proben festgestellt werden, die in gewöhnlichen Säcken aufbewahrt waren.

Auch in tierischen Nahrungsmitteln bleibt der Vitamin B$_1$-Gehalt beim Lagern größtenteils erhalten. WRIGHT untersuchte den Vitamin B$_1$-Gehalt von Ochsen- und Lammfleisch nach 2 Jahren Lagerung, und von Schweinefleisch nach einer Lagerung von 9 Jahren. Der Vitamin B$_1$-Gehalt war in dem gelagerten Produkt ebenso groß wie in dem frischen.

ARNOLD und ELVEHJEM (3) trockneten Nieren, Milz und Lungen vom Ochs sowie Schweinsgehirn im Vakuum, verpackten sie luftdicht in Konservendosen und untersuchten nach zweijähriger Lagerung den Gehalt an Vitamin B$_1$. Der Schwund war bei der Milz sehr gering, betrug bei den anderen Produkten bis zu 20%.

FINDLAY untersuchte den Vitamin B$_1$-Gehalt von Linsen, die 38 Jahre gelagert waren. Verglichen mit frischen Linsen schienen geringe Verluste an Vitamin B$_1$ stattgefunden zu haben. Ein Vergleich mit dem frischen Produkt konnte natürlich nicht vorgenommen werden. B. JANSEN (3) gibt an, daß die Wirksamkeit von Reis nach einer Lagerung von 100 Jahren unverändert war.

Bekannt ist ja auch, daß das Vitamin B$_1$, so wie es im FULLER-Erdeadsorbat vorliegt, jahrelang haltbar ist. Eine Änderung in der Wirkung des internationalen Standardpräparates hat nicht nachgewiesen werden können.

Die Einwirkung des Erhitzens auf Vitamin B$_1$.

Trockenes Erhitzen auf 100° hatte keinen Einfluß auf den Gehalt an Vitamin B$_1$, wie durch Untersuchungen von KEENAN und KLINE festgestellt wurde. Bei feuchtem Erhitzen auf 100° in 24 Stunden wurde das Vitamin B$_1$ in Nahrungsmitteln zerstört. Wenn aber die Nahrungsmittel trocken erhitzt wurden, ertrug das Vitamin B$_1$ noch eine Temperatur von 120° während 24 Stunden. Erst nach einem Erhitzen während 144 Stunden bei dieser Temperatur war das Vitamin B$_1$ größtenteils zerstört.

ELVEHJEM, KLINE, KEENAN und HART untersuchten die Einwirkung des Erhitzens auf die Stabilität der Vitamin B-Faktoren. Sie weisen darauf hin, daß die übliche Methode zur Zerstörung des Vitamin B$_1$ in Hefe oder Hefeextrakten, die bei der Herstellung einer Vitamin B$_1$-freien Kostmischung verwendet wird, eine Erhitzung im Autoklav auf 120° während 5 Stunden ist. Es muß aber beachtet werden, daß das Vitamin B$_1$ bei trockenem Erhitzen nach dieser Vorschrift nicht zerstört wird. Nur bei Anwesenheit von Feuchtigkeit wird das Vitamin vernichtet. Auch die Wasserstoffionenkonzentration ist dabei von der größten Bedeutung, indem die Stabilität des Vitamin B$_1$ bei saurer Reaktion bedeutend größer und bei alkalischer Reaktion geringer ist.

In einer späteren Arbeit untersuchten KEENAN, KLINE, ELVEHJEM und HART weiter die Stabilität von Vitamin B$_1$. Mais und Weizenschrot konnten bei 100° im Autoklav trocken erhitzt werden, ohne daß das Vitamin B$_1$ vollständig zerstört wurde. Auch Erhitzen auf 120° in 24 Stunden vernichtet noch nicht das Vitamin B$_1$. Erst bei trockenem Erhitzen auf 120° während 144 Stunden wurde das Vitamin B$_1$ vollständig zerstört. Hefe, die bei 120° während 24 Stunden trocken erhitzt wurde, zeigte noch gute Vitamin B$_1$-Wirkung. Beim Erhitzen auf 120° in 144 Stunden war aber das Vitamin B$_1$ völlig vernichtet. Feuchtes Erhitzen in einem Autoklav bei p$_H$ = 6,0—6,5 in 5 Stunden vernichtete das Vitamin B$_1$ vollständig. Ähnlich verhielt sich auch Leber. Trockenes Erhitzen auf 100° während 24 Stunden hatte wenig Einwirkung auf das Vitamin B$_1$, während feuchtes Erhitzen bei der gleichen Temperatur (p$_H$ = 6,0—7,0) ebenfalls in 24 Stunden das Vitamin B$_1$ vollständig zerstörte.

Bereits im Anfang der Untersuchungen über Vitamin B$_1$ konnte eine große Stabilität gegen Erhitzung festgestellt werden. EIJKMAN (2) fand bereits im Jahre 1906 eine beträchtliche Stabilität des Vitamin B$_1$ in verschiedenen Getreiden bei Erhitzen auf Temperaturen zwischen 100° und 120°. Auch HOLST konnte durch Erhitzen von Hefe, Erbsen und Gerste bei 120° während $^1/_2$ Stunde keine Verluste der Vitamin B-Wirkung ermitteln.

CHICK und HUME konnten ebenfalls nur geringe Verluste an Vitamin B$_1$ in Hefeextrakt durch einstündiges Erhitzen auf 100° bemerken. Bei

120^0 waren die Verluste etwas größer. Immerhin waren in Hefeextrakt, der 2 Stunden auf 120^0 erhitzt worden war, noch etwa 30% der Vitaminwirkung vorhanden. DRUMMOND (4) fand ebenfalls nur sehr geringe Verluste an Vitamin B$_1$ im Hefeextrakt durch Erhitzen auf 100^0 während $^1/_2$ Stunde. Bei 120^0 waren aber die Verluste beträchtlich.

HAWCK, FISHBACK und BERGEIM trockneten Hefe bei 105^0 im Luftstrom und konnten keinen Einfluß auf die wachstumfördernde Wirkung bei Ratten feststellen. WILLIAMS (3) ermittelte auch nur geringe Verluste durch Erhitzen von Hefeextrakt auf 120^0 während $^1/_2$ Stunde. Fortgesetztes Erhitzen bei erhöhter Temperatur führt aber zu einem Verlust der Vitamin B$_1$-Wirkung. Nach EMMETT und LUROS geht somit die Vitamin B$_1$-Wirkung von Hefeextrakt durch Erhitzen auf 120^0 während 2—6 Stunden verloren.

McCOLLUM und DAVIS (2) fanden die Vitamin B$_1$-Wirkung von Weizenkeimen unverändert, nachdem diese 1 Stunde auf 120^0 erhitzt waren. CHICK und HUME untersuchten ebenfalls die Einwirkung des Erhitzens auf die Vitamin B$_1$-Wirkung von Weizenkeimen. Beim Erhitzen während 2 Stunden auf etwa 100^0 war die Vitamin B$_1$-Wirkung nur unwesentlich herabgesetzt. Das 40 Minuten lange Erhitzen zwischen 100^0 und 115^0 bewirkt eine Herabsetzung der Vitamin B$_1$-Wirkung auf etwas weniger als die Hälfte. Wurde 2 Stunden auf etwa 120° erhitzt, so war die Vitamin B$_1$-Wirkung auf weniger als $^1/_{10}$ herabgesetzt.

Eine Reihe weiterer Arbeiten zeugt ebenfalls für eine beträchtliche Hitzestabilität des Vitamin B$_1$. Nach McCOLLUM, SIMMONDS und PITZ konnten durch Erhitzen von Bohnen auf 120^0 während $^1/_4$ Stunde keine Verluste an Vitamin B$_1$ festgestellt werden. EMMETT und STOCKHOLM erhitzten einen Extrakt aus unpoliertem Reis. Sie fanden, daß ein einstündiges Erhitzen auf 120^0 die Vitamin B$_1$-Wirkung nicht schädigte. Bei zweistündigem Erhitzen war aber die Vitamin B$_1$-Wirkung verloren. Nach EMMETT und LUROS besitzt unpolierter Reis, der 1 Stunde auf 120^0 erhitzt worden war, noch Vitamin B$_1$-Wirkung, während zwei- und sechsstündiges Erhitzen bei der gleichen Temperatur die Vitamin B$_1$-Wirkung zerstört.

Verhalten des Vitamin B$_1$ beim Kochen und Konservieren.

Verhalten des Vitamin B$_1$ beim Kochen und Konservieren von Gemüsen und Obst.

Eine große Reihe Arbeiten, die sich mit dem Verhalten des Vitamin B$_1$ beim Kochen und Konservieren beschäftigen, insbesondere die Arbeiten von EDDY, KOHMAN und Mitarbeitern in den Vereinigten Staaten, sowie die Arbeiten von SCHEUNERT und Mitarbeitern in Deutschland, wurden zu einem Zeitpunkt ausgeführt, wo die Natur des Vitamin B-Komplexes wenig aufgeklärt war. Die Ergebnisse beziehen sich deshalb auf den gesamten Vitamin B-Komplex, und es läßt sich aus diesen Untersuchungen wenig über die Stabilität des Vitamin B$_1$ schließen. SCHEUNERT (2), der bei seinen diesbezüglichen Untersuchungen über den Vitamin B$_1$-Gehalt die Wirkung der Produkte auf das Wachstum von Vitamin B$_1$-frei ernährten Ratten bestimmte, kam zu dem Ergebnis, daß der Vitamin B$_1$-Gehalt von Gemüsen und Obst beim Kochen oder Konservieren überhaupt nicht oder nur ganz unwesentlich geschädigt wird. Zu einem ähnlichen Urteil gelangten auch KOHMAN, EDDY und Mitarbeiter, die ebenfalls den gesamten Gehalt an allen Vitamin B-Faktoren bei ihren Versuchen bestimmten [KOHMAN (1)].

Wir werden aber hier nur diejenigen Arbeiten berücksichtigen, worin die Wirkung des Kochens und Konservierens auf Vitamin B$_1$ und die anderen Faktoren des Vitamin B-Komplexes getrennt studiert wurden. In einer späteren Arbeit haben KOHMAN, EDDY und GURIN (1) den Einfluß auf die Vitamin B-Faktoren gesondert untersucht. Sie konnten feststellen, daß konserviertes Rübengras eine schlechte Quelle für Vitamin B$_1$ war. Auch frisch enthält aber dieses Gemüse wenig Vitamin B$_1$. Bestimmungen des Vitamin B$_1$-Gehaltes in dem frischen Gemüse wurden aber nicht ausgeführt. GUERRANT, DUTCHER, TABOR und RASMUSSEN untersuchten den Gehalt an Vitamin B$_1$ in konserviertem Ananassaft. Sie konnten feststellen, daß etwa 3,3 ml des Ananassaftes 1 I. E. Vitamin B$_1$ enthielt. Dies entspricht einem Gehalt von etwa 30 I. E. Vitamin B$_1$ je 100 ml. Untersuchungen über den Vitamingehalt des frischen Obstes wurden auch in diesem Falle nicht ausgeführt. HANNING (2) bestimmte den Gehalt an Vitamin B$_1$ in einer Reihe fabrikmäßig hergestellter *passierter* Gemüsekonserven. Ihre Arbeit, die unter allen Vorsichtsmaßnahmen durchgeführt wurde, umfaßte die Untersuchung von Tomaten, Erbsen, Karotten, Bohnen, roten Rüben und Spinat. Die Ergebnisse ihrer Bestimmungen sind in die Tabelle 24 aufgenommen. Eine Untersuchung des Vitamin B$_1$-Gehaltes der frischen Gemüse wurde auch bei diesen Untersuchungen nicht ausgeführt. Aus den vorliegenden Daten über den Vitamin B$_1$-Gehalt in den betreffenden Gemüsen kann man aber schließen, daß bei der Konservierung jedenfalls nur geringe Mengen des Vitamins verlorengegangen sein können.

JONES und NELSON untersuchten Tomatensaft von konservierten Tomaten. Aus den Gewichtskurven der Ratten kann man entnehmen, daß etwa 5 ml des Tomatensaftes ein Wachstum von 3 g je Woche bewirkten. Dies sollte etwa 10 I. E. Vitamin B$_1$ je 100 ml entsprechen.

ROSCOE (1) führte bei ihren Untersuchungen über die Verteilung der B-Faktoren in Gemüsen einen Versuch aus, wo sie Karotten als Vitamin B$_1$-Quelle der Versuchstiere einmal roh und einmal nach zwei- bis dreistündigem Kochen verwendete. Die Vitamin B$_1$-Wirkung war bei den gekochten Karotten eher etwas besser als bei den ungekochten. Sie führt dies auf die bessere Resorbierbarkeit zurück.

DYE und HERSHEY fanden Verluste an Vitamin B$_1$ von 45%, wenn Erbsen 5 Minuten blanchiert und 40 Minuten sterilisiert wurden. Wurden die Erbsen nicht blanchiert und die Sterilisierungszeit erhöht, so betrugen die Verluste in der Konserve nur 25% des Vitamin B$_1$. Bei ihren Versuchen berücksichtigten die Verfasser nicht die Aufgußflüssigkeit (Brühe), die zweifellos einen Teil des Vitamin B$_1$ enthalten haben muß.

MUNSELL und KIFER untersuchten den Vitamin B$_1$ Gehalt in rohem und gekochtem „Broccoli" (eine Art Blumenkohl). Sie geben an, daß 50% des Vitamin B$_1$-Gehaltes durch Kochen (15 Minuten) verlorengehen. DOUGLASS und RICHARDSON teilen mit, daß ein Teil des Vitamin B$_1$-Gehaltes von Karotten durch Konservieren verlorengeht. LANGLEY, RICHARDSON und ANDES finden ebenfalls Verluste an Vitamin B$_1$ durch Kochen und auch durch Konservieren von Karotten. RICHARDSON und MAYFIELD (2) untersuchten die Einwirkung des Kochens auf den Vitamin B$_1$-Gehalt von Rüben. Sie geben an, daß 40% des Vitamin B$_1$ durch Kochen verlorengingen. HOFF prüfte den Vitamin B$_1$-Gehalt von rohem, gekochtem und konserviertem Spinat. Da der Vitamin B$_1$-Gehalt des Spinates gering ist, wurden alle Proben in getrocknetem Zustande verabreicht. Aus seinen Versuchen schließt der Verfasser, daß beim haushaltüblichen Kochen mehr als die Hälfte des Vitamin B$_1$ verlorengeht. Auch beim Konservieren findet eine Abnahme des Vitamin B$_1$-Gehaltes um mehr als 50% statt. Jedoch waren die Verluste beim Konservieren nicht so groß wie beim Kochen. HOFF weist aber darauf hin, daß die wesentlichen Verluste durch die Vorbehandlung bedingt sind. Beim haushaltüblichen Kochen haben die löslichen Bestandteile wenigstens 15 Minuten Zeit, um in Lösung zu gehen. Bei der Konservenherstellung ist dies nur während der Dauer des Blanchierens, also höchstens während 2 Minuten der Fall, denn nach dem Einschließen in die Blechdosen verliert der Spinat kein Wasser mehr. Die Proben wurden bei Temperaturen über 100° sterilisiert. Daß die wesentlichsten Verluste von dem Auslaugen des Vitamin B$_1$ herrühren, geht noch daraus hervor, daß das Vitamin B$_1$ auch im Abkochwasser nachgewiesen werden konnte.

ROSE und PHIPARD untersuchten den Gehalt an Vitamin B$_1$ in Erbsen und Bohnen unter verschiedenen Bedingungen. Beim Kochen von Erbsen während 15 Minuten gingen 26% des Gehaltes an Vitamin B$_1$ verloren.

LECOQ prüfte den Einfluß des Konservierens auf eine synthetisch zusammengestellte vollwertige Basalnahrung für Tauben. Ein Teil der Tauben erhielt die Basalnahrung unbehandelt, ein anderer Teil bekam die gleiche Nahrung in Dosen sterilisiert. Aus seinen Versuchen ging hervor, daß das Vitamin B$_1$ durch die Konservierung zu etwa 30% zerstört wurde.

LUNDE, KRINGSTAD und OLSEN (1) beschäftigten sich mit dem Gehalt an Vitamin B$_1$ in einer Reihe Gemüsekonserven nach der chemischen Thiochrommethode. Das verwendete Verfahren wurde bereits früher ausführlich beschrieben. In den Gemüsekonserven wurden 13—26 I.E. je 100 g Doseninhalt (mit Aufgußflüssigkeit) gefunden. Die ermittelten Werte sind in der Tabelle 24 aufgeführt. Auch in diesem Falle wurde keine Bestimmung des Vitamingehaltes der frischen Gemüse vor der Konservierung durchgeführt, so daß die Verluste bei der Konservierung nicht bestimmt werden konnten. Vergleicht man aber die gefundenen Vitaminmengen mit den Mengen, die man gewöhnlich in den entsprechenden frischen Gemüsen findet, und zieht man gleichzeitig in Betracht, daß durch Zusatz der Aufgußflüssigkeit eine Verdünnung stattgefunden hat, so scheinen keine größeren Verluste stattgefunden zu haben.

In späteren Arbeiten haben LUNDE, KRINGSTAD und OLSEN (6) eingehende Untersuchungen über das Verhalten des Vitamin B$_1$ in Gemüsen beim Kochen und Konservieren ausgeführt, wobei auch der Vitamingehalt des frischen Produktes *vor* der Konservierung untersucht wurde. Es wurde bei diesen Untersuchungen das Verhalten des Vitamin B$_1$ in Zuckererbsen und Blumenkohl bei der Zubereitung im Haushalt untersucht. Die Zubereitung wurde sowohl durch Kochen als auch durch Dämpfen ausgeführt. Der Gehalt an Vitamin B$_1$ wurde sowohl in dem frischen als auch in dem gekochten und in dem gedämpften Produkt bestimmt. Auch der Vitamin B$_1$-Gehalt des Kochwassers bzw. des kondensierten Wasserdampfes wurde bestimmt (während des Dämpfens tropft kondensiertes Wasser ab). Sämtliche Bestimmungen wurden nach der chemischen Thiochrommethode durchgeführt. Ein Teil der Bestimmungen erfolgte auch biologisch nach der Bradykardiemethode, wobei sich eine befriedigende Übereinstimmung zwischen dem chemischen und dem biologischen Verfahren zeigte. Darauf soll später eingegangen werden.

Bei den Kochversuchen betrug die Zeit der Aufwärmung 5 Minuten und die effektive Kochzeit 12$^1/_2$ Minuten. Das Gewicht der Gemüse wurde sowohl vor als auch nach dem Kochen bestimmt und auch die Menge des Kochwassers. Bei den Dämpfungsversuchen befand sich das Gemüse auf einem Sieb oberhalb des kochenden Wassers. Die Zeit bis zum Kochen des Wassers betrug 5—6 Minuten. Die effektive Dämpfungszeit war 12$^1/_2$ Minuten. Die nachstehende Tabelle zeigt die Ergebnisse dieser Versuche.

Wie aus der Tabelle 20 ersichtlich ist, wird das gekochte Produkt schwerer und das gedämpfte etwas leichter als die Rohware. Beim Kochen von Zuckererbsen gehen 37% des Vitamin B$_1$ im Kochwasser, beim Blumenkohl 31,5% verloren. Insgesamt bleiben beim Kochen von Zuckererbsen 96% des Vitamin B$_1$-Gehaltes erhalten, beim Kochen von Blumenkohl 87%. Das erhaltene Vitamin B$_1$ verteilt sich auf das gekochte Produkt und auf das Kochwasser bei Zuckererbsen und bei Blumenkohl etwa gleichmäßig, indem 61—63% in dem gekochten Produkt vorhanden sind und 36—39% im Kochwasser. Beim Dämpfen geht eine geringere Menge des Vitamin B$_1$ ins Wasser über. Wir fanden

Tabelle 20. Verhalten des Vitamin B$_1$ beim Kochen und Dämpfen von Gemüsen. [Nach LUNDE, KRINGSTAD und OLSEN (6).]

Produkt	Gewicht in g	B$_1$ in I. E. je 100 g	B$_1$ in I. E. gesamt	B$_1$ erhalten in %	Verteilung des Vitamin B$_1$ in %
Zuckererbsen					
Roh	179	36	64,5	—	—
Gekocht	189	20	37,8	58,5	61
Kochwasser . . .	610	4	24,0	37,0	39
B$_1$ bewahrt, gesamt .	—	—	61,8	**96**	—
Roh	179	36	64,5	—	—
Gedämpft	157	27	42,5	66	78
Dampfwasser . . .	680	1,74	11,8	18,5	22
B$_1$ bewahrt, gesamt .	—	—	54,3	84	—
Blumenkohl					
Roh	72	30	21,6	—	—
Gekocht	80	15	12,0	55,5	63,5
Kochwasser	410	1,65	6,8	31,5	36,5
B$_1$ bewahrt, gesamt .	—	—	18,8	87,0	—
Roh	72	30	21,6	—	—
Gedämpft	64	20	12,8	59,5	71,5
Dampfwasser . . .	640	0,8	5,1	23,5	28,5
B$_1$ bewahrt, gesamt .	—	—	17,9	83,0	—

im Dampfwasser bei Zuckererbsen nur 18,5% und bei Blumenkohl 23,5% des ursprünglichen Vitamingehaltes. Im ganzen geht aber beim Dämpfen mehr Vitamin B$_1$ verloren als beim Kochen, indem bei Zuckererbsen 84% und bei Blumenkohl 83% des ursprünglichen Vitamin B$_1$ erhalten blieben. Von dem erhaltenen Vitamin war ungefähr $^1/_4$ in das Wasser übergegangen und $^3/_4$ in dem gedämpften Produkt geblieben.

Ähnliche Versuche wurden auch mit der Konservierung von Zuckererbsen, Blumenkohl und grünen Erbsen gemacht. Es wurde hier ebenfalls der Gehalt an Vitamin B$_1$ sowohl im Rohprodukt als auch in der Konserve, in dem festen Produkt als auch in der Brühe bestimmt. Bei den grünen Erbsen wurde auch der Einfluß des Blanchierens untersucht, indem eine Probe der grünen Erbsen blanchiert wurde und eine andere nicht. Es wurde auch die Verteilung des Vitamin B$_1$ zwischen den festen Bestandteilen und der Brühe in den Konserven bestimmt.

Bei der Konservierung der Zuckererbsen wurde das frische Gemüse in den Dosen mit einer warmen (70⁰) Aufgußflüssigkeit von Wasser, enthaltend 3% Salz und $^1/_2$% Zucker, gepackt. Die Dosen wurden darauf geschlossen und 10 Minuten bei 110⁰ sterilisiert. Die Dosen wurden bakteriologisch untersucht und erwiesen sich als steril. Nachdem die Dosen geöffnet waren, wurden sowohl das Gewicht der festen Bestandteile als auch die Menge der Brühe bestimmt.

Der frische Blumenkohl wurde zuerst 1 Minute bei 100^0 in einer wässerigen Lösung von $^1/_2$% Citronensäure und 1% Kochsalz blanchiert. Darauf wurde der Blumenkohl mit kaltem Wasser abgespült, in Dosen verpackt und mit einer warmen (70^0) 1$^1/_2$%igen Kochsalzlösung übergossen. Die Dosen wurden nun geschlossen und 10 Minuten lang bei 110^0 sterilisiert. Die Dosen waren steril.

Die grünen Erbsen wurden 1 Minute bei 100^0 in Wasser blanchiert. Dann wurden sie in Dosen gepackt und die Dosen mit einer warmen (70^0) wässerigen Lösung von 2% Kochsalz und 3$^1/_2$% Zucker aufgefüllt. Nach dem Verschließen wurden die Dosen 15 Minuten bei 119^0 sterilisiert. Auch hier wurde die Sterilität durch bakteriologische Untersuchung kontrolliert. Die nachstehende Tabelle gibt das Ergebnis dieser Versuche an.

Tabelle 21. Verhalten des Vitamin B$_1$ bei der Konservierung von Gemüsen.
[Nach LUNDE, KRINGSTAD und OLSEN (6).]

Produkt	Gewicht in g	B$_1$ in I.E. je 100 g	B$_1$ in I.E. gesamt	B$_1$ erhalten in %	Verteilung des Vitamin B$_1$ in %
Zuckererbsen					
Roh	270	38	103,0	—	—
Konserve	294	25	73,5	71,5	73
Brühe	158	17,2	27,2	26,5	27
B$_1$ bewahrt, gesamt	—	—	100,7	98	—
Blumenkohl					
Roh	230	30	69	—	—
Konserve	239	16	38,3	55,5	62
Brühe	270	8,7	23,5	34,0	38
B$_1$ bewahrt, gesamt	—	—	61,8	89,5	—
Grüne Erbsen, blanchiert					
Roh	300	73	219	—	—
Konserve	299	33	99	45	60
Brühe	208	32	66,5	30	40
B$_1$ bewahrt, gesamt	—	—	165,5	75	—
Grüne Erbsen, ohne Blanchierung					
Roh	300	73	219	—	—
Konserve	284	40	114	52	57
Brühe	200	43	86	39	43
B$_1$ bewahrt, gesamt	—	—	200	91	—

Aus den Untersuchungen geht hervor, daß bei der Konservierung von Zuckererbsen das Vitamin B$_1$ vollständig erhalten bleibt. Es wurde gefunden, daß 98% des ursprünglichen Vitamin B$_1$ noch vorhanden waren. Dieser geringe Unterschied liegt innerhalb der Fehlergrenzen der Methoden. Von dem gesamten Vitamin B$_1$ fanden sich 27% in der Brühe, der Rest in den festen Bestandteilen. Beim Blumenkohl bleiben etwa 90% des

Vitamin B$_1$ in der Konserve erhalten; davon waren 34% der ursprünglichen Menge in der Brühe aufgelöst, während 55% sich in den festen Bestandteilen befanden. Aus dem Ergebnis der vorhergehenden und der vorliegenden Versuche müssen wir schließen, daß die Verluste von 10% des ursprünglichen Vitamingehaltes bei dem kurzen Blanchieren erfolgt sind und nicht auf die Erhitzung beim Konservieren zurückgeführt werden können.

Bei den grünen Erbsen finden wir in dem Fall, wo sie blanchiert wurden, 75% des ursprünglichen Vitamingehaltes erhalten. Wenn die Blanchierung fortfällt, 91%. Wir müssen somit annehmen, daß etwa 15% beim Blanchieren verlorengegangen sind. Von dem erhaltenen Vitamin B$_1$ finden wir in beiden Fällen etwa 40% in der Brühe und etwa 60% in den festen Bestandteilen.

Wie erwähnt, sind alle in die Tabelle 21 aufgenommenen Bestimmungen über Vitamin B$_1$ chemische Bestimmungen nach der Thiochrommethode. Eine Reihe dieser Bestimmungen wurde aber auch biologisch nach der Bradykardiemethode ausgeführt, und zwar wurden solche biologischen Kontrollbestimmungen sowohl mit den rohen als mit den konservierten Produkten durchgeführt. Die nachstehende Tabelle zeigt das Ergebnis dieser biologischen Kontrollbestimmungen.

Tabelle 22. Biologische und chemische Bestimmungen von Vitamin B$_1$ in rohen und konservierten Gemüsen. [Nach LUNDE, KRINGSTAD und OLSEN (6).]

	Vitamin B$_1$ in I. E. je g	
	Chemisch Thiochrommethode	Biologisch Bradykardiemethode
Zuckererbsen, frisch	0,38	0,46
Zuckererbsen, konserviert (ohne Brühe)	0,25	0,30
Blumenkohl, konserviert ohne Brühe	0,16	0,25
Grüne Erbsen, frisch	0,73	0,83
Grüne Erbsen, blanchiert, konserviert (ohne Brühe)	0,33	0,37
Grüne Erbsen, nicht blanchiert, konserviert (ohne Brühe)	0,40	0,47

Aus der Tabelle 22 geht hervor, daß die biologischen Bestimmungen überall etwas höhere Werte liefern als die chemischen. Die Unterschiede sind aber sowohl bei den rohen als auch bei den konservierten Produkten etwa gleich groß.

Aus diesen Versuchen von LUNDE, KRINGSTAD und OLSEN (6) geht eindeutig hervor, daß die Verluste, die bei einer vorsichtigen Konservierung von Gemüsen auftreten, gering sind. Nur beim Blanchieren sind Verluste zu befürchten. Dauert das Blanchieren kurze Zeit, so sind auch hier die Verluste verhältnismäßig gering. Wie die Kochversuche gezeigt haben, ist das Ausziehen des Vitamin B$_1$ beim Kochen weitaus schädlicher für den Gehalt an Vitamin B$_1$ als die Erhitzung. Zu derselben

Schlußfolgerung gelangten auch FELLERS, ESSELEN und FITZGERALD bei ihren Untersuchungen über Konservierung von Gemüsen.

Verhalten des Vitamin B$_1$ beim Kochen und Konservieren von Fisch- und Fleischprodukten.

Über den Einfluß des Kochens und Konservierens auf den Vitamin B$_1$-Gehalt von Fisch- und Fleischprodukten liegen wenige Untersuchungen vor. Wir können auch hier nur diejenigen Arbeiten berücksichtigen, wo eine getrennte Untersuchung zwischen dem Vitamin B$_1$ und den anderen Faktoren in dem Vitamin B-Komplex vorgenommen wurde. Dies ist in der Mehrzahl der älteren Arbeiten nicht der Fall. Es wurde hier meistens die Einwirkung des Kochens auf den gesamten Vitamin B-Komplex untersucht, und zwar bediente man sich dabei des Rattenwachstumstestes. Hier wirken die anderen Vitamin B-Faktoren stark mit, so daß etwaige Unterschiede im Gehalt an Vitamin B$_1$ verdeckt werden. In den älteren Arbeiten aber, wo der Vitamin B-Gehalt durch seine Wirkung auf polyneuritische Tauben oder Ratten bestimmt wurde, haben wir es mit reinen Bestimmungen des Vitamin B$_1$ zu tun.

HOLST untersuchte bereits im Jahre 1907 die Einwirkung des Kochens auf Fleisch. Er fand, daß die Fähigkeit des Fleisches, Polyneuritis bei Kücken zu heilen, durch halbstündiges Erhitzen auf 110° und bei einstündigem Erhitzen auf 120° herabgesetzt war. Auch andere spätere Untersuchungen zeigten, daß Vitamin B$_1$ durch fortgesetztes Erhitzen auf hohe Temperatur geschädigt wird.

UMISHIO stellte fest, daß der minimale tägliche Bedarf an Vitamin B$_1$ durch einen alkoholischen Extrakt aus 20 g rohem Ochsenfleisch gedeckt war. Wird der Extrakt aus konserviertem Ochsenfleisch hergestellt, so genügt der Extrakt aus 40 g Ochsenfleisch. Daraus sollte man auf eine Zerstörung des Vitamin B$_1$ zu etwa 50% schließen können. Der Verfasser gibt weiter an, daß der Vitamin B$_1$-Gehalt des konservierten Fleisches nach einer Lagerungszeit von 4—5 Jahren nicht weiter herabgesetzt war.

DECARO und LOCATELLI teilen mit, daß der Gehalt an Vitamin B$_1$ in rohem Hühnereidotter etwa 100 I. E. je 100 g beträgt. Nach dem Kochen des Hühnereidotters ist der Gehalt an Vitamin B$_1$ unverändert.

WHIPPLE untersuchte den Gehalt an Vitamin B$_1$ in Austern, roh und gekocht. Der Vitamingehalt wird zu etwa 1,5 SHERMAN-Einheiten angegeben. Der Gehalt wird durch Kochen nicht verändert. Die Untersuchung wurde sowohl nach dem prophylaktischen Rattenwachstumstest als auch nach der therapeutischen Methode, nachdem die Ratten von Polyneuritis befallen waren, ausgeführt.

Unveröffentlichte Untersuchungen aus unserem Institut ergaben weit geringere Mengen Vitamin B$_1$ in Austern als die von WHIPPLE gefundenen.

MOORE und MOSELEY untersuchten den Gehalt an Vitamin B$_1$ in konservierten Garnelen, konnten aber nur geringe Mengen nachweisen.

CHRISTENSEN, LATZKE und HOPPER untersuchten die Einwirkung des Kochens und Konservierens auf den Gehalt an Vitamin B$_1$ in Ochsen- und Schweinefleisch. Sie verwendeten bei ihren Bestimmungen die Rattenwachstumsmethode von CHASE und SHERMAN. Bei ihren Versuchen wurde das rohe Fleisch gemahlen und bis auf 90° erhitzt. Diese Probe repräsentierte das gekochte Fleisch. Bei der Untersuchung des konservierten Fleisches wurde das rohe gemahlene Fleisch in Dosen ohne Wasser verpackt und 70 Minuten bei 115° sterilisiert. Sämtliche Proben wurden vor der biologischen Bestimmung des Vitamin B$_1$ im Vakuum getrocknet.

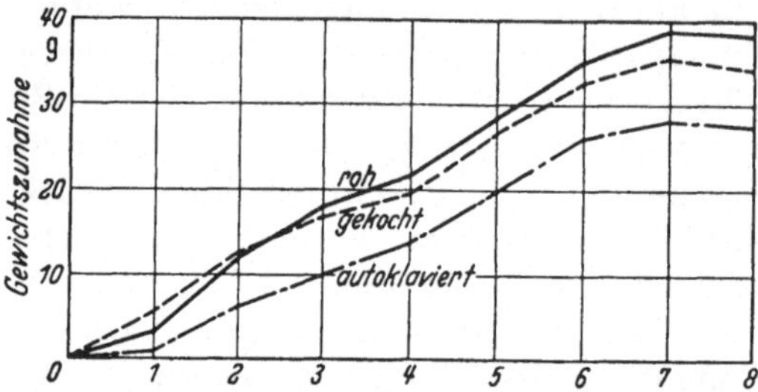

Abb. 7. Durchschnittliche Gewichtskurven von drei Gruppen Ratten bei Vitamin B$_1$-freier Kost, als Zulage wurden 0,45 g rohes, gekochtes bzw. konserviertes Schweinefleisch je Woche gegeben. (Nach CHRISTENSEN, LATZKE und HOPPER.)

Abb. 7 zeigt das Ergebnis der Bestimmung.

Aus den Versuchen geht hervor, daß rohes mageres Schweinefleisch eine ausgezeichnete Vitamin B$_1$-Quelle ist. Die Verfasser geben ihre Werte für Vitamin B$_1$ in SHERMAN-Einheiten an. Unter der Annahme, daß 2 SHERMAN-Einheiten = 1 I.E. sind, erhalten wir für das rohe Schweinefleisch 350 I.E. je 100 g. Das auf eine 90° nicht überschreitende Temperatur erwärmte Schweinefleisch hatte etwa 12% weniger Vitamin B$_1$ als das frische Fleisch. Das konservierte Schweinefleisch enthielt 21% weniger Vitamin B$_1$ als das frische Fleisch.

Das Ochsenfleisch ist, wie wir bereits früher gesehen haben, bedeutend ärmer an Vitamin B$_1$ als Schweinefleisch. CHRISTENSEN, LATZKE und HOPPER geben die Menge zu 30 I.E. je 100 g rohes Ochsenfleisch an. In dem gekochten Ochsenfleisch waren 20% des Vitamin B$_1$-Gehaltes verloren. Bei dem konservierten Ochsenfleisch gelang die Bestimmung nicht, da die Tiere die großen Mengen Ochsenfleisch nicht einnehmen wollten, die notwendig waren, um die Tiere durch vitaminarmes Ochsenfleisch mit genügend Vitamin B$_1$ zu versorgen.

Bei hohen Temperaturen während längerer Zeit soll nach ELVEHJEM, SHERMAN und ARNOLD das Vitamin B$_1$ in Konserven weitgehend geschädigt werden. Sie geben an, daß bei der Herstellung von Hundefutter bis zu 80% des Gehaltes an Vitamin B$_1$ durch die mehr unvorsichtigen Methoden der fabrikmäßigen Konservenherstellung zerstört werden können. Nach ARNOLD und ELVEHJEM (4) nimmt der Gehalt an Vitamin B$_1$ in Ochsen-Nieren, -Milz und -Lungengewebe um 70—80% ab bei einer zweistündigen Erhitzung auf 116°.

LUNDE (1) fand beträchtliche Mengen Vitamin B$_1$ in konserviertem Dorschrogen, der bis zu 160 I.E. je 100 g enthielt. In einer späteren

Tabelle 23. Verhalten des Vitamin B_1 beim Konservieren von Fischrogen.

Produkt	Gewicht in g	B_1 in I.E. je 100 g	B_1 in I.E. gesamt	B_1 erhalten in %	Verteilung des Vitamin B_1 in %
Dorschrogen I					
Roh	725	225	1630	—	—
Konserve	(725)	130	943	58	84
Brühe	195	90	175	10,5	16
B_1 erhalten, gesamt	—	—	1118	**68,5**	—
Dorschrogen II					
Roh	706	245	1730	—	—
Konserve	(706)	155	1095	63	79
Brühe	210	138	290	17	21
B_1 erhalten, gesamt	—	—	1385	80	—
Kohlfischrogen I					
Roh	800	230	1840	—	—
Konserve	(800)	164	1312	71	84
Brühe	160	133	213	12	16
B_1 erhalten, gesamt	—	—	1525	83	—
Kohlfischrogen II					
Roh	800	155	1240	—	—
Konserve	(800)	105	840	68	84
Brühe	170	90	153	12	16
B_1 erhalten, gesamt	—	—	993	80	—

Arbeit geben LUNDE, KRINGSTAD und OLSEN (3) an, daß der frische Dorschrogen etwa 400 I.E. je 100 g enthält, und daß mehr als die Hälfte des im Rohprodukt enthaltenen Vitamins in den Konserven erhalten bleibt. Der konservierte Dorschrogen sollte somit 200—300 I.E. je 100 g enthalten.

In einer späteren Arbeit bestimmten LUNDE, KRINGSTAD und OLSEN (1) den Gehalt an Vitamin B_1 in mehreren fabrikmäßig hergestellten Proben von Dorschrogen. Sie fanden Werte von 150—270 I.E. je 100 g. Die Untersuchungen wurden sowohl nach der chemischen Thiochrommethode als auch nach der biologischen Bradykardiemethode ausgeführt. Es wurde auch der Gehalt an Vitamin B_1 in anderen Fischkonserven bestimmt. Kohlfischrogen (Seelachs) enthielt 180 I.E. je 100 g, in der Brühe 110 I.E. je ml. Brislingsardinen enthielten 20 I.E. je 100 g. Auch BAKER und WRIGHT (1) bestimmten Vitamin B_1 in Sardinen, worin sie 30 I.E. je 100 g fanden. Die Herkunft der Sardinen wurde aber nicht angegeben. Die Fehlergrenze der Bestimmung wird auch zu mehr als 50% angeführt.

Bei allen diesen Untersuchungen über Vitamin B_1 in Fischkonserven war der Vitamin B_1-Gehalt des Rohstoffes nicht bekannt. LUNDE, KRINGSTAD und OLSEN (1) untersuchten deshalb das Verhalten des Vitamin B_1 bei der Konservierung von Rogen. Dieses Produkt wurde gewählt, da es sehr reich an Vitamin B_1 ist. Frischer Rogen von Dorsch und Kohl-

Tabelle 24. Vitamin B_1 in Konserven in I.E. je 100 g.

Produkt	Vitamin B₁ biologisch	Vitamin B₁ chemisch	Jahr	Verfasser
Fisch und Fleisch:				
Dorschrogen . . .		150—300[1]	1938	
Dorschrogen- kaviar		260	1938	
Dorschleber- rogenpastete . .		120	1938	LUNDE, KRINGSTAD und OLSEN (1)
Kohlfischrogen .	180		1938	
Kohlfischleber- rogenpastete . .		110	1938	
Heringssardinen .		20	1939	LUNDE, KRINGSTAD und OLSEN (5)
Heringsmilch. . .		10—15	1938	LUNDE, KRINGSTAD und
Brislingsardinen .	10—20	20	1938	OLSEN (1)
Schweinefleisch .	280		1936	CHRISTENSEN. LATZKE und HOPPER
	270		1939	MICKELSEN, WAISMAN und ELVEHJEM (2)
Ochsenfleisch . .	Spuren		1936	CHRISTENSEN, LATZKE und HOPPER
Gemüse und Obst:				
Wachsbohnen . .		22[2]	1938	LUNDE, KRINGSTAD und OLSEN (1)
Grüne Bohnen . .	11		1934	HANNING (2)
		25[2]	1938	LUNDE, KRINGSTAD und
Schnittbohnen . .		10[2]	1938	OLSEN (1)
Grüne Erbsen . .		15[2]	1938	
Zuckererbsen . .	18		1934	HANNING (2)
		25[2]	1938	LUNDE, KRINGSTAD und OLSEN (1)
Karotten	11		1934	HANNING (2)
		22[2]	1938	LUNDE, KRINGSTAD und OLSEN (1)
Spinat	6	13—16[2]	1934	HANNING (2)
Mangold, Blätter .		26[2]	1938	LUNDE, KRINGSTAD und
,, Stiel . .		Spuren	1938	OLSEN (1)
Tomaten	33		1936	HANNING (3)
Ananassaft . . .	35		1936	GUERRANT und Mitarbeiter
Hundefutter . . .		36—46	1938	LUNDE, KRINGSTAD und
Pelztierfutter . .		20—28	1938	OLSEN (1)
Kindernahrung .		40	1938	

[1] Ohne Brühe.
[2] Die Werte gelten für den Gesamtinhalt mit Brühe.

fisch (Seelachs) wurde in Dosen verpackt, mit einer 2%igen Salzlösung übergossen und 100 Minuten lang bei 108° sterilisiert. Vitamin B_1 wurde in dem frischen Produkt und auch in dem konservierten bestimmt, wobei die Verteilung des Vitamin B_1 zwischen den festen und flüssigen

Bestandteilen der Konserve ermittelt wurde. Das Ergebnis dieser Untersuchung geht aus der Tabelle 23 hervor.

Es zeigte sich, daß rund 80 % des Vitamin B_1 bei den hier gewählten Versuchsbedingungen erhalten bleiben. Davon ist ein großer Teil in der Brühe aufgelöst.

In weiteren Versuchen haben wir aus Dorsch- und Seelachsrogen und -leber, die ebenfalls reich an Vitamin B_1 sind, Pasten dargestellt, die als Konserven einen großen Vitaminreichtum aufweisen. In solchen Fischleber-Rogenpasten betrug der Gehalt an Vitamin B_1 110—120 I. E. je 100 g.

Auch Dorschrogenkaviar, ein gesalzenes und geräuchertes, teilweise vergorenes Produkt aus Dorschrogen, ist sehr reich an Vitamin B_1. Wir fanden in diesem Produkt etwa 260 I. E. Vitamin B_1 je 100 g, sowohl chemisch als auch biologisch ermittelt.

In Proben von Tierfutter amerikanischer Herkunft bestimmten LUNDE, KRINGSTAD und OLSEN (1) ebenfalls den Gehalt an Vitamin B_1. Er betrug in drei verschiedenen Proben 40—46 I. E. je 100 g. In zwei Proben von konserviertem Pelztierfutter war der Gehalt an Vitamin B_1 20 bzw. 28 I. E. je 100 g. In einer Probe von konserviertem „Babyfood", ein amerikanisches Fabrikat, fanden wir 40 I. E. je 100 g.

Aus den Versuchen, insbesondere denjenigen von CHRISTENSEN, LATZKE und HOPPER sowie denen von LUNDE, KRINGSTAD und OLSEN (1), geht hervor, daß das Vitamin B_1 in solchen Fisch- und Fleischprodukten, die dieses Vitamin in größeren Mengen enthalten, bei der Konservierung nur zu einem geringen Teile geschädigt wird. Man wird wohl im allgemeinen bei der technischen Herstellung der Konserven damit rechnen können, daß etwa 75 % des ursprünglichen Gehaltes an Vitamin B_1 erhalten bleiben. Bei Sterilisierung unter sehr hoher Temperatur und in sehr langer Zeit, so wie es beispielsweise bei der Sterilisierung von Tierfutter in großer Packung geschieht, scheinen größere Verluste an Vitamin B_1 vorzukommen. Hierüber liegen aber noch keine exakt durchgeführten Versuche vor, bei welchen auch der Vitamingehalt der Rohprodukte bekannt war.

Tabelle 24 enthält eine Übersicht über die vorliegenden Bestimmungen von Vitamin B_1 in Konserven.

Verhalten des Vitamin B₁ beim Kochen und Konservieren von Milch.

Da die Milch als Vitaminquelle eine sehr wichtige Rolle spielt und auch als Konserve sehr viel Verwendung findet, sollen die Ergebnisse, die über das Verhalten des Vitamin B_1 beim Kochen und Konservieren von Milch vorliegen, hier besonders besprochen werden.

Kuhmilch ist eine relativ schlechte Quelle für Vitamin B_1. Nach den Untersuchungen von LUNDE, KRINGSTAD und OLSEN (1) enthält die Milch etwa 20 I. E. je 100 g. Diese Bestimmungen, die sowohl biologisch als auch chemisch ausgeführt wurden, sind in guter Übereinstimmung mit denen anderer Forscher, die ebenfalls Milch als eine relativ schlechte Vitamin B_1-Quelle beurteilen (vgl. Tabelle 19, S. 66).

EMMETT und LUROS haben festgestellt, daß beim Erhitzen von Milch während 2 Stunden auf 120⁰ die heilende Wirkung auf Polyneuritis verlorenging.

HARTWELL gibt an, daß hohes Erhitzen von Milch beim Eindampfen zu beträchtlichen Verlusten an dem antineuritischen Vitamin führt. Zu ähnlichen Ergebnissen kamen auch DANIELS und BROOKS, die Versuche sowohl mit Ratten als auch mit Tauben durchführten.

DONATH untersuchte sowohl kondensierte, sterilisierte als auch gezuckerte kondensierte Milch und Milchpulver auf ihren Gehalt an Vitamin B_1. Er gibt an, daß über die Hälfte des Vitamin B_1-Gehaltes bei der technischen Herstellung verlorengegangen ist. DUTCHER, FRANCIS und COMBS untersuchten den Einfluß der *Sterilisierung* auf Vitamin B_1 in der Milch. Sie geben an, daß nur unbedeutende Mengen des Vitamin B_1 zerstört werden. GIBSON und CONCEPTION kamen bei ihren Versuchen auch zu dem Schluß, daß der Wert der Milch als Quelle des antineuritischen Vitamins durch Erhitzen im Autoklav während 2 Stunden bei 125⁰ nur unwesentlich herabgesetzt wurde.

DANIELS, GIDDINGS und JORDAN untersuchten die Einwirkung der Wärme bei verschiedenen Prozessen auf Vitamin B_1 in Milch. Sie teilen mit, daß die früheren Angaben über Wärmebeständigkeit des antineuritischen Vitamins in Milch, die scheinbar nicht in Übereinstimmung mit denjenigen sind, die Verluste an Vitamin B_1 durch Kochen festgestellt haben, auf die angewandte Versuchsmethodik zurückgeführt werden müssen. Sie fanden bei ihren Versuchen eine teilweise Zerstörung des Vitamin B_1 der Milch bei Erwärmung und meinen, daß die Zerstörung des Vitamins sowohl von der Dauer der hohen Temperatur als auch von der Anwesenheit der Luft während des Prozesses abhängig ist. Nach ihrer Meinung ist eine hohe Temperatur während kurzer Zeit weniger schädigend als eine etwas tiefere Temperatur während einer längeren Erhitzungsdauer. Sowohl durch Eindicken von Milch bei Herstellung von Trockenmilch, beim Kochen und Pasteurisieren von Milch, konnten sie bedeutende Verluste an Vitamin B_1 feststellen. Wurde Milch in einem geschlossenen System pasteurisiert, so konnten aber keine Vitamin B_1-Verluste festgestellt werden. Beim Kochen und langsamer Abkühlung von Milch schienen Verluste an Vitamin B_1 einzutreten. Dagegen wurde schnell aufgekochte und schnell abgekühlte Milch wenig beeinflußt.

SAMUELS und KOCH untersuchten ebenfalls den Gehalt an Vitamin B_1 in eingedickter, konservierter Milch. Sie geben an, daß Kuhmilch in Übereinstimmung mit dem, was wir bereits gesehen haben, eine relativ schlechte Quelle für Vitamin B_1 ist. Bei der fabrikmäßigen Herstellung von eingedickter konservierter Milch wird etwa $^1/_6$ bis $^1/_5$ des Vitamin B_1 zerstört. Die Untersuchungen wurden nach der Rattenwachstumsmethode von

CHASE und SHERMAN sowie nach der Lactationsmethode von HARTWELL durchgeführt.

SPRUYT und DONATH kommen in Übereinstimmung mit SAMUELS und KOCH zu dem Ergebnis, daß das Kochen von Milch dem Gehalt an Vitamin B$_1$ nicht wesentlich schadet. Auch Sterilisierung bei 110^0 zerstört nur einen sehr geringen Teil. Dagegen fanden beim Erhitzen in stark saurem Mittel (p$_H$ < 2) beträchtliche Verluste an Vitamin B$_1$ statt. HALLIDAY (1) untersuchte ebenfalls die Einwirkung des Erhitzens auf Milch bei verschiedenen Wasserstoffionenkonzentrationen. Sie fand, daß ein einstündiges Erhitzen von proteinfreier Magermilch bei einer Wasserstoffionenkonzentration von p$_H$ = 4,3 zu einem Verlust von 25% des Vitamin B$_1$-Gehaltes führte. Bei p$_H$ = 7 war der Verlust 13% und 70—80% bei p$_H$ = 10. Vierstündiges Erhitzen bei p$_H$ = 4,3 führte zu einem Verlust von 30—40%. Bei p$_H$ = 7 ergaben sich 40% und bei p$_H$ = 10 war das Vitamin B$_1$ fast vollständig zerstört. In der Kälte behielt die proteinfreie Milchlösung ihren Gehalt an Vitamin B$_1$ fast vollständig bei für p$_H$ = 4,3 oder p$_H$ = 7 während 1 Woche. Bei p$_H$ = 10 war aber das Vitamin B$_1$ nach 1 Woche fast vollständig zerstört. Diese Ergebnisse sind in guter Übereinstimmung mit dem, was wir bereits früher erwähnt haben, daß das Vitamin B$_1$ in alkalischer Lösung bedeutend unstabiler ist als in saurer.

DUTCHER, GUERRANT und MCKELVEY untersuchten die Wirkung verschiedener Pasteurisierungsmethoden auf den Gehalt der Kuhmilch an Vitamin B$_1$. Beim Pasteurisieren von Milch unter vermindertem Druck wurde ein größerer Verlust an Vitamin B$_1$ gefunden. Dieses Ergebnis erscheint eigentümlich. Die Verfasser geben aber an, daß ein größerer Verlust auch an Vitamin B$_2$ stattgefunden hat, und dieses Vitamin ist, wie wir im nächsten Abschnitt sehen werden, bei dieser Behandlung unbedingt stabil. Bei der gewöhnlichen Dauerpasteurisierung unter Durchleiten von Luft trat auch ein gewisser Verlust an Vitamin B$_1$ ein. Die geringsten Verluste wurden bei 10 Minuten Kochen der Milch im Rückflußkühler beobachtet. Der gefundene Höchstverlust war 38%.

HENRY und KON (1) untersuchten die Wirkung handelsmäßiger Sterilisierung auf den Gehalt der Milch an Vitamin B$_1$. Die Versuche zeigten, daß $^1/_3$ des Vitamin B$_1$-Gehaltes bei der Sterilisierung vernichtet wird.

HENRY, HOUSTON und KON untersuchten fluorimetrisch und biologisch den Vitamin B$_1$-Gehalt von frischer, sterilisierter und eingedickter Milch. Sie fanden nach der fluorimetrischen Methode bedeutend geringere Werte als nach der biologischen. Übereinstimmend fanden sie aber nach beiden Methoden, daß in den eingekochten Proben etwa 65% des Vitamin B$_1$ erhalten waren. In den sterilisierten Proben fanden sie nach der fluorimetrischen Methode 70%, nach der biologischen Methode etwa 50% des ursprünglichen Vitamin B$_1$ bewahrt.

Vitamin B_2 (Lactoflavin).

Die Entdeckung des Vitamin B_2.

Wie wir bereits bei der Besprechung des Vitamin B-Komplexes gesehen haben, konnten im Jahre 1926 GOLDBERGER und Mitarbeiter (1) zeigen, daß das Vitamin B aus zwei verschiedenen Faktoren bestand. dem antineuritischen Faktor und einem zweiten Faktor, der von GOLD-BERGER und Mitarbeitern (1) als identisch mit dem Antipellagrafaktor des Menschen angenommen wurde. Spätere Untersuchungen zeigten indessen, daß hier mehrere Faktoren vorlagen, und im Jahre 1933 konnten GYÖRGY, KUHN und WAGNER-JAUREGG nachweisen, daß einer dieser Faktoren identisch mit dem aus Molke in krystallisierter Form erhaltenen Farbstoff, Lactoflavin, war. Da das Lactoflavin demnach dem Vitamin B-Komplex angehört, haben mehrere Forscher für das Lactoflavin die Bezeichnung Vitamin B_2 beibehalten und den weiteren mehr oder weniger unbekannten Faktoren des Vitamin B-Komplexes andere Bezeichnungen gegeben. Die englischen Forscher bezeichnen die gesamten sogenannten wärmestabilen Faktoren des Vitamin B-Komplexes, also alle Faktoren außer dem antineuritischen Faktor, als Vitamin B_2 oder als Vitamin B_2-Komplex. Nach der englischen Nomenklatur ist demnach das Lactoflavin nur ein Teil des Vitamin B_2. Die amerikanischen Autoren bezeichnen den wärmestabilen Teil des Vitamin B-Komplexes im allgemeinen als Vitamin G. Nach der Entdeckung des Lactoflavins, das in Amerika im allgemeinen Riboflavin genannt wird, bezeichnet Vitamin G meistens das Lactoflavin, insbesondere da es sich gezeigt hat, daß die übliche Vitamin G-Bestimmungsmethode nach BOURQUIN und SHERMAN sich als eine reine Lactoflavin-Bestimmungsmethode herausgestellt hat.

Krankheitsbild bei Vitamin B_2-Mangel.

Über die Krankheitserscheinungen, die bei Vitamin B_2-Mangel bei Menschen auftreten, ist nichts Sicheres bekannt.

Nachdem die Konstitution des Vitamin B_2 aufgeklärt und das Vitamin in reiner Form zugänglich war, konnte man nachweisen, daß dieser Körper mit dem Antipellagrafaktor nicht identisch war. Vitamin B_2 hat eine ausgesprochen wachstumfördernde Wirkung auf Ratten und Hühner, welche eine lactoflavinfreie oder -arme Kost erhalten, die alle übrigen B-Faktoren enthält. Das Wachstum ist von der Menge des Vitamin B_2 bis zu einem bestimmten Maximum abhängig (ANSBACHER, SUPPLEE und BENDER). Ratten, auf Vitamin B_2-freie Kost gesetzt, zeigen auch Haarausfall, der durch B_2-Zufuhr wieder geheilt werden kann. DAY und Mitarbeiter haben zeigen können, daß Ratten bei Vitamin B_2-freier Kost Katarakt entwickeln und dieses Symptom mit einer zureichenden Menge Vitamin B_2 nicht auftritt. Gewisse Hauterkrankungen bei Vitamin B_2-Mangel wurden ebenfalls beschrieben. Diese

Hautsymptome sind aber von den Symptomen, die bei Vitamin B_6-Mangel auftreten, deutlich verschieden.

Fälle von Vitamin B_2-Mangel bei Menschen sind, wie bereits erwähnt, nicht mit Sicherheit bekannt. Anorexie wurde in vielen Fällen als B-Avitaminose erkannt und mit Erfolg durch eine B-Vitamintherapie behoben. Vgl. hierüber die früher bei der Besprechung von Vitamin B_1 zitierten Arbeiten, ferner die Untersuchungen von SCHROEDER (1) und BARTLETT. Da diese Vitamin B-Therapien stets mit Leber- oder Hefepräparaten durchgeführt wurden, die mehrere B-Faktoren enthalten, kann die Wirkung natürlich nicht mit Sicherheit auf das zugeführte Lactoflavin zurückgeführt werden.

Coeliakie bei Kindern wurde auch beispielsweise von WIDENBAUER (1) in Zusammenhang mit Vitamin B_2-Mangel gebracht.

Das Vitamin B_2 ist aber zweifellos für den Menschen notwendig, und wenn bisher keine typische Avitaminose gefunden wurde, so liegt dies wahrscheinlich daran, daß die meisten Nahrungsmittel etwas Vitamin B_2 enthalten und ein ausgesprochener B_2-Mangel selten vorkommen wird. Daß dieses Vitamin für das organische Leben von der größten Bedeutung sein muß, wurde durch Untersuchungen bestätigt, nach welchen das Vitamin B_2 sich als die prostetische Gruppe des sogenannten gelben Fermentes zeigte. Das gelbe Ferment ist für das Zustandekommen der energieliefernden Oxydationsvorgänge in der Zelle unentbehrlich.

Weitere Angaben über die Bedeutung des Vitamin B_2 finden sich beispielsweise in der Monographie von GLANZMANN: „Über die wichtigsten Vitaminprobleme beim Kind.“

Konstitution des Vitamin B_2.

Das Lactoflavin hat die Bruttoformel $C_{17}H_{20}N_4O_6$. Der Aufbau des Lactoflavins geht aus der folgenden Formel hervor.

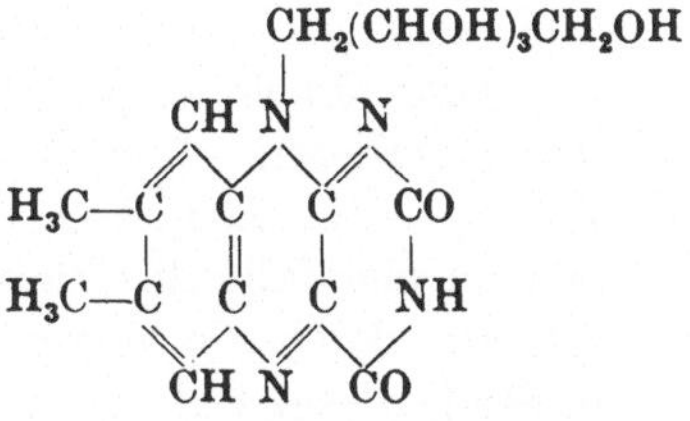

Es ist ein 6,7-Dimethyl-9-d-Riboflavin. Die Verbindung wurde im Jahre 1935 etwa gleichzeitig von KUHN und Mitarbeitern und von KARRER und MEERWEIN synthetisch dargestellt. Außer dem Lactoflavin wurden isomere Verbindungen hergestellt, die auch etwas biologische Wirkung, aber lange nicht so stark wie das Lactoflavin, zeigen. Das ebenfalls synthetisch dargestellte 7-Methyl-9-d-Riboflavin, das eine Methylgruppe weniger besitzt, hat fast die gleiche biologische Wirkung wie das Lactoflavin.

Physiologische Wirkung des Lactoflavins.

Das Lactoflavin ist, wie bereits erwähnt, ein Baustein des gelben Fermentes. Das von WARBURG und CHRISTIAN (2) entdeckte gelbe Ferment ist die Eiweißverbindung einer Flavinphosphorsäure. Das gelbe

Ferment hat eine starke oxydationskatalytische Eigenschaft. Es ist notwendig für das Zustandekommen der energieliefernden Vorgänge in der Zelle. Das Lactoflavin besitzt die Eigenschaft, eine Reihe verschiedener Stoffwechselprodukte zu oxydieren nur als gelbes Ferment, also an Phosphorsäure und Eiweiß gebunden.

Das nicht an Eiweiß gebundene Lactoflavin spielt aber eine große Rolle beim Sehvorgang. Unter dem Einfluß der Belichtung wird das Lactoflavin in einen Körper von noch unbekannter Struktur umgebildet, und dieser Vorgang scheint die Reaktion in den Sehnerven auszulösen. Von Euler und Adler (1) haben auch in Übereinstimmung hiermit eine große Anreicherung an Lactoflavin in Fischaugen festgestellt.

Bestimmung des Vitamin B$_2$ (Lactoflavin).

Biologische Bestimmung des Vitamin B$_2$.

Die biologische Bestimmung beruht auf der wachstumfördernden Wirkung auf Ratten. Die Schwierigkeit dieser Bestimmung liegt hauptsächlich in der Herstellung einer Vitamin B$_2$-freien Basalnahrung, die auch alle B-Faktoren außer Lactoflavin enthält. Vitamin B$_1$ kann in krystallisierter reiner Form zugesetzt werden, dagegen muß Vitamin B$_6$, „der Filtratfaktor", und unter Umständen andere Faktoren als Vitamin B$_2$-freie Konzentrate hergestellt und verabreicht werden. Bourquin und Sherman verwenden die folgende Basalnahrung: Extrahiertes Casein 18%, Stärke 68%, Butterfett 9%, Dorschlebertran 1%, Salzmischung (Osborne Mendel) 4%.

Als B$_2$-freie Vitamin B-Quelle wird ein alkoholischer Extrakt aus Weizenschrot zugesetzt. Ansbacher, Supplee und Bender verwenden eine ähnliche Basalnahrung, worin jedoch die Kohlehydratzufuhr ausschließlich aus Zucker besteht. Vitamin B$_1$ wird in krystallisierter Form zugesetzt und die wärmestabilen B-Faktoren außer B$_2$ als Reisschalenextrakt. Dieser Reisschalenextrakt (Labco) hat sich als eine sehr gute Quelle sowohl für das Vitamin B$_6$ als auch für den Filtratfaktor erwiesen. Dies wurde kürzlich von Lunde und Kringstad (1) bestätigt. György, van Klaveren, Kuhn und Wagner-Jauregg verwenden ebenfalls die Basalnahrung von Bourquin und Sherman. Als Vitamin B$_1$-Quelle verwendeten sie einen Weizenschrotextrakt, später, an Stelle dieses Extraktes, krystallisiertes Vitamin B$_1$-Hydrochlorid, 6 bis 10 γ je Tag. Die weiteren B-Vitamine wurden in Form von Peters' Eluat aus Hefe gegeben, das sich als eine gute Vitamin B$_6$-Quelle erwiesen hatte.

Die Methode von Bourquin und Sherman wurde zur Bestimmung des wärmestabilen Faktors im Vitamin B-Komplex sehr viel verwendet. Dieser Faktor wurde meistens in den Vereinigten Staaten Vitamin G genannt, und man nahm, wie erwähnt, an, daß dieses Vitamin mit dem Antipellagrafaktor identisch war. Nachdem Vitamin B$_2$ als Lactoflavin

erkannt war, haben BISBEY und SHERMAN und auch CARLSSON und
SHERMAN zeigen können, daß die Vitamin G-Bestimmung nach der
Methode von BOURQUIN und SHERMAN in Wirklichkeit eine Bestimmung
des Lactoflavingehaltes ist.

LUNDE, KRINGSTAD und OLSEN (1) haben bei ihren biologischen Be-
stimmungen von Vitamin B$_2$ in Konserven und ihren Rohprodukten die
Basalnahrung von BOURQUIN und SHERMAN verwendet, die auch von
GYÖRGY, VAN KLAVEREN, KUHN und WAGNER-JAUREGG benutzt wurde.
Die Basalnahrung hatte folgende Zusammensetzung:

Reisstärke	68%	Salzmischung	4%
Extrahiertes Casein	18%	Lebertran	1%
Butterfett	9%		

Dazu erhielten die Tiere noch 7—9 γ krystallisiertes Vitamin B$_1$-
Hydrochlorid je Tag und 1,0 ml PETERS' Eluat aus Hefe. PETERS'

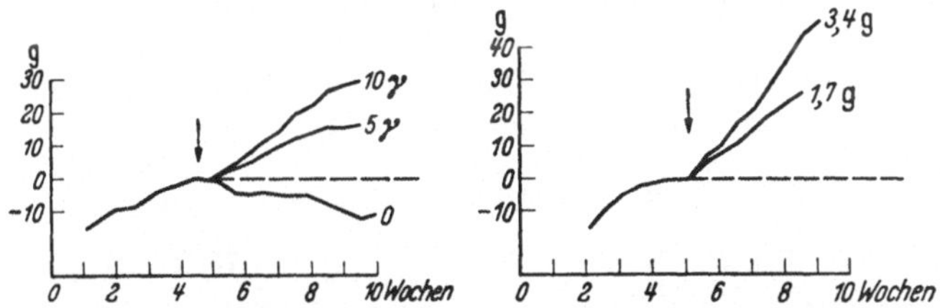

Abb. 8. Durchschnittliche Gewichtskurven von Vitamin B$_2$-frei ernährten Ratten. In den Gewichtskurven links erhielten die Ratten, wenn sie gewichtskonstant waren. 5 bzw. 10 γ Vitamin B$_2$ (Lactoflavin) je Tag. Die Ratten, deren Gewichtskurven rechts aufgezeichnet sind, erhielten als Zulage
1,7 bzw. 3,4 g konservierten geräucherten Hering je Tag. [Nach LUNDE (6).]

Eluat wurde nach der Originalvorschrift von KINNERSLEY und Mitarbeitern hergestellt. Es ist Vitamin B$_2$-frei und sollte außer B$_1$ noch
die übrigen Faktoren des B-Komplexes enthalten.

Ratten mit einem Gewicht von etwa 35 g wurden auf die oben beschriebene Basalnahrung gesetzt. Nach etwa 4 Wochen trat Wachstumsstillstand ein. Die Versuchstiere zeigten keinen ausgesprochenen
Haarausfall und auch keine Hautsymptome. Erhielten die Ratten noch
weiter diese Versuchskost, so trat bei einigen Tieren, meistens sehr spät,
eine Dermatitis auf, die von der Dermatitis, die bei Vitamin B$_6$-Mangel
auftritt, verschieden ist [vgl. LUNDE und KRINGSTAD (3)]. Diese B$_2$-
Dermatitis ist auch von LEPKOVSKY und JUKES (1) beschrieben worden.
Die Ratten wachsen auch nicht und gehen in etwa 8—12 Wochen zugrunde.

Sobald die Ratten Gewichtskonstanz zeigten, erhielten sie die Ver-
suchssubstanz täglich verabreicht. Eine Gruppe aus denselben Würfen
erhielt keine Substanz und diente als negative Kontrolltiere, eine andere
Gruppe erhielt krystallisiertes Lactoflavin, 7 γ je Tag. Abb. 8 zeigt einen
derartigen Versuch.

Bei biologischen Bestimmungen von Vitamin B$_2$ in Substanzen, die
auch weitere B-Faktoren enthalten, muß man stets darauf achten, daß

die Versuchstiere und die Kontrolltiere mit der Grundkost die optimale Menge der anderen Faktoren, insbesondere des Vitamin B$_6$ und des „Filtratfaktors", erhalten, da ein Gehalt an diesen Faktoren in der zu untersuchenden Substanz sonst durch ein gesteigertes Wachstum der Tiere einen zu hohen Gehalt an Vitamin B$_2$ vortäuschen würde.

Schließlich sei erwähnt, daß SNELL und STRONG das Lactoflavin in ganz anderer Weise bestimmt, nämlich durch Messung des Wachstums von *Lactobacillus casei* nach Zusatz wechselnder Mengen an Lactoflavin, also in ähnlicher Weise wie schon beim Aneurin erwähnt (S. 53).

Die chemisch-physikalische Bestimmung des Vitamin B$_2$.

Lumiflavinmethode. WARBURG und CHRISTIAN (1) haben gezeigt, daß Lactoflavin bei Belichtung in alkalischer Lösung in ein gefärbtes, chloroformlösliches Derivat, Lumiflavin, übergeht. KUHN und Mitarbeiter haben eine Methode zur Bestimmung von Lactoflavin ausgearbeitet, die auf dieser Reaktion beruht. Die photochemische Reaktion verläuft, wie aus den folgenden Formeln ersichtlich ist.

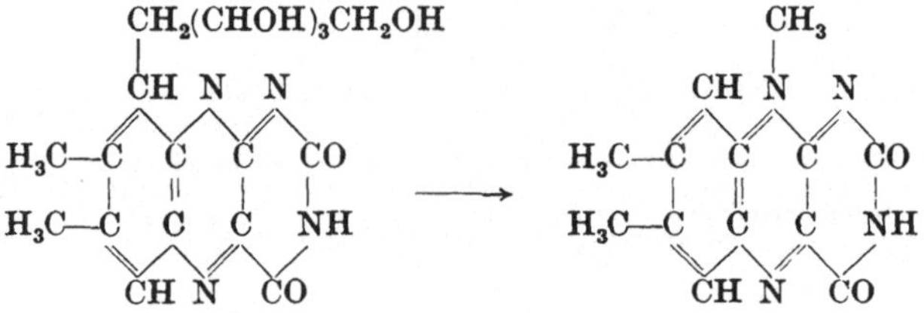

$$CH_2(CHOH)_3CH_2OH \qquad\qquad CH_3$$

Lactoflavin　　　　　　　　　　　Lumiflavin

Die Methode beruht auf Messung der Absorption des durch Belichtung gebildeten Lumiflavins in Chloroformlösung. Die Messung der Extinktion geschieht im Stufenphotometer mit Hilfe eines Farbfilters „S 47" (470 mμ) oder „VS 45" (450 mμ). Das Absorptionsmaximum des Lumiflavins liegt bei 445 mμ. LUNDE, KRINGSTAD und OLSEN (1) geben an, daß sie nach dieser Methode bedeutend niedrigere Werte erhielten als nach der später zu beschreibenden, die auf einer direkten Absorptionsmessung beruht. WAGNER-JAUREGG weist auch darauf hin, daß man nach dieser Methode viel zu geringe Werte findet, die prozentischen Verluste können bis zu 50% betragen. VAN EEKELEN und EMMERIE geben ebenfalls an, daß die nach dieser Methode erhaltenen Werte nur zu etwa 50—60% der Theorie entsprechen und die prozentischen Verluste bei abnehmenden Lactoflavinmengen steigen.

Die Fluorescenzmethode. VON EULER und ADLER (1) bestimmen den Lactoflavingehalt durch Messung der Fluorescenz wässeriger Acetonextrakte. Bei dieser Methode ist darauf zu achten, daß die Fluorescenz des Lactoflavins in stark saurer und alkalischer Lösung verschwindet

(KUHN und MORUZZI, KARRER und FRITZSCHE). Die Messung der Fluorescenz muß deshalb im Gebiete p_H = 3 bis 9 erfolgen.

Direkte Bestimmung der Absorption. Die Bestimmung des Lactoflavins kann auch durch direkte Messung der Absorption erfolgen, wenn es gelingt, das Lactoflavin in einer Lösung anzureichern und von anderen gefärbten Substanzen zu befreien. VAN EEKELEN und EMMERIE haben eine Methode beschrieben, die auf einer von KOSCHARA angegebenen Reinigung von Lactoflavinlösungen beruht.

LUNDE, KRINGSTAD und OLSEN (4) haben dieses Verfahren etwas abgeändert, und zwar haben sie von der Eigenschaft des Lactoflavins Gebrauch gemacht, daß es sich reversibel durch Reduktion in eine farblose Dihydroverbindung überführen läßt. Man mißt die Absorption des gereinigten Extraktes vor und nach der Reduktion.

Bei Anwesenheit von großen Mengen fremder Farbstoffe haben wir es auch zweckmäßig gefunden, eine Oxydation noch vor der Adsorption mit Frankonit vorzunehmen. Die praktische Durchführung der Methode gestaltet sich nun folgendermaßen:

Es werden 20—50 g der Substanz je nach dem erwarteten Gehalt an Vitamin B$_2$ abgewogen. Die gesamte Lactoflavinmenge soll mindestens 50—60 γ betragen. Es wird die 5fache Menge 96%iger Alkohol zugesetzt und 10—15 Minuten auf dem Wasserbad extrahiert. Man filtriert, und der Rückstand wird noch 2mal mit der gleichen Menge 70%igem Alkohol extrahiert. Die vereinten Extrakte werden im Vakuum bei etwa 50⁰ zu 100—125 ml eingedickt, mit Salzsäure auf p_H = 3 gebracht und mit Äther ausgeschüttelt, um Fett und ätherlösliche Farbstoffe zu entfernen. Es werden jetzt 6 ml einer 4%igen Kaliumpermanganatlösung zugesetzt. Nach 10 Minuten versetzt man mit Wasserstoffsuperoxyd, um das überschüssige Permanganat zu reduzieren. Jetzt wird mit 5—6 g Frankonit 1 Stunde geschüttelt. Das Adsorbat wird abfiltriert, mit destilliertem Wasser gewaschen und mit 50 ml einer Pyridin-Methanol-Wassermischung im Verhältnis 1:2:3 auf dem Wasserbad etwa 1 Stunde eluiert. Darauf wird filtriert und das Adsorptionsmittel mit 15 ml der obigen Mischung ausgewaschen. Aus dem Eluat werden 2mal je 20 ml herausgenommen. Die eine Probe wird mit 2 ml Eisessig und 2 ml einer gesättigten Kaliumpermanganatlösung (6 g je 100 ml) versetzt. Nach gutem Durchmischen läßt man 10 Minuten stehen. Nachdem die Oxydation beendet ist, wird 1 ml einer 6%igen Lösung von Wasserstoffsuperoxyd zugesetzt, um das unverbrauchte Kaliumpermanganat zu entfernen. Jetzt wird filtriert und das klare Filtrat im Stufenphotometer in einer 3-cm-Cuvette gemessen. Die Messung erfolgte mit dem Filter „VS 45".

Bei der anderen Probe von 20 ml aus dem Eluat wird die Absorption mit dem Farbfilter ohne vorhergehende Oxydation gemessen. Darauf wird eine kleine Menge festes Natriumhydrosulfit zugesetzt, bis die Farbe sich nicht mehr ändert. Die Reduktion muß in neutraler oder schwach alkalischer Lösung erfolgen, da die Lösung sonst durch ausgeschiedenen Schwefel getrübt wird. Die Absorption dieser reduzierten Lösung wird jetzt wieder gemessen. Die Differenz aus den beiden Absorptionsmessungen gibt die Absorption des Lactoflavins.

Wir haben im Anfang das Filter „S 47", später ausschließlich das Filter „VS 45" verwendet. Nach spektrographischen Messungen von reinstem Lactoflavin, das uns Herr Professor B. C. P. Jansen, Amsterdam, freundlichst zur Verfügung stellte, fanden wir das Absorptionsmaximum bei 445 mμ. Für ein krystallisiertes Präparat von Lactoflavin der Firma Hoffmann-La Roche fanden wir das Absorptionsmaximum ebenfalls bei 445 mμ.

Eine spektrographische Untersuchung der beiden Farbfilter zeigte für „S 47" die größte Durchlässigkeit bei 460 mμ und für „VS 45" bei 448 mμ. Das Farbfilter „VS 45" hat also seine größte Durchlässigkeit im Gebiete der höchsten Absorption des Lactoflavins.

Die Bestimmung der Extinktion der reinen Präparate von Lactoflavin ergab mit dem Filter „VS 45" für das von Professor Jansen erhaltene Präparat $E^{100\,\gamma/ml}_{1\,cm} = 3{,}08$. Für das Präparat von Hoffmann-La Roche $E^{100\,\gamma/ml}_{1\,cm} = 3{,}03$. Van Eekelen und Emmerie geben für das Filter „S 47" die Extinktion $E^{100\,\gamma/ml}_{1\,cm} = 2{,}8$ an. Wir haben mit dem gleichen Filter $E^{100\,\gamma/ml}_{1\,cm} = 2{,}75$ gefunden.

Vitamin B$_2$-Einheiten.

Bevor das Lactoflavin isoliert war, wurden verschiedene biologische Einheiten für Vitamin B$_2$ angegeben.

Bourquin und Sherman definieren die Ratteneinheit als diejenige Menge Vitamin G (B$_2$), die während einer Periode von 4—8 Wochen eine einigermaßen konstante Gewichtszunahme von 3 g je Woche unter Anwendung der von Bourquin und Sherman beschriebenen Basalnahrung zeigen. Diese Einheit entspricht etwa 2—3 γ Lactoflavin. Kuhn, Rudy und Wagner-Jauregg definieren die Ratteneinheit als diejenige Menge, die während einer Versuchsperiode von 4 Wochen eine Gewichtszunahme von 10 g in der Woche bewirkt. 7—8 γ krystallisiertes Lactoflavin entsprechen dieser Einheit.

Nachdem Lactoflavin in reiner krystallisierter Form erhältlich ist, ist es nicht zweckmäßig, überhaupt eine biologische Einheit auf Grund des Rattenwachstums zu definieren. Man gibt zweckmäßiger die gefundene Menge Vitamin B$_2$ in γ Lactoflavin an.

Bedeutung des Vitamin B$_2$ für die Ernährung. Bedarf.

Die Bedeutung des Vitamin B$_2$ für die Ernährung geht deutlich daraus hervor, daß dieses Vitamin ein Teil des unentbehrlichen Atmungsfermentes der Zellen darstellt. Mangel an diesem Vitamin führt deshalb

Tabelle 25. Vitamin B₂ in Nahrungsmitteln in γ je 100 g.

Produkt	Vitamin B₂ biologisch	Vitamin B₂ chemisch	Jahr	Verfasser
Fischfleisch (Gadusarten) .		160—180	1938	Lunde, Kringstad und
Schollefleisch . .		185—195	1938	Olsen (1)
Heringsfleisch . .		300—400	1938	
	350		1939	Lunde, Kringstad und Olsen (4)
Makrelefleisch . .		600	1938	Lunde, Kringstad und Olsen (1)
Rogen (Gadus-arten)	600	700—2000	1938	Lunde, Kringstad und
Schollerogen . . .		480—570	1938	Olsen (1)
Dorschleber . . .	650	450—870	1938	Lunde, Kringstad und Olsen (1, 4)
Leber (anderer Gadusarten) .		380—700	1938	Lunde, Kringstad und Olsen (1)
Fischlebermehl . .	3300	3750	1939	Lunde, Kringstad und Olsen (4)
Schweinefleisch. .	500		1936	Christensen, Latzke und Hopper
		240	1938	Lunde, Kringstad und Olsen (1)
	200—300		1938	Darby und Day
Ochsenfleisch . .	250		1931	Day
	250		1935	György (3)
	300		1936	Christensen, Latzke und Hopper
	310		1937	Douglass
		350	1938	Lunde, Kringstad und Olsen (1)
	190		1938	Darby und Day
Kalbfleisch . . .	300—375		1933	Sherman
	350		1935	György (3)
		300	1938	Lunde, Kringstad und
Lammfleisch . . .		270	1938	Olsen (1)
	280		1938	Darby und Day
Schweineleber . .	3700	3500	1938	Lunde, Kringstad und Olsen (1, 4)
	2300		1938	Darby und Day
	2700		1940	Saffry, Cox, Kunerth und Kramer
Ochsenleber . . .	2500		1931	Day
	1600—2500		1933	Sherman
		2800	1938	Lunde, Kringstad und Olsen (1)
	2850—3450		1940	Saffry, Cox, Kunerth und Kramer
Ochsenlebermehl .	4530	4200	1939	Lunde, Kringstad und Olsen (4)

Vitamin B$_2$ (Lactoflavin).

Tabelle 25 (Fortsetzung).

Produkt	Vitamin B$_2$ biologisch	Vitamin B$_2$ chemisch	Jahr	Verfasser
Kalbsleber	2000—2500		1931	Day
	1700—2100		1933	Sherman
	13500		1939	Mickelsen, Waisman und Elvehjem
	3450—4350		1940	} Saffry, Cox, Kunerth
Lammleber . . .	4950—5400		1940	} und Kramer
Nieren (Ochse und Kalb)	2000—2500		1931	} Day
Ochsenherz . . .	750		1931	}
Eier, ganz	250		1932	Todhunter (1)
Milch	176—260	200—260	1937	Whitnah, Kunerth und Kramer
	240	275	1938	Lunde, Kringstad und Olsen (1, 4)
	210		1939	Kramer, Dickman, Hildreth, Kunerth und Riddell
Bohnen	250		1935	Funnel
		200—280	1938	Lunde, Kringstad und Olsen (1)
Erbsen	200—250		1935	Funnel
		280	1937	Murthy
		160—220	1938	Lunde, Kringstad und Olsen (1)
Zuckererbsen . . .	180	180	1939	Lunde, Kringstad und Olsen (4)
Blumenkohl . . .	100—125		1933	Sherman
	120—150		1937	Douglass
		70	1938	Lunde, Kringstad und Olsen (2)
Spinat	250		1931	Day
	200—250		1933	Sherman
	375		1937	Booher und Harris
		250—340	1938	Lunde, Kringstad und Olsen (1)
Frischsubstanz .		140	1941	
Trockensubstanz		1500	1941	} Roth
Kopfsalat:				}
Frischsubstanz .		73	1941	}
Trockensubstanz		1250	1941	}
Tomaten		195—236	1937	Murthy
		215	1938	Lunde, Kringstad und Olsen (2)
Karotten	100—125		1931	Day
	75		1937	Booher und Williams
		75—90	1938	Lunde, Kringstad und Olsen (1)

Tabelle 25 (Fortsetzung).

Produkt	Vitamin B$_2$ biologisch	Vitamin B$_2$ chemisch	Jahr	Verfasser
Weizenkeime . . .	1000		1936	Norris und Mitarbeiter
	500—600		1937	Scheunert und Schieb-lich (2)
		440	1939	Lunde, Kringstad und
Weizenmehl, fein .		40	1939	Olsen (2)
Weizen (Vollkorn)	125		1937	Scheunert und Schieb-lich (2)
		140	1939	Lunde, Kringstad und
Weizenschrot . .		280	1939	Olsen (2)
Roggenmehl . . .		60	1939	
Roggen (Vollkorn)	150		1937	Scheunert und Schieb-lich (2)
		160	1939	
Roggenschrot . .		310	1939	Lunde, Kringstad und
Hafer (Vollkorn) .		240	1939	Olsen (2)
Gerste (Vollkorn).		300	1939	
Mais	290	320	1939	Lunde, Kringstad und Olsen (4)
Bierhefe, getrocknet . .		3000	1933	Warburg und Christian (3)
		1800	1934	Kuhn, Wagner-Jauregg, Kaltschmitt
		1800—2100	1934	v. Euler und Adler (2)
Bierhefe, feucht .		1480	1938	Lunde, Kringstad und Olsen (1)
Bäckereihefe, getrocknet . .		3600	1933	Warburg und Christian (3)

zu einem allgemeinen Verfall des Organismus. Da, wie erwähnt, Krankheiten, die auf Mangel an Vitamin B$_2$ zurückgeführt werden können,
bei Menschen bisher nicht mit Sicherheit bekannt sind, ist es schwer,
bestimmte Angaben über den Bedarf an diesem Vitamin zu geben.
Stepp, Kühnau und Schroeder schätzen den täglichen Mindestbedarf
bei Menschen an Vitamin B$_2$ auf 1 mg. Das Optimum liegt aber zweifellos etwas höher, bei 2—4 mg. Während der Lactation ist der Bedarf
an Vitamin B$_2$ erhöht. Langfeldt gibt den Bedarf an Vitamin B$_2$
zu 1 mg an.

Vorkommen des Vitamin B$_2$.

Das Lactoflavin ist sehr verbreitet. In der Tabelle 25 ist das Vorkommen des Vitamin B$_2$ in den wichtigsten Nahrungsmitteln angegeben.
Fleisch, Fisch, Milch und Gemüse enthalten ungefähr gleich viel von
diesem Vitamin. Reiche Quellen sind vor allem Leber, Nieren und Herz

von Warmblütern und Hefe. Nach LUNDE, KRINGSTAD und OLSEN (1) sind auch Fischrogen und Fischleber reiche Quellen dieses Vitamins. HODSON sowie ROTH untersuchten jüngst den Gehalt verschiedener Pflanzen an Vitamin B_2; nach ROTH sind von den bisher untersuchten Pflanzen Spinat und Salat als reichste Vitamin B_2-Quellen zu bezeichnen.

Beständigkeit des Vitamin B_2.
Chemische Eigenschaften.

Das reine Lactoflavin ist in alkalischer Lösung gegen Belichtung sehr empfindlich. Bei Bestrahlung in alkalischer Lösung mit Tageslicht, dem Licht einer elektrischen Birne oder mit ultraviolettem Licht, werden vier C-Atome der Seitenkette abgespalten, und das Lactoflavin geht in die Verbindung Lumiflavin über. Diese Reaktion wird für die quantitative Bestimmung des Vitamin B_2 verwendet, und die Reaktion wurde bereits bei der Besprechung dieser chemischen Bestimmungsmethode ausführlicher besprochen (vgl. S. 90).

In neutraler oder schwach saurer Lösung werden bei längerer Bestrahlung alle fünf Atome der Seitenkette unter Bildung von Lumichrom abgespalten. GYÖRGY (2) hat auch gezeigt, daß Vitamin B_2-haltige Extrakte aus Leber. durch Bestrahlung ihre Vitamin B_2-Wirkung vollständig verlieren.

Das Lactoflavin ist beständig gegen verdünnte Säure und auch gegen Oxydationsmittel. Dagegen wird es leicht reduziert, und es bildet sich dabei eine farblose Dihydroverbindung. Beim Schütteln mit Luft bildet sich aus der reduzierten Verbindung wieder das Lactoflavin zurück.

Das Vitamin B_2 ist gegen Erhitzung sehr beständig.

Wie früher erwähnt, kommt das Lactoflavin natürlich als Phosphorsäureverbindung vor, die an Eiweiß gebunden ist. In dieser gebundenen Form ist das Lactoflavin ziemlich lichtbeständig.

Beständigkeit des Lactoflavins in Nahrungsmitteln gegen Sauerstoff und Erhitzung.

Aus dem, was wir bereits über die Eigenschaften des reinen Lactoflavins gesehen haben, können wir schließen, daß das Lactoflavin sowohl gegen Luft als auch gegen Erhitzung sehr beständig ist. Nur in alkalischer Lösung ist eine Zerstörung des Vitamins zu befürchten.

Die große Hitzebeständigkeit des Vitamin B_2 geht auch besonders daraus hervor, daß gerade diese Eigenschaft zu der Erkenntnis führte, daß das Vitamin B außer dem antineuritischen Faktor noch einen Wachstumsfaktor enthielt.

EMMETT und LUROS konnten somit feststellen, daß ein zweistündiges Erhitzen von Vitamin B-Präparaten auf 120° zu einer Inaktivierung des antineuritischen Faktors, dagegen nicht des Wachstumsfaktors, führte.

Sogar ein Erhitzen auf diese Temperatur während 6 Stunden führte nicht zu einer Zerstörung des Wachstumsfaktors (Vitamin B_2). Ähnliche Beobachtungen wurden auch von EMMETT und STOCKHOLM gemacht, die allerdings eine Einwirkung auf die wachstumfördernde Wirkung von Reisextrakt durch sechsstündiges Erhitzen auf 120^0 feststellen konnten. Diese Beobachtung braucht aber keine Zerstörung des Vitamin B_2 zu bedeuten, denn das Vitamin B_1 wurde sicherlich bei dieser Behandlung zerstört, und auch dieser Faktor übt eine deutliche Einwirkung auf das Wachstum aus.

Über die Hitzeeinwirkung auf Präparate und Nahrungsmittel, die den Vitamin B-Komplex enthalten, liegt eine Reihe Arbeiten vor, in denen gezeigt wird, daß die angewandten Temperaturen keinen schädigenden Einfluß auf den Vitamin B-Komplex ausgeübt haben. Der Vitamin B-Komplex wurde aber fast in allen diesen Fällen durch seine wachstumfördernde Wirkung erkannt und bestimmt. Da alle Faktoren des B-Komplexes auf das Wachstum einwirken, zeugen diese älteren Untersuchungen sämtlich von einer großen Stabilität der Vitamin B-Faktoren gegen Erwärmung. Man kann aber, da die Faktoren nicht einzeln berücksichtigt wurden, aus diesen Versuchen keine endgültigen Schlüsse auf die Stabilität des Vitamin B_2 ziehen. Wir werden deshalb hier nur diejenigen Arbeiten berücksichtigen, wo besonders die Stabilität des Vitamin B_2 studiert wurde.

Wie bereits erwähnt, ist die Beständigkeit des Vitamin B_2 gegen Erhitzung von der Wasserstoffionenkonzentration abhängig, indem es in alkalischer Lösung bei erhöhter Temperatur zerstört wird. WILLIAMS, WATERMAN und GURIN (2) geben an, daß man beim Erhitzen von Hefe in alkalischer Lösung während 6 Stunden auf 120^0 im Autoklav das Vitamin B_2 zerstört. Dagegen blieb bei dieser Behandlung ein großer Teil des Vitamin B_2 erhalten, wenn bei der gewöhnlichen Acidität der Hefe ($p_H = 4,5$) und noch besser, wenn in saurer Lösung ($p_H = 1$ bis 2) erhitzt wurde.

CHICK und ROSCOE (2) konnten diese Angaben bestätigen und geben an, daß Vitamin B_2 bei hoher Temperatur in saurer Lösung ($p_H = 3$ bis 5) viel beständiger ist als bei alkalischer Reaktion. Bei $p_H = 5$ konnten sie keine Verluste an Vitamin B_2 durch zweistündige Erhitzung von Hefe auf 90^0—100^0 feststellen. Wurde dagegen 4—5 Stunden auf 123^0 erhitzt, so fanden sie 50% Verluste. Bei alkalischer Reaktion $p_H = 10$ bis 9,5 gingen bereits bei gewöhnlicher Temperatur nach 10 Tagen 30% des Vitamin B_2 verloren. Durch Erwärmen während 2 Stunden auf 98^0—100^0 ($p_H = 8,3$) war der Verlust etwa 50% und beim Erhitzen im Autoklav durch 4—5 Stunden auf 122^0—125^0 ($p_H = 8,3$ bis 10) gingen 75—100% des Vitamin B_2 verloren.

HALLIDAY (2) untersuchte ebenfalls die Einwirkung von Hitze auf Vitamin B_2 bei verschiedener Wasserstoffionenkonzentration. Einstündiges

Erhitzen auf 100⁰ bei p_H = 4,3, 7 und 8 bis 10 bewirkte einen Verlust des Vitamin B$_2$ von 10% bzw. 30 und 40%. Erhitzen während 4 Stunden bei p_H = 4,3, 7 und 10 bis 7 bewirkte einen Verlust von 30% bzw. 50 und 75% des Vitamin B$_2$. Bei gewöhnlicher Temperatur war die Lösung bei p_H = 4,3 und 7 vollkommen haltbar, während bei p_H = 10 75% des Vitamin B$_2$ in 7 Tagen verloren gingen. Roscoe (2) hat diese Beobachtungen durch weitere Untersuchungen bestätigen können.

In einigen der besprochenen Arbeiten wurde bei diesen Untersuchungen die Wirkung von Vitamin B$_6$ und anderen Faktoren des B-Komplexes neben Vitamin B$_2$ nicht berücksichtigt, da die komplexe Natur des Vitamin B$_2$ noch nicht erkannt war. Spätere Untersuchungen, insbesondere solche, die an reinem Lactoflavin ausgeführt werden konnten, haben aber die angeführten Ergebnisse bestätigt.

So konnten Bender, Flanigan und Supplee zeigen, daß der Gehalt an Vitamin B$_2$ in getrockneter Molke durch Erhitzen während 2 Stunden auf 120⁰ im Autoklav nicht zerstört wurde.

Angaben von Keenan, Kline, Elvehjem und Hart, die von einer geringeren Wärmestabilität des Vitamin B$_2$ sprechen, können dadurch erklärt werden, daß die Verfasser bei ihren Untersuchungen über das Vitamin B$_2$ in Wirklichkeit den Faktor, der die Dermatitis von Kücken verhinderte, untersuchten. Es hat sich später gezeigt, daß dieser Faktor mit dem Vitamin B$_2$ nicht identisch ist.

Bing und Remp konnten die Beobachtungen von Bender und Mitarbeitern bestätigen, daß das Vitamin B$_2$ außerordentlich stabil gegen Erhitzung ist. Eine 14 Tage dauernde Erhitzung auf 105⁰ hatte das Vitamin B$_2$ nicht angegriffen. Dagegen wurde die gesamte Vitamin B$_2$-Wirkung durch Erhitzen während 2 Wochen auf 150⁰ zerstört.

Aus den vorliegenden Untersuchungen können wir den Schluß ziehen, daß das Vitamin B$_2$ gegen Erwärmung außerordentlich stabil ist. Nur in alkalischer Lösung wird das Vitamin zerstört; dabei geht die Zerstörung bei wachsendem p_H-Wert und steigender Temperatur rascher vor sich.

Verhalten des Vitamin B$_2$ beim Trocknen.

Über das Verhalten des Vitamin B$_2$ beim Trocknen von Nahrungsmitteln liegen nur wenige Untersuchungen vor. Morgan, Kimmel, Field und Nichols untersuchten den Einfluß des Trocknens auf den Gehalt an Vitamin B$_2$ in Weintrauben. Sie geben an, daß nur geringe Mengen von Vitamin B$_2$ vorhanden sind. In einer späteren Arbeit untersuchten Morgan, Field, Kimmel und Nichols getrocknete Feigen, worin sie 33—50 Sherman-Einheiten, entsprechend 80—150 γ B$_2$ je 100 g, fanden. Das Vitamin B$_2$ wurde durch keine der angewendeten Trocknungsprozesse geschädigt. Morgan, Hunt und Squier fanden in getrockneten Pflaumen 266 Sherman-Einheiten, entsprechend 650 γ B$_2$ je

100 g. Morgan (1) gibt in einer Übersichtsarbeit an, daß das Vitamin B$_2$ beim Trocknen von Früchten nicht geschädigt wird. Witt und Poe untersuchten ebenfalls den Gehalt an Vitamin B$_2$ in getrockneten Pflaumen. Sie geben den Gehalt zu 560 Sherman-Einheiten je Pfund an, entsprechend 300 γ je 100 g.

Verhalten des Vitamin B$_2$ beim Kochen und Konservieren.

Verhalten des Vitamin B$_2$ beim Kochen von Nahrungsmitteln.

Über das Verhalten des Vitamin B$_2$ beim Kochen von Nahrungsmitteln liegen nur wenige neuere Arbeiten vor. In den älteren Arbeiten, wo zwischen Vitamin B$_1$ und den anderen Faktoren des B-Komplexes nicht unterschieden wurde, wird fast überall angegeben, daß das Kochen keinen oder nur einen geringen Einfluß auf den Vitamin B-Gehalt hat, bestimmt nach der wachstumfördernden Wirkung auf Vitamin B-frei ernährte Ratten. So untersuchte Scheunert (2) den Gehalt an Vitamin B in einer Reihe von frischen und gekochten Obst- und Gemüsesorten und fand überall keinen oder nur einen geringen Einfluß des Kochens auf den Vitamin B-Gehalt, ermittelt durch den Rattenwachstumversuch. Ähnliche Beobachtungen wurden auch von Eddy, Kohman und Mitarbeitern gemacht. Auch Burton untersuchte das Verhalten des Vitamin B beim Kochen und konnte nur geringe Verluste beim gewöhnlichen Kochen feststellen. Die verschiedenen Faktoren des B-Komplexes wurden auch hier nicht getrennt untersucht.

Da das Vitamin B$_2$ eine entscheidende Wirkung auf das Wachstum hat, kann man sagen, daß diese älteren Untersuchungen es wahrscheinlich gemacht haben, daß das Vitamin B$_2$ durch das Kochen nicht wesentlich geschädigt wird.

Die späteren Untersuchungen, wo die verschiedenen Faktoren des Vitamin B-Komplexes mit berücksichtigt wurden, haben dies bestätigt. Sie sollen hier etwas ausführlicher besprochen werden.

Roscoe (1) gibt an, daß gekochte Karotten ebensoviel Vitamin B$_2$ enthalten wie die frischen, ja, das Wachstum der Tiere war bei den gekochten Karotten eher besser als bei den ungekochten, was die Verfasser auf eine bessere Verdaulichkeit der gekochten Gemüse zurückführen. In ihren Versuchen wurden die Karotten 2—4 Stunden gedämpft.

Scheunert (4) gibt an, daß das Vitamin B$_2$ Temperaturen bis 130^0 ohne Gefährdung verträgt. Er weist auch darauf hin, daß in seinem Institut bei Versuchen an Ratten, deren einziger Mangel in der Nahrung nur die gesamte Gruppe der B-Vitamine war, mehrere hundert rohe und haushaltsüblich zubereitete, auch sterilisierte pflanzliche Nahrungsmittel untersucht wurden. Es stellte sich dabei heraus, daß in keinem Fall eine entscheidende Verminderung der Vitamine gefolgert werden konnte. Die mit demselben Gemüse roh, haushaltsüblich gekocht und sterilisiert ausgeführten Untersuchungen ergaben immer nahezu den gleichen Vitamingehalt.

Munsell und Kifer untersuchten den Gehalt an Vitamin B$_2$ in Broccoli (eine Art Blumenkohl). Die Kochzeit betrug 15 Minuten, und es wurde auch der Vitamingehalt des Kochwassers berücksichtigt. Sie geben an, daß der Vitamin B$_2$-Gehalt durch das Kochen etwas herab-gesetzt wird. Die Daten erlauben aber keine genauen quantitativen Auswertungen.

De Caro und Locatelli untersuchten den Gehalt an Vitamin B$_2$ in Hühnereidotter. Sie geben an, daß das Vitamin durch 5 Minuten langes Kochen nicht geschädigt wird.

Rose und Phipard untersuchten den Gehalt an Vitamin B$_2$ in Erbsen und Bohnen. Sie fanden einen Gehalt von 100 Sherman-Ein-heiten = 250 γ Vitamin B$_2$ je 100 g sowohl in den Erbsen als auch in den Bohnen. Weder beim Kochen noch beim Gefrieren konnten Verluste an Vitamin B$_2$ festgestellt werden.

Samuels und Koch untersuchten den Einfluß des Eindampfens auf den Vitamingehalt der Milch. Sie konnten keine nachweisbare Zerstörung des wachstumfördernden Faktors des Vitamin B-Komplexes bei dem fabrikmäßigen Eindampfen von Milch feststellen.

Dutcher, Guerrant und McKelvey untersuchten den Einfluß verschiedener Pasteurisierungsmethoden auf Vitamin B$_2$ in Milch. Sie konnten einige Verluste an Vitamin B$_2$ bei allen Pasteurisierungsmethoden feststellen. Die Verluste waren am geringsten, wenn die Milch 10 Mi-nuten am Rückflußkühler gekocht wurde.

Christensen, Latzke und Hopper untersuchten die Einwirkung des Kochens auf den Gehalt an Vitamin B$_2$ in Schweinefleisch und Ochsenfleisch. Der Gehalt an Vitamin B$_2$ war im rohen Schweinefleisch etwa 200 Sherman-Einheiten, entsprechend 500 γ Vitamin B$_2$ je 100 g, und im rohen Ochsenfleisch 120 Sherman-Einheiten, entsprechend 300 γ Vitamin B$_2$ je 100 g. In den gekochten Fleischsorten war der Gehalt nur unwesentlich verringert. Der gefundene Verlust an Vitamin B$_2$ beim Kochen war aber so gering, daß die Differenzen innerhalb der Fehler-grenzen der biologischen Methode liegt.

Mickelsen, Waisman und Elvehjem (3) gelangten bei ihren Unter-suchungen über die Verteilung von Lactoflavin in Fleisch und Fleisch-produkten zu dem Ergebnis, daß beim haushaltmäßigen Dämpfen kein Verlust an Lactoflavin einzutreten scheint, während beim Rösten und Braten die Verluste beträchtlich waren, und zwar bei den verschiedenen Produkten verschieden hoch.

Aus den vorhandenen Daten über die große Wärmestabilität des Vitamin B$_2$ und den vorliegenden experimentellen Untersuchungen kann man schließen, daß dieses Vitamin beim gewöhnlichen Kochen überhaupt nicht geschädigt wird. Da das Vitamin wasserlöslich ist, ist aber zu beachten, daß ein großer Teil sich während des Kochens in der Brühe auflöst.

Verhalten des Vitamin B$_2$ beim Konservieren.

Über das Verhalten des Vitamin B beim Konservieren liegen eine Reihe älterer Arbeiten vor, insbesondere von EDDY, KOHMAN und Mitarbeitern, die aber die einzelnen Faktoren des B-Komplexes nicht berücksichtigen.

In einer späteren Arbeit haben jedoch KOHMAN, EDDY und GURIN (1) Vitamin B$_1$ und B$_2$ einzeln untersucht. Sie geben an, daß konserviertes Rübengras eine gute Quelle für Vitamin B$_2$ ist. EDDY, GURIN und KOHMAN untersuchten später auch Grapefrucht und Pflaumen. Sie teilen mit, daß konservierte Pflaumen ungefähr ebenso viel Vitamin B$_2$ enthalten wie Milch. Ein Vergleich mit dem Vitamin B$_2$-Gehalt der frischen Pflaumen wurde aber nicht durchgeführt. Bei Grapefrucht konnten sie keine Zerstörung des Vitamin B$_2$ beim Konservieren feststellen, indem sowohl das frische als auch das konservierte Obst untersucht wurden.

HOFF untersuchte das Verhalten des Vitamin B$_2$ beim Kochen und Konservieren von Spinat. Er gibt an, daß etwas Vitamin B$_2$ beim Kochen und beim Konservieren verlorengeht.

FELLERS, ESSELEN und FITZGERALD fanden, daß beim Schnellfrieren von Spargel, Erbsen, Limabohnen und Spinat die Verluste an Vitamin B$_2$ gering waren, daß sie aber beim Eindosen größer werden.

HANNING (2) studierte den Gehalt an Vitamin B$_2$ in Konserven von passierten Gemüsen. Sie untersuchte dabei Konserven von Tomaten, Erbsen, Karotten, Rüben, Bohnen und Spinat. Die Werte sind in Tabelle 27 aufgenommen. Da keine Daten über den Vitamingehalt der frischen Gemüse gleichzeitig vorliegen, kann man keine direkten Schlüsse auf die Beständigkeit des Vitamins ziehen. Vergleicht man aber ihre Werte mit den von anderer Seite vorliegenden Bestimmungen über den Gehalt an Vitamin B$_2$ in frischen Gemüsen, so ist ersichtlich, daß die Verluste, wenn Verluste überhaupt vorliegen, nur ganz gering sein können.

GUERRANT, DUTCHER, TABOR und RASMUSSEN bestimmten den Gehalt an Vitamin B$_2$ in konserviertem Ananassaft. Sie geben den Gehalt zu etwa 45 γ je 100 g an (umgerechnet nach den biologischen Angaben).

LEVINE und REMINGTON erhitzten Baumwollsamenmehl und Sojabohnen 30 Minuten in Packungen zu 15 Pfund und konnten feststellen, daß das Vitamin B$_2$ bei dieser Behandlung stabil war.

CHRISTENSEN, LATZKE und HOPPER bestimmten den Gehalt an Vitamin B$_2$ in konserviertem Ochsenfleisch und Schweinefleisch; in diesem Falle wurden auch gleichzeitig Bestimmungen in dem rohen Fleisch durchgeführt. Sie konnten feststellen, daß bei einer Sterilisierung während 70 Minuten bei 115⁰ keine Zerstörung des Vitamin B$_2$ stattfindet. Wie aus Abb. 9 und 10 hervorgeht, war das Wachstum der Ratten bei Anwendung der Vitamin B$_2$-freien Kostmischung von BOURQUIN und SHERMAN im Falle des Zusatzes von konserviertem Fleisch genau so gut

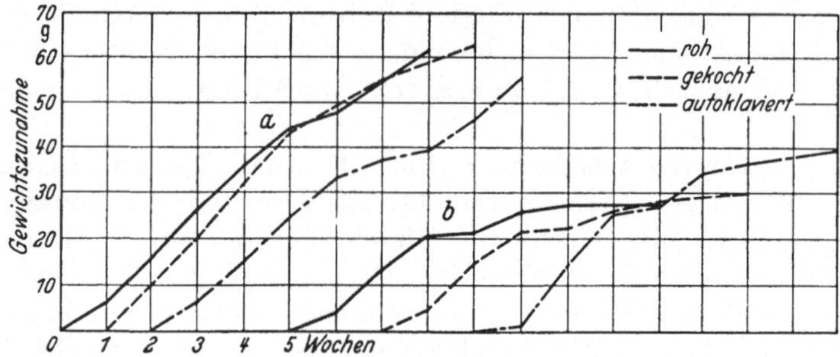

Abb. 9. Durchschnittliche Gewichtskurven von Ratten, die eine Vitamin B$_2$-freie Kost und als Zulage je 2 g (Trockengewicht) von rohem, gekochtem bzw. konserviertem Schweinefleisch je Woche erhielten. *a* und *b* bezeichnen verschiedene Proben von Schweinefleisch. (Nach CHRISTENSEN, LATZKE und HOPPER.)

wie bei Benutzung von rohem Fleisch. Dies traf sowohl für Schweinefleisch als auch für Ochsenfleisch zu.

Über das Verhalten des Vitamin B$_2$ beim Konservieren von Milch liegt auch eine Arbeit von TODHUNTER (1) vor, der einen etwas geringeren Gehalt an Vitamin B$_2$ in fabrikmäßig hergestellter kondensierter Milch fand als in pasteurisierter Milch. Die gefundenen Unterschiede sind aber

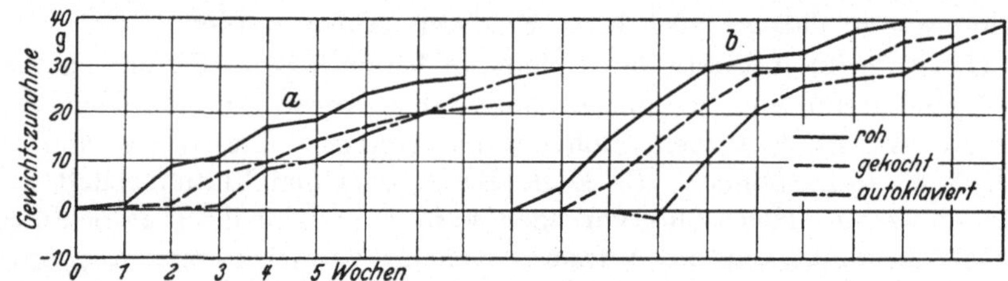

Abb. 10. Durchschnittliche Gewichtskurven von Ratten, die eine Vitamin B$_2$-freie Kost und als Zulage je 2 g (Trockengewicht) von rohem, gekochtem bzw. konserviertem Ochsenfleisch je Woche erhielten. *a* und *b* bezeichnen verschiedene Proben von Ochsenfleisch. (Nach CHRISTENSEN, LATZKE und HOPPER.)

gering und können wahrscheinlich auf einen wechselnden Gehalt der Milch an Vitamin B$_2$ zurückgeführt werden.

SAMUELS und KOCH fanden keine Verluste an Vitamin B$_2$ durch Konservieren von Milch. HENRY und KON (1) prüften die Einwirkung des fabrikmäßigen Sterilisierungsprozesses auf den Bestand an Vitamin B$_2$ in Milch. Sie geben an, daß die Sterilisierung keinen Einfluß auf den Gehalt der Milch an Vitamin B$_2$ hatte.

POE und GAMBILL (1) untersuchten das Vorkommen von Vitamin B$_2$ in einer Reihe Proben von fabrikmäßig hergestelltem Tomatensaft. Sie teilen mit, daß dieses Produkt eine gute Quelle für Vitamin B$_2$ ist.

Poe und Gambill (2) studierten gleichfalls den Gehalt an Vitamin B_2 in Proben von Tomatensaft, wobei das Konservieren im Haushalt erfolgt war. Das mittlere Vitaminvorkommen belief sich auf 21 Sherman-Einheiten je ml, entsprechend etwa 50 γ B_2 je 100 ml.

Wir haben im hiesigen Institut das Vorkommen von Vitamin B_2 in frischen und konservierten Nahrungsmitteln systematisch verfolgt.

Die wichtigsten unserer Bestimmungen sind in der Tabelle 27 über den Gehalt an Vitamin B_2 in Konserven aufgeführt. In keinem Falle wurde der Gehalt an Vitamin B_2 in der gleichen Probe roh und konserviert untersucht. Es liegt aber eine Reihe Bestimmungen über den Umfang des Vitamin B_2-Vorkommens in rohen wie in konservierten Produkten vor.

Die nachstehende Tabelle 26 zeigt einige solche Bestimmungen des Vitamin B_2-Gehaltes in den gleichen Nahrungsmitteln, sowohl in rohen als auch in konservierten Produkten.

Die Bestimmungen sind teils einer Arbeit von Lunde (1), teils der Arbeit von Lunde, Kringstad und Olsen (1) entnommen. Die hier aufgeführten Werte wurden teils biologisch, teils chemisch bestimmt, für einige Produkte nach beiden Methoden.

Tabelle 26.

	Vitamin B_2 in γ/100 g	
	Roh	Konserviert
Dorschrogen	700—1130	600—800[1]
Hering, große	350—370	200—475
Hering, kleine, ganz .	410—420	410
Heringsmilch	530	500—600
Taschenkrebsrogen . .	870	750
Taschenkrebsfleisch . .	350	350

[1] Ohne Brühe.

Aus den erhaltenen Werten geht hervor, daß eine Abnahme des Gehaltes an Vitamin B_2 für diese Fischprodukte nicht stattfindet. Nur bei Dorschrogen sind für die konservierten Produkte die gefundenen Werte kleiner als für die frischen. Dies liegt aber daran, daß bei der Untersuchung des konservierten Produktes nur die festen Bestandteile untersucht wurden. Die Brühe wurde nicht berücksichtigt. Nach unserer Erfahrung enthält die Brühe öfter eine größere Menge Vitamin B_2. So fanden wir auch größere Mengen Vitamin B_2 in der Brühe von Fischklößen (vgl. Tabelle 27).

Aus unseren Untersuchungen geht hervor, daß die Fischkonserven zum Teil recht gute Quellen für Vitamin B_2 sind.

Tabelle 27 gibt eine Übersicht über die vorliegenden quantitativen Bestimmungen von Vitamin B_2 in Konserven.

Zusammenfassend können wir aus den vorliegenden Untersuchungen schließen, daß das Vitamin B_2 durch den Sterilisierungsprozeß nicht geschädigt wird. Verluste bei der fabrikmäßigen Herstellung von Konserven können nur dann auftreten, wenn die Produkte blanchiert werden, wobei Vitamin B_2 zum Teil ausgelaugt wird. Bei der Sterilisierung löst

Tabelle 27. Vitamin B$_2$ in Konserven in γ je 100 g.

Produkt	Vitamin B$_2$ biologisch	Vitamin B$_2$ chemisch	Jahr	Verfasser
Fisch und Fleisch:				
Dorschrogen . .	600	650—800	1938	LUNDE, KRINGSTAD und OLSEN (1, 4)
Heringssardinen		410	1938	LUNDE, KRINGSTAD und OLSEN (1)
Heringsmilch .		500—600	1938	
Kippers	200—475	300	1938	
Brisling	350	620	1938	LUNDE, KRINGSTAD und OLSEN (1, 4)
Taschenkrebs-paste. . . .		970	1938	LUNDE (1)
Taschenkrebs .		520	1938	
Taschenkrebs-rogen . . .	750	870	1938	LUNDE, KRINGSTAD und OLSEN (1, 4)
Taschenkrebs-fleisch . . .	350		1938	LUNDE, KRINGSTAD und OLSEN (1)
Fischklöße . .	175	320	1938	
Fischklöße, Brühe . . .		240	1938	LUNDE (1)
Schweinefleisch (getrocknet)	1800		1936	CHRISTENSEN, LATZKE und HOPPER
Ochsenfleisch (getrocknet)	1250		1936	
Gemüse und Obst:				
Bohnen	50		1934	HANNING (2)
		200—280	1938	LUNDE, KRINGSTAD und OLSEN (1)
Erbsen	65—100		1934	HANNING (2)
		160—220	1938	LUNDE, KRINGSTAD und OLSEN (1)
Karotten . . .	25		1934	HANNING (2)
		75	1938	LUNDE, KRINGSTAD und OLSEN (1)
Spinat	65—80		1934	HANNING (2)
		200—250	1938	LUNDE, KRINGSTAD und OLSEN (1)
Mangoldblatt .		330	1938	
Tomaten . . .	40—50		1934	HANNING (2)
Tomatensaft . .	50		1935	POE und GAMBILL (2)
Ananassaft . .	25		1936	GUERRANT, DUTCHER, TABOR und RASMUSSEN
Hundefutter . .		90—140	1938	LUNDE, KRINGSTAD und OLSEN (1)
Pelztierfutter .		730—920	1938	
Kindernahrung .	100		1934	HANNING (2)
		130	1938	LUNDE, KRINGSTAD und OLSEN (1)
Gemüsesuppe	25		1934	HANNING (2)

sich stets etwas Vitamin B$_2$ in der Brühe, weshalb die Brühe immer mit verwendet werden sollte.

Der Antipellagrafaktor.

Wie bereits bei der Besprechung des Vitamin B-Komplexes erwähnt wurde, konnten GOLDBERGER und Mitarbeiter (1) im Jahre 1926 zeigen, daß das Vitamin B aus zwei Faktoren bestand, nämlich dem Antiberiberifaktor und einem weiteren Faktor, der die Pellagra bei Menschen verhinderte. Im Verlauf der weiteren Untersuchungen über diesen Faktor konnte gezeigt werden, daß er mit dem Faktor, der das Auftreten von „Black tongue" bei Hunden verhinderte, identisch war; dagegen war der Faktor, der das Auftreten von Rattenakrodynie, eine pellagraähnliche Erkrankung der Ratten, verhinderte, mit dem menschlichen Antipellagrafaktor nicht identisch. Lange Zeit wurde angenommen, daß der Antipellagrafaktor der Kücken, der besonders von ELVEHJEM (KLINE, KEENAN, ELVEHJEM und HART) und LEPKOVSKY und JUKES (2) eingehend untersucht wurde, mit dem Anti-„Black tongue"-Faktor und dem menschlichen Pellagrafaktor identisch war. Später konnte jedoch gezeigt werden, daß dies wahrscheinlich nicht der Fall ist.

Der wichtigste Fortschritt kam durch eine Mitteilung von ELVEHJEM und Mitarbeitern [ELVEHJEM, MADDEN, STRONG und WOOLLEY (1)] 1937, daß sie „Black tongue" bei Hunden mit Nicotinsäureamid heilen konnten. STREET und COWGILL stellten ebenfalls eine starke Wirkung von Nicotinsäureamid auf „Black tongue" bei Hunden fest. Diese wichtige Entdeckung konnte auch von SEBRELL (1) bestätigt werden. Es konnte gezeigt werden, daß 6 mg Nicotinsäure, 2mal wöchentlich verabreicht, das Auftreten von „Black tongue" bei Hunden, die eine Kost erhielten, die sonst „Black tongue" hervorgerufen hätte, während einer Untersuchungsperiode von 6 Monaten, verhinderten.

CHICK, MACRAE, MARTIN und MARTIN (1) konnten durch eine Kost, die den Pellagra- und „Black tongue"-Diäten ähnlich war, bei Schweinen eine Krankheit hervorrufen, die sie durch Verabreichung von Nicotinsäure wieder heilen konnten. Die Wirkung von Nicotinsäure bzw. Nicotinsäureamid auf menschliche Pellagra wurde von mehreren Seiten untersucht. SPIES und Mitarbeiter konnten in einer Reihe von Fällen die Wirkung von Nicotinsäure auf menschliche Pellagra feststellen. SMITH, RUFFIN und SMITH konnten ebenfalls zeigen, daß Nicotinsäure eine deutliche Wirkung auf die menschliche Pellagra hatte. FOUTS und Mitarbeiter (FOUTS, HELMER, LEPKOVSKY und JUKES) berichten ebenfalls von einer günstigen Wirkung von Nicotinsäure auf Pellagrapatienten. Auch HARRIS und HASSAN berichten über ähnliche Heilwirkungen.

Von mehreren Seiten wurde indessen berichtet, daß das Nicotinsäureamid nicht alle Pellagrasymptome bzw. nicht alle Symptome der „Blacktongue"-Krankheit an Hunden zum Verschwinden brachte und es wurde daraus geschlossen, daß die Nicotinsäure nur einen Teil des Antipellagrafaktors darstellt.

Indessen haben kürzlich MARGOLIS, MARGOLIS und SMITH gezeigt, daß eine vollständige Heilung von „Black tongue" bei Hunden erzielt wurde, wenn genügend Vitamin B_2 (Lactoflavin) in der Kost vorhanden war. Hunde, die nach Fütterung mit der „Black tongue"-Kost die typischen Symptome der Hundepellagra erhalten hatten, konnten genau so gut mit Nicotinsäure wie mit Leberextrakt geheilt werden, wenn zu der Grundkost auch eine genügende Menge Vitamin B_1 (Aneurin) und Vitamin B_2 (Lactoflavin) gesetzt wurde.

Krankheitsbild bei Mangel am Antipellagrafaktor.

Die Pellagra ist eine sehr lange bekannte Krankheit, die in einer Reihe von Ländern auftritt. Sie ist beispielsweise in den südlichen Staaten der Vereinigten Staaten von Nordamerika ziemlich häufig, in denen nach EDDY und DALLDORF etwa 200000 Personen Pellagra haben sollen. SEBRELL (2) hat die Zahl der Todesfälle an Pellagra in dem gleichen Gebiet zu 3000 jährlich geschätzt. Die Krankheit war auch früher in Italien sehr allgemein, ist aber in diesem Land immer mehr zurückgegangen. Nach STEPP, KÜHNAU und SCHROEDER sterben aber beispielsweise in Rumänien jährlich noch 2800 Menschen an Pellagra. Die Krankheit ist keineswegs selten in Deutschland, in der Schweiz und in den skandinavischen Ländern. In Norwegen werden jährlich mehrere Fälle beschrieben. Wahrscheinlich ist auch diese Vitaminmangelkrankheit häufiger als angenommen wird, indem leichtere Fälle übersehen werden.

Die Krankheit kann klinisch vor allem durch die Hautsymptome erkannt werden. Außer diesen treten Magen- und Darmstörungen und nervöse Symptome auf. Die Hautsymptome zeigen sich am häufigsten an den Handrücken und am Hals.

FUNK hat zuerst die Pellagra als eine Mangelkrankheit betrachtet und diese Theorie ist heute allgemein angenommen. Da der Pellagraschutzstoff oft mit den anderen B-Faktoren zusammen vorkommt, fehlen bei den Pellagrakranken oft mehrere B-Faktoren, so daß das Bild der Krankheit nicht immer einheitlich ist.

Physiologische Wirkung des Antipellagrafaktors.

Wie bereits erwähnt, konnte experimentell gezeigt werden, daß der Antipellagrafaktor, das Nicotinsäureamid, für den normalen Stoffwechsel der Menschen notwendig ist. Aber auch Hunde benötigen, wie ELVEHJEM und Mitarbeiter [ELVEHJEM, MADDEN, STRONG und WOOLLEY (2)] gezeigt haben, diesen Faktor. HARRIS (4) zeigte, daß das Nicotinsäureamid auch für Affen notwendig ist und daß es die Affenpellagra heilt. Daß dieses Vitamin auch von Schweinen benötigt wird, ist bereits erwähnt worden. Es scheint demnach, daß wir es mit einem Vitamin zu tun haben, das allgemein von einer Reihe von Säugetieren für den normalen Stoffwechsel benötigt wird.

Dies ist aber auch nicht weiter verwunderlich, denn nach den Untersuchungen von Warburg und Christian (4) und von H. von Euler, Albers und Schlenk ist die wirksame Gruppe der beiden Co-Enzyme, Codehydrase I und II, Nicotinsäureamid. Das Nicotinsäureamid reiht sich damit in die Gruppe der anderen bekannten B-Vitamine schön ein. Wie das Aneurin die wirksame Gruppe der Carboxylase und das Lactoflavin die wirksame Gruppe des gelben Fermentes ist, so ist das Nicotinsäureamid die wirksame Gruppe der Codehydrasen.

Das Nicotinsäureamid kommt jedenfalls zu einem großen Teil im Organismus als Codehydrase vor, denn Warburg und Christian (4) sowie von Euler, Heiwinkel, Malmberg, Robežnieks und Schlenk haben gezeigt, daß die Codehydrase einen allgemeinen Bestandteil der Gewebe ausmacht.

Konstitution des Antipellagravitamins.

Wie erwähnt, wurde erkannt, daß der Antipellagrafaktor mit einem bereits bekannten Körper, dem Nicotinsäureamid, identisch war. Wahrscheinlich kommt das Vitamin sowohl als Nicotinsäure wie als Nicotinsäureamid und auch an Eiweiß gebunden in den Organismen vor. Die Konstitution der Nicotinsäure und des Nicotinsäureamids geht aus den nachstehenden Formelbildern hervor. Die Nicotinsäure ist eine Pyridin-β-Carbonsäure.

$$\text{(Pyridinring)}\!-\!COOH \qquad\qquad \text{(Pyridinring)}\!-\!CONH_2$$

Nicotinsäure   Nicotinsäureamid

Bestimmungsmethoden des Antipellagrafaktors.

Biologische Methoden.

Die klassische Methode zur Bestimmung des Antipellagrafaktors stammt von Goldberger und Mitarbeitern (1, 2). Hunde werden auf eine Pellagrakost von folgender Zusammensetzung gesetzt:

Maismehl	400 g	Baumwollsamenöl	30 g
Erbsen (cow-peas)	50 g	Lebertran	15 g
Casein, gereinigt	60 g	Natriumchlorid	10 g
Zucker	32 g	Calciumcarbonat	3 g

Nach etwa 60 Tagen erhalten die Tiere die Symptome der Hundepellagra oder „Black tongue". Die Tiere nehmen an Gewicht ab und zeigen Darmstörungen und charakteristische Entzündungen in der Mundhöhle mit einer geschwollenen dunklen Zunge. In diesem Stadium

verändert man die Kost der Hunde, indem man ihr dasjenige Nahrungsmittel hinzufügt, das auf seine pellagraheilende Wirkung untersucht
werden soll. Nach dieser Methode untersuchten GOLDBERGER und seine
Mitarbeiter (1, 2) eine Reihe von Nahrungsmitteln und teilten diese entsprechend den Gehalten am pellagraverhindernden Faktor in drei Gruppen ein. Eine genauere quantitative Bestimmung läßt sich nach dieser
Methode schwer durchführen.

Es ist später gezeigt worden, daß in der oben beschriebenen „Black
tongue"-Kost nicht nur das eigentliche Antipellagravitamin, das Nicotinsäureamid, fehlt, sondern daß diese Kost auch an Vitamin B_1 (Aneurin)
und Vitamin B_2 (Lactoflavin) zu arm ist. In späteren biologischen Versuchen wurden diese Vitamine der Kost zugesetzt (MARGOLIS, MARGOLIS
und SMITH).

Eine weitere biologische Methode beruht darauf, daß gewisse Bakterien für ihre Entwicklung Nicotinsäure benötigen. KNIGHT konnte so
feststellen, daß Nicotinsäure ein notwendiger und typischer Wachstumsfaktor für *Staphylococcus aureus* ist. Das Wachstum dieser Bakterie
ist von der Menge der vorhandenen Nicotinsäure bzw. des in der Nähr-
lösung vorhandenen Nicotinsäureamids abhängig.

Auch gewisse Insekten zeigen ähnliche Verhältnisse; so konnten
RUBINSTEIN und SHEKUN zeigen, daß Larven von *Galleria melonella* nur
auf Nährböden gedeihen, die je 100 g 5—10 γ Nicotinsäure enthalten.

Chemische Bestimmungsmethoden.

Die bisher vorgeschlagenen chemischen Bestimmungsmethoden beruhen auf den Farbreaktionen, die der Pyridinring mit verschiedenen
Reagenzien bildet. Es kommen hier vornehmlich zwei Reaktionen in
Betracht. Erstens die Reaktion mit 2,4-Dinitrochlorbenzol, wobei sich
in alkalischem Mittel eine tief rote Farbe bildet. Auf dieser Methode
beruht eine von KARRER und KELLER (1) beschriebene Bestimmungsmethode. Diese Methode gibt aber nach unseren Erfahrungen viel zu
niedrige Werte. Auch KARRER und KELLER geben die nach dieser
Methode bestimmten Werte als Mindestwerte an.

Die Methode wurde von KARRER und KELLER (4) später verbessert
und lieferte jetzt bedeutend höhere Werte, die mit den von uns [KRING-
STAD und NAESS (2)] gefundenen gut übereinstimmten.

KÖNIG hat eine Farbreaktion von Pyridin und Pyridinderivaten
beschrieben, die darauf beruht, daß der Pyridinring mittels Bromcyan
aufgespalten wird. Durch Zusatz eines aromatischen Amins entsteht
eine gelbe bis gelbgrüne Farbe.

STRAFFORD hat diese Reaktion zu einer quantitativen Bestimmung
von Pyridin ausgearbeitet. Diese Methode wurde von SWAMINATHAN (1)
zur Bestimmung von Nicotinsäure in einigen Nahrungsmitteln benutzt.

KRINGSTAD und NAESS (1) haben ebenfalls diese Reaktion zu einer quantitativen Methode zur Bestimmung von Nicotinsäure und Nicotinsäureamid ausgearbeitet. Als aromatisches Amin wurde Anilin verwendet.

Nach KRINGSTAD und NAESS ist die Farbintensität von der Wasserstoffionenkonzentration stark abhängig. So erhielten sie bei derselben Konzentration von Nicotinsäureamid in Wasser bei $p_H = 5{,}4$ die Extinktion 1,64, während sie 2,46 bei $p_H = 6{,}1$ betrug. Die Messungen wurden im Stufenphotometer (Filter S 47) ausgeführt.

Die Wasserstoffionenkonzentration wurde mittels Phosphatpuffer bei $p_H = 6{,}1$ stabilisiert und die Messung beim Farbmaximum, das ungefähr nach 7 Minuten (für Nicotinsäure) eintritt, vorgenommen. Die Extinktion war genau proportional der Konzentration.

Die praktische Durchführung der Bestimmung gestaltet sich nun nach KRINGSTAD und NAESS (2) folgendermaßen:

Eine abgewogene Probe der homogenisierten Substanz wird mit der 2—3fachen Menge Wasser auf dem Wasserbad 1 Stunde gekocht und dann abgenutscht. Die Extraktion wird 2mal wiederholt.

Zu den vereinigten Extrakten wird Schwefelsäure gegeben, bis die Säurekonzentration etwa N/10 entspricht und im Wasserbad 2 Stunden auf 100° erhitzt, um das als Co-Enzym gebundene Nicotinsäureamid abzuspalten.

Der Extrakt wird dann auf ein bestimmtes Volumen gebracht. Der Gehalt sollte mindestens 2 γ/ml betragen.

Zur Bestimmung des Nicotinsäureamids werden 20 ml von dem Extrakt herausgenommen, in einen 25 ml-Meßkolben gebracht und mit einem konzentrierten Phosphatpuffer zur Marke gefüllt.

Wenn beim Zusatz des Puffers eine Fällung von Phosphaten stattfindet, muß filtriert werden. Zu 10 ml dieser Lösung werden 4 Tropfen gesättigte wässerige Anilinlösung gesetzt und nach Durchmischen 0,35 ml der Bromcyanlösung. Die Entwicklung der Farbe wird dann im Stufenphotometer verfolgt und die Extinktion beim Maximum abgelesen. Der Gehalt an Nicotinsäureamid wird dann aus der Eichkurve ermittelt.

Nach dieser Methode läßt sich das Nicotinsäureamid noch bei einer Konzentration von 1 γ/ml quantitativ bestimmen.

Der Farbton und die Farbintensität ist von dem vorliegenden Pyridinderivat abhängig.

Ähnliche Verhältnisse wurden auch bei der von KARRER und KELLER (1) verwendeten Methode von VILTER, SPIES und MATHEWS gefunden.

EULER, SCHLENK, HEIWINKEL und HÖGBERG, neuerdings auch MELNICK und FIELD (2) sowie KODICEK, haben ebenfalls die Reaktion von KÖNIG für ihre colorimetrischen Bestimmungen von Nicotinsäureamid verwendet.

Bedeutung für die Ernährung. Bedarf.

Bestimmte Angaben über den Nicotinsäurebedarf des Organismus können noch nicht gemacht werden, da derartige Versuche noch nicht vorliegen. Aus der Zusammensetzung der Diäten, die bei Menschen Pellagra bzw. bei Hunden „Black tongue" hervorrufen, können aber gewisse Schlüsse darauf gezogen werden, da wir aus den neueren Untersuchungen, insbesondere von KRINGSTAD und NAESS (2), über den Gehalt an Nicotinsäure in verschiedenen Nahrungsmitteln orientiert sind.

Auch aus den Mengen, die bei der Behandlung der menschlichen Pellagra mit Hefe oder Nicotinsäure Heilerfolge zeigten, können gewisse Schlüsse über den Bedarf gezogen werden. Diese therapeutischen Dosen betrugen bei Menschen 60 mg Nicotinsäure oder mehr (nach BLINOWSKI und IOFFE 60—160 mg). Bei Hunden mit „Black tongue" genügen 1,5 mg je Kilo Lebendgewicht täglich, um sie von der „Black tongue"-Krankheit zu heilen. Es muß angenommen werden, daß die prophylaktischen Dosen geringer sind als die therapeutischen, dagegen muß auch in Betracht gezogen werden, daß die verwendete Grundnahrung auch etwas Nicotinsäure enthalten hat. Aus den vorliegenden Daten kann der Bedarf des Menschen wahrscheinlich auf etwa 50—100 mg pro Tag geschätzt werden.

Bei sehr großen Dosen sollen Vergiftungen auftreten. CHEN, ROSE und ROBBINS konnten bei Verwendung von 2 g Nicotinsäure bei Hunden Vergiftungssymptome konstatieren. Diese Dose entspricht etwa 140 mg je Kilo Lebendgewicht oder etwa der 100fachen Menge der notwendigen therapeutischen Dosis.

Vorkommen des Antipellagrafaktors.

In den Untersuchungen, insbesondere von GOLDBERGER und Mitarbeitern (1, 2) wurde auf biologischem Wege der Gehalt an Antipellagrafaktor in einer Reihe von Nahrungsmitteln bestimmt. Die Tabelle 28 zeigt eine Zusammenstellung dieser Untersuchungen.

Es geht daraus hervor, daß besonders animalische Produkte, aber auch Hefe und gewisse Vegetabilien als gute Quellen dieses Vitamins betrachtet werden können.

Seitdem der Antipellagrafaktor als identisch mit dem Nicotinsäureamid erkannt wurde, liegen bereits einige chemische Bestimmungen der Nicotinsäure in mehreren Nahrungsmitteln vor. Insbesondere wurden wichtige Untersuchungen von KRINGSTAD und NAESS (2) sowie von KRINGSTAD und THORESEN im Forschungslaboratorium der norwegischen Konservenindustrie ausgeführt. Die Tabelle 29 zeigt einige Bestimmungen der Nicotinsäure in verschiedenen Nahrungsmitteln.

Über das Vorkommen können wir ganz allgemein sagen, daß die Nicotinsäure, wie zu erwarten, ziemlich weit verbreitet ist. Sowohl Fleisch

Tabelle 28. Antipellagrafaktor (P.P.-Faktor) in verschiedenen Nahrungsmitteln (nach biologischen Bestimmungen).

Produkt	Als Vitaminquelle	Verfasser
Ochsenfleisch	Gut	GOLDBERGER und Mitarbeiter (1, 2)
Ochsenleber, frisch . .	Gut	
Schweinefleisch . . .	Gut	WHEELER und SEBRELL
Schweineleber	Gut	
Schweineleber, getrocknet	Gut	
Kücken	Gut	GOLDBERGER und Mitarbeiter (1, 2)
Lachs	Gut	
Pollack	Ganz gut	
Bohnen	Gehaltlos bis ganz gut	
Kartoffeln	Sehr wenig	WHEELER und SEBRELL
Karotten	Schlecht	GOLDBERGER und WHEELER
Turnips	Schlecht	
Weizen, ganz	Schlecht	
Weizenkeim	Gut	
Extrahiertes Weizenkeimmehl	Gut	GOLDBERGER und Mitarbeiter (1, 2)
Hafer	Sehr wenig	
Reisschalen	Gut	
Mais	Sehr wenig	
Getrocknete Erbsen .	Ganz gut	GOLDBERGER, WHEELER, ROGERS und SEBRELL
Erdnußmehl	Gut	WHEELER und HUNT (1)
Butter	Schlecht	GOLDBERGER und Mitarbeiter (1, 2)
Milch	Ganz gut	
Buttermilch	Gut	GOLDBERGER und TANNER (1)
Getrocknetes Eigelb .	Ganz gut	GOLDBERGER und Mitarbeiter (1, 2)
Leberextrakt	Gut	GOLDBERGER und SEBRELL
Leberextrakt	Gut	GOLDBERGER und Mitarbeiter (1, 2)
Getrocknete Bäckereihefe	Gut	WALKER und WHEELER
Getrocknete Brauereihefe	Gut (ausgezeichnet)	GOLDBERGER und TANNER (2)

als auch fette Fische, auch gewisse Gemüse, sind relativ gute Quellen dieses Vitamins. Magere Fische enthalten weniger als fette Fische. Hier stimmen die von KRINGSTAD und Mitarbeitern [KRINGSTAD und NAESS (2), KRINGSTAD und THORESEN) ausgeführten chemischen Bestimmungen von Nicotinsäure mit den biologischen Untersuchungen von GOLDBERGER und Mitarbeitern gut überein. Eine schlechte Quelle sind Mais und Hafer. Sehr gute Quellen sind aber Leber und Hefe.

Beständigkeit des Antipellagrafaktors.

Die Nicotinsäure bzw. das Nicotinsäureamid ist sehr beständig gegen Erhitzen und Oxydation, so daß ihre Vernichtung durch den üblichen Konservierungsprozeß überhaupt nicht zu befürchten ist.

Tabelle 29. Vorkommen von Nicotinsäure und Nicotinsäureamid
in Nahrungsmitteln in mg je 100 g.

Produkt	Colorimetrische Bestimmung	Jahr	Verfasser
Heilbutt.	6,1	1940	KRINGSTAD und THORESEN
Dorschfleisch	1,7	1939	KRINGSTAD und NAESS (2)
	1,95	1939	BANDIER
Dorschrogen	1,44	1939	KRINGSTAD und NAESS (2)
	1,52	1939	BANDIER
Dorschleber	1,56	1939	} KRINGSTAD und NAESS (2)
Heringsfleisch (Frühling)	2,9	1939	
	3,2—4,0	1940	KRINGSTAD und THORESEN
Kohlfisch- und Schellfischleber, getrocknet	11,4	1939	} KRINGSTAD und NAESS (2)
Ochsenfleisch	4,86	1939	
	4,9	1940	KRINGSTAD und THORESEN
	4,90	1939	BANDIER
Rindfleisch	3,83	1939	KARRER und KELLER (4)
Schafsfleisch.	4,5	1940	} KRINGSTAD und THORESEN
Schafsleber	12—13	1940	
Pferdefleisch	4,66	1939	KARRER und KELLER (4)
Ochsenleber	25 [1]	1937	ELVEHJEM, MADDEN, STRONG und WOOLLEY (2)
	15,5—20	1939	KRINGSTAD und NAESS (2)
	12,2	1939	BANDIER
	9,3	1939	KARRER und KELLER (4)
	17,7	1940	KRINGSTAD und THORESEN
Ochsenleber, getrocknet .	24,5	1939	KRINGSTAD und NAESS (2)
Ochsennieren	6,5	1939	BANDIER
	19,4	1939	KARRER und KELLER (4)
	10,2	1940	KRINGSTAD und THORESEN
Schweinefleisch	3,3	1939	KRINGSTAD und NAESS (2)
	3,1	1940	KRINGSTAD und THORESEN
	4,7	1939	} BANDIER
Schweineleber	11,8	1939	
	15,7	1940	KRINGSTAD und THORESEN
Schweinenieren.	6,8	1939	BANDIER
	7,6	1940	KRINGSTAD und THORESEN
Kaninchenfleisch	8,6	1938	VON EULER, SCHLENK, HEIWINKEL und HÖGBERG
Milch	0,05	1940	KRINGSTAD und THORESEN
Magermilch, getrocknet .	10,5	1938	} SWAMINATHAN (1)
Weizen, Vollkornmehl .	5,3	1938	
Weizenkeime.	4,2	1939	} KRINGSTAD und NAESS (2)
Weizenkleie	5,0	1939	
Reis	2,38	1938	} SWAMINATHAN (1)
Reis, gedämpft	2,78	1938	
Reisschalen	100 [2]	1912	SUZUKI und MATSUNAGA
Reisschalen, konzentriert	140—150	1939	KRINGSTAD und NAESS (2)
Mais, weiß	1,48	1938	SWAMINATHAN (1)

[1] Biologisch bestimmt.   [2] Isoliert.

Tabelle 29 (Fortsetzung).

Produkt	Colorimetrische Bestimmung	Jahr	Verfasser
Mais, gelb	1,3	1939	KRINGSTAD und NAESS (2)
Sojabohnen	4,85	1938	SWAMINATHAN (1)
Bäckereihefe	11—12	1939	KRINGSTAD und NAESS (2)
	12,0	1939	KARRER und KELLER (4)
Bierhefe, getrocknet . .	62,5	1938	SWAMINATHAN (1)
	25—45	1940	KRINGSTAD und THORESEN
	44—45,5	1939	} KRINGSTAD und NAESS (2)
Kartoffeln	1,0	1939	

Charakteristisch ist, daß die Nicotinsäure bei Gegenwart von Bakterien verschiedener Art sehr schnell verbraucht wird. Dies hängt mit ihrer Eigenschaft als Wachstumsfaktor vieler Bakterien zusammen.

Vorkommen des Antipellagrafaktors in Konserven.

Bereits GOLDBERGER und Mitarbeiter untersuchten unter denjenigen Nahrungsmitteln, die sie auf ihre pellagraschützende Wirkung prüften, eine Reihe von Konserven. Die Ergebnisse ihrer Bestimmungen gehen aus der Tabelle 30 hervor. Sie hatten besonders bei konserviertem Lachs einen hohen Gehalt an diesem Vitamin festgestellt. KRINGSTAD und NAESS (2) sowie KRINGSTAD und THORESEN untersuchten auch einige Konserven. Die Ergebnisse ihrer Bestimmungen gehen aus der Tabelle 31 hervor.

Konservierter Dorsch enthält genau dieselbe Menge Nicotinsäure wie der frische Fisch. In konserviertem Dorschrogen wurde eine etwas geringere Menge gefunden. Dies erklärt sich aber dadurch, daß nur die festen

Tabelle 30. Antipellagrafaktor (P.P.-Faktor) in Konserven (nach biologischen Bestimmungen).

Produkt	Als Vitaminquelle	Verfasser
Ochsenfleisch	Gut	WHEELER und SEBRELL
Schellfisch	Ganz gut	GOLDBERGER, WHEELER, ROGERS und SEBRELL
Lachs	Gut	GOLDBERGER und Mitarbeiter (1, 2)
Grüne Bohnen	Schlecht	WHEELER (1)
Kohl (grün)	Ganz gut	GOLDBERGER und Mitarbeiter (1, 2)
Grünkohl	Gut	WHEELER und HUNT (2)
Grüne Erbsen	Gut	WHEELER (2)
Rübenblätter	Gut	WHEELER (1)
Tomaten	Wenig	GOLDBERGER und Mitarbeiter (1, 2)
Spinat	Ganz gut	WHEELER (1)
Salat	Schlecht	} WHEELER und HUNT (1)
Zwiebel	Schlecht	
Senfblätter	Ganz gut	WHEELER und HUNT (2)

Tabelle 31. Vorkommen von Nicotinsäure und Nicotinsäureamid
in Konserven in mg je 100 g.

Produkt	Colorimetrische Bestimmung	Jahr	Verfasser
Dorschfleisch	1,7	1939	
Dorschrogen, ohne Brühe	1,0	1939	KRINGSTAD und NAESS (2)
Grönlandlachs	6,0	1939	
Brislingsardinen in Olivenöl	3,0—5,3	1940	
Heringsardinen in Olivenöl	2,0—4,2	1940	KRINGSTAD und THORESEN
Makrele	7,2	1940	
Dorschrogen	0,9	1940	

Bestandteile untersucht wurden und nicht die Brühe, in der etwas von
dem Vitamin aufgelöst vorhanden war. In konserviertem Grönlandlachs
(Salmo alpinus) wurde ziemlich viel Nicotinsäure gefunden. Dies steht
in Übereinstimmung mit den Befunden von GOLDBERGER und Mitarbeitern (1, 2), die auch konservierten Lachs als eine gute Quelle angeben.
Es scheinen demnach die Lachsarten viel Nicotinsäure zu enthalten.

Aus den chemischen Eigenschaften und der Beständigkeit des Antipellagrafaktors sowie den bisher vorliegenden experimentellen Untersuchungen an Konserven können wir den Schluß ziehen, daß der Antipellagrafaktor bei der üblichen Konservierung von Nahrungsmitteln
überhaupt nicht geschädigt wird.

Vitamin B$_6$ (Adermin).

Die Entdeckung des Vitamin B$_6$.

Wie bereits bei der Besprechung des Vitamin B-Komplexes hervor-
gehoben wurde, nahmen GOLDBERGER und Mitarbeiter (1, 2) anfänglich
an, daß der Antipellagrafaktor der Ratte mit dem Antipellagrafaktor
des Menschen und dem Anti-,,Blacktongue''-Faktor identisch war.
GYÖRGY, KUHN und WAGNER-JAUREGG konnten zeigen, daß der wärme-
stabile Teil des Vitamin B-Komplexes aus mindestens zwei Komponenten,
nämlich Lactoflavin und einem zweiten wärmestabilen Faktor bestand,
der von GYÖRGY (1) B$_6$ genannt wurde. BIRCH und GYÖRGY untersuchten
die Eigenschaften dieses neuen Vitamins.

KUHN und WENDT (1) sowie KERESZTESY und STEVENS (1) haben
ungefähr gleichzeitig das Vitamin B$_6$ in krystallisierter Form als Chlorhydrat isoliert. KUHN und WENDT isolierten ihr Produkt aus Hefe, während KERESZTESY und STEVENS den gleichen Stoff aus Reiskleie her-
stellen konnten. KUHN und WENDT haben für das neue Vitamin den
Namen Adermin vorgeschlagen. GYÖRGY (4) sowie LEPKOVSKY ist es
ebenfalls gelungen, das Vitamin B$_6$ in krystallisierter Form herzustellen.

Konstitution des Vitamin B$_6$.

KUHN und WENDT (2) und auch KERESZTESY und STEVENS (2) haben durch Elementaranalysen die Summenformel bestimmt. Das Vitamin ist eine Base, deren Chlorhydrat die Formel C$_8$H$_{12}$O$_3$NCl zukommt. KUHN und Mitarbeiter (KUHN, WENDT, ANDERSAG und WESTPHAL) konnten nun die Konstitution des Vitamin B$_6$ endgültig aufklären. Es ist ein Derivat des β-Oxypyridins, die Konstitution geht aus der nebenstehenden Formel hervor.

Adermin

Krankheitsbild bei Mangel an Vitamin B$_6$.

Es ist kürzlich von SPIES, BEAN und ASHE gezeigt worden, daß verschiedene Symptome wie Nervosität, Schlaflosigkeit, Magenschmerzen, Schwächezustände und Gehbeschwerden durch Vitamin B$_6$ geheilt werden können. Diese Symptome können demnach als charakteristisch für Vitamin B$_6$-Mangel betrachtet werden.

Die Symptome, die bei Mangel an Vitamin B$_6$ bei Ratten entstehen, wurden sowohl von GYÖRGY (1) als auch von anderen Autoren beschrieben. Bei Vitamin B$_6$-Mangel entwickelt sich bei den Ratten nach 4—6 Wochen eine deutliche Dermatitis [LUNDE und KRINGSTAD (1)]. Insbesondere werden die Pfoten angegriffen. Die Haut wird entzündet, schält ab und es bilden sich Krusten. Auch die Schnauze und die Ohren werden angegriffen und zeigen charakteristische Schuppenbildungen. Das Wachstum hört auch auf. Es ist aber möglich, daß dies auf die gleichzeitige Abwesenheit des Filtratfaktors in der Kost zurückzuführen ist, denn die übliche Basalgrundkost bei diesen Untersuchungen enthielt an B-Faktoren stets nur Vitamin B$_1$ und B$_2$. Es ist jedoch wahrscheinlich, daß ein Mangel an Vitamin B$_6$ selbst bei Gegenwart aller anderen B-Faktoren auch eine Einwirkung auf das Wachstum haben muß. Abb. 11 zeigt ein typisches Bild einer Ratte mit B$_6$-Avitaminose.

Auch Hühner benötigen nach LEPKOVSKY, JUKES und KRAUSE diesen Faktor. Bei Hühnern ist das Vitamin B$_6$ ein ausgesprochener Wachstumsfaktor. Auch Schweine benötigen nach CHICK, MACRAE, MARTIN und MARTIN (2) für ihr normales Wachstum Vitamin B$_6$.

Bestimmungsmethoden des Vitamin B$_6$.

Biologische Methoden. Die biologische Bestimmungsmethode des Vitamin B$_6$ beruht auf der heilenden Wirkung von Vitamin B$_6$-haltigen Präparaten bei experimenteller Rattendermatitis. Wir haben bei unseren ersten Untersuchungen über Vitamin B$_6$ [LUNDE und KRINGSTAD (1)] die folgende zuerst von GYÖRGY (1) beschriebene Grundnahrung verwendet:

Casein, gereinigt	18%	Salzmischung	4%
Reisstärke	68%	Dorschlebertran	2%
Butterfett	8%		

Als Zusatz zu dieser Kost erhielten die Tiere noch täglich 6 γ krystallisiertes Vitamin B$_1$ (Aneurin) und 10 γ krystallisiertes Vitamin B$_2$ (Lactoflavin). Das Casein kann entweder mit 70%igem Alkohol oder durch wiederholtes Auflösen in Ammoniak und Fällung mit Salzsäure gereinigt werden. Bei unseren späteren Untersuchungen [LUNDE und KRINGSTAD (4)] haben wir folgende Kostmischung verwendet, die sich besser bewährt hat.

Casein, gereinigt	18%	Dorschlebertran	2%
Zucker	68%	Salzmischung	4%
Arachisöl	8%		

Abb. 11. Ratte mit Dermatitis auf B$_6$-freier Grundkost. [Nach LUNDE und KRINGSTAD (3).]

Abb. 12. Gleiche Ratte wie in Abb. 11, einige Wochen später geheilt durch Zugabe von 2 g konservierten Brislingsardinen pro Tag. [Nach LUNDE und KRINGSTAD (3).]

Dazu erhielten die Tiere noch täglich 6 γ Vitamin B$_1$ (Aneurin-Hydrochlorid) und 15 γ Vitamin B$_2$ (Lactoflavin) je Tier und Tag.

Ratten mit einem Gewicht von etwa 40 g wurden auf diese B$_6$-freie Kostmischung gesetzt. Nach etwa 6 Wochen beträgt das Gewicht der Tiere etwa 60—80 g; sie nehmen nicht mehr an Gewicht zu und zeigen schwere Symptome der sog. Rattenpellagra. Die Tiere erhalten nun eine bestimmte Menge der auf ihren Vitamin B$_6$-Gehalt zu untersuchenden Substanz täglich verabreicht. Falls die Substanz genügend Vitamin B$_6$ enthält, ist die Heilung im allgemeinen nach etwa 2 Wochen vollständig. GYÖRGY (3) bezeichnet diejenige Menge Vitamin B$_6$, die täglich verabreicht werden muß, um die Ratte zu heilen, als eine Rattentagesdose.

Abb. 11 zeigt eine Ratte mit ausgesprochener Dermatitis, die durch Zugabe einer Fischkonserve zur B$_6$-freien Grundkost geheilt wurde (vgl. Abb. 12)

Chemische Methoden. Nachdem die chemische Natur des Adermins aufgeklärt wurde, sind natürlich Nachweis und Bestimmung des Vitamin B$_6$ auf rein chemischem Wege ermöglicht worden. Nach KUHN und LÖW ergeben reine Aderminchlorhydrat-Lösungen mit dem Phenolreagens nach FOLIN (doch LiOH statt Na$_2$CO$_3$) eine tiefblaue Farbe. Erfassungsgrenze: 0,02—0,08 mg Adermin. Spezifisch soll die Bildung vom Aderminviolett (Carbo-pyridin-cyanin) sein; diese Verbindung entsteht aus Adermin-methyläther-jodmethylat. Erfassungsgrenze etwa 0,1 mg Aderminchlorhydrat. SCUDI, KOONES und KERESZTESY setzen zur Vitaminlösung 2,6-Dichlorchinonchlorimid, wodurch eine blaue Farbe entsteht, die ein Absorptionsmaximum bei 660 mμ zeigt. Auf diese Weise sollen 2—10 γ Adermin nachgewiesen werden können. Zur Bestimmung von Adermin in Nahrungsmitteln nimmt SWAMINATHAN (2) eine Kupplung mit diazotierter Sulfanilsäure vor und colorimetriert den Azofarbstoff gegen eine Standardlösung aus reinem B$_6$. Erfassungsgrenze: 10 γ Adermin.

Vorkommen des Vitamin B$_6$.

Das Vitamin B$_6$ kommt sowohl in animalischen als auch in vegetabilischen Nahrungsmitteln vor. Es liegen jedoch sehr wenige Untersuchungen über sein Vorkommen vor. Die vorliegenden Bestimmungen

Tabelle 32. Vorkommen des Vitamin B$_6$ (Adermin) in einigen Nahrungsmitteln (biologisch bestimmt).

Produkt	Ratteneinheiten per g	Jahr	Verfasser
Ochsenleber	3,3	1935	GYÖRGY (3)
Ochsenherz	1,35	1935	
Ochsenfleisch	1	1935	
Lachs	2	1935	
Dorschfleisch	0,5	1938	LUNDE und KRINGSTAD (1)
Schellfisch	2	1935	GYÖRGY (3)
Schollenfleisch	1	1938	LUNDE und KRINGSTAD (1)
Hering	2	1935	GYÖRGY (3)
Dorschleber	0,5	1935	
	4	1938	LUNDE und KRINGSTAD (1)
Dorschmilch	0,5—1,0	1938	
Milch	0,1—0,2	1935	GYÖRGY (3)
Hühnereiweiß	< 0,1	1935	
Weizenkeime	5	1935	BIRCH, GYÖRGY und HARRIS
	> 5	1938	LUNDE und KRINGSTAD (4)
Weizenvollkorn	0,7	1935	BIRCH, GYÖRGY und HARRIS
Haferflocken	1,0	1935	
Mais	2,0	1935	
	> 2,0	1939	KRINGSTAD und LUNDE
Reisschalen, konzentriert	> 10	1939	
Bierhefe	5—10	1935	BIRCH, GYÖRGY und HARRIS
	> 4	1939	KRINGSTAD und LUNDE

sind in Tabelle 32 aufgeführt nach Untersuchungen von GYÖRGY und Mitarbeitern und von LUNDE und KRINGSTAD.

Die wichtigsten Quellen für dieses Vitamin sind Hefe und Leber. Auch Weizenkeime enthalten viel von diesem Vitamin. Sonst kommt es in Fleisch von Warmblütern und reichlich in Fischfleisch vor. Die verschiedenen Getreidearten enthalten auch erhebliche Mengen.

Beständigkeit des Vitamin B_6.

Das Vitamin B_6 gehört zu dem wärmestabilen Teil des Vitamin B-Komplexes und verträgt ohne weiteres Erhitzen im Autoklav während mehrerer Stunden.

Aus der jetzt bekannten Konstitution geht auch hervor, daß dieses Vitamin ein sehr stabiler Körper sein muß. Es liegt deshalb kein Grund vor anzunehmen, daß dieses Vitamin bei dem üblichen Konservierungsprozeß auch nur im geringsten geschädigt wird.

Vorkommen des Vitamin B_6 in Konserven.

Obwohl man, wie bereits erwähnt, aus den vorliegenden Untersuchungen mit ziemlicher Sicherheit annehmen konnte, daß das Vitamin B_6 in den Konserven vollständig bewahrt bleibt, wurden von LUNDE und KRINGSTAD (1) Bestimmungen dieses Faktors in verschiedenen Konserven ausgeführt, indem die therapeutische Rattendermatitismethode zur Verwendung kam. Die Ergebnisse dieser Bestimmungen sind in der Tabelle 33 enthalten. Sie zeigen uns, daß die Fischkonserven recht viel von dem Vitamin B_6 enthalten und konnten auch die Annahme bestätigen, daß dieses Vitamin durch den Konservierungsprozeß nicht geschädigt wird.

Tabelle 33. Vorkommen des Vitamin B_6 in Konserven (biologisch bestimmt).

Produkt	Rattenein-heiten je g	Jahr	Verfasser
Dorschrogen	> 2	1938	LUNDE und KRINGSTAD (1)
Dorschrogen, Brühe . .	> 0,2	1938	LUNDE und KRINGSTAD (5)
Heringsmilch	0,5	1938	
Kippers	1	1938	
Brislingsardinen	1	1938	LUNDE und KRINGSTAD (1)
Heringsardinen	1	1938	
Taschenkrebs	< 0,5	1938	

Die Pantothensäure (der Kücken-Antidermatitis- oder Anti-graue-Haare-Faktor).

Unter den Vitamin B-Faktoren hat in den letzten Jahren besonders der sogenannte Filtratfaktor viel Interesse erweckt. KLINE, KEENAN, ELVEHJEM und HART konnten bei ihren Untersuchungen über die für das Wachstum von Kücken notwendigen Faktoren des Vitamin B-Komplexes zeigen, daß, wenn sie eine bestimmte Grundkost während 144 Stunden bei 95⁰—100⁰ erhitzten, die Kücken in einem Alter von etwa 3 Wochen eine Dermatitis erhielten, die von den Verfassern als Kückenpellagra bezeichnet wurde. Diese Mangelkrankheit konnte durch Zusatz von im Autoklav behandelter Hefe geheilt werden. ELVEHJEM und Mitarbeiter waren bei ihren Untersuchungen über diesen Faktor anfänglich der Ansicht, daß dieser Faktor mit dem Antipellagrafaktor des Menschen und dem Anti-,,Black tongue"-Faktor der Hunde identisch war. In einer späteren Arbeit konnten ELVEHJEM und KOEHN zeigen, daß dieser neue Faktor mit dem Lactoflavin nicht identisch war. Sie konnten ihn vom Lactoflavin trennen, indem sie das Lactoflavin auf FULLER-Erde adsorbierten, wobei der Faktor, der von ELVEHJEM und KOEHN als Vitamin B_2 bezeichnet wurde, im Filtrat blieb. LEPKOVSKY und JUKES (2) konnten die Befunde von ELVEHJEM und Mitarbeitern bestätigen. Sie nannten den Faktor Filtratfaktor. Kücken, die, auf eine gereinigte Kostmischung gesetzt, die Kückendermatitis erhielten, ließen sich mit Konzentraten dieses Filtratfaktors wieder heilen.

LEPKOVSKY, JUKES und KRAUSE zeigten, daß außer Vitamin B_1 und B_2 noch zwei weitere Faktoren des Vitamin B-Komplexes vorhanden sein mußten. Der eine Faktor, den sie Faktor 1 nannten, konnte die Dermatitis bei Ratten verhindern und heilen, hatte aber keine Wirkung auf die Kückendermatitis. Dieser Faktor 1 hat sich später als mit dem Vitamin B_6 identisch erwiesen. Der zweite Faktor war der sogenannte Filtratfaktor, der nun von den Verfassern als Faktor 2 bezeichnet wird. Dieser Faktor verhindert und heilt die Kückendermatitis, dagegen nicht die Rattendermatitis. Beide Faktoren waren aber nach LEPKOVSKY, JUKES und KRAUSE für das Wachstum der Ratten notwendig.

Eine weitere Aufklärung erfuhr die Frage durch MICKELSEN, WAISMAN und ELVEHJEM (1), die zeigen konnten, daß der Antipellagrafaktor, die Nicotinsäure, die ja mit dem Anti-,,Black tongue"-Faktor identisch war, die Kückendermatitis nicht zu heilen vermochte. Damit war endgültig bewiesen worden, daß es sich bei der Kückendermatitis um einen neuen Faktor handelt.

Das ,,Filtrat" enthielt demnach den Kücken-Antidermatitisfaktor und auch den Faktor, der nach LEPKOVSKY und Mitarbeitern (LEPKOVSKY, JUKES und KRAUSE) und nach LUNDE und KRINGSTAD (3) für das Wachstum der Ratten notwendig ist. Auf diesen Rattenwachstumsfaktor wird im nächsten Abschnitt genauer eingegangen.

In jüngster Zeit konnten LUNDE, KRINGSTAD und JANSEN zeigen, daß das sogenannte Anti-graue-Haare-Vitamin B_x von LUNDE und KRINGSTAD (3) (dessen Wirkungen auch von MORGAN, COOK und DAVISON beobachtet wurden) mit der Pantothensäure identisch ist. Bereits vor vielen Jahren hatten BAKKE, ASCHEHOUG und ZBINDEN beobachtet, daß schwarze Ratten bei einer Vitamin B-freien Grundkost unter Zusatz von Weizenkeimen als Vitamin B- Quelle eine Veränderung des Pelzes zeigten, wobei die schwarzen Haare silbergrau wurden. Bei Anwendung von Vollweizen in der Kost blieb der Pelz normal. Diese Erscheinung konnten LUNDE und KRINGSTAD (3) bestätigen (s. Abb. 13). Außerdem zeigte KRINGSTAD, daß der Silberfuchs für die normale Entwicklung des Pelzes Pantothensäure benötigt. Etwa gleichzeitig teilten MORGAN und SIMMS mit, daß bei Mangel an diesem Vitamin ein Ergrauen des Pelzes bei Meerschweinchen, Silberfüchsen und Hunden auftritt.

Abb. 13. Wirkung des Mangels an Pantothensäure. Ratte links erhielt Grundkost mit Pantothensäure, Ratte rechts die gleiche Kost ohne Pantothensäure. (Photo nach LUNDE und KRINGSTAD.)

Konstitution der Pantothensäure.

WOOLLEY, WAISMAN und ELVEHJEM sowie JUKES (2) haben auf die große Ähnlichkeit in den chemischen Eigenschaften zwischen dem Kücken-Antidermatitisfaktor und der bereits bekannten Pantothensäure hingewiesen.

WILLIAMS und BRADWAY beschreiben einen für das Wachstum von gewissen Mikroorganismen notwendigen Faktor, der von FULLER-Erde nicht adsorbiert wird. Dieser neue Faktor wurde später von WILLIAMS und Mitarbeitern (WILLIAMS, LYMAN, GOODYEAR, TRUESDAIL und HOLADAY) Pantothensäure genannt. WOOLLEY, WAISMAN und ELVEHJEM zeigten, daß die Pantothensäure im Molekül eine β-Alaningruppe enthält. Sie konnten mit Alkali β-Alanin abspalten, wobei das Präparat die biologische Aktivität verlor. Beim Kuppeln der Säure mit synthetischem β-Alanin konnte die Aktivität wieder erhalten werden.

STILLER und Mitarbeiter konnten weiter zeigen, daß sich bei der Hydrolyse der Pantothensäure α-Oxy-$\beta\beta$-dimethyl-γ-butyrolacton bildet, und daß die Pantothensäure selbst durch Kuppelung der α-γ-Dioxy-$\beta\beta$-dimethylbuttersäure mit β-Aminopropionsäure durch eine Peptidbindung entsteht und somit die folgende Formel besitzt:

$$\overset{\displaystyle CH_3}{\underset{\displaystyle CH_3}{CH_2OH-C-CHOH-CO-NH-CH_2-CH_2-COOH.}}$$

E. T. STILLER und Mitarbeiter (STILLER, HARRIS, FINKELSTEIN, KERESZTESY und FOLKERS) konnten dann die Totalsynthese der Pantothensäure ($C_9H_{17}O_5N$) durch Kondensieren des obengenannten Lactons mit β-Alaninestern durchführen. Von den synthetisch hergestellten optisch aktiven Pantothensäuren zeigte nur die rechtsdrehende Form volle biologische Aktivität; die Aktivität ist genau dieselbe wie diejenige der natürlich vorkommenden Pantothensäure.

Bestimmungsmethoden der Pantothensäure.

JUKES und LEPKOVSKY und JUKES (1) untersuchten das Vorkommen des „Filtratfaktors" nach der Kückendermatitismethode. Die Kücken erhielten eine Kost von der folgenden Zusammensetzung:

Gelbes Maismehl	55,5 g	
Weizenkleie	25 g	bei 120⁰ 36 Stunden erhitzt
Casein	12 g	
Natriumchlorid	1 g	
Kalk	1 g	
Autoklaviertes Knochenmehl	1 g	
Dorschlebertran	2 g	
Molkenadsorbat	2,5 g	

Dazu erhielten die Tiere noch einen Hexanextrakt aus Alfalfamehl, entsprechend 1% Alfalfa. Mit dieser Grundkost befiel die Kücken die bereits beschriebene Dermatitis, und das Wachstum hörte auf.

Diese Kost wurde nun durch Auswechseln der drei ersten Bestandteile mit den zu untersuchenden Substanzen so abgeändert, bis die Kücken normales Wachstum ohne Entwicklung von Dermatitis zeigten. Die Filtratfaktoreinheit wird definiert als 100, geteilt durch diejenige Menge des zu untersuchenden Nahrungsmittels in Prozenten, die notwendig ist, um die Kost vollwertig zu machen. Die Bestimmungen nach dieser Methode sind in Tabelle 34 mitgeteilt.

WAISMAN, MICKELSEN und ELVEHJEM sind bei der Bestimmung des Vorkommens der Pantothensäure in Fleisch und Fleischprodukten etwas anders vorgegangen. Für die Bestimmungen wurden Kücken verwendet. Die pantothensäurefreie Grundkost unterscheidet sich wenig von der bereits mitgeteilten. Es wurde nun die geringste Menge der Nahrungsmittel bestimmt, die dieser Grundkost zugesetzt werden muß, um die Tiere vor Dermatitis vollständig zu schützen. Die dadurch erhaltenen Werte sind mit den von JUKES und LEPKOVSKY mitgeteilten nicht direkt vergleichbar. Sie sind in Tabelle 35 mitgeteilt.

Chemische Methoden zur Bestimmung der Pantothensäure fehlen leider noch. In der jüngsten Zeit wurde aber nachgewiesen, daß die Pantothensäure einen großen Einfluß auf das Wachstum gewisser Bakterien ausübt. PENNINGTON, SNELL und WILLIAMS verwenden zu diesem Zwecke *Lactobacillus casei* ε, während PELCZAR und PORTER *Proteus morganii* am geeignetesten finden. Nach den letzten Forschern sollen schon 0,0002 γ Ca-Pantothenat je Kubikzentimeter genügen, um der genannten Proteusart eine sichtbare Wachstumsbeschleunigung zu erteilen. Die Reaktion soll auch spezifisch sein.

Vorkommen der Pantothensäure.

Über das Vorkommen der Pantothensäure liegen nur wenige Arbeiten vor, und zwar sind fast alle von Jukes und Mitarbeitern durchgeführt worden. Die Tabelle 34 gibt eine Übersicht über die von Jukes und Lepkovsky in den Jahren 1936 und 1937 ausgeführten Bestimmungen.

Tabelle 34. Vorkommen der Pantothensäure in einigen Nahrungsmitteln.

Produkt	Einheiten je g	Jahr	Verfasser
Rindsleber	10	1937	Fouts, Lepkovsky, Helmer und Jukes
Ochsenfleisch	0,7	1937	Jukes (1)
Fischmehl	< 0,2	1936	Jukes und Lepkovsky
Eiweiß, gekocht	< 0,2	1937	Jukes (1)
Eigelb, gekocht	4	1937	Jukes (1)
Milch	0,30	1937	Fouts, Lepkovsky, Helmer und Jukes
Molke, getrocknet	3—4	1937	Fouts, Lepkovsky, Helmer und Jukes
	4	1936	Jukes und Lepkovsky
Grüne Erbsen,	0,4	1937	Jukes (1)
Grüne Erbsen, getrocknet	1,3—1,6	1937	Jukes (1)
Kohl,	0,8	1936	Jukes und Lepkovsky
Kohl, getrocknet	2	1936	Jukes und Lepkovsky
Weizenkeime (extrahiert)	0,2—0,9	1936	Jukes und Lepkovsky
Weizenvollkornmehl	0,6	1937	Jukes (1)
	0,8	1936	Jukes und Lepkovsky
Haferflocken	0,8	1937	Jukes (1)
Gerstenmehl	0,7	1936	Jukes und Lepkovsky
Weizenkleie	1,7—2	1936	Jukes und Lepkovsky
Reis, poliert	0,3	1936	Jukes und Lepkovsky
Reiskleie	1,5	1936	Jukes und Lepkovsky
Reisschalen, Extrakt	20	1937	Jukes (1)
Karotten	< 0,2	1937	Jukes (1)
Mais	0,6	1937	Fouts, Lepkovsky, Helmer und Jukes
Sojabohnenmehl	0,6—1,4	1937	Jukes (1)
Erdnußmehl	3,3	1937	Jukes (1)
Bäckereihefe	15—18	1936	Jukes und Lepkovsky
Brauereihefe	15—21	1937	Jukes (1)
Casein	< 0,2	1936	Jukes und Lepkovsky

In seiner letzten Arbeit gibt Jukes (3) den Pantothensäuregehalt von 85 verschiedenen Lebensmitteln an, und zwar diesmal als γ Pantothensäure je Gramm Material. Als ausgezeichnete Quellen sieht er diejenigen

Nahrungsmittel an, die über 28 γ Pantothensäure je Gramm Trockenmaterial enthalten, als gute Quellen diejenigen, deren Gehalt 14—28 γ beträgt, als mittlere die 10—14 und als schlechte die weniger als 10 γ enthaltenden. Die folgende Tabelle 34a gibt einen Auszug aus seiner umfassenden Originaltabelle. Aufgeführt sind die wichtigsten Vertreter der zwei ersten Gruppen, und zwar europäische Nahrungsmittel. In der Gruppe mittlere Pantothensäurequellen finden sich u. a. Karotten, Weizen und Gerste, in der Gruppe schlechte Quellen Spinat, Knoblauch, Mais, Weizenkeime, Apfelsinen, polierter Reis, Bananen, konservierte Erbsen und Bohnen, Eiklar, Casein, Asparges und Äpfel.

Tabelle 34a. Pantothensäuregehalt einiger Nahrungsmittel in γ je Gramm. [Nach JUKES (3).]

Nahrungsmittel	Getrocknete Ware	Durchschnitt	Nicht getrocknet	Durchschnitt	Zahl der untersuchten Proben
Ausgezeichnete Pantothensäurequellen:					
Brauereihefe, getrocknet .	140—350	200	—	.—	10
Säugetierleber	100—270	180	25—60	40	4
Eidotter	100—200	125	50—100	63	7
Eier	32—190	108	8—48	27	37
Erdnußmehl	—	—	45—63	53	3
Molken	36—85	60	2,4—5,7	4	17
Blumenkohl	—	46	.—	11	1
Buttermilch	35—56	46	3,5—5,6	4,6	4
Magermilch	21—43	36	2,1—4,3	3,6	9
Grünkohl	23—36	30	2,3—3,6	3	2
Gute Pantothensäure-quellen:					
Konservierter Lachs . .	.—	28	—	7	2
Weizenkleie	.—	—	20—30	24	4
Vollmilch	10—32	22	1,3—4,2	2,8	4
Reiskleie	—	—	15—27	22	3
Splißerbsen	—	.—	20—22	21	2
Tomaten	—	20	—	1	2
Sojamehl	—	—	8—22	14	4

In Tabelle 35 sind Bestimmungen von WAISMAN, MICKELSEN und ELVEHJEM mitgeteilt, die etwas anders ausgewertet wurden. Aus den Tabellen geht hervor, daß die beste Quelle unter den bisher untersuchten Nahrungsmitteln Säugetierleber ist. Aber auch Nieren und Herz sind gute Quellen. Fleisch enthält wenig, Fischfleisch

Tabelle 35. Vorkommen der Pantothensäure in Fleisch und Fleischprodukten. (Nach Waisman, Mickelsen und Elvehjem.)

Produkt	Geringste schützende Menge in %	Produkt	Geringste schützende Menge in %
Ochsenfleisch . . .	30	Hammelfleisch . . .	30
Ochsenherz	5	Hammelnieren . . .	< 5
Ochsennieren . . .	2	Hammelleber . . .	1
Ochsenleber	2	Schweinefleisch. . .	20—30
Kalbfleisch	25—35	Schweinenieren . .	1
Kalbsleber	2	Schweineleber . . .	3—4

wahrscheinlich noch weniger. Hefe enthält ebenfalls große Mengen dieses Faktors, der auch in der Kleie der verschiedenen Getreidearten etwas angereichert ist.

Beständigkeit der Pantothensäure.

Über die Beständigkeit dieses Vitamins liegen nur wenige Beobachtungen vor. Elvehjem, Kline, Keenan und Hart konnten keine Veränderung des Vitamins durch Erhitzen während 24 Stunden bei 100° feststellen. Nach 72 Stunden Erhitzen war die Hälfte der Wirkung verloren und nach 144 Stunden war das Vitamin vollständig vernichtet. Aber auch dieses Erhitzen genügt nicht immer, um das Vitamin vollständig zu zerstören. So konnte das Vitamin in Bäckereihefe nach 144 Stunden Erhitzen nur zur Hälfte zerstört werden.

Nach Kline, Keenan, Elvehjem und Hart ist dieses Vitamin in autoklavierter Hefe vorhanden.

Williams, Lyman, Goodyear, Truesdail und Holaday hatten bereits früher gefunden, daß die Pantothensäure in neutralem und saurem Medium recht beständig ist. Ein Erhitzen bis zu 119° während 4 Stunden bewirkte keine Abnahme der Wirksamkeit. Dagegen ist der Faktor in alkalischer Lösung recht unbeständig (Woolley, Waisman und Elvehjem).

Nach diesen Beobachtungen scheint dieses Vitamin sehr unempfindlich gegen Erhitzen zu sein. Erst längeres Erhitzen, wie es aber in der Konservierungstechnik auch nicht annäherungsweise vorkommt, scheint es zu zerstören.

Verhalten der Pantothensäure beim Kochen und Konservieren.

Aus der bereits erwähnten relativen Hitzestabilität der Pantothensäure wäre zu erwarten, daß dieses Vitamin bei der Herstellung von Konserven nicht oder nur wenig geschädigt wird.

Waisman, Mickelsen und Elvehjem bestimmten den Gehalt an Pantothensäure in gekochten Proben von Ochsenherz und -nieren und auch in gebratener Ochsenleber. Eine Schädigung des Vitamins konnte dabei nicht festgestellt werden.

Es liegen aber noch sehr wenige Bestimmungen über dieses Vitamin in Konserven vor. Unter den von JUKES und LEPKOVSKY untersuchten Nahrungsmitteln waren zwei Konserven (Tabelle 36).

Da die entsprechenden frischen Nahrungsmittel nicht gleichzeitig untersucht worden sind, ist es schwer zu beurteilen, ob das Vitamin bei der Konservierung vollständig erhalten bleibt oder ob es teilweise zerstört wird. Es müssen hier noch eingehende Versuche ausgeführt werden.

Tabelle 36. Vorkommen der Pantothensäure in einigen Konserven.

Produkt	Einheiten je g	Jahr	Verfasser
Lachs	0,6	1937	JUKES (1)
Grüne Erbsen .	$<0,2$	1937	

Rattenwachstumsfaktor B_W*.

LEPKOVSKY, JUKES und KRAUSE hatten bei ihren Untersuchungen über den Kücken-Antidermatitisfaktor gefunden, daß das Filtrat nach einer FULLER-Erdeadsorption eines Leberextraktes für das Wachstum von Ratten notwendig war. Es wurde angenommen, daß es sich hier um den gleichen Faktor handelte. EDGAR und MACRAE konnten die Befunde von LEPKOVSKY, JUKES und KRAUSE bestätigen. Sie konnten ebenfalls zeigen, daß die Ratten für das normale Wachstum außer Vitamin B_1 und B_2 noch zwei weitere Faktoren benötigen, die sie als Eluatfaktor (Faktor 1 von LEPKOVSKY und Mitarbeitern) und Filtratfaktor (Faktor 2 von LEPKOVSKY und Mitarbeitern) bezeichneten. EDGAR und MACRAE haben jedoch nicht ihre Faktoren auf die heilende Wirkung von Rattendermatitis untersucht. LUNDE und KRINGSTAD (3) konnten ebenfalls zeigen, daß Ratten für das normale Wachstum außer Vitamin B_1 (Aneurin), B_2 (Lactoflavin) und B_6, dem von GYÖRGY entdeckten Antidermatitisfaktor der Ratte, noch einen oder mehrere weitere Faktoren benötigen. Sie fanden diese Faktoren in dem FULLER-Erdefiltrat eines wässerigen Extraktes aus Fischleber (B_W). Die Wirkung dieser Faktoren auf das Wachstum von Ratten geht aus der Abb. 14 hervor.

Dieses Filtrat nach einer FULLER-Erdeadsorption wurde weiter von HALLIDAY und EVANS, SCHULTZ und MATTILL und schließlich auch von OLESON, BIRD, ELVEHJEM und HART untersucht. Die Ergebnisse dieser

---

* Nach den neuesten Untersuchungen (siehe z. B. Angew. Chem. **1941,** 51) ist wahrscheinlich der Rattenwachstumsfaktor B_W mit der Pantothensäure identisch. Weil aber der entscheidende Beweis hierfür noch fehlt, wird der Abschnitt über den Rattenwachstumsfaktor B_W in der vom Verf. gegebenen Form unverändert beibehalten. Der Bearbeiter.

Autoren sind zum Teil widersprechend und lassen sich schwer unter einheitlichen Gesichtspunkten zusammenfassen. Dies kann vielleicht durch die verschiedene Zusammensetzung der Grundkost und auch durch verschiedene Versuchsbedingungen bei der Herstellung des Filtrates erklärt werden.

EDGAR und MACRAE, die ihre Versuche mit Hefe als Ausgangsprodukt durchgeführt haben, geben beispielsweise an, daß sie das volle Wachstum ihrer Versuchstiere erhielten, wenn sie der Grundkost sowohl das Filtrat als auch das Eluat zusetzten. LEPKOVSKY und Mitarbeiter erhielten ebenfalls normales Wachstum der Ratten, wenn sie der Grundkost gleichzeitig „Eluat" (Faktor 1) und „Filtrat" (Faktor 2) zusetzten. Diese Autoren haben ihren Faktor 1, der sich später mit Vitamin B$_6$

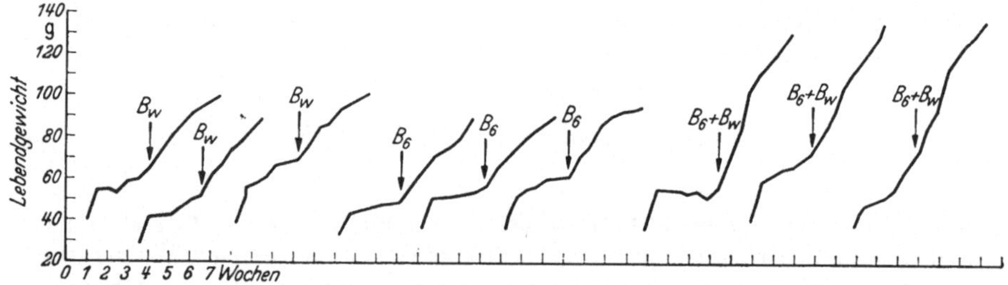

Abb. 14. Gewichtskurven von B-frei ernährten Ratten, die als Zulage B$_1$ und B$_2$ erhielten und weiter FULLER-Erdefiltrat aus Dorschleber (B$_W$) bzw. ein B$_6$-Konzentrat bzw. beide Zulagen. [Nach LUNDE und KRINGSTAD (3).]

identisch erwiesen hat, aus Hefe hergestellt, während sie den Faktor 2 aus einem Leberextrakt darstellten.

ELVEHJEM und Mitarbeiter (OLESON, BIRD, ELVEHJEM und HART) konnten die Versuche von EDGAR und MACRAE, wenn sie mit Leber arbeiteten, nicht reproduzieren. FROST und ELVEHJEM (1) haben einen weiteren Faktor des Vitamin B-Komplexes gefunden, der ebenfalls für das Wachstum von Ratten notwendig ist. Es liegt die Möglichkeit vor, daß dieser Faktor mit dem Faktor B$_W$ identisch ist. FROST und ELVEHJEM (2) diskutieren die Möglichkeit, daß man nach Behandlung mit FULLER-Erde den Wachstumsfaktor, der von ihnen als Faktor W bezeichnet wird, nicht wieder zurückgewinnen kann, da sie bei keiner Kombination von Filtrat oder Eluat die volle Wirksamkeit des Ausgangsmaterials erhielten. Dieser Faktor W enthält wahrscheinlich einen Teil der gleichen Faktoren wie das FULLER-Erdefiltrat.

KRINGSTAD und LUNDE geben ebenfalls an, daß, wenn sie von Hefe oder von einem Reisschalenextrakt ausgingen, die für die normale Entwicklung der Ratten notwendigen Faktoren nach Behandlung mit FULLER-Erde nicht wieder zurückgewinnen konnten. Sie fanden, daß die FULLER-Erdeadsorption zur scharfen Trennung der B-Faktoren in Hefe ungeeignet war. KRINGSTAD und LUNDE kamen weiter zu dem Ergebnis, daß der Wachstumsfaktor für Ratten, den sie mit B_W bezeichneten, mit dem Kücken-Antidermatitisfaktor nicht identisch sein konnte. Nach WOOLLEY, WAISMAN, MICKELSEN und ELVEHJEM läßt sich derjenige Faktor des Filtrates, der die Kückendermatitis heilt, mit Äther in stark saurer Lösung ($p_H = 1$) extrahieren. Der Wachstumsfaktor B_W war aber mit Äther in saurer Lösung nicht zu extrahieren.

Ob der Kücken-Antidermatitisfaktor für Ratten überhaupt notwendig ist, ist noch unentschieden. HITCHINGS und SUBBAROW geben allerdings an, daß sie mit diesem Faktor ein erhöhtes Wachstum von Ratten nachgewiesen haben. Die benötigten Mengen waren aber sehr groß.

HOFFER und REICHSTEIN konnten mit dem in stark saurer Lösung erhaltenen Ätherextrakt Gewichtszunahmen bei Ratten feststellen, wenn sie mit Leber arbeiteten, dagegen nicht mit Hefe.

Diese Beobachtungen decken sich mit Erfahrungen aus unserem Institut, wo wir ebenfalls Gewichtszunahmen bei B_W-frei ernährten Ratten erhielten mit einem bei $p_H = 1$ gewonnenen Ätherextrakt aus einem phenollöslichen Leberkonzentrat.

Über die chemischen Eigenschaften des Faktors B_W liegt noch recht wenig vor. Vitamin B_W läßt sich nach KRINGSTAD und LUNDE weder mit Phosphor-Wolframsäure noch mit Quecksilberacetat fällen.

Bedeutung des Faktors B_W. Nach dem Gesagten ist dieser Faktor für das normale Wachstum der Ratten notwendig. CHICK, MACRAE, MARTIN und MARTIN (2) konnten zeigen, daß der „Filtratfaktor" auch für das normale Wachstum von Schweinen notwendig ist. Es scheint also, als ob wir es hier mit einem für viele Warmblüter lebensnotwendigen Faktor zu tun haben, wobei wir allerdings die Möglichkeit beachten müssen, daß es sich um mehrere Faktoren handeln kann.

Bestimmung des Faktors B_W.

Der Wachstumsfaktor B_W kann durch seinen Einfluß auf das Wachstum der Ratten bestimmt werden.

LUNDE und KRINGSTAD (1) konnten bei ihren Untersuchungen über das Vorkommen des Vitamin B_6 in verschiedenen Nahrungsmitteln zeigen, daß die Ratten nach dem Heilen der Dermatitis verschieden starkes Wachstum zeigten, je nach der Menge des vorhandenen Filtratfaktors. In einer weiteren Arbeit haben die gleichen Autoren [LUNDE und KRINGSTAD (3)] weiter gezeigt, wie der Filtratfaktor auf das Wachstum der Ratten einen großen Einfluß hat. KRINGSTAD und LUNDE haben diese Untersuchungen ausgewertet, indem sie eine Einheit des Filtratfaktors durch die Wirkung auf das Wachstum der Ratten definiert haben.

Ratten werden auf die übliche B-freie Grundkost gesetzt und erhalten täglich 6 γ Vitamin B_1 und 15 γ Vitamin B_2. Wenn die Ratten an Dermatitis erkrankt waren, wird diese durch Zusatz eines B_6-haltigen Präparates geheilt. Das Wachstum der Ratten nach dem Heilen der Dermatitis

gibt uns die Menge des Filtratfaktors an, und zwar wird diejenige Filtratfaktormenge, die ein durchschnittliches Wachstum der Ratten um 7 g
je Woche bewirkt, als eine Einheit definiert. Nach dieser Methode untersuchten KRINGSTAD und LUNDE mehrere Nahrungsmittel. Später haben
KRINGSTAD und LUNDE die Methode weiter ausgebaut, indem die Tiere
in der Grundkost bereits von Anfang an genügend Vitamin B_6 erhielten.
Die von uns verwendete Grundkost hat folgende Zusammensetzung:

```
Fischprotein, getrocknet, gepulvert . . . . . . . . . 18%
Zucker  . . . . . . . . . . . . . . . . . . . . . . . 68%
Arachisöl  . . . . . . . . . . . . . . . . . . . . . .  8%
Dorschlebertran  . . . . . . . . . . . . . . . . . . .  2%
Salzmischung . . . . . . . . . . . . . . . . . . . . .  4%
Vitamin B₁ (Aneurinhydrochlorid) . . . . . . . . . .  6 γ je Tag
Vitamin B₂ (Lactoflavin) . . . . . . . . . . . . . . 15 γ je Tag
```

Das Fischprotein enthält genügend Vitamin B_6, um den Bedarf an
diesem Vitamin zu decken. Wir haben auch niemals mit dieser Grundkost
Dermatitis beobachtet. Das Fischprotein enthält auch nur Spuren von
B_W, so daß diese Kostmischung ohne weiteres bei der Bestimmung des
neuen Faktors verwendet werden kann.

Sobald die Tiere gewichtskonstant sind, erhalten sie als Zulage
die zu untersuchende Substanz während mehrerer Wochen. Diejenige
Menge Vitamin B_W, die ein Wachstum von durchschnittlich 7 g je Woche
bewirkt, wird als eine Einheit bezeichnet. Es müssen stets auch negative
Kontrolltiere parallel untersucht werden und ein eventuell geringes Wachstum dieser Tiere in Abzug gebracht werden.

Vorkommen des Wachstumfaktors B_W.

Das Vorkommen von Vitamin B_W wurde von LUNDE und KRING
STAD (3) untersucht. Die Bestimmungen sind in Tabelle 37 aufgeführt.

Tabelle 37. Vorkommen des Wachstumfaktors B_W in einigen Nahrungsmitteln.

Produkt	Einheiten je g	Jahr	Verfasser
Ochsenfleisch	0,8	1939	
Ochsenleber	6	1939	LUNDE und KRINGSTAD (6)
Schweinefleisch	0,8	1939	
Schweineleber	4	1939	
Dorschfleisch	<0,2	1939	KRINGSTAD und LUNDE
Dorschleber	1,4	1939	
Fischlebermehl	2,8	1938	LUNDE und KRINGSTAD (5); KRINGSTAD und LUNDE
Dorschmilch	0,5	1939	KRINGSTAD und LUNDE
Seezunge	0,6	1939	
Bäckereihefe	3	1939	LUNDE und KRINGSTAD (6)
Peters Eluat aus Hefe . . .	3,6	1939	KRINGSTAD und LUNDE
Mais	0,5—1,0	1939	LUNDE und KRINGSTAD (4)
	0,7	1939	
Weizenkeime	2	1939	LUNDE und KRINGSTAD (6)
Milch	0,15	1939	

Leber und Hefe sind die besten Quellen dieses Vitamins. Auch Weizenkeime enthalten relativ große Mengen. Fischfleisch enthält nur sehr geringe Mengen. Etwas größere Mengen enthält das Fleisch von Warmblütern. Fischleber und -rogen enthalten aber wieder relativ große Mengen.

Verhalten von Vitamin B_W beim Kochen und Konservieren.

Über das Verhalten dieses neuen Vitamins beim Kochen und Konservieren liegen nur einige Bestimmungen von KRINGSTAD und LUNDE vor. Die Bestimmungen wurden nach der Rattenwachstumsmethode ausgeführt und sind in der Tabelle 38 mitgeteilt. Konserven enthalten zum Teil recht bedeutende Mengen dieses Vitamins, und es liegt kein

Tabelle 38. Vorkommen des Vitamin B_W in Konserven.

Produkt	Einheiten je g	Jahr	Verfasser
Dorschrogen	0,9	1939	LUNDE und KRINGSTAD (6)
Dorschrogen (feste Teile) .	1,0	1939	KRINGSTAD und LUNDE
Dorschrogen, Brühe	>6	1938	LUNDE und KRINGSTAD (5)
Heringsmilch	~0,5	1939	
Kippers	0,7	1939	
Heringsardinen	0,9	1939	KRINGSTAD und LUNDE
Brislingsardinen	0,9	1939	
Taschenkrebs	~0,3	1939	

Grund vor anzunehmen, daß das Vitamin bei den üblichen Methoden der Konservierung von Nahrungsmitteln zerstört wird. Systematische Untersuchungen, bei denen sowohl das frische Nahrungsmittel als auch das gleiche Produkt in konservierter Form gleichzeitig untersucht wurden, stehen aber noch aus.

Vitamin C.

Die Entdeckung des Vitamin C.

Skorbut gehört zu denjenigen Vitaminmangelkrankheiten, die sehr früh auf eine fehlerhafte Ernährung zurückgeführt werden konnten. Diese Krankheit kannte man besonders an Schiffmannschaften und bei Polarexpeditionen. Man sah aber bereits vor mehr als zwei Jahrhunderten ein, daß die Krankheit auf eine fehlerhafte Ernährung zurückzuführen war. Bereits 1720 schrieb der österreichische Feldarzt KRAMER, daß diese Krankheit mit etwa 50 ml Apfelsinen- oder Citronensaft geheilt werden konnte; viele andere machten ähnliche Beobachtungen [HARRIS (5)].

Bereits früher hatten Seeleute von den Indianern gelernt, daß ein Dekokt aus Tannennadeln die Krankheit heilt. Tatsächlich wissen wir jetzt, daß gerade die Nadeln der Nadelbäume sehr reich an Vitamin C sind und das Vitamin gerade in diesen Nadeln recht stabil ist.

In den folgenden Jahren wurde eine große Reihe Beobachtungen über die Heilung von Skorbut mit Obst und Gemüse gemacht. Die wissenschaftliche Erforschung wurde aber erst ermöglicht durch die wichtige Entdeckung der Norweger Holst und Frölich (1, 2), die im Jahre 1907 experimentell Skorbut bei Meerschweinchen hervorbringen konnten. Diese Entdeckung hat nun die weitere Erforschung dieser Mangelkrankheit ermöglicht. Man konnte jetzt die verschiedensten Nahrungsmittel und Präparate auf ihre skorbutheilende Wirkung prüfen, und der Weg zur Isolierung des reinen heilenden Stoffes war geöffnet. Es vergingen aber viele Jahre, bis die Erforschung der Konstitution des Vitamins beendet war. Die wichtigsten Untersuchungen, die zur Isolierung von Vitamin C führten, stammten von dem ungarischen Forscher Szent-Györgyi, dem deutschen Forscher Tillmans, dem amerikanischen Forscher King und dem Engländer Zilva.

Szent-Györgyi isolierte aus der Nebenniere des Rindes und aus Apfelsinen eine krystallisierte Substanz, die er Hexuronsäure nannte. Später zeigte Tillmans, daß der Grad der Vitamin C-Wirkung verschiedener Produkte mit der reduzierenden Wirkung, die er mit einem Indicator 2.6-Dichlorphenol-Indophenol titrieren konnte, parallel lief. Teilweise gestützt auf die Arbeiten von King, Zilva, Tillmans und einer Reihe anderer Forscher konnte Szent-Györgyi im Jahre 1932 den endgültigen Beweis dafür führen, daß die von ihm zuerst dargestellte Hexuronsäure mit dem Vitamin C identisch war.

Nun folgte in rascher Reihenfolge die Aufklärung der Konstitution, hauptsächlich durch Arbeiten von Haworth, Hirst und Micheel.

Die erste Synthese wurde von Reichstein im Jahre 1934 durchgeführt. Das Vitamin C wird jetzt in großen Mengen in Fabriken synthetisch hergestellt.

Krankheitsbild bei Vitamin C-Mangel.

Der Skorbut tritt vor allem in den Gegenden auf, wo die Versorgung mit frischem Gemüse und Obst mangelhaft ist. Dies war auch der Grund weshalb die Krankheit sehr oft bei Schiffmannschaften, Expeditionen und bei Soldaten auftrat.

Die Symptome der Krankheit sind besonders Muskelschwäche und Blutungen, vor allem in der Gegend der Gelenke. Diese Blutungen können auch sichtbar sein. Oft kommen Blutungen in der Zahnschleimhaut vor. Die Zähne werden oft locker und fallen aus. In schweren Fällen kommt es zu Herzbeschwerden. Eine typische Folge des Skorbuts ist die stark herabgesetzte Resistenz gegen Infektionen aller Art. Vor allem hat man die Tuberkulose in Verbindung mit unzureichender Vitamin C-Zufuhr gesetzt.

Bei Kindern findet man ein ähnliches Bild wie bei Erwachsenen (Möller-Barlowsche Krankheit). Hier findet man Veränderungen in den Rippen, die röntgenologisch nachgewiesen werden können (skorbutischer Rosenkranz).

Weit häufiger als der ausgesprochene Skorbut sind Zustände, die auf eine etwas zu geringe Zufuhr von Vitamin C zurückgeführt werden können, Hypovitaminose. Diese Hypovitaminose führt besonders zu geringerer Resistenz gegen Infektionskrankheiten. Einige Zahnkrankheiten, vor allem die Gingivitis und Alveolarpyorrhöe, sollen durch Vitamin C-Zufuhr günstig beeinflußt werden.

Die medizinische Literatur über die vielfachen Folgen von Vitamin C-Mangel und die Krankheitszustände, die durch eine erhöhte Vitamin C-Zufuhr behandelt werden können, ist außerordentlich groß. Wir können hier nicht darauf eingehen, sondern verweisen auf die reichhaltige Spezialliteratur auf diesem Gebiet.

Konstitutionsaufklärung des Vitamin C.

Wie bereits erwähnt, hatten TILLMANS und Mitarbeiter gefunden, daß zwischen Reduktionswirkung bei Titration mit Dichlorphenol-Indophenol und heilender Wirkung gegen Skorbut bei verschiedenen Produkten eine weitgehende Übereinstimmung bestand. ZILVA (5) hatte ebenfalls diese Beobachtung gemacht, war aber der Ansicht, daß die reduzierend wirkende Substanz mit dem Vitamin C nicht identisch war, weil die reduzierende Substanz oxydiert werden konnte, ohne daß die antiskorbutische Wirkung verlorenging. TILLMANS konnte diese scheinbare Abweichung aufklären, indem er darauf hinwies, daß das Vitamin reversibel oxydiert werden konnte, ohne die antiskorbutische Wirkung zu verlieren. Diese Auffassung zeigte sich auch tatsächlich als richtig. Inzwischen hatte SZENT-GYÖRGYI (1) die Hexuronsäure aus der Nebenniere des Rindes isoliert, vorläufig ohne zu wissen, daß diese Hexuronsäure mit dem Vitamin C identisch war. Später konnte SZENT-GYÖRGYI (2) zeigen, daß die von ihm isolierte Hexuronsäure antiskorbutische Wirkung besaß.

Die chemische Aufklärung der isolierten Hexuronsäure, die jetzt Ascorbinsäure genannt wurde, erfolgte vor allem durch Arbeiten von HAWORTH und HIRST und von MICHEEL und Mitarbeitern. Die Konstitution, die aus der nebenstehenden Formel hervorgeht, zeigt, daß das Vitamin zu den Zuckern Beziehungen hat. Das reine Vitamin C ist die l-Ascorbinsäure; die d-Form ist ohne Wirkung.

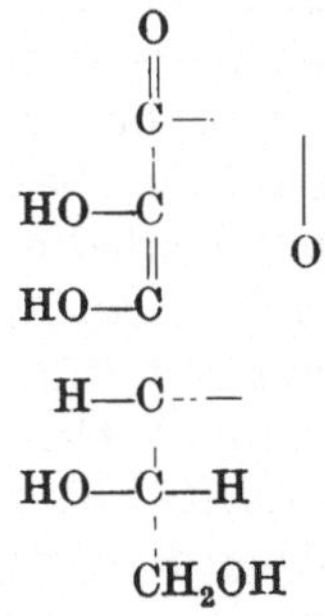

l-Ascorbinsäure = Vitamin C

Die Synthese des Vitamin C kann nach verschiedenen Methoden erfolgen. Die erste Synthese würde von REICHSTEIN (REICHSTEIN und DEMOLE) beschrieben.

Bestimmungsmethoden des Vitamin C.
Biologische Bestimmungsmethoden.

Die biologische Bestimmung des Vitamin C gründet sich auf die ersten Arbeiten von HOLST und FRÖLICH (1, 2), die durch eine bestimmte Kostmischung bei Meerschweinchen Skorbut experimentell erzeugen konnten. Die Meerschweinchen erhalten eine Vitamin C-freie Kostmischung und werden nach kurzer Zeit skorbutisch. Die eigentliche Bestimmung des Vitamin C-Gehaltes von Produkten kann nun entweder als therapeutischer Test oder als prophylaktischer Test durchgeführt werden. Endlich gibt es auch eine halbprophylaktische Methode, nach welcher die Versuchstiere zuerst Vitamin C-frei gefüttert werden, und dann die zu untersuchende Vitamin C-haltige Substanz bereits zu einem Zeitpunkt erhalten, wo makroskopische Skorbutsymptome noch nicht vorhanden sind.

Vitamin C-freie Kostmischung. Die in unserem Laboratorium seit Jahren mit Erfolg verwendete Kostmischung hat folgende Zusammensetzung [ASCHEHOUG (1, 2); LUNDE und LIE]:

Haferflocken 50%, Weizenkleie 20%, Magermilchpulver, 2 Stunden auf 110° erwärmt, 15%, Butterfett mit 1% Dorschlebertran 10%, Hefeextrakt (Marmit) 3,5%, Kochsalz 1%, Salzmischung (OSBORNE) 0,5%. Dazu erhalten die Tiere noch Heu, das bei 115° C in 60 Minuten erhitzt worden ist, *ad lib.*

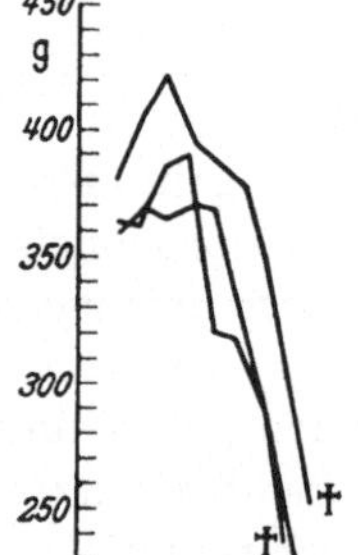

Abb. 15. Gewichtskurven von Meerschweinchen auf Vitamin C-freier Kost. (Nach MATHIESEN und ASCHEHOUG.)

Auf diese Kost gesetzt, sterben die Tiere im Laufe von höchstens 4 Wochen unter Anzeichen von schwerem Skorbut (vgl. Abb. 15).

Prophylaktische Methode. Die prophylaktische Methode ist sehr zuverlässig, nimmt aber viel Zeit in Anspruch. Wir haben trotzdem bei unseren ersten Bestimmungen diese Methode verwendet (MATHIESEN und ASCHEHOUG). Meerschweinchen mit einem Gewicht von etwa 350 g werden auf die oben beschriebene Vitamin C-freie Kostmischung gesetzt. Gleichzeitig erhalten die Tiere eine bestimmte Menge der auf ihren Vitamin C-Gehalt zu untersuchenden Substanz täglich verabreicht. Da man jetzt mit Hilfe der chemischen Titration einen Anhaltspunkt über den Vitamin C-Gehalt erhalten kann, haben wir bei unseren Bestimmungen stets die Menge der zu verabreichenden Substanz nach den Ergebnissen der chemischen Titration berechnet. Die täglich verabreichte Substanz entsprach einer Menge von 0,3, 0,5 bzw. 0,7 mg l-Ascorbinsäure, ausgerechnet nach dem Ergebnis der chemischen Titration. Andere Gruppen von Paralleltieren erhielten 0,3, 0,5 bzw. 0,7 mg reine l-Ascorbinsäure zusätzlich zu der Vitamin C-freien Nahrung täglich verabreicht. Abb. 16 zeigt Gewichtskurven solcher Tiere, die unsere

Vitamin C-freie Kostmischung und reine l-Ascorbinsäure in verschiedenen Dosen erhielten.

Der Versuch dauert 10—12 Wochen. Nach Abschluß des Versuches werden die Gewichtskurven beurteilt. Die Tiere werden getötet und auf makroskopische Skorbutzeichen untersucht. Die Brustkörbe werden auch photographiert, um auf eventuelle Skorbutanzeichen untersucht zu werden. Gewichtskurven von Tieren, die zur Bestimmung von

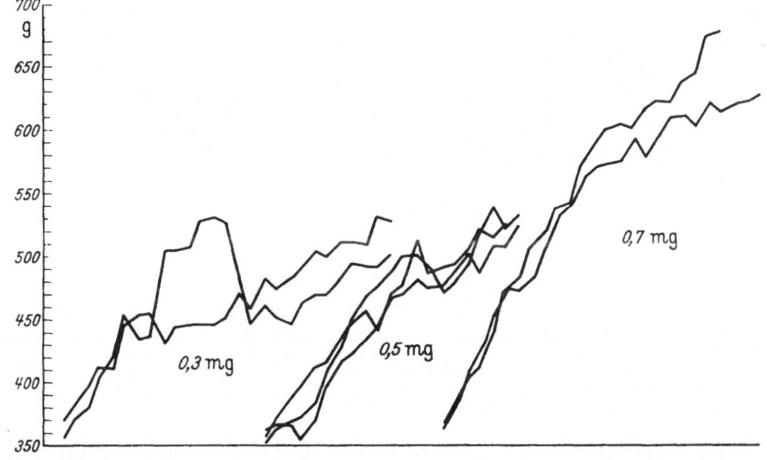

Abb. 16. Gewichtskurven von Meerschweinchen auf Vitamin C-freier Grundkost, die als Zulage 0,3, 0,5 bzw. 0,7 mg Ascorbinsäure je Tag erhielten. (Nach MATHIESEN und ASCHEHOUG.)

Vitamin C in verschiedenen Konserven dienten, sind in Abb. 17—18 wiedergegeben.

Therapeutische Methode. Die therapeutische Methode beruht darauf, daß die Tiere erst, nachdem sie deutliche makroskopische Skorbutzeichen aufweisen, die zu untersuchende Substanz erhalten. Diese Methode haben wir in der Weise verwendet, wie sie von DEMOLE beschrieben worden ist (REICHSTEIN und DEMOLE). LUNDE und LIE versuchten, diese Methode bei der Bestimmung von Vitamin C in Meeresalgen zu verwenden. Die Methode sollte den Vorteil haben, daß sie viel rascher auszuführen ist als die prophylaktische. Die Tiere müssen sich entweder rasch erholen oder zugrunde gehen. Die Methode war von DEMOLE besonders bei der Bestimmung der antiskorbutischen Wirksamkeit synthetischer Vitamin C-Derivate erfolgreich verwendet worden. Bei der Bestimmung von Vitamin C in Meeresalgen und auch in relativ Vitamin C-armen Nahrungsmitteln, wo man recht viel Substanz verfüttern muß, um genügend Vitamin C zuführen zu können, haben wir jedoch mit dieser Methode keine guten Erfahrungen gemacht. Wenn die Tiere deutlichen Skorbut zeigen, sind sie manchmal nicht imstande, die relativ große Menge des Versuchsmaterials einzunehmen. Viele Tiere gehen

deshalb zugrunde, bevor sie überhaupt Gelegenheit haben, sich durch
das zugeführte Vitamin C zu erholen. Wir beobachteten auch viele Fälle

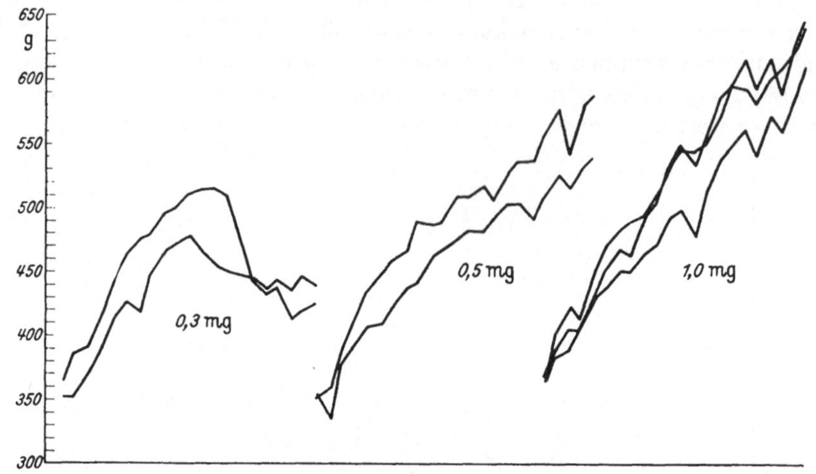

Abb. 17. Gewichtskurven von Meerschweinchen auf Vitamin C-freier Grundkost. Die Tiere erhielten
als Zulage so viel von konservierten schwarzen Johannisbeeren, daß es eine Vitamin C-Menge von
0,3, 0,5 bzw. 1,0 mg Ascorbinsäure (titrimetrisch ermittelt) je Tag entspricht. (Dies entspricht
etwa 0,3, 0,5 bzw. 1,0 g der Konserve.) (Nach MATHIESEN und ASCHEHOUG.)

von Infektionskrankheiten, die auf unsere Bestimmung einen störenden Einfluß ausübten. Die Methode wurde deshalb in unserem Institut
wieder aufgegeben.

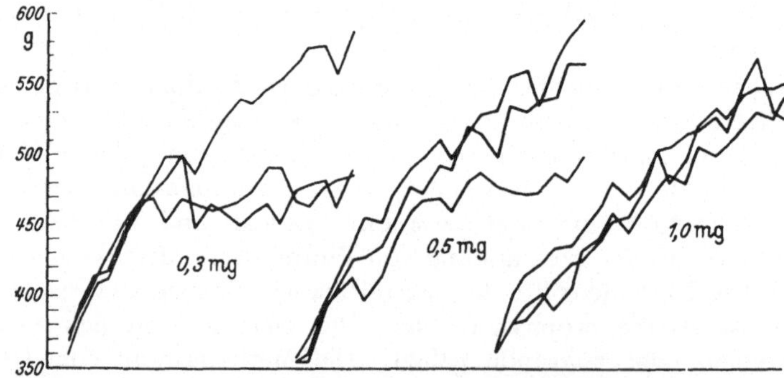

Abb. 18. Gewichtskurven von Meerschweinchen auf Vitamin C-freier Grundkost. Die Tiere erhielten
als Zulage so viel von konservierten Zuckererbsen, daß es eine Vitamin C-Menge von 0,3, 0,5 bzw.
1,0 mg Ascorbinsäure (titrimetrisch ermittelt) je Tag entspricht. Dies entspricht etwa 0,9, 1,5
bzw. 3,0 g der Konserve. (Nach MATHIESEN und ASCHEHOUG.)

Halbprophylaktische Methode. Diese Methode, die auch von ZILVA (2)
verwendet wird, hat den Vorteil, daß sie nicht so viel Zeit in Anspruch
nimmt wie die therapeutische Methode. Die Tiere werden in den Versuch
eingesetzt, bevor die schweren Skorbutzeichen auftreten [LUNDE und
LIE; MATHIESEN (1)].

Bei dieser Methode werden Meerschweinchen, die etwa 250 g wiegen, auf die bereits beschriebene Vitamin C-freie Grundkost gesetzt. Am 11. Tag erhalten sie die zu untersuchende Substanz. Die Menge der zu verabreichenden Substanz bestimmten wir nach dem Ergebnis einer vorher ausgeführten chemischen Titration. Die Tiere erhalten dann beispielsweise Substanzmengen, die 0,5 bzw. 0,7 mg 1-Ascorbinsäure je Tag entsprechen. Andere Paralleltiere erhalten reine 1-Ascorbinsäure in entsprechender Menge (Abb. 19).

Der Versuch dauert nur 2—3 Wochen. Nach Abschluß des Versuches werden die Tiere wiederum auf Skorbutsymptome untersucht.

Zahnschnittmethode. Eine weitere biologische Bestimmung beruht auf den Zahnveränderungen, die bei Vitamin C-Mangel an Meerschweinchen auftreten. Die Methode hat den Vorteil, daß die Fütterungsperiode relativ kurz ist, dagegen dauert die Behandlung und Vorbereitung der Zähne recht lange. ASCHEHOUG und VESTERHUS im hiesigen Institut verwendeten mit gutem Erfolg diese Methode bei der Bestimmung von Vit-

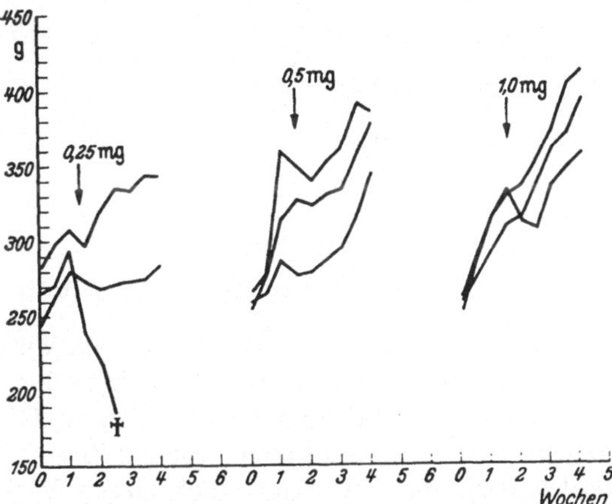

Abb. 19. Gewichtskurven von Meerschweinchen auf Vitamin C-freier Grundkost, die vom 11. Tage an 0,25, 0,5 oder 1,0 mg reine 1-Ascorbinsäure pro Tag erhielten. Positive Kontrolltiere nach der halbprophylaktischen Methode. (Nach LUNDE und LIE.)

amin C in gewissen Meeresalgen (LUNDE und LIE). Wir verwendeten die Methode in der von KEY und ELPHICK beschriebenen Modifikation von HÖYER. Sie beruht darauf, daß an den Wurzeln der Schneidezähne der Meerschweinchen Skorbutsymptome lange vor Eintreten der makroskopischen Veränderungen festzustellen sind.

Meerschweinchen, die etwa 250 g wiegen, werden auf eine skorbutfreie Kost gesetzt. Einige dienen als negative Kontrolltiere, einige erhalten die zu untersuchende Substanz in bestimmter Menge und wieder andere erhalten eine entsprechende Menge reines Vitamin C.

Nach 14 Tagen werden die Tiere getötet und die Schneidezähne histologisch untersucht. Auf die Veränderungen, die man beobachtet, kann hier nicht näher eingegangen werden, es sei deshalb auf die Originalarbeit von KEY und ELPHICK verwiesen.

Chemische Bestimmungsmethoden.

Die chemischen Methoden zur Bestimmung des Vitamin C fußen alle auf die Bestimmung der Reduktionswirkung der 1-Ascorbinsäure.

Als oxydierende Substanz wird ein Farbstoff verwendet. Die ersten Bestimmungen dieser Art wurden von TILLMANS ausgeführt. Er verwendete den Farbstoff 2.6-Dichlorphenol-Indophenol, der auch von anderen Forschern am meisten verwendet wurde. Es wird aber auch Methylenblau bei gewissen Methoden verwendet. Reine Ascorbinsäurelösungen können auch einfach mit Jodlösungen titriert werden. Bei der Oxydation geht die Ascorbinsäure zuerst in die Dehydro-Ascorbinsäure über.

$$
\begin{array}{ccc}
\begin{array}{c}
O \\ \| \\ C \\ | \\
HO-C \\ \| \\ HO-C \\ \\ H-C \\ | \\ HO-C-H \\ | \\ CH_2OH
\end{array}
& \quad O \quad \longleftrightarrow \quad &
\begin{array}{c}
O \\ \| \\ C \\ | \\
HO-C-OH \\ | \\ HO-C-OH \\ \\ H-C \\ | \\ HO-C-H \\ | \\ CH_2OH
\end{array} \quad O \\
\text{l-Ascorbinsäure} & & \text{Dehydro-Ascorbinsäure}
\end{array}
$$

Die Dehydro-Ascorbinsäure läßt sich wieder zur Ascorbinsäure reduzieren. Sie besitzt auch die volle biologische Wirksamkeit des Vitamin C. Bei weiterer Oxydation wird das Vitamin C in unwirksame, nicht mehr reduzierbare Verbindungen übergeführt. Die Schwierigkeit bei der Bestimmung des Vitamin C nach diesen Methoden beruht hauptsächlich darauf, daß Farbstoffe in den zu untersuchenden Organ- oder Pflanzenextrakten die Bestimmung stören. Andere eventuell vorhandene reduzierende Körper in den Extrakten geben zu hohe Reduktionswerte und täuschen einen zu hohen Vitamin C-Gehalt vor. Eine weitere Schwierigkeit entsteht durch die außerordentlich leichte Oxydierbarkeit des Vitamin C an der Luft. Es muß deshalb stets sehr rasch gearbeitet werden; die zu untersuchenden Extrakte müssen vor der Einwirkung der Luft geschützt werden.

Durch Einfluß der in den Extrakten sehr oft vorhandenen Oxydasen geht die Oxydation häufig sehr rasch vor sich, sogar während des Zerkleinerns der Substanz vor der Extraktion.

Auch während des Lagerns der geernteten Gemüse tritt oft eine rasche Oxydation des Vitamin C durch Einwirkung von Enzymen auf. Auf diese Erscheinung, die für die Lagerung der Vitamin C-haltigen Gemüse größte Bedeutung hat, soll später etwas genauer eingegangen werden.

Besonders schwierig ist die chemische Bestimmung des Vitamin C in stark gefärbten Pflanzen- oder Organextrakten. In solchen Fällen müssen die Farbstoffe vor der Titration entfernt werden. Es sind auch hier verschiedene Methoden vorgeschlagen worden.

Aus dem Gesagten geht hervor, daß es keine bestimmte Methode gibt, die auf alle Fälle anwendbar ist, sondern man muß das Verfahren je nach der Art der Substanz entsprechend abändern. Es empfiehlt sich, bei allen neuen Produkten stets die Richtigkeit der Titration durch biologische Versuche zu kontrollieren. Diese Vorsichtsmaßnahme wurde in unserem Institut zur Regel gemacht. Wir werden im folgenden auch auf solche Fälle eingehen, in denen die chemische Bestimmung durch Titration nicht zu richtigen Werten führt.

Wie bereits erwähnt, wurden die ersten Bestimmungen von Vitamin C von TILLMANS unter Verwendung von 2.6-Dichlorphenol-Indophenol als Indicator ausgeführt. Er arbeitete anfangs in neutraler Lösung, es konnte aber bald gezeigt werden, daß öfter zu hohe Werte durch das Vorhandensein von anderen reduzierenden Stoffen erhalten wurden. Durch Arbeiten in stark saurer Lösung konnte der Einfluß dieser Stoffe ausgeschaltet werden. Auch andere Modifikationen der TILLMANSschen Methode wurden vorgeschlagen.

Nach TILLMANS wird die zu untersuchende Substanz zerkleinert und darauf mit Wasser oder Säure ausgekocht. Der Extrakt wird durch ein Tuch abgepreßt, bei sauren Extrakten mit Natronlauge abgestumpft und festes Natriumacetat zugesetzt. Darauf wird mit Dichlorphenol-Indophenol titriert, bis die Farbstofflösung nicht mehr entfärbt wird. Die Farbstofflösung wurde im Anfang gegen Titantrichlorid oder gegen Ferrosalz eingestellt. Als später das reine Vitamin C zugänglich war, wurde zweckmäßiger gegen Vitamin C eingestellt.

STROHECKER und VAUBEL haben die ursprüngliche TILLMANSsche Methode etwas abgeändert. Sie verwenden zur Extraktion nicht 2,3%ige Schwefelsäure, da in gewissen Fällen durch Hydrolyse reduzierende Körper gebildet werden können, sondern sie extrahieren mit 0,2%iger oder gelegentlich etwas stärkerer Essigsäure. Die Titration wird entweder bei $p_H = 5{,}5$ bis $5{,}0$ oder bei $p_H = 3$ ausgeführt. Im ersten Fall, also in annähernd neutraler Lösung, wird auf blau titriert, bei $p_H = 3$ dagegen auf rot.

Wie bereits erwähnt, kann bei stark gefärbten Extrakten der Farbstoffumschlag nicht genau bestimmt werden. SIEBERT empfiehlt in solchen Fällen, den überschüssigen Farbstoff mit Nitrobenzol auszuschütteln, während LANKE ein Gemisch von Amylalkohol und Toluol 1:1 vorzieht. Die Methode beruht darauf, daß die Pflanzenfarbstoffe in Nitrobenzol bzw. Amylalkohol-Toluol unlöslich sind, während das überschüssige Dichlorphenol-Indophenol löslich ist. In einem Zentrifugenglas wird die zu titrierende Lösung mit etwas Nitrobenzol überschichtet, das vorher mit etwas Essigsäure angesäuert worden ist. Man läßt die Farbstofflösung zufließen und schüttelt. Zur reinen Trennung der Flüssigkeitsschichten wird zentrifugiert. Man erkennt den Umschlag an der Farbänderung des Nitrobenzols von grünlich-gelb nach rötlich-gelb. McHENRY und Graham verwenden statt Nitrobenzol Chloroform zum Ausziehen des überschüssigen Farbstoffindicators.

Birch, Harris und Ray extrahieren die Substanz mit Trichloressigsäure und stellen den Farbstoffindicator mit reiner Ascorbinsäure ein. Eine kleine Menge Substanz wird mit Sand und 20%iger Trichloressigsäure behandelt, bis die Endkonzentration etwa 5% Trichloressigsäure beträgt. Der Extrakt wird verdünnt, bis die Konzentration etwa 5 mg Ascorbinsäure je 100 ml beträgt. Der Extrakt wird jetzt in eine Mikrobürette gebracht und eine bekannte Menge einer frisch bereiteten gegen reine Ascorbinsäure eingestellten Lösung von 2.6-Dichlorphenol-Indophenol damit titriert.

Fujita und Ebihara (1) arbeiten in ähnlicher Weise wie Birch, Harris und Ray, verwenden aber bei der Extraktion Metaphosphorsäure statt Trichloressigsäure. Das Vitamin C soll in dieser Lösung beständiger sein.

Bessey und King verwenden ebenfalls die Methode von Tillmans mit einigen Abänderungen. Bei Bestimmung von Vitamin C in Pflanzenmaterial extrahieren sie mit warmer 8%iger Essigsäure. Bei Untersuchungen von tierischem Material wird 8%ige Trichloressigsäure vorgezogen. Die Extraktion in saurer Lösung ist notwendig, um das Vitamin C vor Oxydation zu schützen. Die beim Zerkleinern der Zellen in Freiheit gesetzten Enzyme bewirken sonst sofort eine rasche Oxydation des Vitamins.

Eine Reihe Substanzen stört die Bestimmung des Vitamin C. Cystein, Pyrogallol, Glutathion und erhitzte alkalische Zuckerlösungen reduzieren den Farbstoff und geben Anlaß zu großen Fehlern bei der Titration. Bessey und King raten deshalb zur Vorsicht bei der Auswertung der durch Titration erhaltenen Zahlen für den Vitamin C-Gehalt und empfehlen stets, wenn man den Verdacht hat, daß störende Substanzen vorhanden sein können, die Richtigkeit der Untersuchung durch Tierversuche zu kontrollieren.

Emmerie und van Eekelen haben eine Methode ausgearbeitet, bei welcher die störenden reduzierenden Körper entfernt werden. Cystein, Ergothionin, Glutathion sowie andere störende Verbindungen werden mit Mercuriacetat in saurer Lösung gefällt. Das Vitamin C bleibt dabei in Lösung, und zwar in reversibel oxydierter Form als Dehydroascorbinsäure. Vor der Titration wird die Dehydroascorbinsäure durch Schwefelwasserstoff wieder zur Ascorbinsäure reduziert. Schwefelwasserstoff fällt gleichzeitig das überschüssige Mercuriacetat.

Die Substanz wird nach Emmerie und van Eekelen mit 3%iger Trichloressigsäure und Sand verrieben. Es wird zentrifugiert und die Lösung mit Calciumcarbonat neutralisiert. Zu dem Filtrat wird jetzt Mercuriacetat bis zur vollständigen Fällung zugesetzt. Es wird wiederum zentrifugiert und in die klare Flüssigkeit Schwefelwasserstoff eingeleitet.

Die Sulfidfällung wird abfiltriert und der Schwefelwasserstoff mit einem Stickstoffstrom vertrieben. Vor der Titration wird wieder mit Trichloressigsäure angesäuert. Es sind bei der Methode eine Reihe Vorsichtsmaßnahmen zu beachten, wofür hier auf die Originalarbeit verwiesen sei.

MARTINI und BONSIGNORE verwenden bei der Titration statt Dichlorphenol-Indophenol Methylenblau, das bei starker Belichtung von Ascorbinsäure entfärbt wird. Die Extraktion der zu untersuchenden Substanz wird mit Trichloressigsäure durchgeführt.

WACHHOLDER und PODESTÀ verwenden ebenfalls die Methylenblaumethode, extrahieren aber die tierischen Gewebe mit Sulfosalicylsäure bei $p_H = 1,2$ bis 1,3. In stark saurer Lösung sollen die im tierischen Gewebe vorkommenden anderen reduzierenden Körper nicht mehr reagieren.

LUND (1) sowie LUND und LIECK verwenden ebenfalls Methylenblau als Indicator und extrahieren mit Trichloressigsäure. Einige kleinere Änderungen der Methode, insbesondere in bezug auf die Belichtung, wurden von ihnen vorgeschlagen.

WAHREN extrahiert mit Sulfosalicylsäure. Er verwendet einen Überschuß an Methylenblaulösung und bestimmt das überschüssige Methylenblau mit dem PULFRICH-Photometer.

Verschiedene physikalisch-chemische Methoden wurden vorgeschlagen, um eine leichtere Bestimmung des Umschlags bei der Titration zu ermöglichen. So wurde beispielsweise die elektrometrische Titration besonders bei stark gefärbten Substanzen von KIRK und TRESSLER empfohlen. Auch die Titration mit dem Polarographen wurde versucht. GUTHE und NYGAARD bestimmten den Umschlag mit Hilfe einer Photozelle. Die Lichtintensität wird durch den Apparat, der Photelgraph genannt wird, registriert.

RESCHKE hat eingehende Untersuchungen über die Zuverlässigkeit der chemischen Bestimmungsmethoden durchgeführt und dabei gefunden, daß die Bestimmungen in Substanzen, die vorher einer Trocknung, Hitzeeinwirkung oder Extraktion ausgesetzt wurden, stets durch biologische Kontrollversuche bestätigt werden müssen, da sie meistens einen zu hohen Vitamingehalt vortäuschen.

Enzymatische Bestimmung des Vitamin C. In vielen Fällen enthält der zu untersuchende Extrakt andere reduzierende Körper als Vitamin C, die sich nach der Methode von EMMERIE und VAN EEKELEN durch Fällung mit Mercuriacetat nicht vollständig entfernen lassen. TAUBER und KLEINER (2) empfehlen deshalb eine enzymatische Bestimmung des Vitamin C, die darauf beruht, die reduzierende Wirkung des Extraktes vor und nach einem enzymatischen Abbau der l-Ascorbinsäure zu bestimmen. Diese Methode wird in Verbindung mit dem Ausfällen der reduzierenden Körper nach EMMERIE und VAN EEKELEN ausgeführt. SRINIVASAN verwendet ebenfalls die enzymatische Methode zur Bestimmung von

Ascorbinsäure. Er konnte feststellen, daß gewisse Vitamin C-haltige Produkte kleine Mengen von reduzierenden Körpern enthielten, die mit dem Indicator titriert und von Mercuriacetat nicht gefällt wurden. Sie wurden aber enzymatisch nicht oxydiert und konnten somit ermittelt werden.

LUNDE und LIE erhielten bei der chemischen Bestimmung von Vitamin C durch Titration mit Dichlorphenol-Indophenol in gewissen Meeresalgen Werte, die mit den biologisch ermittelten nicht übereinstimmten. Sie versuchten deshalb, das vorhandene Vitamin C enzymatisch abzubauen und titrierten den Extrakt vor und nach dem enzymatischen Abbau. Falls das Enzym eine spezifische Ascorbinsäureoxydase wäre, so würde es die Ascorbinsäure oxydieren, und die anderen, die Bestimmung störenden reduzierenden Körper, unoxydiert lassen. Es zeigte sich bei den Untersuchungen von LUNDE und LIE, daß dies nicht der Fall ist. Wir stellten das Enzym, wie von JOHNSON und ZILVA vorgeschrieben, aus Blumenkohl her. Die erhaltene Oxydase war aber sowohl gegen Ascorbinsäure als auch gegen die sonst vorhandenen reduzierenden Körper wirksam, weshalb die Methode verlassen werden mußte. Auf die enzymatische Oxydation der Ascorbinsäure soll in einem anderen Abschnitt genauer eingegangen werden.

Praktische Durchführung der chemischen Vitamin C-Bestimmung.

Es wurde in unserem Institut bei den ausgedehnten Untersuchungen über das Vorkommen des Vitamin C und das Verhalten bei der Konservierung stets die Titration mit Dichlorphenol-Indophenol verwendet. Da wir auf die Ergebnisse dieser Untersuchungen später genauer eingehen und daraus wichtige Schlüsse ziehen werden, soll die Methode hier etwas genauer beschrieben werden in der Ausführung, wie sie in unserem Institut von MATHIESEN (MATHIESEN und ASCHEHOUG und spätere teils unveröffentlichte Arbeiten) angewendet wird.

Die Titration geschieht in allen Fällen mit 2.6-Dichlorphenol-Indophenol bei saurer Reaktion $p_H = 4$ zu schwacher Rotfärbung. Je nach der Art der zu untersuchenden Substanz ist die Vorbehandlung verschieden. Bei tierischen Stoffen und unter Umständen auch bei Konserven, die lange gelagert sind, werden störende reduzierende Stoffe durch Fällung mit Quecksilberacetat nach VAN EEKELEN (EMMERIE und VAN EEKELEN) entfernt. Bei der langen Lagerung von gewissen Gemüsen lösen sich geringe Mengen Zinn und Eisen, die wahrscheinlich zur Bildung von reduzierenden Körpern mitwirken. Bei der Bestimmung von Vitamin C in frischen Gemüsen, Obst und Beeren und auch von kurz gelagerten Konserven aus diesen Produkten ist eine Fällung mit Quecksilberacetat nicht notwendig. Bei stark gefärbten Obst- und Beerensäften kommt eine besondere Bestimmungsmethode zur Anwendung.

Extraktion. 5—25 g des zu untersuchenden Stoffes werden mit 15—20 ml 8%iger Trichloressigsäure und reinem Sand verrieben und zentrifugiert. Der Rest wird dreimal mit 10 ml Säure gewaschen, die gesamten Säureextrakte werden in einen Meßkolben gebracht. Der Extrakt wird jetzt mit Wasser verdünnt, so daß die Endkonzentration etwa 4% Säure beträgt. Jetzt wird mit der Farbstofflösung, die gegen reine l-Ascorbinsäure eingestellt wird, titriert. Falls keine nachträgliche Fällung mit Quecksilberacetat vorgenommen werden soll, wird die Extraktion zweckmäßiger mit einer wäßrigen Lösung von 8% Trichloressigsäure und 2% Metaphosphorsäure oder mit einer 5% Metaphosphorsäure vorgenommen. Bei besonders kupferhaltigen Proben darf die Metaphosphorsäurekonzentration bei der Titration niemals unter 2% sein.

Fällung mit Quecksilberacetat. Bei gewissen Extrakten ist, wie bereits erwähnt, eine Fällung mit Quecksilberacetat zu empfehlen. Da ein Überschuß an Quecksilberacetat schädlich ist, wird die notwendige Menge in einem Vorversuch bestimmt. Man neutralisiert den Extrakt mit festem Calciumcarbonat zu $p_H = 5$ und zentrifugiert. Zu einem abgemessenen Volumen der klaren Lösung setzt man die berechnete Menge einer 20%igen Quecksilberacetatlösung. Man zentrifugiert und behandelt die klare Lösung mit Schwefelwasserstoff bis zur vollständigen Fällung. Die Fällung wird abfiltriert und eine abgemessene Menge des Filtrats mit Schwefelwasserstoff gesättigt. Diese Lösung bleibt etwa 6 Stunden an einem dunklen Ort gut verkorkt stehen. Darauf wird der Schwefelwasserstoff mit Stickstoff oder Kohlensäure vertrieben. Der Lösung wird etwas Metaphosphorsäure zugesetzt. Darauf wird titriert. Man beachte, daß nach dem Zusatz von Quecksilberacetat bis zu Beginn der Schwefelwasserstoffällung sehr rasch gearbeitet werden muß.

Bestimmung von Vitamin C in gefärbten Extrakten. In vier spitze Zentrifugengläser von je 10 ml werden gleich große Mengen des zu untersuchenden Extraktes gebracht. In drei Gläser bringt man verschiedene abgemessene Mengen der 2.6-Dichlorphenol-Indophenollösung und rührt. Darauf wird $^1/_2$ ml Chloroform oder Nitrobenzol zugesetzt. Die Luft wird durch CO_2 vertrieben, darauf wird kräftig geschüttelt und zentrifugiert. Der Zusatz von Farbstoff wird wiederholt, bis man in einem Glas eine merkbare Färbung der Chloroform- oder Nitrobenzolschicht, verglichen mit der Blindprobe, erhält.

Extraktion mit Schwefelsäure. Diese Methode hat gegenüber der Extraktion mit Trichloressigsäure den Nachteil, daß sie nicht allgemein angewendet werden kann. Der Umschlag ist in vielen Fällen schwankend.

Bei Substanzen, mit denen man durch Tierversuche festgestellt hat, daß die Titration nach Extraktion mit Schwefelsäure richtige Werte liefert, ist diese Methode jedoch vorzuziehen, da sie weniger zeitraubend ist. Die Titration erfolgt entweder bei $p_H < 4$ bis zu rotem Umschlag oder bei $p_H = 5$ bis 6 zu blau nach Neutralisierung mit Soda und Zusatz von Natriumacetat. Die letztere Titration ist besonders vorzuziehen bei der Bestimmung von Vitamin C in manchen Gemüse- und Obstsorten. Bei gewissen gefärbten Säften findet man oft, daß der Farbstoff bei $p_H = 5$ nach violett oder blau übergeht, so daß der Endpunkt der Titration schwer ermittelt werden kann. In solchen Fällen muß stets die bereits beschriebene Methode mit Chloroform oder Nitrobenzol verwendet werden.

Die praktische Durchführung der Methode gestaltet sich wie folgt:

20—40 g des zu untersuchenden Produktes werden fein gehackt und in einen 500 ml-Kolben mit eingeschliffenem Glasstopfen mit Zu- und Ableitungsrohr eingebracht. Es werden jetzt 100 ml 20%iger Schwefelsäure zugesetzt und Kohlensäure zur Entfernung der Luft durchgeleitet. Dann wird 10 Minuten gekocht und anschließend im Kohlensäurestrom abgekühlt. Jetzt wird durch Gaze filtriert, der Rückstand gut abgepreßt und abgewaschen. Der Extrakt wird auf ein bestimmtes Volumen gebracht und titriert.

Bestimmung von Vitamin C in Milch. 25 ml Milch werden mit 15 ml 20%iger Trichloressigsäure gefällt. Es wird zentrifugiert und ein abgemessener Teil der klaren Lösung titriert. Um die Menge der Dehydroascorbinsäure zu bestimmen, wird die Methode von van Wijngaarden (3) verwendet. Eine Probe der klaren Lösung wird mit festem Calciumcarbonat neutralisiert und zentrifugiert. Schwefelwasserstoff wird eingeleitet und die Probe 6—24 Stunden im Dunklen aufbewahrt. Darauf wird der Schwefelwasserstoff mit Kohlensäure und Stickstoff nach Ansäuern mit Metaphosphorsäure ausgetrieben und die Titration wie üblich durchgeführt.

Vitamin C-Einheiten.

Nachdem das Vitamin C in seiner Konstitution erkannt worden ist, werden Mengen von Vitamin C fast durchweg in Milligramm reiner l-Ascorbinsäure angegeben, gleichgültig, ob es sich um den Gehalt verschiedener Nahrungsmittel an Vitamin C oder um den Bedarf an diesem Vitamin handelt. Die internationale Einheit wird definiert als die biologische Wirkung von 0,05 mg reiner l-Ascorbinsäure. Dies ist etwa $^1/_{10}$ derjenigen Menge, die Meerschweinchen täglich verabreicht werden müssen, um sie vor makroskopischem Skorbut zu schützen.

Bedeutung des Vitamin C für die Ernährung.

Die genaue Aufgabe des Vitamin C in unserem Organismus ist noch nicht aufgeklärt. Die leichte Oxydierbarkeit macht es wahrscheinlich, daß dieses Vitamin eine wichtige Rolle bei den Oxydations- bzw. Dehydrierungsprozessen im Organismus spielt. Bei zu geringer Zufuhr von Vitamin C mit der Nahrung werden eine Reihe Zellfunktionen gestört. Dies führt zu den charakteristischen Blutungen. Vitamin C-Mangel führt auch zu eigentümlichen Veränderungen der Knochen. An den

Zähnen sind diese Veränderungen sehr leicht zu erkennen. Auch am Geschlechtsapparat treten Störungen auf.

Vitamin C-Mangel äußert sich bei Menschen zuerst durch einen allgemeinen Schwächungszustand. Dies ist besonders in den nördlicheren Ländern im Spätwinter und Frühling der Fall, da, wie wir jetzt wissen, die Zufuhr an Vitamin C mit der Nahrung oft bedeutend herabgesetzt ist. Dieser allgemeine Schwächungszustand führt zu vermindertem Widerstand gegenüber Infektionskrankheiten, vor allem Erkältungskrankheiten und Tuberkulose.

Bedarf.

Der Bedarf an Vitamin C wird etwas verschieden angegeben. STIEBELING gibt ihn in Abhängigkeit vom Alter an, wie aus folgender Tabelle ersichtlich ist.

Der durchschnittliche Bedarf beträgt nach STIEBELING nur 8—19 mg Vitamin C je Tag. Von anderen Autoren werden größere Mengen angegeben. STEPP, KÜHNAU und SCHROEDER geben für Säuglinge als Mindestbedarf 5 mg Vitamin C und gegen Hypovitaminose 10—15 mg an. WIDENBAUER (2) empfiehlt bei künstlich ernährten Kindern noch größere Mengen, etwa 20 bis 40 mg je Tag. Als Ergebnis von Versuchen mit 200 Säuglingen findet TOBLER, daß der Vitamin C-Bedarf des Kindes normalerweise kleiner ist als gewöhnlich angenommen wird.

Tabelle 39.
Bedarf an Vitamin C nach STIEBELING.

	Bedarf an Vitamin C in mg je Tag
Kinder unter 4 Jahren	5—13
Knaben 4—6; Mädchen 4—7 Jahre	5—13
Knaben 7—8; Mädchen 8—10 Jahre	6—14
Knaben 9—10; Mädchen 11—13 Jahre	7—15
Frauen mit leichterer Arbeit und Knaben 11—12 Jahre; Mädchen über 13 Jahre	6—16
Frauen mit schwerer Arbeit und Knaben 13—15 Jahre	8—19
Knaben über 15 Jahre	10—25
Männer mit leichterer Arbeit	8—19
Männer mit schwerer Arbeit	11—28
Durchschnitt	8—19

STEPP, KÜHNAU und SCHROEDER geben den täglichen Bedarf bei Erwachsenen zu 50 mg an, führen aber an, daß der Bedarf sicherlich großen Schwankungen unterworfen ist. Die nachstehende Tabelle gibt eine Übersicht über den von verschiedenen Autoren angegebenen Bedarf an Vitamin C.

Der Bedarf an Vitamin C ist während der Schwangerschaft und in der Lactationsperiode erhöht. Ferner ist der Verbrauch bei Fieberzuständen und während der Rekonvaleszenzperiode ebenfalls erhöht. Der Bedarf an Vitamin C soll angeblich auch mit dem Alter zunehmen. Der im hohen Alter geschwächte Organismus ist gegenüber Vitamin C-Mangel sehr empfindlich. Es mag damit zusammenhängen, daß viele alte Leute

Tabelle 40.

Alter	Täglicher Bedarf an Vitamin C in mg	Verfasser
Erwachsene, 70 kg . .	60	Heinemann, 1938
Kleine Kinder . . .	8—50	
Kinder	22—100	Smith, 1938
Jugend	28—100	
Erwachsene.	60	Vetter und Winter, 1938
Erwachsene.	30—50	Kellie und Zilva, 1939 (2)
Erwachsene.	100	Codvelle, Simonnet und Mornard, 1938
Erwachsene.	>50	Stutz und Reil, 1938
Erwachsene.	50—60	Schroeder, 1938 (2)
Erwachsene.	10	Rietschel, 1938
Erwachsene.	50	Stepp, Kühnau und Schroeder, 1938
Säuglinge	5—15	
Erwachsene.	40—50	Mathiesen, 1939 (1)
Säuglinge	20—40	Widenbauer, 1936 (2)
Erwachsene.	25	Langfeldt, 1938
Kinder bis 4 Jahre .	30	Moser, 1938
Erwachsene.	50—55	Wachholder, 1937 (2)
Erwachsene.	50	van Eekelen und Wolff, 1936
Erwachsene, 70 kg . .	28—34	Göthlin, Frisell und Rundquist, 1937

im Norden gerade im Frühling sterben, also zu einer Zeit, in der die Vitamin C-Zufuhr mit der Nahrung am geringsten ist.

Vorkommen des Vitamin C.

Vorkommen des Vitamin C in vegetabilischen Nahrungsmitteln.

Das Vitamin C kommt besonders im Pflanzenreich vor. Die Apfelsinen und Citronen sind vor allem die klassischen Vitamin C-Quellen. Der Vitamin C-Gehalt dieser Früchte ist aber längst von einer Reihe von Früchten, Beeren und Gemüsen weit übertroffen worden; es handelt sich dabei nicht um schwer zugängliche Produkte, sondern um Gemüse und Beeren, die auch im hohen Norden weit verbreitet sind oder leicht angebaut werden können.

Mehrere tausend Bestimmungen von Vitamin C in Beeren, Obst und Gemüsen wurden in unserem Institut von Mathiesen ausgeführt [Mathiesen und Aschehoug, Mathiesen (5)]. Die wichtigsten dieser Bestimmungen sowie eine Reihe Bestimmungen anderer Autoren haben wir in Tabelle 41 zusammengefaßt. Unter den Gemüsen sind besonders die Blattgemüse sehr reich an Vitamin C. So enthält beispielsweise Grünkohl etwa 100 mg Vitamin C je 100 g. Auch andere Kohlarten sind sehr reich an Vitamin C. Bohnen und Erbsen enthalten etwas weniger, sind aber noch gute Quellen. Die Wurzelgemüse enthalten viel weniger Vitamin C als die Blattgemüse. Besonders wenig enthalten die Karotten. Eine Ausnahme bildet Kohlrabi, der sehr viel Vitamin C enthält.

Tabelle 41. Vitamin C in vegetabilischen Nahrungsmitteln in mg je 100 g.

Produkt	Vitamin C			Jahr	Verfasser
	biologisch	biologisch + chemisch	chemisch		
Blumenkohl . . .	50			1932	JUNG (1)
		60		1937	MATHIESEN und ASCHEHOUG
Grünkohl	75			1932	JUNG (1)
	75			1931	v. HAHN (2)
		80		1937	MATHIESEN und ASCHEHOUG
	120		112—164	1938	SCHEUNERT (6)
Rosenkohl	50			1932	JUNG (1)
		50—83		1935	WIETERS
			90—146	1936	OLLIVER (1)
	88		70—125	1938	SCHEUNERT (6)
Weißkohl			22	1935	TAUBER und KLEINER (1)
		20—24		1937	MATHIESEN und ASCHEHOUG
	35		30—60	1938	SCHEUNERT (6)
Rotkraut	50			1932	JUNG (1)
		31—42		1935	WIETERS
	35—50		46—77	1938	SCHEUNERT (6)
Große Bohnen . .			16,6	1936	WOLFF (1)
			26	1936	OLLIVER (1)
			16	1938	v. EEKELEN (2)
Grüne Bohnen . .		10		1932	JUNG (1)
			7—14	1936	OLLIVER (1)
		6—17		1937	MATHIESEN und ASCHEHOUG
			12	1938	v. EEKELEN (2)
Wachsbohnen . .			18—22	1936	OLLIVER (1)
		13—21		1937	MATHIESEN und ASCHEHOUG
Grüne Erbsen . .		19—40		1936	MACK, TRESSLER und KING
			25	1936	OLLIVER (1)
		20—32		1937	⎱ MATHIESEN und
Zuckererbsen. . .		20—47		1937	⎰ ASCHEHOUG
Kohlrabi	100			1932	JUNG (1)
			97	1936	RUDRA
	70		64—108	1938	SCHEUNERT (6)
		34		1938	MATHIESEN (6)
Weiße Rüben . .		12—16		1937	MATHIESEN und ASCHEHOUG
Radieschen . . .		25		1932	JUNG (1)
			16	1936	RUDRA
			23	1938	v. EEKELEN (2)
			30	1938	MATHIESEN (7)
Karotten			4	1936	OLLIVER (1)
		3		1937	MATHIESEN und ASCHEHOUG

Tabelle 41 (Fortsetzung).

Produkt	Vitamin C			Jahr	Verfasser
	biologisch	biologisch + chemisch	chemisch		
Karotten	3		3—4	1938	SCHEUNERT (6)
Kartoffeln, neue .			35	1937	OLLIVER (1)
	13—15		13—23	1938	SCHEUNERT (6)
			25	1938	v. EEKELEN (2)
Kartoffeln, alte		9—11		1937	MATHIESEN und ASCHEHOUG
			8,9	1938	v. EEKELEN (2)
Kartoffeln, durch das ganze Jahr		6—30		1938	MATHIESEN (1)
			6—32	1938	v. EEKELEN (2)
Lauch	10			1931	v. HAHN (2)
Porree, Blatt . .		26		1937	MATHIESEN und ASCHEHOUG
			25—28	1938	SCHEUNERT (6)
Porree, Zwiebel .		19		1937	MATHIESEN und ASCHEHOUG
			25—31	1938	} SCHEUNERT (6)
Salat	12		5—19	1938	
			12	1938	v. EEKELEN (2)
Spinat			80	1936	OLLIVER (1)
		20—50		1937	MATHIESEN und ASCHEHOUG
			60	1938	v. EEKELEN (2)
	70		61—72	1938	SCHEUNERT (6)
Mangold, Blatt. .			36	1935	TAUBER und KLEINER (1)
		11—35		1937	MATHIESEN und ASCHEHOUG
Spargel			12	1935	McHENRY und GRAHAM
		31—33		1935	WIETERS
			23—71	1936	OLLIVER (1)
Tomaten			13	1936	WOLFF (1)
		15—18		1937	MATHIESEN und ASCHEHOUG
			13	1938	v. EEKELEN (2)
Erdbeeren . . .			50—66	1936	OLLIVER (1)
		68—94		1937	MATHIESEN und ASCHEHOUG
			68	1938	v. EEKELEN (2)
Himbeeren. . . .	25			1932	JUNG (1)
	25			1931	v. HAHN (2)
		21—23		1937	MATHIESEN und ASCHEHOUG
			28	1938	v. EEKELEN (2)
Multbeeren . . .		50—100		1937	MATHIESEN und ASCHEHOUG
Stachelbeeren . .		12—31		1935	WIETERS
			27—47	1936	OLLIVER (1)

Tabelle 41 (Fortsetzung).

Produkt	Vitamin C			Jahr	Verfasser
	biologisch	biologisch + chemisch	chemisch		
Stachelbeeren . .		25—50		1937	Mathiesen und Aschehoug
Schwarze Johannisbeeren . . .			172—220	1936	Olliver (1)
		93—164		1937	Mathiesen und Aschehoug
			135	1938	v. Eekelen (2)
Rote Johannisbeeren	17			1932	Jung (1)
		25—31		1935	Wieters
		14—28		1937	Mathiesen und Aschehoug
			8	1938	v. Eekelen (2)
Heidelbeeren . .		3		1937	Mathiesen und Aschehoug
			10	1938	v. Eekelen (2)
Sumpfbeeren . .		21		1937	⎱ Mathiesen und
Preiselbeeren . .		5—7		1937	⎰ Aschehoug
Hagebutten . . .		250—500		1935	Wieters
		1200—1400		1937	Mathiesen und Aschehoug
Brombeeren . . .		2—14		1938	Mathiesen (5)
			15	1938	v. Eekelen (2)
Ebereschenbeeren		80		1937	⎱ Mathiesen und
Mehlbeeren . . .		25		1937	⎰ Aschehoug
Holunderbeeren .		10		1937	
Kirschen	5			1931	v. Hahn (2)
		10		1935	Wieters
			14,3	1938	v. Eekelen (2)
Pflaumen			1—4	1936	Olliver (1)
		4—13		1937	Mathiesen und Aschehoug
			8,3	1938	v. Eekelen (2)
Birnen			3—6	1936	Olliver (1)
		4—6		1937	Mathiesen und Aschehoug
			4,2	1938	v. Eekelen (2)
Äpfel			4—14	1936	Olliver (1)
		5		1937	Mathiesen und Aschehoug
			7	1938	v. Eekelen (2)
Apfelsinen	50—100			1932	Jung (1)
			20—75	1936	Olliver (1)
			34—62	1938	v. Eekelen (2)
			35—80	1939	Mathiesen (7)
Bananen	8			1932	Jung (1)
		15		1933	Birch, Harris, Ray
			8—12	1938	v. Eekelen (2)
			10—12	1938	Mathiesen (7)

Tabelle 41 (Fortsetzung).

Produkt	Vitamin C			Jahr	Verfasser
	biologisch	biologisch + chemisch	chemisch		
Paprika		170—200		1935	WIETERS
		50—100		1936	MÊLKA und Mitarbeiter
		50—192		1937	RADEFF und Mitarbeiter
Citronen		52—56		1936	CASAZZA
Citronensaft . . .			43	1936	v. EEKELEN (1)
		40—70		1937	RICHARDSON, DAVIS und SULLIVAN
	50—60		57	1933	BESSEY und KING
		60		1939	MATHIESEN (7)
Grapefrucht . . .	50—60		53	1933	BESSEY und KING

Die wichtigste Vitamin C-Quelle, besonders im Norden, ist die Kartoffel. Nach eingehenden Untersuchungen von MATHIESEN (1) in unserem Institut enthalten die frisch geernteten Kartoffeln im Herbst 0,20 bis 0,33 mg Vitamin C je Gramm. Der Vitamin C-Gehalt nimmt aber beim Lagern ab und beträgt im Frühling durchschnittlich nur 30% der ursprünglichen Menge. Auf diesen Abbau von Vitamin C beim Lagern von Gemüsen soll später etwas genauer eingegangen werden. Da gerade im Frühling der Zugang an frischen Gemüsen besonders gering ist, ist es natürlich sehr gefährlich, wenn zu diesem Zeitpunkt auch die Kartoffel als Vitamin C-Quelle stark versagt. LAUERSEN und ORTH untersuchten jüngst die Verteilung der Ascorbinsäure in der Kartoffelknolle und stellten dabei fest, daß sich der höchste Gehalt in der Gefäßbündelzone mit den unmittelbar darunter liegenden Schichten, in den Gewebsabschnitten der Krone und im zentralen Teil der Kernpartie findet.

Das Problem der Vitamin C-Versorgung ist in den nordischen Ländern von großer Wichtigkeit. Es kann durch sachgemäße Konservierung von Gemüsen und Beeren unter Erhaltung des Vitamin C gelöst werden, worauf wir später eingehen werden. Aus der Tabelle 41 geht weiter hervor, daß die besten Vitamin C-Quellen unter den Beeren vor allem die schwarzen Johannisbeeren und die Multbeeren sind. Dazu kommen noch die Erdbeeren und Ebereschenbeeren. Alle diese Beeren enthalten mehr Vitamin C als Apfelsinen und Citronen. Als gute Vitamin C-Quellen unter den Beeren sind ferner besonders zu erwähnen die Himbeeren und die roten Johannisbeeren. Eine hervorragende Vitamin C-Quelle sind die Hagebutten, die ja auch sehr weit verbreitet sind. Ihre besondere Bedeutung als Vitamin C-Träger wird in einem jüngst erschienenen Büchlein von SCHROEDER und BRAUN eingehend behandelt. Gleichzeitig berichteten SABALITSCHKA und PRIEM über den Vitamingehalt verschiedener Sorten von Hagebutten.

Obst wie Birnen, Äpfel, Pflaumen und Kirschen enthalten relativ wenig Vitamin C.

Sehr interessant ist auch das Vorkommen von Vitamin C in Meeresalgen, was besonders von LUNDE und LIE untersucht wurde. Die Tabelle 42 gibt eine Übersicht über das Vitamin C in Meeresalgen. Die Bestimmungen

Tabelle 42. Vitamin C in Meeresalgen.

Sorte	Vitamin C in mg je 100 g chemisch bestimmt	Jahr	Verfasser
Grünalgen:			
Ulva lactuca . . .	33	1933	VAN EEKELEN (3)
	38—46	1937	NORRIS und Mitarbeiter
	27[1]	1938	LUNDE und LIE
Braunalgen:			
Laminarien	8—29	1937	LUNDE (7)
	10—47[1]	1938	LUNDE und LIE
Ascophyllum . . .	61	1933	VAN EEKELEN (3)
	30—60[1]	1938	LUNDE und LIE
	11	1939	HÖYGAARD und RASMUSSEN (2)
Fucus sp.	43—77	1933	VAN EEKELEN (3)
	24	1937	NORRIS und Mitarbeiter
	20—75	1938	LUNDE und LIE
	13	1939	HÖYGAARD und RASMUSSEN (2)
Alaria	20—30[1]	1938	LUNDE und LIE
	45	1939	HÖYGAARD und RASMUSSEN (2)
Rotalgen:			
Rhodymenia . . .	5[1]	1938	LUNDE und LIE
	17	1939	HÖYGAARD und RASMUSSEN (2)
Gigartina	44	1933	VAN EEKELEN (3)
	25—65[1]	1938	LUNDE und LIE
Porphyra	36—60	1937	NORRIS und Mitarbeiter
	50—85[1]	1938	LUNDE und LIE

[1] und biologisch.

von LUNDE und LIE wurden sowohl biologisch als auch chemisch durchgeführt. Es konnte gezeigt werden, daß gewisse Meeresalgen sehr reich an Vitamin C sind. In gewissen Fucusarten wurden Werte von über 100 mg je 100 g gefunden. Diese Untersuchungen geben uns eine Erklärung dafür, daß die Meeresalgen in gewissen nördlichen Gebieten, vor allem in Grönland, als Nahrungsmittel sehr beliebt sind, worauf kürzlich HÖYGAARD hingewiesen hat. Die Menschen, die im hohen Norden wohnen, decken einen großen Teil ihres Vitamin C-Bedarfs durch den Genuß von Meeresalgen.

Vorkommen des Vitamin C in animalischen Nahrungsmitteln.

Vitamin C ist allgemein als das Vitamin des Pflanzenreiches betrachtet worden. Es kommt aber auch in Milch vor, obwohl in ziemlich geringer Menge. Die inneren Organe der Säugetiere enthalten aber zum Teil recht große Mengen. Die Tabelle 43 gibt eine Übersicht über die wichtigsten Bestimmungen in animalischen Nahrungsmitteln.

Tabelle 43. Vitamin C in animalischen Nahrungsmitteln.

Produkt	Vitamin C in mg je 100 g	Jahr	Verfasser
Milch	1,59—2,40	1934	VAN WIJNGAARDEN (2)
	0,48—1,45	1935	DE CARO und SPEIER
	2,33—2,57	1936	WHITNAH, RIDDELL, CAULFIELD
	1,88—2,57	1937	KON und WATSON (1)
	1,72—2,50	1939	MATHIESEN (2)
Ochsenherz	4,6	1937	FUJITA und EBIHARA (2)
Ochsenleber	31	1933	SVIRBELY
	30—35	1935	LEVY und FOX
	24	1935	CHI und READ
Ochsenlunge	20	1938	MATHIESEN (3)
Ochsenmilz	20	1938	
Ochsenmagen	5	1938	
Ochsennebenniere	76	1933	SVIRBELY
	162	1933	BIRCH und DANN
	125	1935	MCHENRY und GRAHAM
	104	1937	FUJITA und EBIHARA (2)
Schweineherz	6	1938	MATHIESEN (3)
Schweinemilz	40	1938	
Schweinelunge	20	1938	
Schweineleber	12	1933	SVIRBELY
	38	1933	BIRCH und DANN
	29	1935	CHI und READ
Schweinemagen	5	1938	MATHIESEN (3)
Schweinenieren	14	1933	CHI und READ
	10	1938	MATHIESEN (3)
Schweinenebenniere	115	1933	SVIRBELY
	188	1933	WOLFF, EEKELEN und EMMERIE
Schafherz	4	1938	MATHIESEN (3)
Schafmilz	20	1938	
Schaflunge	30	1938	
Schafmagen	4	1938	
Schafleber	45	1933	BIRCH und DANN
	41	1935	CHI und READ
	25	1935	LEVY und FOX
Schafnebenniere	133	1933	SVIRBELY
	188	1933	WOLFF, EEKELEN und EMMERIE
Makrelenrogen	40	1939	LUNDE (3)
Dorschrogen	30	1939	LUNDE (3); MATHIESEN (4)
Pollackrogen	30	1939	LUNDE (3)
Heringrogen	20	1939	
Brosmenrogen	20	1939	
Schellfischrogen	10	1939	
Brislingrogen	10	1939	
Makrelenmilch	5	1939	

MATHIESEN (2) untersuchte den Gehalt an Vitamin C in Milch während eines ganzen Jahres. Er konnte zeigen, daß der Gehalt um etwa 15 bis 25 mg l-Ascorbinsäure je Liter Milch schwankte. Der Gehalt in Sommermilch war nicht größer als in Wintermilch. Eine Abhängigkeit vom Vitamin C-Gehalt des Futters konnte somit nicht festgestellt werden. Schon 2 Jahre früher gelangten übrigens KON und WATSON (2) zu ähnlichen Ergebnissen.

Von den inneren Organen der Säugetiere sind besonders Leber und Milz reich an Vitamin C. Die Nebennieren enthalten am meisten. Die Ascorbinsäure wurde ja auch aus diesem Organ zuerst isoliert. Dieses Organ spielt aber als Nahrungsmittel oder Futtermittel kaum eine Rolle.

Sehr wichtig sind dagegen die Untersuchungen, die von MATHIESEN [MATHIESEN (4), LUNDE (3)] in unserem Institut über den Vitamin C-Gehalt in Fischrogen durchgeführt wurden. Fischrogen enthält 10 bis 40 mg Vitamin je 100 g, und kommt somit als sehr gute Quelle für die Ernährung in Betracht.

In einer kürzlich erschienenen Broschüre hat HÖRMANN eine umfassende Übersicht über unsere natürlichen Vitamin C-Spender gegeben.

Chemische Eigenschaften des Vitamin C.

Das Vitamin C ist leicht löslich in Wasser. Wenn es in Nahrungsmitteln frei vorkommt, kann es daher mit Wasser leicht ausgelaugt werden, worauf bei der Zubereitung von Nahrungsmitteln besonders zu achten ist.

Das Vitamin C ist als Reduktionsmittel sehr leicht oxydierbar, besonders in neutraler oder schwach alkalischer Lösung. Die Oxydation der l-Ascorbinsäure wurde besonders von BORSOOK, DAVENPORT, JEFFREYS und WARNER studiert. Bei der Oxydation geht die l-Ascorbinsäure zuerst in Dehydroascorbinsäure, eine sehr labile Verbindung, über, die leicht wieder zu l-Ascorbinsäure reduziert werden kann. Bei weiterer Oxydation geht die Dehydroascorbinsäure in Diketo-l-Gulonsäure über. Diese Verbindung läßt sich nicht mehr zu Vitamin C reduzieren.

l-Ascorbinsäure $\rightleftarrows$ Dehydro-ascorbinsäure $\rightarrow$ 2,3-Diketo-l-gulonsäure

Die Autoxydation von Vitamin C wurde besonders von BARRON DeMEIO und KLEMPERER untersucht. Sie konnten feststellen, daß die Ascorbinsäure in saurer und neutraler Lösung bis zu $p_H = 7,0$ nicht autoxydiert wird. Kupfer katalysiert die Autoxydation bis zu einer Konzentration von 46 γ Kupfer je Liter sehr stark. Die oxydierte Form kann mit Schwefelwasserstoff wieder vollständig bis zu $p_H = 5,0$ reduziert werden. Wenn die Lösung weniger sauer ist als $p_H = 5,0$, kann das Vitamin C durch Reduktion nicht quantitativ wieder zurückgewonnen werden.

MAWSON sowie KELLIE und ZILVA (1) konnten ebenfalls eine weitgehende Stabilität der Ascorbinsäure bei Abwesenheit von Katalysatoren feststellen. Bei Anwesenheit von Kupfer wurde die Autoxydation stark katalysiert. In stark saurer Lösung, beispielsweise bei $p_H = 1$, ist die Oxydation selbst bei Gegenwart von Kupfer sehr langsam. Die größte Geschwindigkeit zeigt die Oxydation in neutraler Lösung bei $p_H = 7$. Aus diesen Untersuchungen geht hervor, daß Vitamin C stabiler ist, je saurer die Lösung ist. In neutraler Lösung ist das Vitamin C bei Gegenwart von Luft sehr unbeständig, insbesondere wenn Spuren von Kupfer vorhanden sind.

Enzymatischer Abbau des Vitamin C.

Wir haben bereits bei der Besprechung der Bestimmungsmethoden von Vitamin C darauf hingewiesen, daß die Oxydation des Vitamin C durch gewisse Enzyme katalysiert wird. BARRON, sowie BARRON und KLEMPERER geben an, daß es zwei Gruppen von biologischen Flüssigkeiten gibt, nämlich solche, die das Vitamin C vor Oxydation schützen, und solche, die die Oxydation begünstigen. Biologische Flüssigkeiten tierischen Ursprungs und gewisse Extrakte aus Gemüsen, insbesondere solche, die viel Vitamin C enthalten, gehören zu der Gruppe, die das Vitamin C vor Oxydation bewahren. Die Ascorbinsäure wird vor Oxydation geschützt durch die Gegenwart von Glutathion, Proteinen und Aminosäuren, welche die Katalyse durch Kupfer verhindern. Auch HOPKINS und MORGAN haben eine stark schützende Wirkung des Glutathions gefunden. Sie geben an, daß das Glutathion das Vitamin C bei Gegenwart von Kupfer vollständig die Oxydation verhindert.

Extrakte aus Pflanzenmaterial, das wenig Vitamin C enthält, gehören zu der Gruppe, die die Oxydation des Vitamin C unterstützen.

SZENT-GYÖRGYI (3) fand zuerst, daß ein Extrakt aus Kohl die Oxydation des Vitamin C katalysierte.

TAUBER, KLEINER und MISHKIND haben einen Extrakt aus Kürbis hergestellt, der die Oxydation des Vitamin C katalysiert. Sie nehmen an, daß in dem Extrakt eine Vitamin C-Oxydase vorhanden ist, die spezifisch bei der Oxydation des Vitamin C mitwirkt. Während das Enzym die Oxydation des Vitamin C katalysierte, war es ohne Wirkung auf Phenole, Glutathion, Cystein und Adrenalin.

KERTESZ, DEARBORN und MACK untersuchten ebenfalls die Oxydation des Vitamin C bei Gegenwart von Ascorbinsäureoxydase. Sie konnten feststellen, daß Extrakte, die die Oxydation des Vitamin C begünstigten, nicht nur aus Kohl und Kürbis hergestellt werden konnten, sondern auch aus Erbsen, Bohnen, Mais, Karotten, Pastinake und Spinat. Die relative Wirksamkeit des Enzyms variierte sehr stark in den verschiedenen Gemüsen.

Beim Erhitzen der Extrakte auf 100⁰ während 1 Minute konnte die Oxydase vollständig inaktiviert werden. Die Verfasser weisen darauf hin, daß diese Oxydase für den raschen Verlust an Vitamin C bei gewissen Gemüsen verantwortlich ist. Sie konnten feststellen, daß gefrorene Erbsen den Vitamin C-Gehalt weit besser erhielten, wenn sie vor dem Einfrieren so weit erhitzt wurden, daß das Enzym inaktiviert wurde. Sie weisen auch auf die Bedeutung einer kurzen Blanchierung von Gemüsen hin, bei welcher eine Inaktivierung der Oxydase erreicht wird.

JOHNSON und ZILVA haben ein Enzym aus Kohl hergestellt, das l-Ascorbinsäure und andere mit Vitamin C isomere Verbindungen oxydiert. Die Reaktionsgeschwindigkeit war von der Konfiguration abhängig.

LUNDE und LIE fanden mit einem nach der Vorschrift von JOHNSON und ZILVA hergestellten Extrakt aus Kohl, daß alle in einem Extrakt aus Meeresalgen vorhandenen reduzierenden Körper oxydiert wurden. Eine spezifische Wirkung war somit hier nicht vorhanden.

STOTZ, HARRER und KING sind ebenfalls der Ansicht, daß das Enzym nicht spezifisch ist. Sie meinen, daß die katalytische Wirkung nicht durch eine Oxydase, sondern durch Spuren von Kupfer in Verbindung mit Eiweißkörpern zustande kommt. Sie konnten eine ähnliche Wirkung durch Anwendung von Kupfer und Eiweißkörpern hervorrufen.

Diese Untersuchungen wurden später fortgesetzt. SILVERBLATT und KING konnten weitere Beweise dafür bringen, daß die Oxydation von Vitamin C in einer Reihe von Pflanzensäften durch eine Kupfer-Proteinverbindung zustande kam; dies wurde auch von LOVETT-JANISON und NELSON bestätigt. Die Untersuchungen von KING und Mitarbeitern wurden durch die Beobachtung von KUBOWITZ, daß die Polyphenoloxydase aus Kartoffelpreßsaft eine komplexe Kupfer-Proteinverbindung war, kräftig unterstützt. DALTON und NELSON konnten ebenfalls ein Enzym aus Pilzen, Tyrosinase, isolieren, das sich als eine Kupfer-Proteinverbindung erwies. Im Gegensatz zu der Auffassung von KING u. a. behaupten SPRUYT und VOGELSANG, daß eine Beziehung zwischen Gehalt an Ascorbinsäureoxydase und Kupfer nicht besteht.

Verhalten des Vitamin C bei Lagerung von frischen Nahrungsmitteln.

Aus dem im vorstehenden Abschnitt Gesagten geht hervor, daß Vitamin C sehr autoxydabel ist und besonders bei Gegenwart von Katalysatoren sehr rasch oxydiert wird. Gleichzeitig haben wir gesehen, daß in einer Reihe von vegetabilischen Produkten solche Katalysatoren vorhanden sind. Wir müssen demnach erwarten, daß Vitamin C beim Lagern allmählich oxydiert wird. Dies ist auch tatsächlich der Fall.

Es liegen über das Verhalten des Vitamin C beim Lagern von Nahrungsmitteln eine große Menge Arbeiten vor. Es würde zu weit führen, alle diese Arbeiten hier zu erwähnen. Es sollen deshalb nur einige herausgegriffen werden, auch solche, die den Einfluß von äußeren Faktoren auf den Gehalt an Vitamin C in den Vegetabilien behandeln. Der Übersicht halber werden wir zuerst Beeren und Obst besprechen und darauf die Gemüse.

Verhalten des Vitamin C-Gehaltes von Beeren und Obst bei Lagerung.

ISHAM und FELLERS studierten das Verhalten des Vitamin C beim Lagern von Preiselbeeren. Bei kalter Lagerung ging nach 4—6 Monaten der Vitamin C-Gehalt um 20% zurück, nach 7—10 Monaten um 60—70%.

DAVEY konnte keine erheblichen Verluste an Vitamin C beim Aufbewahren von Apfelsinensaft bei 0° feststellen. Auch nach Zusatz von Kaliummetabisulfit waren keine Verluste bei 0° nachzuweisen. Bei Zimmertemperatur konnten bedeutende Verluste verzeichnet werden, und bei 37° nützte dieser Zusatz nichts. DELF (2) konnte die Beobachtungen von DAVEY bestätigen. Citronensaft, der mit Kaliummetabisulfit konserviert war, konnte bei Zimmertemperatur $9^1/_2$ Jahre aufbewahrt werden und hatte nur 5% seines Vitamin C-Gehaltes verloren. ZILVA (3) wies darauf hin, daß Citronensaft sehr rasch seinen Vitamin C-Gehalt verlor, wenn der Saft neutralisiert wurde. Diese Beobachtung stimmt ganz genau mit dem, was über die geringere Beständigkeit des Vitamin C in nicht saurer Lösung in einem früheren Abschnitt gesagt worden ist, überein.

MURRI, ONOKHOVA, KUDRYAVTZEVA und GUTZEVICH fanden ebenfalls beträchtliche Verluste in Preiselbeeren, die bei 0—7,2° C aufbewahrt wurden.

Schwarze Johannisbeeren sind, wie wir bereits gesehen haben, eine unserer besten Vitamin C-Quellen. JANOWSKAJA (2) fand durch biologische Versuche, daß Saft aus schwarzen Johannisbeeren beim Lagern etwas von seinem Vitamin C-Gehalt verlor. Wenn der Saft mit Sulfit behandelt worden war, war das Vitamin C aber beständig. LAWROW, JANOWSKAJA und JARUSSOWA (1) konnten feststellen, daß in Heidelbeeren nach Lagerung nur Spuren von Vitamin C vorhanden waren. Heidelbeeren sollen nach FELLERS und ISHAM (1) eine relativ gute Vitamin C-Quelle sein. Nach den Bestimmungen von MATHIESEN und ASCHEHOUG enthalten die Heidelbeeren nur 3 mg Vitamin C je 100 g, also einen sehr geringen Wert.

OLLIVER (2) untersuchte das Vorkommen von Vitamin C in verschiedenen Beeren in Abhängigkeit vom Reifegrad. Sie untersuchte schwarze

Johannisbeeren und konnte feststellen, daß der Gehalt an Vitamin C während des Reifens steigt, aber in der Periode, die kurz vor der Farbänderung von grün zu rot und schwarz liegt, fällt. Bei Stachelbeeren wurden ähnliche Beobachtungen gemacht. Bei Erdbeeren konnte sie anfänglich einen relativ großen Vitamin C-Gehalt feststellen. Später fällt der Gehalt rasch in dem ersten Stadium der Beerenentwicklung, nimmt aber wieder zu, wenn die Frucht reif wird.

QVILLER (1) hat den Vitamin C-Gehalt in Hagebutten in Abhängigkeit vom Reifegrad untersucht. Sie gibt an, daß der Gehalt in norwegischen Hagebutten mit dem Reifegrad steigt und sein Maximum bei Vollreife erreicht. Später aber sinkt er sehr rasch. Auch NATVIG gelangte zu demselben Ergebnis.

HALAČKA untersuchte den Vitamin C-Gehalt von verschiedenen Gemüse- und Obstsorten, besonders eingehend den von Hagebutten in verschiedenem Reifezustand sowie nach Lagerung und Zubereitung. Er gibt an, daß die Schale in frischem Zustand 366—448 mg-% Vitamin C enthält. Diese Werte liegen erheblich unter den im hiesigen Institute gefundenen.

HAMMAR und SCHRÖDERHEIM geben an, daß Hagebutten durch Trocknung oder bei der Herstellung von Hagebuttenpulver 60—70% ihres Vitamin C-Gehaltes verlieren; doch sei es möglich, durch Verwendung besonderer Verfahren, Hagebutten ohne nennenswerte Verluste zu trocknen.

QVILLER (2) fand in frischen Vogelbeeren 40—115 mg Vitamin C je 100 g, in getrockneten 21—40. Nach haushaltsmäßiger Zubereitung der getrockneten Beeren war aber das Vitamin fast vollständig zerstört. Moste aus Vogelbeeren erwiesen auch sehr geringe Werte.

SHELESNIĬ und KANEVSKA fanden, daß der Vitamin C-Gehalt in schwarzen Johannisbeeren, die nur mit Zucker konserviert waren, mindestens 9 Monate erhalten blieb.

Es liegt eine Reihe von Arbeiten vor, die sich mit dem Verhalten von Äpfeln beim Lagern beschäftigen. Die Äpfel sind jedoch an und für sich keine gute Vitamin C-Quelle.

PELC und PODZIMKOVÁ konnten feststellen, daß die Äpfel fast alles Vitamin C beim Lagern in 6—9 Monaten verloren. TODHUNTER (2) fand, daß der Vitamin C-Gehalt der 12 Monate bei 7,2⁰ C gelagerten Äpfel je nach der Sorte sehr verschieden war. In 3 Monaten verloren die Äpfel etwa 17% ihres Vitamin C-Gehaltes, in 6 Monaten 25% und in 12 Monaten 50%. Er konnte weiter feststellen, daß die geschälten Äpfel weniger Vitamin C enthielten als die ungeschälten. FELLERS, CLEVELAND und CLAGUE fanden, daß der Verlust an Vitamin C beim Lagern von Äpfeln bei 2,2⁰ C während 4—6 Monate 20% und nach 8—10 Monaten 40% betrug. Im Gegensatz hierzu konnten LEERSUM und HOOGENBOOM keine Verluste an Vitamin C beim Lagern von Äpfeln feststellen.

Scheunert (1) hat ebenfalls nachgewiesen, daß die frisch geernteten Äpfel mehr Vitamin C enthielten als die gelagerten Sorten. Zilva, Kidd und West (1) konnten keinen Einfluß des Reifezustandes auf den Vitamin C-Gehalt der Äpfel nachweisen, fanden aber, daß eine Lagerung während 3 Monate bei — 4,5⁰ C alles Vitamin C zerstörte. Bei — 10⁰ C wurden 70% des Vitamin C vernichtet, bei — 20⁰ waren aber die Verluste sehr gering. Wurden aber die Äpfel bei — 5⁰ bis — 15,5⁰ C im Vakuum gelagert, wurden nach 6 Monaten keine Verluste an Vitamin C festgestellt.

Bei anderen Äpfelsorten konnten Zilva und Mitarbeiter (Bracewell, Kidd, West und Zilva) jedoch keine Vitamin C-Verluste bei einer 3—5monatigen Lagerung bei 1⁰—3⁰ C feststellen. Auch diese Autoren konnten einen höheren Vitamin C-Gehalt in der Schale als in den inneren Teilen des Apfels nachweisen. Krauss fand in frisch bereiteten Säften aus frischen Äpfeln relativ viel Vitamin C. Im Apfelsaft des Handels fehlte es aber vollständig. Proben von Apfelsaft des Handels wurden auch im hiesigen Institut untersucht. Der Gehalt an Vitamin C war so gering, daß er praktisch ohne Bedeutung war.

Smith und Fellers untersuchten 21 Apfelsorten, die 1—3 Monate gelagert waren, und fanden darin 3—4 Einheiten Vitamin C je Gramm.

Nach Manville und Chuinard verloren die Birnen das gesamte Vitamin C bei längerer Lagerung.

Über das Verhalten von Vitamin C beim Lagern von Apfelsinen und Citronen liegen ebenfalls eine große Reihe Arbeiten vor.

Bracewell und Zilva fanden keine Verluste an Vitamin C nach 2 Monate langer Lagerung von Apfelsinen und Grapefrucht. Bacharach, Cook und Smith konnten aber Verluste an Vitamin C beim Lagern von Apfelsinen und Citronen feststellen. Die Verluste betrugen nach 1 Monat bei Apfelsinen 20% und bei Citronen 6%. Mack, Fellers, Maclinn und Bean untersuchten das Verhalten von Apfelsinensaft und konnten nach 20—44 Stunden bei 24⁰ C deutliche Verluste an Vitamin C feststellen. Die Verluste waren bedeutend geringer bei 4,4⁰ C.

Sah, Ma und Hoo konnten ebenfalls feststellen, daß der Vitamin C-Gehalt von Apfelsinensaft beim Lagern sehr rasch abnahm. Koch und Koch konnten zeigen, daß unbehandelter Apfelsinensaft nach 3 Monaten sogar bei kalter Lagerung fast alles Vitamin C verloren hatte. Hahn (1) fand in Apfelsinensaft des Handels nur wenig Vitamin C. Hassan und Basili konnten feststellen, daß Citronensaft beim Aufbewahren im Kühlschrank nach 2 Monaten das Vitamin C vollständig verloren hatte. Ranganathan (1, 2) konnte nur ganz geringe Verluste an Vitamin C in Apfelsinen nach einer Lagerung von 2 Wochen beobachten. Er bemerkte weiter, daß, solange die Früchte noch grün waren, keine Verluste eintraten. Erst wenn die Früchte reif waren, traten Verluste bei der Lagerung ein. Eine Lagerung bei höheren Temperaturen beschleunigte den Vitamin C-Verlust.

Die Einwirkung von Konservierungsmitteln auf den Vitamin C-Gehalt von Beeren und Obst.

BENNETT und TARBERT untersuchten die Einwirkung von Konservierungsmitteln auf den Vitamin C-Gehalt von Apfelsinen- und Citronensaft. Sie untersuchten die Einwirkung von Schwefeldioxyd, Benzoesäure, Natriumfluorid, Ameisensäure, Formaldehyd und Salicylsäure. Sie konnten in allen Fällen feststellen, daß die Säfte haltbar waren, der Vitamin C-Gehalt aber zurückging und nach 5 Wochen praktisch vollständig verschwunden war. Die Verfasser sind der Ansicht, daß das Vitamin C durch die Gegenwart eines Enzyms vor Oxydation durch den Luftsauerstoff geschützt wird. Wenn das Enzym durch die Konservierungsmittel inaktiviert wird, wird das Vitamin C zerstört. CULTRERA (2) fand, daß ein Zusatz von 0,035% Schwefeldioxyd den Vitamin C-Gehalt in Citronensaft im Laufe von 98 Stunden vollständig zerstört. Zucker dagegen wirkte schützend auf das Vitamin C, genau wie SHELESNIĬ und KANEVSKA für schwarze Johannisbeeren ebenfalls festgestellt hatten.

RYGH, KNUDSEN und NATVIG finden, daß die meisten mit benzoesaurem Natrium konservierten Beeren ihren Vitamin C-Gehalt verlieren. In einigen Beeren, wie Multbeeren und schwarzen Johannisbeeren, bleibt das Vitamin C besser erhalten, wenn die Beeren ganz konserviert werden.

LUND (2) hat im Staatlichen Vitaminlaboratorium Kopenhagen ebenfalls die Einwirkung von chemischen Konservierungsmitteln auf Obst untersucht. Er konnte feststellen, daß das chemisch konservierte Obst nach $^1/_2$ Jahr den gesamten Vitamin C-Gehalt praktisch vollständig verloren hatte. Spätere Untersuchungen im Haushaltslaboratorium in Kopenhagen haben diese Ergebnisse bestätigt. Abgesehen von schwarzen Johannisbeeren und Tomaten wird abgeraten, vitaminreiche Früchte mit Konservierungsmitteln zu behandeln. Im Gegensatz zu diesen Untersuchungen fanden MORGAN, LANGSTON und FIELD, daß Apfelsinensaft, bei dem 0,1% Natriumbenzoat zur Zuckerlösung gesetzt war, keine Verluste von Vitamin C zeigte.

Verhalten des Vitamin C-Gehaltes von Gemüsen bei Lagerung.

Die Gemüse sind gewöhnlich nicht sauer und nach dem, was über die Stabilität des Vitamin C bereits gesagt worden ist, sollte man erwarten, daß das Vitamin C in Gemüsen bei der Lagerung weit weniger stabil sei als in Beeren und Obst. Eine Ausnahme bilden hier die Tomaten und Rhabarber, die saure Reaktion haben und sich deshalb ähnlich verhalten wie Obst und Beeren.

MACLINN, FELLERS und BUCK zeigten, daß eine Lagerung von reifen Tomaten während 20 Tage nur eine geringe Wirkung auf den Vitamin C-Gehalt hatte, solange die Tomaten noch fest und unverdorben waren. JONES und NELSON zeigten, daß der Vitamin C-Gehalt der Tomaten während des Reifens größer wurde.

Clow und Marlatt konnten noch zeigen, daß grün geerntete Tomaten beim nachträglichen Reifen den vollen Vitamin C-Gehalt der natürlich gereiften Tomaten zeigten. House, Nelson und Haber (2) fanden in grünen Tomaten den geringsten Vitamin C-Gehalt. Er stieg beim Reifen an der Luft oder durch Äthylenbehandlung. In den natürlich gereiften Tomaten fanden sie aber die höchsten Werte.

Tressler, Mack und King (1) konnten ebenfalls beim Reifen der Tomaten eine Erhöhung feststellen. Beim Lagern bei 25⁰ C ging der Vitamin C-Gehalt nur langsam zurück.

Brown und Moser fanden in Tomaten einen mittleren Gehalt an Vitamin C von 26,2 mg je 100 g. Beim Lagern während 18 Tage bei 7⁰ oder bei Zimmertemperatur wurde kein erheblicher Verlust beobachtet. Bei im Glashaus gezogenen Tomaten war der C-Gehalt etwa halb so groß wie bei im Freien gezüchteten.

Ranganathan (1, 2) studierte das Verhalten von Vitamin C bei der Lagerung von verschiedenen Gemüsen. Er konnte feststellen, daß der Gehalt stark abhängig ist von den Wachstumsbedingungen, von Jahreszeit und Regen. So enthielt beispielsweise Spinat, bei trockenem Wetter geerntet, 36,9 mg Vitamin C je 100 g und bei feuchtem Wetter 53,3 mg. Bei Aufbewahrung bei Zimmertemperatur ging das Vitamin C sehr rasch zurück. Nach 24 Stunden waren 30% und nach 192 Stunden 79% verloren. Wenn der Feuchtigkeitsverlust des Spinats auch mit berücksichtigt wurde, waren die Verluste sogar 47,2 bzw. 95,2% des Vitamin C. In einem anderen Versuch, bei dem der Spinat bei feuchtem Wetter geerntet war, betrugen die Verluste unter Berücksichtigung des Feuchtigkeitsverlustes nach 24 Stunden 34,2% und nach 192 Stunden 87,5% des ursprünglichen Vitamin C.

Tressler, Mack und King (2) fanden ebenfalls große Variationen in dem Vitamin C-Gehalt von Spinat, die mit den Wachstumsbedingungen zusammenhingen. Bei Aufbewahrung bei 1⁰—3⁰ C verlor der Spinat das Vitamin C nur relativ langsam. Bei Zimmertemperatur dagegen waren nach 3 Tagen bereits 50% und nach 1 Woche praktisch das gesamte Vitamin C vollständig verloren.

Fellers und Stepat fanden ebenfalls, daß der Spinat den Vitamin C-Gehalt bei gewöhnlicher Temperatur sehr schnell verlor.

Fitzgerald und Fellers untersuchten ebenfalls die Einwirkung der Lagerung auf Spinat und konnten feststellen, daß Spinat, der im Kleinhandel gekauft worden war, bei einer Lagerung bei 21⁰ C nach 48 Stunden 47% seines Vitamin C-Gehaltes verloren hatte. Auch Iarochenko untersuchte die Beständigkeit des Vitamin C in Spinat beim Lagern. Nach 6 Tagen bei 15⁰ verlor der Spinat 90%. Bei 2⁰ während der gleichen Zeit war der Verlust nur 20%.

Nach van Eekelen (2) verliert der Spinat beim Aufbewahren bei Zimmertemperatur nach 3 Tagen 60% des Vitamin C-Gehaltes; nach

5 Tagen etwa 90%. Beim Aufbewahren im Eisschrank war der Verlust nach 5 Tagen 65%.

GOULD, TRESSLER und KING untersuchten verschiedene Kohlsorten bei Lagerung bei verschiedenen Temperaturen, 21^0—23^0, 8^0—9^0 und 1^0—3^0. Sie fanden bei der höchsten Temperatur eine langsame Abnahme des Vitamin C-Gehaltes von 32 mg je 100 g bis 21 mg nach 42 Tagen. Bei 8^0—9^0 nahm er von 32 mg je 100 g in 84 Tagen bis 20 mg ab. Bei 1^0—3^0 war die Abnahme etwas geringer.

Die gleichen Autoren untersuchten auch das Verhalten beim Aufbewahren von gekochtem Kohl. Man sollte annehmen, daß die Oxydasen durch das Kochen inaktiviert waren und das Vitamin C deshalb haltbarer wurde. Dies war aber nicht der Fall. Wenn gekochter Kohl 24 Stunden bei 1^0—3^0 aufbewahrt wurde, ging der Vitamin C-Gehalt um 25% zurück. Nach 2 Tagen bei der gleichen Temperatur waren bereits 50% des Vitamin C verloren. Die Verfasser meinen, daß die Autoxydation des Vitamin C in diesem Fall von den vorhandenen Kupferspuren, die nach der Zerstörung des Enzyms noch vorhanden sein müssen, katalysiert wird. FITZGERALD und FELLERS konnten feststellen, daß Grünkohl, bei 21^0 gelagert, nach 48 Stunden 35,5% des Vitamin C-Gehaltes verloren hatte.

Nach Untersuchungen von JARUSSOWA und SAVELJEVA betrugen die Verluste an Vitamin C bei dreimonatiger Lagerung von Weißkohl bei 3^0 30%.

Auch bei Bohnen und Erbsen finden beträchtliche Verluste beim Lagern statt. FELLERS und STEPAT konnten Verluste von etwa 50% feststellen, wenn frisch geerntete Erbsen transportiert wurden. Die Transportzeit betrug 24—48 Stunden. FITZGERALD und FELLERS fanden bei Erbsen Verluste von 9,6% nach 48stündigem Lagern bei $21,1^0$ C.

MACK, TRESSLER und KING untersuchten das Verhalten von Vitamin C beim Lagern von Erbsen. Verschiedene Sorten wurden 7 Tage bei wechselnder Temperatur gelagert. Es wurden keine Unterschiede bei den verschiedenen Sorten gefunden. Bei 1^0 und bei 9^0 konnten fast keine Verluste festgestellt werden. Bei 18^0 und 22^0 waren die Verluste aber ganz bedeutend.

TRESSLER, MACK, JENKINS und KING untersuchten den Einfluß der Lagerung auf den Vitamin C-Gehalt von Bohnen. Die kleinsten Bohnen hatten den größten Vitamin C-Gehalt. Die Tabellen 44 und 45 zeigen den Einfluß der Lagerung bei verschiedenen Temperaturen.

Wie aus den Tabellen hervorgeht, waren die Verluste beträchtlich, besonders bei etwas höherer Temperatur. Die gleichen Autoren konnten auch feststellen, daß die Verluste an Vitamin C bei geschälten Bohnen bedeutend größer waren als bei ungeschälten. Nach 11 Tagen waren die Verluste bei ungeschälten Bohnen 31% und bei geschälten 58%.

Die Kartoffel repräsentiert, wie wir bereits bei der Besprechung des Vitamin C-Gehaltes der verschiedenen Nahrungsmittel erwähnt haben,

Tabelle 44. Vitamin C-Gehalt von Bohnen bei Lagerung. (Nach Tressler, Mack, Jenkins und King.)

Sorte	Maschenweite der Sicht in cm	Temperatur ° C	Ascorbinsäuregehalt in mg/g nach verschieden langer Lagerung			
			0 Tage	3 Tage	7 Tage	11 Tage
King of Garden .	1,6—1,9	0	0,41	0,35	0,32	0,30
King of Garden .	1,6—1,9	22	0,41	0,30	0,28	
McCrae	1,3—1,6	0	0,37	0,36	0,33	0,30
McCrae	1,3—1,6	22	0,37	0,34	0,31	0,18
Burpee	1,6—1,9	0	0,36	0,31	0,27	0,25
Burpee	1,6—1,9	22	0,36	0,29	0,16	

Tabelle 45. Verluste an Vitamin C von Bohnen während der Lagerung in Abhängigkeit von der Größe der Bohnen. (Nach Tressler, Mack, Jenkins und King.)

Sorte	Temperatur ° C	Zeit der Lagerung in Tagen	Vitamin C-Gehalt in mg/g Bohnen, die durch Sicht verschiedener Größe gesichtet waren			
			0,9—1,2 cm	1,2—1,3 cm	1,3—1,6 cm	1,6—1,9 cm
McCrae		0	0,46	0,42	0,35	0,29
McCrae	22	7	0,29	0,29	0,30	0,25
McCrae	0	19	0,13	0,19	0,19	0,17
Burpee		0	0,49	0,52	0,46	0,36
Burpee	0	11	0,34	0,42	0,37	0,25
King of Garden .		0		0,65	0,53	0,41
King of Garden .	22	7		0,34	0,34	0,28

wohl die wichtigste Vitamin C-Quelle der nördlichen Länder. Das Verhalten des Vitamin C der Kartoffel wurde deshalb auch von verschiedenen Forschern recht eingehend studiert.

Scheunert, Reschke und Kohlemann (1) fanden, daß Kartoffeln nach 9 Monate langer Lagerung noch 30 mg Vitamin C je 100 g enthielten.

In einer späteren Arbeit untersuchten die gleichen Autoren [Scheunert, Reschke und Kohlemann (2)] den Einfluß der Lagerung etwas genauer. Die frisch geernteten Kartoffeln hatten einen sehr hohen Gehalt, der aber beim Lagern nach 2—3 Monaten um 40—50% abnimmt. Weitere Untersuchungen [Scheunert, Reschke und Kohlemann (3)] bestätigten die früheren Befunde und zeigten außerdem, daß das Dämpfen der Kartoffeln die beste Zubereitungsweise ist. Gedämpfte Kartoffeln erwiesen kurz nach der Ernte 13—25 mg-% Vitamin C. Verfasser geben für den Vitamin C-Gehalt von in der Schale gedämpften Kartoffeln die folgenden Standarddurchschnittszahlen (in mg-% Ascorbinsäure) an: Oktober 18, November 15, Dezember 13, Januar 11, Februar 10, März 9, April 8, Mai 7 und Juni 7.

BESSEY und KING konnten ebenfalls feststellen, daß der Vitamin C-Gehalt der Kartoffeln beim Lagern zurückgeht. Sie fanden in neuen Kartoffeln 22 mg Vitamin C je 100 g und in alten Kartoffeln 16 mg.

JANOWSKAJA (1) fand in 1 Jahr alten Kartoffeln nur $^1/_4$—$^1/_2$ des Vitamin C-Gehaltes der frischen Kartoffeln.

PETT untersuchte ebenfalls den Gehalt an Vitamin C in Kartoffeln bei Lagerung, der bei 5°, 10° und 15° zuerst sehr rasch abnimmt. Nach 20—30 Tagen verlangsamt sich aber der Abbau.

Im Gegensatz zu den Untersuchungen vieler anderer Forscher konnte WOODS nach 3 Monate langer Lagerung keine Vitaminverluste beobachten.

THIESSEN fand in frisch geernteten Kartoffeln 20 SHERMAN-Einheiten je 100 g und nach 6 Monate langer Lagerung 10 Einheiten. Die SHERMAN-Einheit ist die minimale Schutzdosis für Meerschweinchen, die nach vielen Bestimmungen im hiesigen Institut zu etwa 0,5 mg Ascorbinsäure je Tag angesetzt werden kann.

LALIN und GÖTHLIN untersuchten ebenfalls das Verhalten des Vitamin C bei Lagerung von Kartoffeln. In frisch geernteten Kartoffeln fanden sie 10,3—15,6 mg Vitamin C je 100 g und in Kartoffeln, die über den Winter gelagert waren, 3,19—4,62 mg.

OLLIVER (1) untersuchte in einer sehr umfangreichen Arbeit den Einfluß des Lagerns auf den Vitamingehalt verschiedener Gemüse, darunter auch Kartoffeln. Die frisch geernteten Gemüse wurden im Sommer bei Zimmertemperatur aufbewahrt und der Vitamin C-Gehalt nach verschieden langer Lagerung bestimmt. Besonders genau wurden Spinat, Kartoffeln und Karotten untersucht. In Spinat waren die Anfangwerte 32,1—118,1 mg je 100 g, im Durchschnitt 80,4 mg Vitamin C je 100 g; bei Kartoffeln 29,1—40,6 mg, im Durchschnitt 34,8 mg und bei den Karotten < 1—8 mg je 100 g, im Durchschnitt < 4 mg Vitamin C je 100 g. Die Abb. 20, 21 und 22 zeigen die Verluste an Vitamin C bei Zimmertemperatur und bei 0°.

In allen Fällen wurden im Anfang sehr große Verluste gefunden, bei Spinat nach 2 Tagen sogar 78% bei gewöhnlicher Temperatur. Die Verfasserin gibt an, daß sie auch für andere Gemüse ähnliche Ergebnisse gefunden hat. So fand sie beispielsweise bei 4 Tage langer Lagerung von Spargelköpfen Verluste von 80%. Auch für Bohnen und Erbsen gibt sie sehr große Verluste beim Lagern an. Sie ist der Ansicht, daß die Verluste an Vitamin C beim Lagern durchweg größer sind als die Verluste, die beim Kochen im Haushalt oder beim Konservieren auftreten. Die Abb. 21 zeigt, daß die Verluste bei Kartoffeln im Anfang sehr groß sind und nach etwa 10 Tagen 50% betragen. Später sind die Verluste geringer.

LOJANDER (2) findet in Übereinstimmung mit OLLIVER sehr hohe Werte für den Vitamin C-Gehalt der frischen Kartoffeln. Er fand sogar in mit der Schale gekochten Kartoffeln einen Vitamin C-Gehalt von 40 mg je 100 g. Dieser Wert liegt höher als die Bestimmungen der meisten anderen Autoren, ist aber in Übereinstimmung mit den von OLLIVER (1) gefundenen hohen Werten. Daß die meisten anderen Autoren geringere Werte gefunden haben, läßt sich vielleicht dadurch erklären, daß einige Sorten Vitamin C-reicher sind als andere oder daß die Kartoffeln bereits einige Tage gelagert waren. Wir haben aus den Untersuchungen von OLLIVER (1) gesehen, daß der Vitamin C-Gehalt gerade in den ersten Tagen sehr rasch abnimmt.

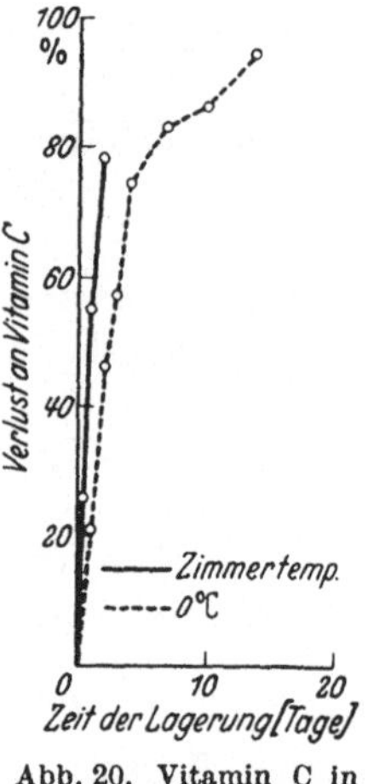
Abb. 20. Vitamin C in Spinat bei Lagerung. [Nach OLLIVER (1).]

FUHRMEISTER fand bei Lagerung von Kartoffeln vom September bis März Verluste von 60—75% des ursprünglichen Vitamin C-Gehaltes.

MATHIESEN und ASCHEHOUG fanden in Kartoffeln im Winter 9—11 mg Vitamin C je 100 g.

KRÖNER und STEINHOFF fanden in Kartoffeln im Januar 6,7—10,5 mg Ascorbinsäure. Beim Lagern bis April war der Gehalt auf 3,4—6,8 mg je 100 g zurückgegangen.

WACHHOLDER (1) konnte ebenfalls feststellen, daß Kartoffeln beim Lagern von Oktober bis Juni sehr viel Vitamin C verloren. Der Gehalt

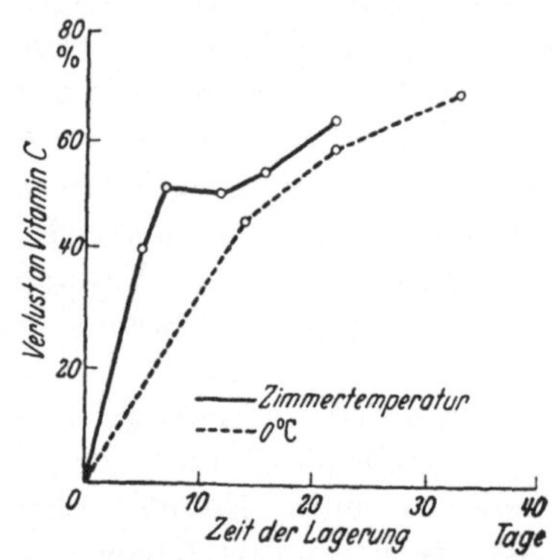
Abb. 21. Vitamin C in neuen Kartoffeln bei Lagerung. [Nach OLLIVER (1).]

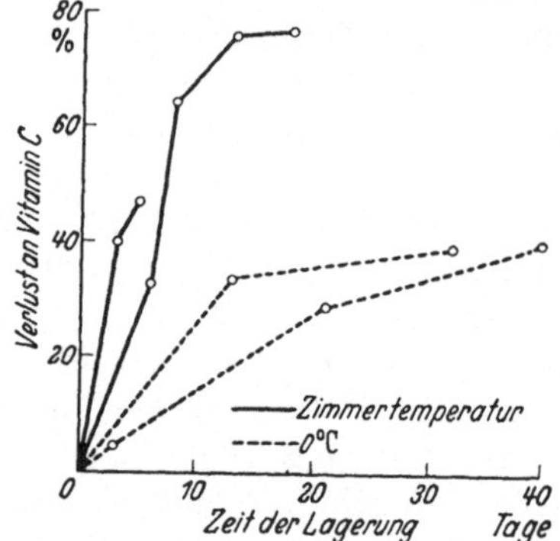
Abb. 22. Vitamin C in Karotten bei Lagerung. [Nach OLLIVER (1).]

betrug im Durchschnitt im Oktober 24,2 mg Vitamin C je 100 g und im Juli nur 8,9 mg.

Die meisten der besprochenen Untersuchungen über den Vitamin C-Gehalt in Kartoffeln wurden durch chemische Titrationen bestimmt. Es war aber sehr wichtig, die verschiedenen Ergebnisse durch biologische Bestimmungen nachzuprüfen, worauf auch KROKER (1) in einem Übersichtsreferat hinweist. Sehr genau wurden die Variationen im Vitamin C-

Gehalt der Kartoffeln von MATHIESEN (1) im hiesigen Institut untersucht. In fünf der üblichen Sorten wurden Werte der im September frisch geernteten Kartoffeln von 20—33 mg je 100 g gefunden. Es wurde nun der Vitamin C-Gehalt der Kartoffeln beim Lagern bei 12⁰ bis zum April des nächsten Jahres genau verfolgt. Die Abb. 23 und 24 zeigen das Ergebnis der Untersuchungen.

Die Richtigkeit der chemischen Titrationen wurde durch biologische Bestimmungen an Meerschweinchen nach der im hiesigen Institut verwendeten vollprophylaktischen und nach der halbprophylaktischen Methode bewiesen. Wie aus den Abbildungen hervorgeht, fällt der Gehalt an Vitamin C ziemlich gleichmäßig, so daß während der Lagerung von September bis Juni etwa 70% des Vitamin C-Gehaltes verlorengegangen sind.

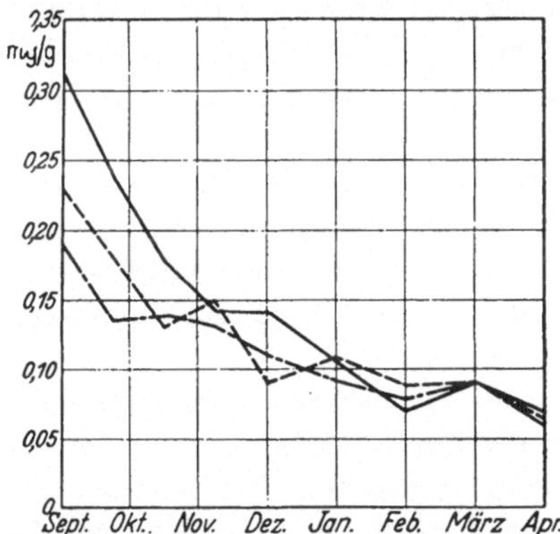

Abb. 23. Vitamin C in Kartoffeln bei der Lagerung. [Nach MATHIESEN (1).] Vitamin C-Gehalt in Milligramm je Gramm Kartoffel angegeben.

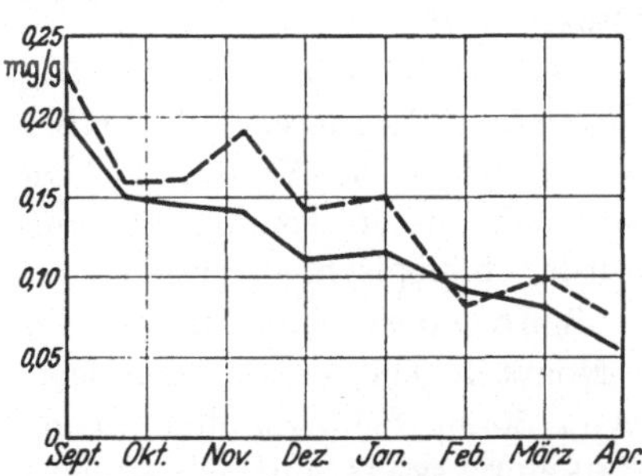

Abb. 24. Vitamin C in Kartoffeln bei Lagerung. [Nach MATHIESEN (1).] Vitamin C-Gehalt in Milligramm je Gramm Kartoffel angegeben.

Aus den vorliegenden Untersuchungen geht hervor, daß das Vitamin C in Gemüsen meistens sehr unstabil ist. Dies hängt mit dem Gehalt an Enzymen zusammen, die den Abbau des Vitamins katalysieren. In Blattgemüsen geht das Vitamin C besonders rasch, oft nach wenigen Tagen, verloren. Aber auch in Bohnen und Erbsen nimmt der Vitamin C-Gehalt beim Lagern bereits nach wenigen Tagen merkbar ab. In Kartoffeln ist das Vitamin etwas haltbarer, geht aber auch hier im Laufe des Winters auf $^1/_3$—$^1/_4$ des ursprünglichen Gehaltes zurück.

Verhalten des Vitamin C von Obst beim Gefrieren.

Wir haben im vorhergehenden Abschnitt bereits gesehen, daß das Vitamin C bei der Lagerung von frischen Gemüsen und Obst bei tiefer Temperatur weit beständiger ist als bei gewöhnlicher Temperatur. Die Frage ist aber nun, wie lange die Gefrierkonservierung das Vitamin C der Vegetabilien schützen kann.

FELLERS und ISHAM (2) konnten bei der Untersuchung von Preiselbeeren, die bei —17,8° gelagert waren, keine Verluste an Vitamin C feststellen. Die Untersuchungen von Bogoliubova, der in gefrorenen Preiselbeeren kein Vitamin C nachzuweisen vermochte, stehen mit dieser Beobachtung nicht in Übereinstimmung. Nun sind Preiselbeeren an und für sich keine gute Vitamin C-Quelle. Sie enthalten nach Untersuchungen von Mathiesen und Aschehoug im hiesigen Institut nur etwa 6 mg Vitamin C je 100 g.

Fellers und Isham (1) untersuchten das Verhalten des Vitamin C beim Einfrieren von Heidelbeeren. Sie konnten für eine Lagerung bei —17,8⁰ keine Vitamin C-Verluste nachweisen.

Merriam und Fellers prüften den Vitamin C-Gehalt von gefrorenen Blaubeeren durch biologische Bestimmungen. Sie fanden, daß das Einfrieren den Vitamin C-Gehalt nicht zerstört, dagegen geht das Vitamin C beim Auftauen sehr schnell zugrunde, verursacht durch die Anwesenheit der Enzyme. An und für sich enthalten Blaubeeren nicht sehr große Vitamin C-Mengen.

Fellers und Mack beschäftigten sich mit dem Verhalten von Erdbeeren beim Gefrieren. Es ergaben sich bei einer Temperatur von —17,8⁰ keine Verluste an Vitamin C. Die Erdbeeren waren während 4—7 Monate bei dieser Temperatur aufbewahrt. Auch diese Bestimmungen wurden biologisch ausgeführt.

Bogdanowa fand in mit Zucker konservierten Erdbeeren nach 9 Monaten bei —18⁰ einen fast unveränderten Gehalt an Vitamin C (etwa 50 mg-%). Zu demselben Ergebnis gelangten Bogdanowa und Schepilewskaja mit schwarzen Johannisbeeren nach $6^{1}/_{2}$ Monaten bei —18⁰.

Weintrauben enthalten sehr wenig Vitamin C. Labbé konnte aber zeigen, daß der zwar geringe Vitamin C-Gehalt durch Aufbewahren bei —12⁰ bis —15⁰ C nicht zerstört wurde.

Wir haben bereits auf die Untersuchungen von Bracewell, Kidd, West und Zilva über das Verhalten von Äpfeln beim Einfrieren hingewiesen. Sie konnten weder bei + 3⁰ noch bei —20⁰ C für eine Lagerungszeit von 4—5 Monaten Verluste an Vitamin C ermitteln.

In einer anderen Arbeit geben Zilva, Kidd und West (1) an, daß Äpfel bei —5⁰ und bei —10⁰ C in Gegenwart von Luft deutliche Vitamin C-Verluste zeigen. Bei —15⁰ C waren auch gewisse Verluste zu bemerken, nicht aber bei — 20⁰ C.

Diese Untersuchungen wurden in einer späteren Arbeit [Zilva, Kidd und West (2)] weitergeführt. Nach dreimonatiger Lagerung in Luft bei —5⁰ war das Vitamin C vollständig verschwunden, bei —10⁰ waren 70% vernichtet. Wurden aber die Äpfel im Vakuum gelagert, so konnten keine Verluste bei —20⁰ C festgestellt werden, und bei —10⁰ und — 5⁰ nur geringe Verluste, die etwa 25% betrugen. Diese Vitamin C-Bestimmungen wurden alle nach der biologischen Methode ausgeführt.

MURRI, ONOKHOVA, KUDRYAVTZEVA und GUTZEVICH gelangten ebenfalls zu dem Ergebnis, daß Äpfel, die bei —10° C gelagert wurden, sehr viel Vitamin C verloren, etwa 50%.

SCUPIN gibt an, daß bei Äpfeln die Beständigkeit des Vitamin C eine deutliche Abhängigkeit von der Lagerungstemperatur zeigt, denn bei —1° gelagerte Äpfel waren nach 7 Monaten erheblich reicher an C als kellergelagerte. Bei Kohl dagegen war diese Temperaturabhängigkeit sehr gering. Während Lagerung über Winter nimmt der Gehalt an Vitamin C im Weißkohl um 20—30% ab; Vitamin C ist aber im April noch in relativ reichlicher Menge vorhanden.

DELF (2) untersuchte das Verhalten von Apfelsinensaft für Lagerung bei —10° C. Er konnte nach $1^1/_2$ Jahren keine merkbaren Verluste an Vitamin C feststellen. Nach 5 Jahren war der Vitamin C-Gehalt auf etwa die Hälfte gesunken.

NELSON und MOTTERN beschäftigten sich ebenfalls mit dem Verhalten des Vitamin C in Apfelsinensaft. Sie untersuchten die Beständigkeit des Vitamin C im Apfelsinensaft bei —17,8° während 10 Minuten, und zwar in Luft, in Stickstoff- und Sauerstoffatmosphäre. Aus ihren biologischen Versuchen ziehen sie den Schluß, daß Apfelsinensaft eingefroren und wieder bis zur Zimmertemperatur aufgetaut werden kann, ohne nennenswerte Verluste an Vitamin C. Sogar nach zehnmonatiger Lagerung behielt der Saft seine Vitamin C-Wirkung, gleichgültig, ob er in Sauerstoff- oder Stickstoffatmosphäre aufbewahrt wurde. Dies zeigt, daß das Vitamin C in Apfelsinensaft bei tiefer Temperatur ziemlich stabil gegen Oxydation in diesem sauren Milieu ist.

CONN und JOHNSON untersuchten den Vitamin C-Gehalt von gefrorenem Apfelsinen- und Grapefruchtsaft. Sie konnten nach fünfmonatiger Lagerung im gefrorenen Zustande keine nennenswerten Verluste an Vitamin C feststellen. Diese beiden Untersuchungen bestätigen die Mitteilungen von DELF (2).

KOCH und KOCH kamen aber zu ganz anderen Ergebnissen, indem sie den Vitamin C-Gehalt in Apfelsinensaft nach 3 Monate langer Lagerung in gefrorenem Zustand vollständig vernichtet fanden.

LILLEENGEN fand auch für Lagerung von Apfelsinensaft bei —30° Verluste an Vitamin C. Die Verluste betrugen aber etwas weniger als ein Drittel.

Diese Untersuchungen stehen aber ziemlich allein da. Auch BUSKIRK, BACON, TOURTELLOTTE und FINE ermittelten, daß vorsichtig eingefrorener Apfelsinensaft in seiner Vitamin C-Wirkung wenig von dem frischen abwich. Keine nennenswerte Änderung wurde für eine zwanzigmonatige Lagerung bei —26° erhalten.

Auch MORGAN, LANGSTON und FIELD kamen zu dem Ergebnis, daß der Vitamin C-Gehalt in gefrorenem Apfelsinensaft nach 8—18 Monaten nicht zurückgegangen war.

Während das Vitamin C in Citrusfrüchten beim Lagern unter tiefer Temperatur relativ beständig zu sein scheint, ist dies aber bei anderen Obstsorten nicht der Fall.

Morgan, Field und Nichols (2) gelang der Nachweis, daß die Aprikosen beim Gefrieren alles Vitamin C verloren, wenn die Luft nicht entfernt wurde. Dagegen war das Vitamin C in Pflaumen beständig, auch in Anwesenheit von Luft.

Verhalten des Vitamin C von Gemüsen beim Gefrieren.

Wir haben bereits gesehen, daß Vitamin C in den Gemüsen, besonders in den Blattgemüsen, bei Lagerung sehr rasch zurückgeht. Es ist deshalb von der größten Bedeutung zu wissen, wie tief die Lagerungstemperatur sein darf, damit der Vitamin C-Gehalt bewahrt bleibt.

Dunker, Fellers und Fitzgerald untersuchten das Verhalten von Vitamin C in eben gefrorenen Maiskolben und solche, die 34 Tage bei —23,3° aufbewahrt waren. Sie konnten keinen Unterschied im Vitamin C-Gehalt feststellen.

Fellers und Stepat prüften gefrorene Erbsen und fanden darin etwa 20% weniger Vitamin C als in frisch geernteten.

Fellers, Stepat und Fitzgerald fanden beim Auftauen gefrorener Bohnen während 2—6 Stunden Verluste an Vitamin C von 30—40%. Beim Versand auf Eis während 2 Tage betrug der Verlust 30%.

Von der größten Bedeutung für den Vitamin C-Gehalt ist die Schnelligkeit des Auftauens. Das Vitamin C in eben aufgetauten gefrorenen Gemüsen ist besonders unstabil. Nach dem Auftauen von Erbsen, Bohnen und Spinat treten nach wenigen Stunden Verluste von 70—80% ein.

Scheunert, Reschke und Paech untersuchten sowohl chemisch als biologisch tiefgefrorene Himbeeren und Erbsen auf ihren Vitamin C-Gehalt. Sie fanden folgende Werte: Für Himbeeren aufgetaut 15—20 mg-%, für Erbsen aufgetaut 20—23 und für Erbsen nach dem Kochen 16 bis 20 mg-%. Die bei der haushaltsüblichen Zubereitung von eingefrorenen Erbsen entstehende Zerstörung des Vitamin C-Gehaltes ist nicht größer als der Verlust, der bei der küchenmäßigen Verwendung des frischen Gemüses eintritt. Einjährige Lagerung hat keinen wesentlichen Vitamin C-Verlust zur Folge.

Fenton, Tressler und King fanden keine bedeutenden Verluste an Vitamin C beim Einfrieren von Erbsen.

Jenkins, Tressler und Fitzgerald (1) untersuchten in einer umfassenden Arbeit den Vitamin C-Gehalt von gefrorenen Erbsen. Die Erbsen wurden zuerst blanchiert und darauf eingefroren. Die Verfasser konnten zeigen, daß solche vorher blanchierten Erbsen bei —18° nach 5 Monaten den gleichen Vitamin C-Gehalt hatten. Dagegen ergaben Erbsen, die vorher nicht blanchiert waren, bei —18° deutliche Verluste an Vitamin C. Der Gehalt an Vitamin C fiel von 23 mg je 100 g bis auf lɔ mg. Erbsen, die während 60 Sekunden bei 93° blanchiert waren, verloren nach 7 Wochen bei höherer Temperatur (—4⁰ C) fast den gesamten Vitamin C-Gehalt.

Beim Auftauen von gefrorenen Erbsen, die vor dem Einfrieren blanchiert waren, konnten keine Verluste an Vitamin C festgestellt werden.

JENKINS, TRESSLER und FITZGERALD (2) untersuchten den Vitamin C-Gehalt in verschiedenen Gemüsen bei verschiedenen Lagerungstemperaturen. Die benutzten Temperaturen waren —40⁰, —18⁰, —12⁰, —9⁰ und — 7⁰. Geprüft wurden Spinat, Erbsen, Broccoli, Maiskolben und Bohnen. Wir geben hier einige der Ergebnisse in graphischer Darstellung wieder (Abb. 25, 26 u. 27).

Aus den Abbildungen geht hervor, daß die Verluste an Vitamin C sehr weitgehend von der Temperatur bei der Lagerung abhängig sind. Nur bei —40⁰ konnten bei keinem der untersuchten Gemüse Verluste an Vitamin C festgestellt werden. Im Spinat betrugen bei —18⁰ nach 6 Monaten beispielsweise die Verluste bereits 20%. Bei Spinat beliefen sich bei — 9⁰ die Verluste nach 4¹/₂ Monaten auf 90%. Das Vitamin C in Bohnen und Erbsen war etwas stabiler als im Spinat.

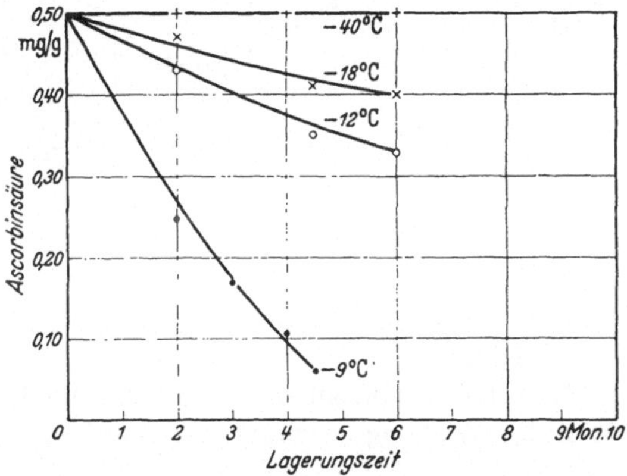

Abb. 25. Verluste an Vitamin C im gefrorenen Spinat bei Lagerung unter verschiedenen Temperaturen. [Nach JENKINS, TRESSLER und FITZGERALD (2).]

Aus den Versuchen geht hervor, daß die maximale zulässige Temperatur bei der Lagerung von Gemüsen — 18⁰ ist, wenn das Vitamin C tatsächlich geschützt werden soll.

PAECH gibt an, daß gefrorene Bohnen beim Auftauen das Vitamin C sehr rasch verlieren. Bereits nach 2 Stunden war der Vitamin C-Gehalt um 80% gesunken. Wirft man jedoch die Bohnen in kochendes Wasser, so sind auch nach viertelstündigem Kochen keine Vitamin C-Verluste festzustellen, wenn man die im Kochwasser gelöste Menge mit berücksichtigt. Dies läßt sich wahrscheinlich dadurch erklären, daß die noch aktiven Enzyme durch den Kochprozeß sofort vernichtet werden und somit der Abbau des Vitamin C verhindert wird.

FITZGERALD und FELLERS untersuchten den Vitamin C-Gehalt in gefrorenem Spinat, Kohl und Spargel. Sie fanden bedeutend geringere Verluste an Vitamin C bei tiefer Temperatur als beim Lagern unter gewöhnlicher Temperatur.

Scheunert und Reschke (5) finden, daß das Einfrieren von Kartoffeln und Lagerung in gefrorenem Zustande keine nennenswerte Verminderung des Vitamin C-Gehaltes bedingt. Diese tritt erst beim Auftauen ein und beträgt 40—50%. Wenn die Kartoffeln nach dem Auftauen in der Schale gedämpft werden, enthalten sie noch beachtliche Mengen von Vitamin C, nach Kochen in geschältem Zustande aber nur 2—4 mg-%, und können nicht mehr als brauchbare Vitamin C-Quelle angesehen werden. Verfasser meinen, daß die Zerstörung der Zellstruktur beim Auftauen die rasche Oxydation der Ascorbinsäure bedingt.

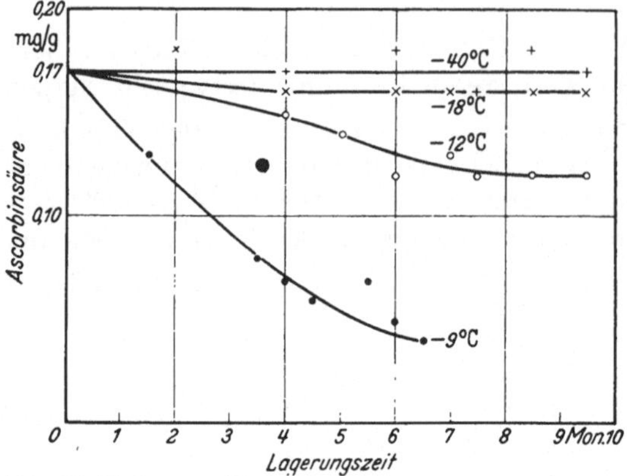

Abb. 26. Verluste an Vitamin C in gefrorenen Erbsen bei Lagerung unter verschiedenen Temperaturen. [Nach Jenkins, Tressler und Fitzgerald (2).]

Harris, Wissmann und Greenlie fanden bei ihren Untersuchungen über die Wirkung verminderter Verdampfung auf den Vitamingehalt frischer Gemüsepflanzen bei Kühllagerung, daß die Gemüse bei Lagerung bei unter 65% Luftfeuchtigkeit und beträchtlicher Luftbewegung etwa 64% mehr an Vitamin C verlieren als bei etwa 93% Luftfeuchtigkeit und schwacher Luftbewegung.

Wolf fand bei Untersuchungen über das Verhalten des Vitamin C bei der Kühllagerung verschiedener Gemüsesorten, daß der C-Gehalt in Kartoffeln Mitte April um 60% abgenommen war, während er in Rot- und Weißkraut unverändert blieb.

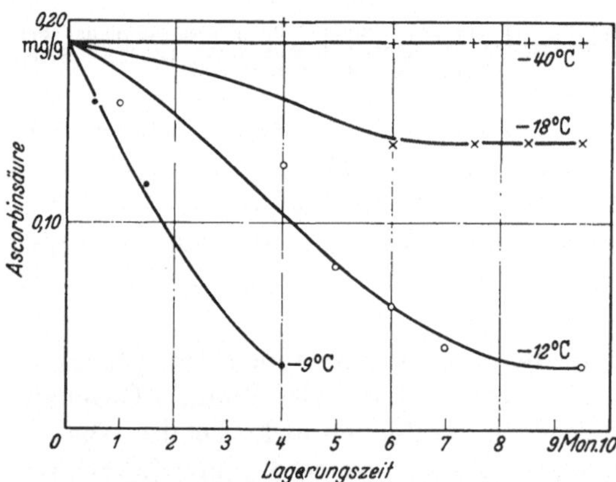

Abb. 27. Verluste an Vitamin C in gefrorenen Bohnen bei Lagerung unter verschiedenen Temperaturen. [Nach Jenkins, Tressler und Fitzgerald (2).]

Bei Spargel sinkt er beträchtlich in den Spitzen, bleibt aber in der eigentlichen Stange recht unverändert. Eine Erhaltung des Vitamin C-Gehaltes kann durch Blanchieren sowie durch Einfrieren in Zuckerlösung oder in sauerstofffreier Atmosphäre erreicht werden.

Aus den vorliegenden Ergebnissen über das Verhalten von Vitamin C bei Lagerung von Vitamin C-haltigen Vegetabilien bei tiefer Temperatur geht hervor, daß in einigen Produkten, wie beispielsweise im Apfelsinensaft, das Vitamin C sehr stabil ist. In gewissen Gemüsen aber, besonders im Spinat, ist das Vitamin C außerordentlich wenig stabil, und man muß bis zu —18⁰ abkühlen, damit das Vitamin C erhalten bleibt. Sehr wichtig ist es auch, daß die Gemüse, beispielsweise Erbsen und Bohnen, vor dem Einfrieren blanchiert werden, damit die Oxydasen inaktiviert werden können. Es treten sonst bei dem Auftauen der gefrorenen Gemüse sehr große Verluste an Vitamin C ein.

Das Verhalten des Vitamin C beim Trocknen von Beeren, Obst und Gemüsen.

Da das Vitamin C in Gegenwart von Luft sehr leicht oxydiert wird, wäre zu erwarten, daß das Vitamin beim Trocknen von Obst und Gemüsen inaktiviert wird. Es besteht aber die Möglichkeit, daß die Oxydasen beim anfänglichen starken Erhitzen vernichtet werden können, wobei das Vitamin C etwas beständiger wird. Man könnte auch erwarten, daß das Vitamin C beim Trocknen im Vakuum besser erhalten bleibt. Die Zeit und die Temperatur bei der Trocknung dürften auch für die Erhaltung des Vitamin C eine große Rolle spielen.

Es liegen nicht sehr viele Bestimmungen von Vitamin C in Trockenobst und -gemüsen vor.

Von Hahn (2) untersuchte den Gehalt an Vitamin C in verschiedenen getrockneten Früchten. Er konnte feststellen, daß wohl die Anwesenheit eines gewissen Vitamin C-Gehaltes sich in Trockenbananen nachweisen ließ, daß aber nicht 10 g je Tag genügten, um Skorbut zu verhindern. In getrockneten Hagebutten dagegen konnten verhältnismäßig größere Mengen Vitamin C nachgewiesen werden, indem 1—2 g der getrockneten Hagebutten vor Skorbut schützten. Wenn man die schützende Dosis auf 0,5 mg ansetzt, so entspricht das etwa 50—100 mg je 100 g.

Getrocknete Feigen und Datteln waren auch sehr vitaminarm. Dagegen fand von Hahn (2), daß getrocknete schwarze Johannisbeeren verhältnismäßig viel Vitamin C enthielten; etwa 2 g getrocknete schwarze Johannisbeeren schützen vor Skorbut. Da die schwarzen Johannisbeeren sehr vitaminreich sind — sie enthalten nach Mathiesen und Aschehoug durchschnittlich 125 mg Vitamin C je 100 g —, so zeigt dies, daß der Vitamin C-Gehalt in den getrockneten Beeren doch recht beträchtlich zurückgegangen ist.

Jarussowa (1) untersuchte ebenfalls getrocknete schwarze Johannisbeeren. Sie fand, daß der Vitamin C-Gehalt in den getrockneten und 1 Jahr gelagerten Beeren etwa um das 70fache erniedrigt war. Danach sollten nur etwa 1,5% Vitamin C in den getrockneten Beeren erhalten sein.

SCHEPILEWSKAJA prüfte den Vitamin C-Gehalt von getrocknetem Hagebuttenpulver. Es ergab sich, daß der Vitamin C-Gehalt sich in geschlossenen Dosen $1/2$ Jahr unverändert erhielt; wurden aber die Dosen häufiger geöffnet, so traten bereits nach 1—3 Monaten Verluste ein.

MORGAN, FIELD und NICHOLS (2) beschäftigten sich mit dem Verhalten von Vitamin C beim Trocknen von Pflaumen und Aprikosen. Sie konnten feststellen, daß das Vitamin C fast vollständig verlorenging.

MORGAN, FIELD, KIMMEL und NICHOLS fanden, daß getrocknete Feigen keine meßbaren Mengen an Vitamin C enthielten, gleichgültig, ob sie geschwefelt waren oder nicht. Es wurden sowohl in der Sonne als künstlich getrocknete Feigen mit dem gleichen Ergebnis untersucht.

MORGAN (1) untersuchte die Einwirkung von Schwefeldioxyd beim Trocknen von Pflaumen, Pfirsichen und Aprikosen. Sie ermittelte, daß Schwefeldioxyd zu einem geringen Grade zum Erhalten des Vitamin C im getrockneten Produkt beitrug.

GERSTENBERGER, SMITH und HACKER fanden, daß auf Lactose getrockneter Apfelsinensaft beim Aufbewahren während 5 Monate kein Vitamin C verlor.

Aus den wenigen vorliegenden Untersuchungen kann man den Schluß ziehen, daß der Vitamin C-Gehalt in getrockneten Beeren und Obst jedenfalls bei etwas längerer Lagerung stark zurückgeht. Auch getrocknete schwarze Johannisbeeren und getrocknete Hagebutten, die immerhin als Vitamin C-Quellen in Betracht kommen, bewahren nur einen ganz geringen Teil des ursprünglichen Vitamin C-Gehaltes.

Ebenso verliert das Gemüse einen großen Teil des Vitamin C beim Trocknen, und vor allem beim Lagern der getrockneten Gemüse.

Bereits HOLST und FRÖLICH (2) konnten feststellen, daß das Trocknen von Kohl, Karotten und Löwenzahn die antiskorbutische Wirksamkeit fast auf 0 herabsetzte. 3—5 Tage nach dem Trocknen war eine gewisse skorbutschützende Wirkung da, aber in denselben Karotten war nach dreimonatiger Aufbewahrung die skorbutschützende Wirkung fast völlig verschwunden.

RANDOIN gibt an, daß getrocknete Karotten Vitamin C-frei sind. JARUSSOWA (2) untersuchte ebenfalls den Vitamin C-Gehalt von getrockneten Karotten. Sie kam zu dem Ergebnis, daß die von ihr untersuchte Probe kein Vitamin C enthielt. Die Versuchstiere erhielten bis zu 6 g getrocknete Karotten je Tag.

In Tomaten soll nach GIVENS und McCLUGAGE (1) das Vitamin C beim Trocknen besser erhalten bleiben.

Auch roter und grüner Paprika sollen nach JANCIK unter Erhaltung eines großen Teils des Vitamin C getrocknet werden können.

MATZKO (1) untersuchte den Vitamin C-Gehalt von getrockneten Zwiebeln. Es wurden getrocknete Zwiebeln in einer Menge bis zu 8 g, entsprechend 40 g frischer Zwiebeln, und getrocknete Porreezwiebeln in der Menge bis zu 5 g, entsprechend 25 g frischer Zwiebeln, täglich an Meerschweinchen verabreicht, ohne daß irgendwelche antiskorbutische Wirkung nachgewiesen werden konnte. Die getrockneten Zwiebeln müssen demnach als vollständig Vitamin C-frei betrachtet werden.

In getrocknetem Weißkohl konnte aber MATZKO (2) nach fünfmonatiger Lagerung noch etwas Vitamin C nachweisen. Die prophylaktische Grenze war 6 g je Tag, an Meerschweinchen verabreicht. Die Untersuchung zeigt jedoch, daß ein großer Teil des Vitamin C verlorengegangen ist.

Grüner Tee enthält bedeutende Mengen Vitamin C, wenn er noch frisch ist, verliert aber den Vitamin C-Gehalt beim Trocknen, wie von MITCHELL und später von MIURA und TSUJIMURA nachgewiesen werden konnte.

DIOMIN untersuchte ebenfalls den Gehalt an Vitamin C in getrockneten Gemüsen, die in einem warmen Luftstrom bei 80⁰—95⁰ getrocknet waren. Die getrockneten Gemüse waren fast vollständig Vitamin C-frei.

TULTSCHINSKAJA und KAIGORODOWA fanden, daß künstlich vitaminisierte getrocknete Gemüse, wie Kohl und Karotten, ihren Vitamin C-Gehalt beim Lagern sehr schnell verloren. Dagegen war das Vitamin C in getrockneten Zwiebeln und Kartoffeln haltbarer. Nach SCHEUNERT (2) sind die getrockneten Bohnen und Erbsen Vitamin C-frei.

Auch SCHEUNERT und RESCHKE (7) untersuchten getrocknete Kartoffeln und fanden dabei, daß der titrierbare Vitamin C-Gehalt beim Lagern stark zurückgeht. Durch Meerschweinchenversuche konnte auch nachgewiesen werden, daß der titrierbare C-Gehalt den wirklichen Gehalt um 50% und mehr übersteigt. Nach der Zubereitung von Trockenkartoffeln geht fast alles Vitamin C verloren.

Untersuchungen von MOHR bestätigen diese Befunde; er gibt doch an, daß Kartoffeln, die nach einer neuen Methode getrocknet wurden, nach Dämpfen in der Schale noch 9—11 mg-% Vitamin C enthielten.

GIVENS und McCLUGAGE (2) geben an, daß durch zwei- bis dreistündiges Trocknen bei 75⁰ fast alles Vitamin C in Kartoffeln vernichtet wird.

Ausführliche Untersuchungen über den Gehalt an Vitamin C in getrockneten Vegetabilien wurden im hiesigen Institut von MATHIESEN ausgeführt.

In einer vorläufigen Mitteilung gibt MATHIESEN (6) an, daß der Gehalt an Vitamin C in getrockneten Gemüsen bedeutend geringer ist als zu erwarten wäre, wenn der Gehalt an Vitamin C vollständig erhalten bliebe. Die gefundenen Werte für Vitamin C sind auch nicht in Übereinstimmung mit dem von den Produzenten angegebenen Gehalt an Vitamin C in ihren Produkten. Die folgende Tabelle zeigt dies.

Aus dieser Tabelle geht hervor, daß die Trockengemüse nur 50—18% des ursprünglichen Vitamin C-Gehaltes zeigen. Weiter wird von

Tabelle 46. Vitamin C in Milligramm je Gramm Trockengemüse. [Nach Mathiesen (6).]

Trockengemüse	Gehalt, vom Produzenten angegeben	Gefundener Gehalt	Theoretisch berechneter Gehalt
Grünkohl . .	4,2	2,1	5,0
Porree . . .	2,5	1,5	2,8
Kohl	1,8	0,6	1,6
Petersilie . .	7,7	1,2	6,6

Mathiesen (6) angegeben, daß der Gehalt beim Lagern dieser Trockengemüse dauernd abnimmt, um nach 1 Jahre praktisch vollständig verschwunden zu sein. Der Vitamin C-Gehalt in den Trockengemüsen wurde nicht nur chemisch, sondern auch biologisch untersucht, wobei sich zeigte, daß die durch Titration ermittelten Werte nicht zu niedrig sind, sondern eher hoch waren.

In einer späteren Arbeit geben Mathiesen, Jakobsen und Kvalheim eine Reihe weiterer Bestimmungen über das Vitamin C in Trockengemüsen an.

Tabelle 47. Vitamin C in getrockneten Vegetabilien.
(Nach Mathiesen, Jakobsen und Kvalheim.)

Trockengemüse	Eingekauft	Vitamin C in mg je g		Vitamin C in Trockengemüse erhalten, in %
		Gefunden	Totaler, durchschnittlicher theoretischer Gehalt, berechnet	
Porree	Mai	0,05	1,5	4
Grünkohl	,,	0,17	6,0	3
Sellerie	.,	0,05	1,2	4
Kümmelpflanze	,,	0,12	3,3	4
Spinat	,,	etwa 0,2	2,4	8
Petersilie	Februar	1,10	9,0	12
Weißkohl	,,	0,62	1,8	30
Gemischt	,,	1,07		
Kümmelpflanze	,,	0,11	3,3	3
Julienne	,,	0,16		
Petersilie	Juni	0,8	9,0	9
Petersilie	.,	0,7	9,0	8
Porree	,,	0,7	1,5	50
Sellerie	September	0,08	1,2	7
Kohlrabi	.,	0,11	2,1	5
Weißkohl	..	0,14	1,8	8
Porree	,,	0,20	1,5	13
Karotten	.,	0,10	0,18	50
Rotkohl	,,	0,28		
Rote Johannisbeeren . .	Oktober	0,32	1,2	26
Schwarze Johannisbeeren	,,	1,41	8,4	17
Rote Johannisbeeren . .	Mai	0,16	1,2	13
Schwarze Johannisbeeren	,,	0,30	8,4	4
Äpfel	,,	etwa 0,05	1,0	5

Die Tabelle 47 bietet eine Übersicht über Vitamin C-Bestimmungen in Trockengemüsen und -beeren, die größtenteils im Freihandel gekauft waren.

Aus der Tabelle 47 geht hervor, daß die gefundenen Gehalte äußerst veränderlich und zum größten Teile gering sind. Im besten Fall wurden in den untersuchten Gemüsen 50% des ursprünglichen Vitamin C-Gehaltes gefunden. In untersuchten Proben von getrockneten Beeren, zu Mehl vermahlen, waren ebenfalls sehr geringe Vitamin C-Gehalte vorhanden.

MATHIESEN, JAKOBSEN und KVALHEIM untersuchten auch die Beständigkeit des Vitamin C beim Lagern. Eine Reihe Proben von Trockengemüsen wurde auf ihren Vitamin C-Gehalt geprüft, 14 Monate gelagert und wieder analysiert. Die Tabelle 48 zeigt das Ergebnis dieser Bestimmungen.

Aus der Tabelle 48 geht hervor, daß das Vitamin C in Trockengemüsen unbeständig und nach 1 Jahr praktisch verschwunden ist.

In Mangoldblättern wurden 0,58 mg Vitamin C je 100 g gefunden. Nach einmonatiger Lagerung war der Gehalt 0,45, und er fiel jetzt monatlich

Tabelle 48. Vitamin C in Milligramm je Gramm.

Trockengemüse	Beim Einkauf	Nach 14 Monaten Lagerung
Porree	1,5	0,08
Grünkohl	1,9	0,05
Petersilie	0,9	< 0,02
Savoykohl	0,7	0,02
Sellerie	0,3	< 0,02
Kümmelpflanze .	0,35	< 0,02
Kohl	0,3	0,03

auf 0,40, 0,31, 0,26, 0,21 und 0,20, um nach 7 Monaten nur noch 0,14 mg Vitamin C je Gramm zu betragen.

Ähnlich sank auch das Vitamin C in Hagebuttenpulver, das am Anfange der Untersuchung 8 mg Vitamin C je Gramm enthielt, nach 7 Monaten auf 4,9 mg.

MATHIESEN, JAKOBSEN und SOLVIG beschäftigten sich in einer Reihe neuerer Untersuchungen mit dem Verhalten des Vitamin C in Trockengemüsen. Die Gemüse wurden in drei Weisen gelagert: 1. In Vakuum, 2. in Pulverflaschen mit paraffiniertem Korkstopfen, 3. in der Originalpackung. Von Zeit zu Zeit wurden sie untersucht. Die ersten zeigten nach 7 Monaten noch keine Veränderung, die zwei anderen aber zeigten nach 6 Monaten einen Verlust von etwa 50%, und nach 1 Jahr hatten sie fast alles Vitamin C verloren. Verfasser untersuchten auch das Verhalten des Vitamin C bei der küchentechnischen Behandlung von Trockengemüsen. Es stellte sich heraus, daß die Gemüse dabei ihren ganzen Vitamin C-Gehalt verlieren.

DIEMAIR, TIMMLING und FOX haben sich ebenfalls mit dem Verhalten des Vitamin C beim Trocknen von Gemüsen befaßt. Wie aus der Tabelle 49 hervorgeht, sind die Verluste bei der Herstellung der Trockengemüse sehr groß. Nur bei Lauch, Rotkohl und Wirsingkohl sind die Verluste etwas geringer. Die Vitamin C-Bestimmungen von DIEMAIR, TIMMLING und FOX wurden auch nur titrimetrisch ausgeführt, und wie wir im hiesigen Institut gezeigt haben, sind die titrimetrischen Bestimmungen bei Trockengemüsen oft unzuverlässig, indem man

Tabelle 49. Vitamin C in Frischgemüsen und den daraus hergestellten Trockengemüsen. (Nach DIEMAIR, TIMMLING und FOX.)

Gemüseart	Vitamin C in mg je 100 g			Vitamin C-Verlust in %
	Frisch-gemüse	Trocken-gemüse	In dem Trockenge-müse, umgerechnet auf Frischgemüse	
Blattsellerie	17,6	42,3	5,56	68,4
Bohnen, grün, „Saxa"	9,1	15,0	2,11	76,8
Bohnen, grün, „Henrichs Riesen"	7,2	7,6	1,05	85,4
Karotten.	3,8	10,8	1,87	50,8
Kartoffeln in Streifen	15,4	5,6	0,74	94,8
Lauch, Blätter	15,4	88,3	13,10	14,8
Levistikum	28,5	55,3	4,62	83,8
Petersilie „Wuschelkopf . . .	262,0	463,0	68,00	74,1
Rotkohl	36,4	136,8	28,60	21,5
Spinat.	47,5	47,5	5,37	88,7
Tomaten.	24,7	55,1	10,15	58,8
Weißkohl	40,3	85,5	11,38	71,8
Wirsingkohl	14,3	75,2	12,20	14,7
Zwiebeln	9,4	32,0	4,97	47,2

leicht zu hohe Werte findet. Eine titrimetrische Bestimmung von Vitamin C in Heu läßt sich beispielsweise überhaupt nicht durchführen. Es ist deshalb möglich, daß die Verluste noch größer gewesen sein könnten.

Diese Untersuchung von DIEMAIR, TIMMLING und FOX bestätigt vollständig die Ergebnisse aus unserem Institut, daß beim Trocknen von Gemüsen mit sehr großen Verlusten an Vitamin C zu rechnen ist. Noch wichtiger ist aber, daß der in dem Trockengemüse noch erhaltene Teil an Vitamin C beim Lagern ebenfalls verlorengeht.

In jüngster Zeit wurden diese Ergebnisse durch Untersuchungen von SCHEUNERT und RESCHKE (6) völlig bestätigt.

PAIKINA gibt an, daß Kohl durch Trocknung bei von 28—70° einen beträchtlichen Prozentsatz seines Gehaltes an Vitamin C bewahrt, bei über 70° dagegen den größten Teil, ja bis 92% verliert. Ein 25 bis 40 Min. dauernder Kochprozeß verändert den Vitamin C-Gehalt des getrocknet gewesenen Kohls nicht.

Aus diesen systematischen Versuchen geht deutlich hervor, daß das Vitamin C bei Herstellung von Trockenvegetabilien während des Trocknens wohl zu einem gewissen Teil bewahrt werden kann, aber beim Lagern der Trockengemüse verhältnismäßig rasch vernichtet wird. Getrocknete Vegetabilien können deshalb nicht als zuverlässige Vitamin C-Quellen betrachtet werden.

Über die Stabilität des Vitamin C beim Kochen und Konservieren von Vegetabilien.

Über das Verhalten von Vitamin C beim Kochen und Konservieren von Vegetabilien liegt eine außerordentlich reichhaltige Literatur vor. Es wird deshalb nicht möglich sein, innerhalb des Rahmens dieses Buches alle Arbeiten auf diesem Gebiete zu erwähnen. Es liegen eine große Menge Arbeiten vor, die sich mit der Bestimmung von Vitamin C in Konserven oder in gekochten Produkten befassen, ohne gleichzeitig den Vitamin C-Gehalt des Rohproduktes zu kennen. Da der Vitamin C-Gehalt von Gemüsen und Obst außerordentlich stark variiert, worauf insbesondere OLLIVER (2) hingewiesen hat, ist es unbedingt notwendig, wenn man die Stabilität des Vitamin C beim Kochen oder Konservieren studieren will, auch den Vitamin C-Gehalt des verwendeten Rohproduktes zu kennen. Es sollen deshalb in der folgenden Übersicht insbesondere diejenigen Arbeiten besprochen werden, worin sowohl das Rohprodukt als auch die gekochte oder konservierte Ware untersucht wurden.

Das Verhalten von Vitamin C beim Kochen und Konservieren von Beeren und Obst.

Wie zu erwarten wäre, ist das Vitamin C beim Konservieren von Beeren und Obst, die sauer reagieren, weit stabiler als in Gemüsen, worauf beispielsweise VON EULER und KLUSSMANN hingewiesen haben.

RIGOBELLO (1) fand, daß Citronengelee etwa 50% des Vitamin C-Gehaltes des frischen Produktes enthielt. Im Gegensatz hierzu fanden BACHARACH, COOK und SMITH nur 10—30% des ursprünglichen Vitamin C-Gehaltes in Marmelade von Citrusfrüchten.

FELLERS, ISHAM und SMITH sowie TODHUNTER (3) konnten feststellen, daß Apfelkompott mehr als 50% des Vitamin C-Gehaltes im frischen Obst verloren hatte. Wurden dagegen die Äpfel in der Schale gebacken, so blieb das Vitamin C fast vollständig erhalten. Diese Beobachtung wurde auch von BRACEWELL, HOYLE und ZILVA gemacht.

KRAUSS untersuchte den Vitamin C-Gehalt in pasteurisierten Äpfelsäften des Handels. Er konnte darin überhaupt kein Vitamin C nachweisen. Diese Beobachtung ist auch in Übereinstimmung mit unveröffentlichten Untersuchungen aus unserem Institut.

FELLERS und ISHAM (3) untersuchten den Vitamin C-Gehalt in konservierten Citrusfrüchten. Sie fanden, daß 1 g Apfelsinensaft die

Meerschweinchen vollständig vor Skorbut schützt. Konservierte Apfel-
sinenscheiben sowie konservierte Grapefruchtscheiben und Saft enthielten
etwas weniger Vitamin C. Gewöhnlich konservierte Produkte von Apfelsinen und Grapefrucht enthielten genau so viel Vitamin C wie die frischen
Früchte. Nach Ansicht der Verfasser schützt die Blechdose das Vitamin C
gegen Oxydation. Nach sechs- bis neunmonatiger Lagerung war der
Vitamin C-Gehalt unverändert.

EDDY, GURIN und KOHMAN sowie STRAWTSCHINSKI kamen ebenfalls
zu dem Ergebnis, daß das Konservieren keinen Einfluß auf den Vitamin C-Gehalt von Apfelsinen, Grapefrucht oder den Saft dieser
Früchte hatte.

Bei der Herstellung von Konzentraten muß man vorsichtig vorgehen,
da das Vitamin C beim Eindampfen in Gegenwart von Luft schnell
vernichtet wird, wie INARDI gezeigt hat. Das Vitamin C bleibt dagegen
vollständig erhalten, wenn das Eindampfen im Vakuum unterhalb 40⁰
vorgenommen wird. Unveröffentlichte Untersuchungen aus unserem
Institut bestätigen, daß man beim Eindicken von Vitamin C-haltigen
Beerensäften im Vakuum den Vitamin C-Gehalt bewahren kann.

MOURIQAND, TÊTE, WENGER und VIENNOIS konnten feststellen, daß
die Sterilisierung dem Vitamin C in Citronensaft nur wenig schadete.
Dagegen ist das Vitamin C im Saft, wenn er offen aufbewahrt wird,
sehr unbeständig und geht im Laufe von 20 Tagen verloren. Dies wird
durch den Sauerstoffgehalt der Luft verursacht, denn wenn der Saft
unter Stickstoff aufbewahrt wird, hat er noch nach 70 Tagen den vollen
Vitamin C-Gehalt.

LAWROW, JANOWSKAJA und JARUSSOWA (2) untersuchten den
Vitamin C-Gehalt von konservierten schwarzen Johannisbeeren. Sie
fanden durch biologische Untersuchungen, daß der Saft der konservierten
Beeren eine sehr gute Vitamin C-Quelle war.

MERRIAM und FELLERS ermittelten, daß Heidelbeeren beim Konservieren nur wenig Vitamin C verloren. Heidelbeeren enthalten nur
relativ wenig Vitamin C. 7 g sind notwendig, um Meerschweinchen vor
Skorbut zu schützen. Dies entspricht etwa 7 mg Vitamin C in 100 g.
Bei gekochten und konservierten Heidelbeeren waren 10 g notwendig,
was einem Gehalt von 5 mg je 100 g entsprechen würde.

ALSTEDE untersuchte das Verhalten von Vitamin C in Hagebutten.
Bei kalter Zubereitung von Hagebuttenmarmelade blieb der größte Teil
des Vitamin C-Gehaltes bestehen, 418 mg je 100 g. Nach Aufkochen
und Abkühlen war der Vitamin C-Gehalt auf 197 mg gefallen und nach
einer Sterilisierung von 5—10 Minuten war der Gehalt immer noch höher
als 100 mg. Diese Verluste sind beträchtlich und stimmen nicht gut mit
Versuchen im hiesigen Institut überein.

NATVIG und andere Forscher (GEDDA und KJELLBERG, DIEHL und LÜHRS) finden, daß Hagebuttenpulver und -most sehr empfehlenswerte Vitamin C-Quellen sind.

Sehr eingehend wurde das Verhalten von Vitamin C beim Kochen und Konservieren von Beeren von OLLIVER (1) studiert. Sie untersuchte den Vitamin C-Gehalt der frischen Beeren und nachträglich den Gehalt an Vitamin C in den gekochten Produkten, wobei sie die festen Teile und die Zuckerlösung getrennt prüfte. Ihre Resultate sind in der Tabelle 50 aufgeführt. Man sieht, daß die Verluste beim Kochen von

Tabelle 50. Einfluß des Kochens auf den Vitamin C-Gehalt in Obst und Beeren. [Nach M. OLLIVER (1).]

Produkt	Vitamin C in mg je g			Verteilung des Vitamin C in mg total		Vitamin C in 1 g frischen Früchten nach dem Kochen in mg	Vitamin C verloren in %
	roh	gekocht					
		feste Teile	Zucker-lösung	feste Teile	Zucker-lösung		
Schwarze Johannisbeeren	1,722	1,411	0,961	400,6	170,2	1,462	15
	2,200	1,833	1,222	351,2	138,8	2,069	6
Stachelbeeren . .	0,296	0,178		—	—	0,278	6
	0,381	0,222		—	—	0,346	7
	0,276	0,182		—	—	0,275	0
	0,470	0,285		—	—	0,430	8
„Loganberries" .	0,388	0,242	0,258	68,2	177,5		
	0,484	0,221	0,267	255,6	198,8		
Pflaumen:							
Purple Pershore .	0,046	0,029	0,023	7,9	10,6		
Viktoria	<0,01	<0,01	<0,01	—	—		
Rote Johannisbeeren	0,408	0,277		—	—		
Erdbeeren	0,714	0,357	0,250	47,5	37,5	0,294	59
	0,775	—	—	—	—	—	—
	0,646	—	—	—	—	—	—
Reine Claude . .	0,050	0,025	<0,01	9,6	<3	0,021	58
	0,065	0,024	<0,01	9,5	<3	0,027	58

schwarzen Johannisbeeren und Stachelbeeren sehr gering sind. Die Verluste betragen 0—15%, dagegen sind die Verluste beim Kochen von Erdbeeren höher. Hier gehen 59% des Vitamin C-Gehaltes verloren. Im übrigen wird auf die Tabelle verwiesen.

In ähnlicher Weise beschäftigte sich OLLIVER (1) mit dem Vitamin C-Gehalt von Beeren und Obst beim Kochen und Konservieren. Es wurden nur verhältnismäßig geringe Verluste festgestellt, die zwischen 0 und 36% variierten. Die größten Verluste fand sie bei Erdbeeren und Pflaumen. Im übrigen ist die Tabelle 51 zu beachten.

Tabelle 51. Einfluß der Konservierung auf den Vitamingehalt in Obst und Beeren. [Nach M. Olliver (1).]

| Produkt | Vitamin C in mg je g | | | Verteilung des Vitamin C in mg total | | Vitamin C in 1 g frischen Früchten nach der Konservierung in mg | Vit- amin C verloren in % |
| | roh | feste Teile | Zucker- lösung | feste Teile | Zucker- lösung | | |
		konserviert					
Schwarze Johannisbeeren	1,722	1,722	0,292	322,7	73,3	1,854	7[1]
	2,200	2,200	0,500	409,2	136,0	2,559	18[1]
Stachelbeeren . .	0,296	0,154	0,182	30,8	41,3	0,316	6[1]
	0,381	0,178	0,209	38,1	43,9	0,361	5
	0,276	0,114	0,139	22,6	30,9	0,235	15
	0,470	0,235	0,200	44,9	48,0	0,408	13
„Loganberries"	0,388	0,310	0,352	64,2	140,8		
	0,484	0,469	0,267	82,1	69,9		
Pflaumen:							
Purple Pershore .	0,046	0,025	0,022	10,2	11,2		
Viktoria	<0,01	<0,01	<0,01	—	—		
Rote Johannisbeeren	0,408	0,516	0,146	74,3	45,0		
Erdbeeren	0,714	0,357	0,208	72,5	76,3	0,452	36
	0,775	0,554	0,184	70,3	53,4	0,581	16
	0,646	0,408	0,163	57,9	44,8	0,479	26
Reine Claude . .	0,050	0,040	0,027	7,7	7,4	0,067	34[1]
	0,065	0,057	0,028	11,1	7,5	0,081	24[1]

[1] Scheinbare Erhöhung.

Olliver (1) studierte in der gleichen Arbeit auch das Verhalten des Vitamin C beim Lagern von konservierten Beeren. Ihre Ergebnisse sind in Tabelle 52 wiedergegeben. Man sieht, daß die Verluste, die durch Lagern entstehen, verhältnismäßig gering sind. Sie betragen bei einer Lagerungszeit von 36 Wochen bis zu etwa 30%.

Im hiesigen Institut wurde das Verhalten von Vitamin C beim Konservieren von Beeren und Obst von Mathiesen und Aschehoug eingehend untersucht. Der Gehalt an Vitamin C wurde sowohl in dem frischen als auch in dem konservierten Produkt bestimmt. Bei der Konservierung von Beeren und Obst wurde eine bestimmte abgewogene Menge des Produkts in die Konservendose gebracht und mit einer bekannten Menge Zuckerlösung übergossen. Jetzt wurde bei Beeren in einem Wasserbad bis zu 75° C erhitzt und diese Temperatur während 5 Minuten beibehalten. Bei dieser Temperatur werden die Oxydasen zerstört. Die Dosen werden nun sofort verschlossen und umgedreht, damit auch der Deckel mit der warmen Zuckerlösung in Berührung kommt. Eine weitere Sterilisierung wurde nicht vorgenommen [vgl. Aschehoug (3)]. Der Vitamin C-Gehalt dieser Konserve wurde dann sofort und weiter nach

Tabelle 52. Einfluß des Lagerns auf den Vitamin C-Gehalt in konservierten Beeren. [Nach M. Olliver (1).]

Produkt	pH	Lagerungszeit	Vitamin C in mg		Vitamin C verloren in %	
			im Roh-produkt	in der Konserve	vgl. mit dem Rohprodukt	beim Lagern
Schwarze Johannisbeeren	3,02	0 Tage	366,8	396,0	8[1]	—
		35 Wochen		338,3	8	14
	3,05	1 Tag	468,6	545,2	16[1]	—
		33 Wochen		388,2	17	29
Stachelbeeren, Probe A:	3,00	3 Tage	75,8	59,3	22	—
Kons. in Wasser		14 Wochen		57,3	24	3
		31 Wochen		50,9	33	14
Kons. in Zuckerlösung	2,95	3 Tage	67,5	72,1	7[1]	—
		14 Wochen		55,2	18	23
		31 Wochen		65,1	3	10
Stachelbeeren, Probe B:	2,87	5 Tage	97,5	67,1	31	—
Kons. in Wasser		14 Wochen		70,7	28	5[1]
		31 Wochen		63,7	35	5
Kons. in Zuckerlösung	2,85	5 Tage	86,5	82,1	5	—
		14 Wochen		74,7	14	9
		31 Wochen		77,9	10	5
Stachelbeeren, Probe C:	2,91	5 Tage	70,7	54,1	23	—
Kons. in Wasser		14 Wochen		51,9	27	4
		31 Wochen		48,7	31	10
Kons. in Zuckerlösung	2,92	5 Tage	62,6	53,5	15	—
		14 Wochen		54,9	12	3[1]
		31 Wochen		57,6	8	8[1]
Erdbeeren: Kons. in Zucker-lösung. Stillstehender Autoklav.	3,46	0 Tage	165,1	123,9	25	—
		7 Wochen		95,4	42	23
		13 Wochen		78,6	53	36
Erdbeeren: Kons. in Zucker-lösung. Produkt bewegt während des Sterilisierens	3,59	0 Tage	165,1	123,7	25	—
		7 Wochen		93,9	43	24
		35 Wochen		89,5	46	28
Erdbeeren: Kons. in Zucker-lösung	3,46	0 Tage	152,1	86,6	43	—
		7 Wochen		72,1	52	17
		36 Wochen		52,5	65	39
	3,51	0 Tage	234,6	148,8	37	—
		7 Wochen		113,5	51	24
		36 Wochen		106,4	55	29

[1] Scheinbare Erhöhung.

bestimmten Zeitintervallen bestimmt. Die Tabelle 53 gibt eine Übersicht über einige der Bestimmungen von Vitamin C in Beeren.

Wie aus der Tabelle 53 hervorgeht, ist das Vitamin C in den Konserven sehr gut erhalten geblieben. Im allgemeinen enthält die Konserve
80—100% des ursprünglichen Vitamin C.

Nach weiteren noch unveröffentlichten Untersuchungen aus dem
hiesigen Institut bewahren die meisten Konserven auch beim Lagern
ihr Vitamin C sehr gut. Die meisten Produkte haben wir während eine

Tabelle 53. Vitamin C in Obstkonserven. [Nach MATHIESEN (5).]

Sorte	Frisches Obst Vitamin C mg/g	Konserve Vitamin C mg/g	Alter der Konserve in Wochen	Vitamin C in der Konserve erhalten in %
Erdbeeren:				
Abundance	0,67	0,62	17	93
	0,83	0,69	0	85
	0,59	0,49	0	85
	0,69	0,60	0	85
	0,69	0,58	0	85
	0,57	0,52	0	90
	0,79	0,66	0	85
	0,75	0,70	1	95
	0,78	0,66	1	85
	0,62	0,53	0	85
	0,42	0,38	0	90
	0,60	0,62	9	100
	0,57	0,53	2	95
	0,68	0,59	2	85
	0,59	0,46	3	80
MacMahon	0,58	0,55	4	95
	0,70	0,66	3	95
	0,91	0,60	1	70
Königin Louise	0,94	0,82	2	85
Himbeeren:				
Lloyd George	0,22	0,20	15	90
	0,22	0,19	3	85
	0,25	0,22	3	90
	0,23	0,19	1	80
	0,19	0,15	3	80
Paradis	0,21	0,17	1	80
	0,20	0,15	3	75
	0,25	0,19	0	75
	0,22	0,16	1	70
Stachelbeeren:				
Whynehams Industry . . .	0,40	0,34	19	85
	0,31	0,30	2	95
	0,52	0,46	3	90
	0,55	0,60	3	108
	0,43	0,43	0	100
	0,30	0,30	0	100
Katharina Ohlenburg . . .	0,36	0,40	3	110
	0,48	0,39	3	80
	0,33	0,38	4	110
	0,28	0,28	1	100
Flaschenbeeren	0,36	0,32	4	90
Columbus	0,36	0,27	4	75
Lovets triumph	0,42	0,36	4	85

Tabelle 53 (Fortsetzung).

Sorte	Frisches Obst Vitamin C mg/g	Konserve Vitamin C mg/g	Alter der Konserve in Wochen	Vitamin C in der Konserve erhalten in %
Schwarze Johannisbeeren:				
Bang up	1,20	0,94	21	80
	1,38	1,37	3	100
	1,64	1,57	6	95
	0,93	0,88	4	95
	1,39	1,10	3	80
	1,90	1,50	1	80
Booskop	1,28	1,40	7	110
	1,50	1,21	2	80
Edina	1,10	0,91	4	85
Lees Prolific	1,25	1,00	4	80
Rote Johannisbeeren:				
Große holländische Traube .	0,17	0,16	18	95
	0,19	0,17	4	90
	0,19	0,16	2	85
	0,28	0,24	4	85
	0,20	0,19	0	95
	0,15	0,14	4	95
Weiße Johannisbeeren	0,24	0,26	4	110
Multbeeren	0,68	0,68	6	100
	0,74	0,70	8	95
	1,12	0,96	3	85
	0,52	0,38	9	75
	0,92	0,78	8	85
	1,10	1,02	1	95
Preiselbeeren	0,06	0,05	2	80
Hagebutten	12,50	10,00	2	80
Kirschen:				
Hardangerbeeren	0,20	0,13	0	65
	0,14	0,12	0	85
	0,13	0,08	2	60
	0,15	0,07	1	50
Morellen:				
Bigarreau, schwarz	0,12	0,11	3	90
Bigarreau, gelb	0,05	0,04	3	80
Sande-Morellen	0,09	0,06	1	65
Pflaumen:				
Rivers Early	0,12	0,14	5	110
	0,11	0,12	6	110
Prune Pêche	0,12	0,08	6	70
Reine Claude d'Oullins . .	0,02	0,02	6	100
	0,04	0,03	10	70
Admiral Rigny	0,03	0,03	7	100
	0,03	0,03	10	100
Graf Altan	0,03	0,03	10	100
	0,06	0,05	9	80
Belle de Louvain	0,03	0,03	10	100

Tabelle 53 (Fortsetzung).

Sorte	Frisches Obst Vitamin C mg/g	Konserve Vitamin C mg/g	Alter der Konserve in Wochen	Vitamin C in der Konserve erhalten in %
Pflaumen:				
Purple Pershore	0,09	0,10	6	110
Reine Claude, grün	0,04	0,04	9	100
	0,05	0,05	7	100
Victoria	0,01	0,01	9	100
Kirkes	0,05	0,03	6	60
Jerusalem	0,05	0,03	0	60
Birnen:				
Graf Moltke	0,03	0,03	7	100
	0,03	0,03	6	100
Bunke	0,05	0,05	0	100
Bergamotte	0,06	0,04	6	70
	0,08	0,06	0	75
	0,08	0,05	0	60
	0,06	0,05	0	85
Dr. Jules Guyot	0,03	0,02	8	70
Bonne Louise	0,05	0,04	4	80
Clapp's favorite	0,03	0,03	4	100

Lagerzeit von 2 Jahren kontrolliert und keine bedeutenden Verluste an Vitamin C konstatiert. Ein ausführlicher Bericht über diese Versuche liegt aber noch nicht vor.

In einer kürzlich erschienenen Arbeit haben DIEMAIR, TIMMLING und FOX sich ebenfalls mit dem Verhalten des Vitamin C beim Konservieren von Obst befaßt. Die Bestimmungen wurden durch Titration ausgeführt. Sie konnten im großen und ganzen die Befunde der ausführlichen Untersuchungen von OLLIVER und von MATHIESEN bestätigen. Die Tabelle 54 zeigt das Ergebnis der Bestimmungen. Nur bei Aprikosen und Pfirsichen haben sie größere Verluste beim Konservieren gefunden,

Tabelle 54. Vitamin C in Obstkonserven. (Nach DIEMAIR, TIMMLING und FOX.)

Obstart	Frisch Vitamin C mg/100 g	Konserviert Vitamin C mg/100 g	Verpackungsart	Sterilisationsbedingungen		VitaminC-Verlust in %
				Temp.°	Zeit Min.	
Kirschen, süß	2,9	2,7	Blech	105	22	7,0
Italienische Weichselkirschen .	3,7	3,7	,,	100	22	0,0
Italienische Aprikosen	1,8	0,6	,,	100	18	66,7
Erdbeeren	49,0	37,9	,,	105	22	22,6
Himbeeren	32,2	31,5	,,	100	18	2,2
Zwetschen	5,9	5,1	,,	100	18	13,5
Italienische Pfirsiche	4,0	0,9	,,	100	22	77,5
Himbeeren	32,2	24,9	Glas	100	30	22,7
Zwetschen	5,9	5,5	,,	100	30	6,8
Italienische Pfirsiche	4,0	1,0	,,	100	30	75.0

die wohl durch die Vorbehandlung verursacht wurden (vgl. Tabelle 61). Diese Obstsorten sind aber sowieso keine guten Vitamin C-Quellen. Bei den übrigen untersuchten Obstkonserven waren die Vitamin C-Verluste gering.

Aus den angeführten Untersuchungen über den Gehalt an Vitamin C in konservierten Beeren und Obst kann man den Schluß ziehen, daß bei der Konservierung in Dosen das Vitamin C in ausgezeichneter Weise bewahrt wird. Im Gegensatz zu den getrockneten Produkten oder den frisch geernteten behalten die Konserven ihr Vitamin C während einer langen Lagerzeit bei. Sie sind auch den Gefrierkonserven in dieser Beziehung vorzuziehen, da, wie die Versuche gezeigt haben, diese beim Auftauen das Vitamin C sehr rasch verlieren.

Das Verhalten von Vitamin C beim Kochen und Konservieren von Gemüsen.

Über das Verhalten von Vitamin C beim Kochen und Konservieren von Gemüsen liegt eine sehr große Reihe Arbeiten vor. Es können deshalb hier nur einige dieser Untersuchungen berücksichtigt werden und vor allem solche, die sich mit der Stabilität des Vitamin C befassen, wobei der Vitamin C-Gehalt sowohl in dem frischen als auch in dem gekochten oder konservierten Produkt bestimmt worden ist.

KOHMAN (1) hat eine gute Übersicht gegeben über das Verhalten von Vitamin C beim Konservieren von Gemüsen und alle Arbeiten bis 1929 berücksichtigt.

Auch SCHEUNERT (1) berücksichtigt in einer Übersicht über die Vitamine die meisten älteren Arbeiten. Es sollen deshalb hier nur die neueren Arbeiten erwähnt werden. Der besseren Übersicht wegen mögen die verschiedenen Gemüsesorten für sich besprochen werden. Größere Arbeiten, wo mehrere Sorten untersucht wurden, werden zum Schluß behandelt.

SCHEUNERT (1) konnte feststellen, daß beim Kochen geschälter Kartoffeln viel mehr Vitamin C verlorengeht als beim Kochen von ungeschälten. Es war hier vor allem das Auslaugen des Vitamin C durch das Kochwasser, das zu den großen Verlusten führte, aber auch die Oxydation bei Gegenwart von Fermenten im Anfange des Kochprozesses. Beim Dämpfen in der Schale traten nicht so große Verluste ein.

WOODS und auch RICHARDSON, DOUGLASS und MAYFIELD fanden keine bedeutenden Verluste beim Kochen von Kartoffeln. THIESSEN kam zu dem Ergebnis, daß, wenn Kartoffeln 15—18 Minuten bei 90°—95°C gekocht wurden, keine Verluste an Vitamin C eintraten. WACHHOLDER (1) ermittelte, daß geschälte Kartoffeln etwa 25% Vitamin C beim Kochen verloren; ungeschälte dagegen nur 10%. Beim Dämpfen von ungeschälten Kartoffeln traten keine Verluste ein. Auch ISMAILOWA gibt an, daß das Vitamin C beim Kochen von ungeschälten Kartoffeln besser erhalten bleibt als bei geschälten.

Beim Kochen in der Kochkiste wurden bedeutend größere Verluste festgestellt. So fand beispielsweise WACHHOLDER (1), daß bei dieser Art des Kochens 50—90% des Vitamin C verlorengingen. Auch JANSE-STUART und VON BEVER fanden, daß beim Kochen in der Kochkiste größere Verluste auftreten als beim raschen Kochen.

Nach MURPHY betragen die durch Kochen entstehenden Verluste an Vitamin C bei Kartoffeln 27—55%, bei Kohl 46—67% und bei Kohlrüben 14—50%.

In einer Arbeit von SCHEUNERT, RESCHKE und KOHLEMANN (2) wird angegeben, daß die Verluste an Vitamin C beim Dämpfen von Kartoffeln in der Schale etwa 20—30% betragen. Eine Reihe weiterer Arbeiten, die hier nicht besonders erwähnt werden können, bestätigen diese Ergebnisse.

Die Stabilität des Vitamin C in Kohl beim Kochen und Konservieren wurde auch sehr häufig untersucht. Bereits HOLST und FRÖLICH (2) konnten feststellen, daß beim Kochen von Kohl große Verluste an antiskorbutischer Wirkung eintraten. Auch EDDY, SHELOW, PEASE, RICHER und WATKINS konnten die Befunde von HOLST und FRÖLICH (2) bestätigen. Dagegen haben andere Forscher später bedeutend geringere Verluste festgestellt.

JANSE-STUART und VON BEVER fanden geringe Verluste an Vitamin C beim Kochen von Kohl. Wurde aber die fertig gekochte Probe längere Zeit warm gehalten, so ging der Vitamin C-Gehalt sehr schnell zurück. So verlor beispielsweise eine Probe von gekochtem Kohl nach 12 Stunden bei 40°—45° C etwa 70% des Vitamin C-Gehaltes.

KOHMAN (3) bestimmte den Gehalt an Vitamin C in bei 100° gekochtem Kohl und im Kohl, der bei 127° C während 30 Minuten sterilisiert worden war. Der Vitamin C-Gehalt war in beiden Fällen der gleiche.

JARUSSOWA (3) kam zu dem Ergebnis, daß gekochter Weißkohl bis zu 80% des ursprünglichen Vitamin C-Gehaltes enthält, aber mehr als 60% waren in dem Kochwasser. HALLIDAY und NOBLE fanden keine Verluste an Vitamin C bei einem 10 Minuten langen Kochen. Dagegen waren 69% des Vitamins im Kochwasser aufgelöst.

GOULD, TRESSLER und KING untersuchten das Verhalten von Vitamin C beim Kochen von Kohl. Die Abb. 28 zeigt graphisch das Ergebnis dieser Untersuchung.

Aus der graphischen Darstellung geht hervor, daß etwa $^1/_4$ des Vitamin C-Gehaltes in den ersten Minuten verlorengeht. Später sind die Verluste sehr gering. Dagegen löst sich das Vitamin immer mehr im Kochwasser auf. Dieser Versuch zeigt deutlich, daß die hauptsächlichen Verluste in der allerersten Zeit des Aufwärmens auftreten, wenn die Oxydasen noch nicht inaktiviert sind.

Einige Forscher berichten, daß sie in gekochtem Kohl mehr Vitamin C gefunden haben als im frischen (AHMAD; GUHA und PAL; LEVY).

MACK konnte aber zeigen, daß diese scheinbare Erhöhung des Gehaltes an Vitamin C nur durch die Inaktivierung der Oxydasen verursacht ist, wobei das Vitamin C in dem gekochten Kohl haltbarer wird als in dem frischen.

WELLINGTON und TRESSLER untersuchten, wie sich das Vitamin C bei den verschiedenen Zubereitungsmethoden verhält. Sie fanden, daß beim Dämpfen mehr Vitamin C zerstört wurde als beim Kochen von Kohl. Auf der anderen Seite wurde beim Kochen sehr viel Vitamin C im Kochwasser gelöst, so daß der gedämpfte Kohl trotzdem mehr Vitamin C enthielt als der gekochte, wenn man von dem Kochwasser absah.

FENTON, TRESSLER und KING bestimmten das Vitamin C in frischen und gekochten Erbsen. Sie konnten feststellen, daß die größten Verluste an Vitamin C während der ersten 2 Minuten stattfanden. Bei fortgesetztem Kochen wurde das Vitamin C immer stärker von dem Kochwasser gelöst.

FELLERS und STEPAT untersuchten ebenfalls das Verhalten von Vitamin C beim Kochen von Erbsen.

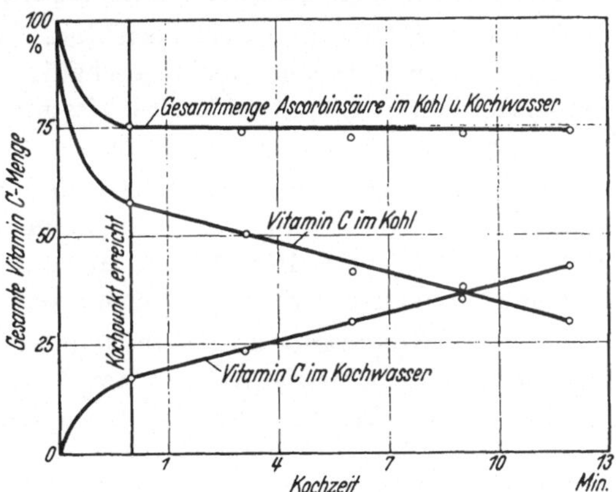

Abb. 28. Verlust an Vitamin C beim Kochen von Kohl. (Nach GOULD, TRESSLER und KING.)

Sie konnten einen Verlust an Vitamin C von 6—12% feststellen. FELLERS und STEPAT fanden beim Aufwärmen von konservierten Erbsen geringe Verluste an Vitamin C. Sie geben an, daß die Verluste beim Konservieren von Erbsen größer sind als beim Einfrieren, die konservierten Erbsen aber trotzdem eine gute Vitamin C-Quelle sind.

FENTON und TRESSLER studierten ebenfalls das Verhalten von Vitamin C beim Kochen von gefrorenen Erbsen. In bei —40° aufbewahrten Erbsen war der Gehalt an Vitamin C nach dem Kochen 59%, während 36% im Kochwasser vorhanden waren.

MILLER und HAIR bestimmten den Gehalt an Vitamin C in rohen und gekochten Bohnen. In den rohen Bohnen war der Gehalt 180 SHERMAN-Einheiten Vitamin C, während er in den gekochten 150 betrug. Die Verluste beliefen sich demnach auf etwa 15%.

Auch SCHEUNERT und RESCHKE (1) untersuchten die Stabilität des Vitamin C bei der Zubereitung von Gemüsen. Sie fanden im Grünkohl die geringsten Verluste beim Dämpfen, während das Kochen im Wasser zu höheren Verlusten führte, wobei eine erhebliche Auslaugung von Vitamin C durch das Kochwasser erfolgte.

In einer weiteren Arbeit prüften Scheunert und Reschke (2) die Erhaltung des Vitamin C bei der Konservierung von Bohnen. Sie fanden, daß die konservierten Brechbohnen etwa 25—35% verloren hatten. In einer anderen Versuchsreihe konnten sie etwas größere Verluste feststellen, nämlich etwa 45%.

Bereits Eddy, Kohman und Carlsson (1) konnten Vitamin C in Spinatkonserven nachweisen. Auch Schepilewskaja und Isumrudowa bestimmten den Gehalt an Vitamin C in konserviertem Spinat. Die Versuche zeigten, daß der Gehalt an Vitamin C in dem fertigen Produkt weitgehend von den Fabrikationsbedingungen abhängig ist.

Fomin und Makarowa (1) berichten, daß Vitamin C beim Konservieren von Spinat fast gar nicht geschädigt wird. Hoff fand, daß beim Konservieren von Spinat 66% des Vitamin C-Gehaltes verlorengingen; beim gewöhnlichen Kochen sogar 90%.

Kosminych und Pek ermittelten, daß beim Konservieren von Gemüsen ein Teil des Vitamin C verlorenging. Bei den Erbsen waren die größten Verluste beim Blanchieren zu verzeichnen, während in Blumenkohl und Bohnen der Sterilisierungsprozeß zu Verlusten führte.

Lintzel, Hoffmann und Gores untersuchten die Einwirkung der verschiedenen Kochverfahren auf den Vitamin C-Gehalt von Gemüsen. Die Tabelle 55 zeigt das Ergebnis dieser Untersuchungen.

Tabelle 55. Vitamin C-Verlust in Prozenten der Ausgangsmenge.
(Nach Lintzel, Hoffmann und Gores.)

	Vitamin C in mg je 100 g roh	Kurze Zeit gekocht, mit Kochwasser	Gedünstet	Lange gekocht, mit Kochwasser	Kurze Zeit gekocht, ohne Kochwasser	Lange gekocht, ohne Kochwasser
Rosenkohl .	79,0	— 2,1	—15,3	—	—44,6	—
Spinat . .	78,3	—37,5		—	—62,1	—
Rotkraut .	57,3	+1,9	—28,6	— 2,4	—42,9	— 28,8
Wirsing . .	56,7	—36,1	—60,7	—57,1	—77,3	— 83,1
Kohlrabi .	37,6	—29,0	— 4,8	—	—76,3	—
Blumenkohl	23,8	+ 12,0	—20,6	—	--72,6	—
Rote Rübe .	21,8	—	—	— 7,8	—	—- 7,8
Weißkraut .	18,0	— 13,7	—30,0	—17,2	—42,8	—100,0
Mittel . . .		—14,9	—26,6	(—21,1)	—59,8	(— 54,9)

Wolff (1) gibt in einer Übersicht über die Arbeiten aus dem Hygienischen Institut Utrecht eine Reihe Zahlen über den Vitamin C-Gehalt in frischen, gekochten und konservierten Gemüsen an. Die von ihm mitgeteilten Werte sind, soweit es sich um Konserven handelt, in die große zusammenfassende Tabelle 62 (S. 196) mit aufgenommen.

Fenton, Tressler, Camp und King (2) beschäftigten sich mit dem Verhalten des Vitamin C beim Kochen von Karotten. Die Karotten sind an und für sich keine gute Vitamin C-Quelle, worauf MATHIESEN und ASCHEHOUG hingewiesen haben. Sie enthalten nach MATHIESEN und ASCHEHOUG nur etwa 3 mg je 100 g. FENTON und Mitarbeiter (2) geben den Gehalt zu 4,4—6,9 mg Vitamin C je 100 g an. Beim Kochen verloren die Karotten 11% des Vitamin C-Gehaltes. Nach 15 Minuten langem Kochen waren aber 40% vom Kochwasser ausgelaugt und somit nur 56% in den festen Teilen vorhanden. Beim Dämpfen behielten die Karotten 86% des ursprünglichen Wertes.

LANGLEY, RICHARDSON und ANDES konnten zeigen, daß Karotten beim Kochen kein Vitamin C verloren hatten. Beim Konservieren konnten aber bedeutende Verluste festgestellt werden.

FELLERS und Mitarbeiter [FELLERS (1)] geben an, daß bei der fabrikmäßigen Konservierung von Erbsen, Bohnen, Spinat und Spargel 50 bis 85% des Vitamin C-Gehaltes zerstört wurden.

Nach DUNKER, FELLERS und FITZGERALD kommen beim Konservieren von Mais nur sehr geringe Verluste an Vitamin C vor.

Saure Gemüse, wie beispielsweise Tomaten, verhalten sich beim Kochen oder Konservieren ähnlich wie Beeren und Obst. Infolge der sauren Reaktion ist das Vitamin C in diesen Vegetabilien weit beständiger.

CLOW und MARLATT konnten feststellen, daß Tomaten nach der kalten Konservierungsmethode kein Vitamin C verloren. Wenn aber die Tomaten im Wasserbad sterilisiert wurden, zeigten sich geringe Verluste. Bei Lagerung der konservierten Tomaten waren nach 9 Monaten keine Verluste eingetreten. Nach 15—20 Monaten konnten aber Verluste nachgewiesen werden.

KOHMAN, EDDY und ZALL fanden, daß das Vitamin C in den Tomaten beim Erwärmen sehr stabil war, wenn Oxydation verhindert werden konnte. Eine Konzentrierung des Tomatensaftes zu Paste wird von Vitamin C-Verlusten begleitet sein, wenn Luft zugegen ist. Beim Eindampfen im Vakuum bleibt aber das Vitamin C erhalten.

Die gleichen Forscher [KOHMAN, EDDY und GURIN (3)] teilen mit, daß sie frisch gepreßten Tomatensaft durch Erhitzen auf 80° durch ein Verfahren, wobei die Luft ausgeschlossen wird, haltbar machen können. Das Vitamin C wird dabei vollständig erhalten.

SPOHN berichtet, daß die Tomaten beim Kochen im Wasserbad während 20 Minuten zum größten Teil den Vitamin C-Gehalt verloren hatten.

Untersuchungen von FELLERS und Mitarbeitern [FELLERS (1)] zeigten, daß fabrikmäßig hergestellter konservierter Tomatensaft sehr verschieden ist in bezug auf seinen Vitamin C-Gehalt. Im großen und ganzen ist aber dieser Tomatensaft eine gute Vitamin C-Quelle. Einige Säfte hatten 6 Einheiten Vitamin C je Gramm, andere nur 1—2. Im allgemeinen waren auch im Haushalt konservierte Tomatensäfte genau so gut wie die in Fabriken hergestellten.

RIGOBELLO (2) gibt an, daß beim Konservieren von Tomatenpaste bei Temperaturen unterhalb 100° das Vitamin C nicht beschädigt wird. ASCHEHOUG (1) untersuchte in unserem Institut Proben von Tomatenpasten des Handels mit einer Konzentration von 25,5 und 18,5% Trockensubstanz. In biologischen Versuchen konnte sie feststellen, daß 8—10 g Tomatenpaste notwendig waren, um die Meerschweinchen vor Skorbut zu schützen. Dies würde einer Menge von etwa 5—7 mg Vitamin C je 100 g entsprechen. Da die frischen Tomaten nach MATHIESEN und ASCHEHOUG 15—20 mg je 100 g enthalten, sind also hier sehr große Verluste eingetreten.

In einer späteren Arbeit prüfte ASCHEHOUG (2) eine weitere Anzahl Tomatenpasten des Handels (19,5—41,4% Trockensubstanz). Sie konnte wiederum feststellen, daß das Vitamin C in dem Tomatenmark des Handels weitgehend zerstört ist. Nach ihren Bestimmungen enthält die Tomatenpaste nur etwa 5% des ursprünglichen Vitamin C-Gehaltes der frischen Tomaten. Die am höchsten konzentrierten Tomatenpasten enthalten nicht mehr Vitamin C als die weniger konzentrierten, woraus der Schluß gezogen werden kann, daß in diesen Produkten das Vitamin C noch weiter zerstört worden ist. Der Vitamin C-Gehalt der frischen Tomaten ist immerhin so hoch, daß diese Tomatenpasten des Handels trotzdem einen nicht unbedeutenden Gehalt an Vitamin C haben.

DANIEL und RUTHERFORD ermittelten, daß sowohl Konservieren als auch Lagern zu nicht unbedeutenden Verlusten an Vitamin C führten. Die durchschnittlichen Verluste, die auf den Konservierungsprozeß und auf die Lagerung zurückgeführt werden können, sind etwa 21—55%. Da die frischen Tomaten 20 mg Vitamin C je 100 g enthalten, sind die konservierten Tomaten immerhin als sehr gute Vitamin C-Quellen zu bezeichnen.

CULTRERA (1) gibt an, daß der Gehalt an Vitamin C beim Konzentrieren und Sterilisieren von Tomatensaft etwas zurückgeht. FOMIN und MAKAROWA (2) fanden ebenfalls, daß das Vitamin C beim Konservieren von ganzen Tomaten vollständig erhalten blieb, während es bei der Herstellung von Tomatenpaste zum größten Teil vernichtet wurde. Die Verfasser vermuten, daß die Ursache in der Anwendung eines Kupferkessels zur Konzentrierung des Tomatensaftes zu suchen ist, da Spuren von Kupfersalzen bekanntlich die Oxydation des Vitamin C katalysieren.

CARO und PERLING geben an, daß das Vitamin C bei der Herstellung von Tomatenkonserven stark zurückgeht.

ROGERS und MATHEWS bestimmten den Gehalt an Vitamin C in fabrikmäßig und im Haushalt konservierten Tomaten. Sie konnten durch biologische Versuche im Durchschnitt den gleichen Vitamin C-Gehalt feststellen. Der Gehalt betrug 13,8 mg Vitamin C je 100 g.

Aus den vorliegenden Untersuchungen über das Verhalten von Vitamin C beim Konservieren von Tomaten kann man den Schluß ziehen, daß Vitamin C bei der Sterilisierung nicht oder nur ganz unwesentlich verlorengeht. Die Verluste treten bei den vorhergehenden Operationen ein, vor allem bei dem Eindampfen des Tomatensaftes zu Tomatenpasten und Tomatenmark verschiedener Konzentration. Wenn dieses Eindampfen in Gegenwart von Luft in offenen Kesseln vorgenommen wird, lassen sich große Verluste an Vitamin C nicht vermeiden. Vor allem ist auch die Verwendung von Kupferkesseln außerordentlich schädlich. Wird aber das Eindampfen unter Ausschluß von Luft im Vakuum vorgenommen, so bleibt das Vitamin C vollständig erhalten.

Clague, Fellers und Stepat untersuchten auch das Verhalten von Vitamin C beim Kochen von Rhabarber. Sie geben an, daß 30—40% des Vitamin C-Gehaltes beim Kochen verlorengehen.

Becker teilt mit, daß ein konserviertes Konzentrat von Paprikapreßsaft, das als „Vitapric" bezeichnet wird, eine außerordentlich gute Vitamin C-Quelle ist. Dies konnte auch durch noch unveröffentlichte Untersuchungen im hiesigen Institut bestätigt werden.

Beim Konservieren gewisser Gemüse, insbesondere von Erbsen und Spinat, wird ein Grünfärben durch Anwendung von Kupfersulfat vorgenommen. Das Kupfersulfat wird im allgemeinen zum Blanchierwasser zugesetzt. Es bildet sich dabei eine Verbindung zwischen dem natürlichen Farbstoff der Gemüse mit Kupfer, die stark grün gefärbt ist.

Dieses Verfahren ist nun für den Vitamin C-Gehalt der Gemüse außerordentlich schädlich. Remy hat bereits darauf hingewiesen, daß der Vitamin C-Gehalt der Konserven stark von dem natürlichen Kupfergehalt abhängig ist. Je größer der Kupfergehalt ist, um so weniger Vitamin C enthält die Konserve. Schmidt-Nielsen und Yri geben an, daß Färben mit Kupfer in Gegenwart von Luft zu vollständiger Vernichtung des Vitamin C führt. Bei Ausschluß von Luft schadet das Kupfer dagegen nicht.

Mathiesen und Aschehoug konnten in konservierten grünen Bohnen 55% des ursprünglichen Vitamin C-Gehaltes wiederfinden. Waren aber die Bohnen mit Kupfersalz gefärbt, so betrug der Gehalt an Vitamin C nur 5—15% des ursprünglichen Wertes. Färben mit synthetischem Anilinfarbstoff schadet dem Vitamin C-Gehalt dagegen nicht [Mathiesen (5), vgl. auch Tabelle 59].

Bei Spinat fand Mathiesen (5) in der ungefärbten oder mit einem synthetischen Anilinfarbstoff gefärbten Konserve 40—85% des ursprünglichen Vitamin C-Gehaltes, in der mit Kupfersalz gefärbten Konserve dagegen nur 5—15%.

Schon früher waren Scheunert und Reschke (3) zu denselben Ergebnissen wie Mathiesen (5) gelangt, daß das Färben mit Kupfersalzen das Vitamin C der Gemüse zerstört, das Färben mit synthetischen Farben aber unschädlich ist.

Wir haben ja bereits die große katalytische Wirkung des Kupfers beim Abbau des Vitamin C gesehen. Es ist deshalb ganz natürlich, daß die Verwendung von Kupfersalzen bei der Konservierung auf den Vitamin C-Gehalt der Konserve außerordentlich schädlich wirkt. Es wäre zu wünschen, daß die Färbung mit Kupfersalzen von den Behörden der verschiedenen Länder im Interesse der Volksgesundheit verboten wird. Es sollte aber auch das Blanchieren in unverzinnten Kupferkesseln gleichzeitig verboten werden, weil die geringen Kupferspuren, die beim Blanchieren aufgelöst werden, auch zu großen Verlusten an Vitamin C führen.

OLLIVER (1) studierte in einer umfassenden Arbeit die Stabilität des Vitamin C beim Kochen und Konservieren von Gemüsen. Sie bestimmte dabei den Vitamin C-Gehalt in den frischen Gemüsen und in den gleichen Proben nach dem Kochen und nach der Konservierung sowie auch nach verschiedenen Lagerzeiten. Es wurden sowohl die festen Teile als auch die Salzlösung untersucht. Ihre Ergebnisse sind in Tabelle 56 und 57 wiedergegeben. Wie aus den Tabellen ersichtlich ist, waren keine

Tabelle 56. Einfluß des Kochens auf den Vitamin C-Gehalt der Gemüse.
[Nach M. OLLIVER (1).]

Produkt	Vitamin C in mg je g			Verteilung des Vitamin C in mg total		Vitamin C in 1 g frischem Gemüse nach dem Kochen in mg	Vitamin C verloren in %
	roh	gekocht		feste Teile	Brühe		
		feste Teile	Brühe				
Große Bohnen .	0,277	0,078	0,089	34,3	82,8	0,076	÷ 7
	0,277	—	—	—	—	—	—
Karotten . . .	0,070	0,027	0,033	16,9	17,8	—	—
	0,080	0,095	0,014	43,2	19,1	0,095	+ 83[1]
	0,075	—	—	—	—	—	—
	0,058	0,043	0,056	9,2	19,2	0,043	+ 114[1]
	0,048	0,045	0,043	9,3	20,8	0,045	+ 175[1]
Zwiebeln . . .	0,097	0,056	0,023	12,8	13,2	0,056	0
Erbsen	0,312	0,086	0,074	31,0	130,7	0,068	+ 14[1]
	0,263	0,100	0,066	43,3	64,7	0,096	÷ 9
	0,227	0,100	0,052	41,9	59,8	0,092	÷ 1
	0,250	0,067	0,060	38,1	49,4	0,084	÷ 23
	0,197	0,098	0,042	27,1	22,1	0,119	+ 10[1]
Kartoffeln . . .	0,291	0,250	0,049	64,1	19,6	0,281	+ 26[1]
	0,406	0,185	0,018	47,4	10,3	0,208	÷ 38
Rosenkohl . . .	1,150	{0,333	0,234	93,6	107,4	} 0,405	Keine Veränderung
		{0,366	0,162	13,7	20,1		
	1,111	0,455	0,250	127,4	90,8	0,445	÷ 31
	0,900	0,265	0,214	151,1	229,4	0,271	÷ 21
Spinat	0,321	0,409	0,327	117,8	60,5	0,165	÷ 22
	0,469	0,300	0,300	10,7	11,8	0,125	÷ 50
Schnittbohnen .	0,135	0,034	0,062	8,7	17,7	0,038	÷ 14
	0,090	0,018	0,025	4,4	11,2	0,019	÷ 23

[1] Scheinbare Erhöhung.

Tabelle 57. Einfluß der Konservierung auf den Vitamin C-Gehalt der Gemüse. [Nach M. OLLIVER (1).]

| Produkt | Vitamin C in mg je g | | | Verteilung des Vitamin C in mg total | | Vitamin C in 1 g frischem Gemüse nach der Konservierung in mg | Vitamin C verloren in % |
| | roh | konserviert | | | | | |
		feste Teile	Brühe	feste Teile	Brühe		
Große Bohnen .	0,277	0,155	0,176	58,3	31,5	0,152	15
	0,277	0,147	0,166	53,7	33,7	0,140	18
Karotten . . .	0,070	—	—	—	—	—	—
	0,080	0,031	0,039	6,1	4,6	0,039	26
	0,075	0,034	0,050	12,4	10,8	0,034	14
	0,058	0,041	0,047	8,2	5,5	0,041	19
	0,048	0,036	0,043	13,4	9,0	0,036	27
Zwiebeln . . .	0,097	0,089	0,027	37,0	10,3	0,089	8
Erbsen	0,312	0,147	0,178	81,0	46,5	0,147	25
	0,263	0,199	0,166	80,2	27,7	0,201	3
	0,227	0,199	0,156	51,1	21,5	0,200	24
	0,250	0,081	0,110	31,2	19,7	0,081	36
	0,197	—	—	—	—	—	—
Kartoffeln . . .	0,291	0,219	0,115	88,9	18,9	0,240	0
	0,406	0,193	0,250	58,5	46,0	0,159	30
Rosenkohl . . .	1,150	{ 0,526	0,555	215,2	63,3	—	—
		{ 0,500	0,500	199,5	59,0	—	—
	1,111	—	—	—	—	—	—
	0,900	—	—	—	—	—	—
Spinat	0,321	0,237	0,214	40,3	24,2	0,177	12
	0,469	0,121	0,121	—	—	—	—
Schnittbohnen .	0,135	0,042	0,056	18,4	19,6	0,043	34
	0,090	0,041	0,055	13,8	9,6	0,042	22

größeren Verluste festzustellen. Die stärksten Verluste ergaben sich beim Konservieren von Erbsen, bis zu 36%, und bei Rosenkohl bis zu 43%.

In einigen Versuchen wurde der Vitamin C-Gehalt scheinbar erhöht. Dies kann wahrscheinlich dadurch erklärt werden, daß das Vitamin C nach der Inaktivierung der Enzyme durch Erhitzen viel stabiler ist und bei der Untersuchung der frischen Gemüse bereits während der Vorbereitung zur Analyse, also noch vor der eigentlichen Bestimmung, Verluste eingetreten sind.

In der Tabelle 58 sind die Untersuchungen über das Verhalten von Vitamin C bei der Lagerung von Konserven aufgeführt. Auch hier traten zum Teil Verluste ein, die nur bei Erbsen bedeutend waren.

Aus diesen Versuchen läßt sich schließen, daß das Vitamin C vor allem durch Auslaugung verlorengehen kann. Beim Kochen oder Blanchieren geht leicht ein Teil des Vitamin C verloren. Wenn ein Blanchieren unbedingt vorgenommen werden muß, sollte es möglichst kurz dauern. Verluste, die durch Erhitzung in der verschlossenen Konservendose eintreten, sind im allgemeinen nicht bedeutend.

Tabelle 58. Einfluß des Lagerns auf den Vitamin C-Gehalt von konservierten Gemüsen. [Nach M. OLLIVER (1).]

Produkt	pH	Lagerungszeit	Vitamin C in mg		Vitamin C verloren in %	
			im Roh-produkt	in der Kon-serve	vgl. mit dem Rohprodukt	beim Lagern
Große Bohnen, Probe A . .	5,78	0 Tage	106,2	89,8	15	—
		35. Wochen		84,3	21	6
Große Bohnen, Probe B . .	5,82	0 Tage	106,2	87,4	18	—
		35 Wochen		82,9	22	5
Bohnen, ganze	5,49	2 Tage	52,9	40,2	24	—
		17 Wochen		45,0	15	12[1]
		31 Wochen		38,8	27	3
Bohnen, geschnittene . . .	5,02	2 Tage	57,7	38,0	34	—
		17 Wochen		34,8	40	8
		31 Wochen		34,1	41	10
Erbsen, mittlere	5,89	0 Tage	58,1	72,7	25[1]	—
		35 Wochen		41,8	28	42
Erbsen, große	5,96	0 Tage	104,7	107,9	3[1]	—
		35 Wochen	—	72,7	31	33
Erbsen, kleine	5,85	0 Tage	166,0	127,5	23	—
		35 Wochen		106,7	36	16
Spinat, ganzes Blatt . . .	5,14	0 Tage	73,2	64,5	12	—
		7 Tage		62,9	14	2
		9 Tage		57,7	21	10
		20 Wochen		60,3	18	6
		40 Wochen		58,8	20	9
Rosenkohl, unlackierte Dose	5,37	6 Tage	456,5	278,5	39	—
		17 Wochen		239,6	47	14
Rosenkohl, lackierte Dose .	5,52	6 Tage	456,5	258,5	43	—
		17 Wochen		210,8	54	19
Spinat Kleine Verpackung . . .	5,32	0 Tage	0,419 mg je g		Konserven	
		40 Wochen	0,428 mg je g			
Große Verpackung . . .	5,10	0 Tage	0,450 mg je g			
		40 Wochen	0,418 mg je g			

[1] Scheinbare Erhöhung.

Eine Reihe der Bestimmungen von OLLIVER (1) wurde durch biologische Bestimmungen kontrolliert.

MATHIESEN und ASCHEHOUG [MATHIESEN und ASCHEHOUG; MATHIESEN (5)] untersuchten im hiesigen Institut die Stabilität des Vitamin C bei der Konservierung verschiedener Gemüse. Die Ergebnisse der Untersuchungen gehen aus der Tabelle 59 hervor. Bei der Konservierung der untersuchten Proben wurde so verfahren, wie es in der Industrie üblich ist. Bei der Konservierung von grünen Erbsen wurden 35—65% des ursprünglichen Vitamin C in der Konserve wiedergefunden. Bei Zuckererbsen waren überhaupt keine Verluste zu verzeichnen. Bohnen behielten 50—60% des Vitamin C-Gehaltes bei, wenn sie nicht mit

Kupfersalz behandelt waren. Bei Wachsbohnen war das Vitamin C noch besser erhalten. Blumenkohl enthielt 60—80% des ursprünglichen Vitamin C-Gehaltes, Spinat 40—85%, wenn der Spinat ohne Kupfer konserviert war. Im übrigen sei auf die Tabelle 59 verwiesen.

Aus unveröffentlichten Untersuchungen im hiesigen Institut geht hervor, daß bei den meisten konservierten Gemüsen beim Lagern bis zu 2 Jahren nur unbedeutende Verluste an Vitamin C festgestellt werden konnten.

Tabelle 59. Vitamin C in Gemüsekonserven. [Nach Mathiesen (5).]

Sorte	Frische Gemüse Vitamin C mg je g	Konserve Vitamin C mg je g	Alter der Konserve in Wochen	Vitamin C in der Konserve erhalten in %
Grüne Erbsen:				
Japanische	0,32	0,11	4	35
	0,17	0,07	3	40
	0,28	0,10	2	35
	0,41	0,20	0	50
	0,34	0,12	1	35
	0,31	0,12	1	40
	0,28	0,18	1	65
Fairbeards non pareil	0,25	0,09	6	35
Whithams wonder	0,40	0,12	2	35
Centurion	0,22	0,10	2	45
Zuckererbsen:				
Englischer Säbel	0,31	0,34	20	110
	0,36	0,25	1	70
	0,38	0,40	1	105
	0,44	0,47	3	105
	0,32	0,33	4	100
	0,47	0,37	6	80
	0,33	0,31	6	95
	0,38	0,37	4	95
	0,38	0,42	1	110
	0,66	0,57	0	85
	0,65	0,45	0	65
Karl Weydal	0,20	0,21	5	100
	0,38	0,39	3	100
Grüner Säbel, früh	0,32	0,32	6	100
	0,35	0,37	9	105
Mausanne	0,50	0,47	2	95
Zuckererbsen und Karotten:				
Englischer Säbel	0,39 ⎫	0,19	0	90
Nantes	0,03 ⎭			
Englischer Säbel	0,39 ⎫	0,22	3	100
Nantes	0,05 ⎭			
Englischer Säbel	0,66 ⎫	0,27	0	75
Nantes	0,04 ⎭			

Tabelle 59 (Fortsetzung).

Sorte	Frische Gemüse Vitamin C mg je g	Konserve Vitamin C mg je g	Alter der Konserve in Wochen	Vitamin C in der Konserve erhalten in %
Grüne Bohnen:				
(Nicht gefärbt)	0,09	0,05	5	55
(Gefärbt mit Kupfersulfat)	0,13	0,02	5	15
	0,11	0,01	5	10
	0,15	0,02	6	15
	0,17	0,02	9	10
	0,20	0,02	1	10
(Gefärbt mit synth. Farbstoff)	0,14	0,08	1	55
Schnittbohnen:				
Kaiser Wilhelm (nicht gefärbt)	0,10	0,06	6	60
Kaiser Wilhelm (gefärbt mit Kupfersulfat)	0,05	0,005	6	10
Alabaster (gefärbt mit Kupfersulfat) . .	0,08	0,005	6	5
	0,04	0,005	5	10
	0,07	0,01	9	10
Unbekannt (gefärbt mit synth. Farbstoff)	0,18	0,09	1	50
Spinat:				
Der König von Dänemark (ungefärbt). .	0,20	0,14	13	70
	0,24	0,21	5	85
Der König von Dänemark (gefärbt mit Kupfersulfat)	0,31	0,02	3	5
	0,49	0,04	6	10
	0,22	0,03	7	15
Der König von Dänemark (gefärbt mit synth. Farbstoff)	0,44	0,30	0	70
	0,42	0,17	0	40
	0,64	0,26	1	40
Amager (gefärbt mit Kupfersulfat) . . .	0,26	0,03	0	10
Amager (gefärbt mit synth. Farbstoff) .	0,42	0,17	0	45
New Zealand (gefärbt mit Kupfersulfat)	0,27	0,04	5	15
New Zealand (gefärbt mit synth. Farbstoff)	0,60	0,25	0	40
Nobel (gefärbt mit synth. Farbstoff) . .	0,58	0,29	0	50
Wachsbohnen:				
Flageolet	0,25	0,21	19	85
Weibulls Express	0,21	0,11	4	55
	0,18	0,11	6	60
	0,17	0,07	6	40
	0,13	0,06	9	45
Osloer Markt	0,15	0,10	9	70
Blumenkohl, großer dänischer	0,60	0,45	5	75
	0,74	0,60	0	80
	0,70	0,43	0	60
Weißkohl, als Sauerkraut	0,22	0,19	0	85
	0,20	0,20	0	100
	0,24	0,18	0	75
Mangold:				
Genfer, Blatt	0,35	0,13	8	35
	0,37	0,13	0	35
Genfer, Stiel	0,02	0,01	6	50
	0,03	0,01	9	30

Tabelle 59 (Fortsetzung).

Sorte	Frische Gemüse Vitamin C mg je g	Konserve Vitamin C mg je g	Alter der Konserve in Wochen	Vitamin C in der Konserve erhalten in %
Weiße Rüben:				
Petrowsja	0,16	0,12	6	75
Mai	0,12	0,12	5	100
Rote Bete:				
Improved Detroit	0,10	0,10	6	100
	0,20	0,16	3	80
Krossby	0,19	0,13	1	70
Radieschen, Sorte unbekannt	0,21	0,19	5	90
Sellerie:				
Imperator, Wurzel	0,19	0,19	8	100
Imperator, Stiel	0,06	0,03	4	50
Karotten, Pariser Karotten	0,04	0,03	1	75
Pastinake, Student	0,16	0,13	8	80
Portulak, Sorte unbekannt	0,05	0,02	4	40
	0,06	0,02	4	30
Pilze:				
Pfifferling	0,14	0,03	6	20
	0,12	0,05	6	40
Semmelstoppelpilz	0,05	0,01	4	20
Schafeuter	0,06	0,02	5	30

DIEMAIR, TIMMLING und FOX untersuchten ebenfalls das Verhalten von Vitamin C beim Konservieren von Gemüsen. Die Tabelle 60 zeigt das Ergebnis dieser Untersuchungen. Die Verluste an Vitamin C wechseln stark. Die Verluste rühren in der Hauptsache nicht von dem

Tabelle 60. Vitamin C in Gemüsekonserven. (Nach DIEMAIR, TIMMLING und FOX.)

Gemüseart	Frisch Vitamin C mg/100 g	Konserviert Vitamin C mg/100 g	Verpackungsart	Sterilisationsbedingungen Temp.°	Zeit Min.	Vitamin C-Verlust in %
Erbsen a, grün	17,6	5,6	Blech	117	28	68,2
Erbsen b	13,2	9,2	,,	117	28	30,3
Erbsen c	17,6	3,4	Glas	100	30	80,7
Karotten	0,8	0,8	Blech	112	22	0,0
Bohnen, „naturell"	5,1	3,9	,,	115	18	23,5
Bohnen, „gegrünt"	5,1	2,3	,	115	18	54,8
Pfifferlinge	7,6	3,2	,,	115	40	57,9
Paprikaschoten	75,2	15,8	,,			79,0
Zuckermais	13,5	2,9	,,	115	45	78,5
Steinpilze	2,5	2,0	,,	117	45	20,0
Tomaten	25,4	25,2	,,	100	15	0,8
Spargel	12,4	5,0	Glas	100	30	59,7
Bohnen, grün	5,1	2,7	,,	100	30	47,1
Pfifferlinge	7,6	2,1	,,	100	30	72,4

Sterilisierungsprozeß her, sondern finden größtenteils bereits bei der Vorbehandlung der Gemüse statt. So sind hauptsächlich die Verluste beim Blanchieren verhältnismäßig groß, wie aus der Tabelle 61 hervorgeht. Auf diese Tatsache haben bereits OLLIVER und auch MATHIESEN in

Tabelle 61. Verhalten des Vitamin C beim Blanchieren von Gemüse und Obst. (Nach DIEMAIR, TIMMLING und FOX.)

Gemüse und Obstarten	Frisch Vitamin C mg/100 g	Blanchiert Vitamin C mg/100 g	Vitamin C- Verlust in %	Vitamin C im Blanchierwasser mg/100 ml
Spargel I	12,4	8,9	28,2	2,6
Spargel II	16,4	15,2	7,3	0,9
Spargel III	9,1	7,4	18,7	2,5
Erbsen, grün, I	13,2	9,8	25,7	15,7
Erbsen, grün, II	17,6	10,9	38,0	1,3
Bohnen, grün, I	5,1	4,6	9,8	0,2
Pfifferlinge	7,6	3,0	60,5	1,2
Spinat	47,5	31,8	33,1	17,5
Pfirsiche	4,0	0,7	82,5	1,1

unserem Institut ausdrücklich hingewiesen; beispielsweise beim Konservieren von Spinat haben wir empfohlen, das Gemüse vor dem Einlegen in die Dose zu dämpfen statt zu blanchieren, wobei sich nach Untersuchungen in unserem Institut gezeigt hat, daß die Vitamin C-Verluste bedeutend geringer sind. Tabelle 62 gibt eine Gesamtübersicht über die wichtigsten vorliegenden Bestimmungen von Vitamin C in Gemüse- und Obstkonserven.

Tabelle 62. Vitamin C in Konserven in mg je 100 g.

| Produkt | Vitamin C | | | | Verfasser |
	biologisch	biologisch + chemisch	chemisch	Jahr	
Blumenkohl		45		1937	MATHIESEN und ASCHEHOUG
Rosenkohl			50—55	1936	OLLIVER (1)
Weißkohl	12,5			1924	EDDY und KOHMAN
		18—20		1937	MATHIESEN und ASCHEHOUG
Sauerkraut	13—40			1930	CLOW, PARSONS und STEVENSON
	13—20			1933	PARSONS und HORN
Große Bohnen			14—16	1936	OLLIVER (1)
			5—13	1938	v. EEKELEN (2)
Grüne Bohnen			4	1936	OLLIVER (1)
		5		1937	MATHIESEN und ASCHEHOUG
			5,4	1938	v. EEKELEN (2)

Tabelle 62 (Fortsetzung).

Produkt	Vitamin C				Verfasser
	biologisch	biologisch + chemisch	chemisch	Jahr	
Grüne Bohnen mit Cu gefärbt . .		1		1937	Mathiesen und
Wachsbohnen . .		6—20		1937	Aschehoug
Schnittbohnen . .			3,1	1936	Wolff (1)
		6		1937	Mathiesen und Aschehoug
Grüne Erbsen . .	12			1926	Eddy, Kohman und Carlsson (2)
	7			1936	Fellers und Stepat
			8—20	1936	Olliver (1)
			8,5	1936	Wolff (1)
		9—11		1937	Mathiesen und
Zuckererbsen. . .		25—50		1937	Aschehoug
Weiße Rüben . .			8	1936	Olliver (1)
		12		1937	Mathiesen und
Radieschen . . .		21		1937	Aschehoug
Rote Bete . . .		10		1937	
Karotten	2—5			1931	Wasson
			2—4	1936	Olliver (1)
Spinat	12—25			1925	Eddy, Kohman und Carlsson (1)
	5—10			1931	Wasson
	4—6		8	1933	Bessey und King
			13—24	1936	Olliver (1)
		10—20		1937	Mathiesen und
Mangold, Blatt		13		1937	Aschehoug
Rübengras. . . .	12—20			1931	Kohman, Eddy und Gurin (1)
Spargel	5—10			1931	Wasson
	5			1934	Fellers, Young, Isham und Clague
			10	1936	Wolff (1)
			14—17	1936	Olliver (1)
Tomaten, grüne reife	7—10			1930	Kohman, Eddy und Zall
			22	1935	McHenry
Sellerie		19		1937	Mathiesen und
Pastinake		13		1937	Aschehoug
Portulak		2		1937	
Zwiebel			9	1936	Olliver (1)
Pilze		2—5		1937	Mathiesen und Aschehoug
Erdbeeren	15—25			1928	Kohman, Eddy und Halliday
			25—58	1936	Olliver (1)
		50—70		1937	Mathiesen und
Himbeeren. . . .		17—22		1937	Aschehoug

Tabelle 62 (Fortsetzung).

Produkt	Vitamin C				Verfasser
	biologisch	biologisch + chemisch	chemisch	Jahr	
Multbeeren . . .		38—96		1937	MATHIESEN und ASCHEHOUG
Stachelbeeren . .			24—32	1936	OLLIVER (1)
		30—46		1937	MATHIESEN und ASCHEHOUG
Schwarze Johannisbeeren			170—250	1936	OLLIVER (1)
		92—157		1937	⎫
Rote Johannisbeeren.		15—24		1937	⎪ MATHIESEN und
Heidelbeeren . . .		9—14		1937	⎬ ASCHEHOUG
Preiselbeeren . .		5		1937	⎪
Hagebutten . . .		1000		1937	⎭
Brombeeren . . .		2—9		1937	MATHIESEN (5)
Pflaumen			1—4	1936	OLLIVER (1)
		3—14		1937	MATHIESEN und ASCHEHOUG
Birnen	1,5—2,5			1929	KRAMER, EDDY und KOHMAN
		2—4		1937	MATHIESEN und ASCHEHOUG
Pfirsich	16			1926	KOHMAN, EDDY, CARLSSON und HALLIDAY
Endivie			2,7	1936	WOLFF (1)
Ananassaft . . .	7			1936	GUERRANT und Mitarb.
Tomatensaft . . .	20—33			1935	FELLERS, CLAGUE und ISHAM
Tomatenpaste . .			20	1938	HAUCK

Das Verhalten von Vitamin C bei der Gärung von Gemüsen.

Die Konservierung von Gemüsen, insbesondere von Kohl, durch Gärung spielt eine nicht unbedeutende Rolle im Haushalt. Insbesondere wird Sauerkraut sowohl im Haushalt als auch technisch hergestellt und als Konserve verkauft.

GHOSH und GUHA (2) geben an, daß der Vitamin C-Gehalt von Bohnen bei der Gärung bedeutend erhöht wird. BISWAS und GHOSH konnten eine ähnliche Beobachtung bei der Gärung von Erbsen machen.

CLOW, MARLATT, PETERSON und MARTIN untersuchten den Vitamin C-Gehalt in Sauerkraut und konnten sehr verschiedene Vitamin C-Mengen feststellen. Im großen und ganzen enthält das Sauerkraut etwa die Hälfte des Betrages wie beim frischen Kohl.

Nach verschiedenen Verfassern soll Sauerkraut und konserviertes Sauerkraut nicht allzu reich an Vitamin C sein [FELLERS (1)]. Nach

CLOW verliert der Kohl bei der Erhitzung von Sauerkraut etwa 25% seines Vitamin C-Gehaltes.

QVILLER (3) gibt den Vitamin C-Gehalt von Sauerkraut zu 20 bis 38 mg-% an. Nach gewöhnlicher Zubereitung sinkt er aber mit etwa 60%.

PEDERSON, MACK und ATHAWES untersuchten eingehend den Vitamin C-Gehalt von Sauerkraut. Sie konnten feststellen, daß der Kohl während der Gärung genau so viel Vitamin C enthielt wie der frische Kohl. Wird aber das Sauerkraut nach beendeter Gärung gelagert, so geht der Vitamin C-Gehalt langsam zurück. Konserviertes Sauerkraut enthält etwas weniger Vitamin C als der frische Kohl. Die Verluste treten bei den Prozessen ein, die sich *vor* dem Einfüllen in die Konservendose abspielen. Nur ganz geringe Verluste wurden durch den Sterilisierungsprozeß verursacht; auch konnten nur geringe Verluste bei der Lagerung der Konserven festgestellt werden.

MATHIESEN (5) fand in konserviertem Sauerkraut 75—100% des ursprünglichen Vitamin C-Gehaltes des frischen Kohls.

Aus diesen Versuchen geht hervor, daß Sauerkraut und andere durch Säuregärung haltbar gemachte Gemüse gute Vitamin C-Quellen darstellen und das Vitamin C, wenn die Produkte nach beendeter Gärung konserviert werden, erhalten bleibt.

Über das Verhalten des Vitamin C beim Kochen, Pasteurisieren und Sterilisieren von Milch.

Wir haben bereits früher darauf hingewiesen, daß der Vitamin C-Gehalt der frischen Milch während des ganzen Jahres verhältnismäßig konstant bleibt. Schwankungen, bedingt durch die Jahreszeit oder durch die Art der Fütterung, konnten bisher mit Sicherheit nicht festgestellt werden.

CIMMINO bestimmte den Gehalt an Vitamin C in verschiedenen Milchsorten. Die erhaltenen Werte waren wie folgt: Frauenmilch 27 mg je Liter, Kuhmilch 20 mg, Ziegenmilch 45 mg, Eselmilch 72 mg und Stutenmilch 95 mg je Liter. Beim Pasteurisieren oder Kochen ging der Vitamin C-Gehalt etwas zurück. Dagegen wurde der Gehalt an Dehydroascorbinsäure etwas erhöht. CHAKRABORTY fand Verluste von etwa 30% Vitamin C beim Kochen von Milch.

SCHWARTZE, MURPHY und HANN stellten den Verlust an Vitamin C fest beim Kochen von Milch während 5 Minuten in einem Glas- oder Aluminiumgefäß; er betrug 20%. Damit ist auch gleichzeitig gezeigt worden, daß Aluminium keinen schädigenden Einfluß auf das Vitamin C der Milch beim Kochen hat.

SCHWARTZE, MURPHY und COX untersuchten in einer weiteren Arbeit die Einwirkung der Pasteurisierung auf den Vitamin C-Gehalt von Milch in Gegenwart gewisser Metalle. Sie konnten feststellen, daß die Verluste an Vitamin C bei Pasteurisierung in der Luft im Aluminium 20—40%

betrugen. Bei Verwendung von verzinntem Kupfer waren die Verluste etwas größer als bei Aluminium. Wurde unverzinntes Kupfer benutzt, so beliefen sich die Verluste auf mindestens 80—90%. Diese Versuche zeigen deutlich den schädigenden Einfluß des Kupfers.

VAN WIJNGAARDEN (3) konnte zeigen, daß eine lang dauernde Pasteurisierung bei tieferer Temperatur zu größeren Verlusten an Vitamin C führte als die neuere Methode, die mit höherer Temperatur und kurzer Zeit arbeitet. Bei dieser sogenannten Plattenpasteurisierung beliefen sich die Verluste nur auf 10%. Es muß aber beachtet werden, daß die Metalle, womit die Milch in Berührung kommt, nicht Kupfer oder Silber enthalten dürfen, da diese Metalle den oxydativen Abbau des Vitamin C katalysieren.

PRATT fand, daß Vitamin C beim Pasteurisieren von Milch teilweise verlorengeht. Die Verluste waren aber bei Anwendung von Nickel nicht größer als bei Anwendung von Glas.

MIURA ermittelte, daß der Gehalt an Vitamin C beim Pasteurisieren von Milch etwas zurückgeht. Beim Sterilisieren im Autoklav sinkt aber der Vitamin C-Gehalt noch weiter. DE CARO und SPEIER geben ebenfalls an, daß beim Kochen und Pasteurisieren von Milch Verluste eintreten. In frischer Milch fanden diese Forscher 4,8—14,5 mg Vitamin C je Liter und in pasteurisierter Milch 1,6—9,2 mg.

GRANDISON und CRUIKSHANK ermittelten Verluste von 20—40% Vitamin C bei Pasteurisierung von Milch in der Luft in Aluminiumgefäßen. In Aluminium wurden die besten Ergebnisse erhalten.

STOERR gibt an, daß kondensierte Milch ebenfalls Vitamin C-haltig ist. Die kondensierte Milch enthält im Durchschnitt 15,3 mg Vitamin C je Liter.

CHO bestimmte den Gehalt an Vitamin C in 50 Milchproben von 6 verschiedenen Weideorten und fand im Mittel 25 mg je Liter. Nach 48stündiger Aufbewahrung im Eisschrank war der Gehalt um 41,7%. bei Zimmertemperatur um 75% und durch Pasteurisieren um 22% verringert.

WOESSNER, WECKEL und SCHUETTE fanden, daß beim Pasteurisieren etwa 20% des Vitamingehaltes verloren geht. Der Verlust ist weniger von der Höhe, stärker von der Dauer des Erhitzens abhängig. Bei Belichtung wird der Verlust besonders groß.

ZOLLIKOFER fand in frischer Milch etwa 21 mg Vitamin C je Liter. Nach der Behandlung in Molkerei und Haushalt nimmt er um etwa 50% ab, was auch INICHOW und LAWROWA bestätigen konnten. Nach WOESSNER, ELVEHJEM und SCHUETTE enthält kondensierte Milch etwa 50% des Ascorbinsäuregehaltes der frischen Milch, andere Milchpräparate bedeutend weniger.

HOLMBERG fand, daß Vitamin C in der Milch beim Erhitzen auf 70° im Dunkeln vollständig erhalten blieb. Die Dehydroascorbinsäure ist dagegen viel empfindlicher und geht nach 15 Minuten langem Erhitzen verloren.

SHARP, TROUT und GUTHRIE konnten feststellen, daß die Pasteurisierung bei 60°—63° C während 30 Minuten viel schädlicher für den Vitamin C-Gehalt war als kurzes Erhitzen bei höherer Temperatur. Sie erklären dieses Verhalten durch eine schnellere Inaktivierung der Enzyme der Milch, die den Abbau des Vitamin C katalysieren.

HENRY und KON (2) untersuchten gleichfalls den Einfluß der Sterilisierung auf den Vitamin C-Gehalt der Milch. Sie fanden in der frischen Milch durchschnittlich 18,3 mg Vitamin C je Liter, in der sterilisierten Milch 10,3 mg. Die Verluste bei der Sterilisierung betrugen demnach 43%. Wenn die sterilisierte Milch sofort im Dunkeln aufbewahrt und vor Licht geschützt wurde, waren die Verluste bedeutend geringer. Erfolgte die Aufbewahrung der sterilisierten Milch 4—6 Wochen lang, so ging der Vitamin C-Gehalt noch weiter zurück.

MATHIESEN (2) prüfte im hiesigen Institut den Einfluß der Pasteurisierung von Milch. Der Vitamin C-Gehalt in der frischen Milch war 16,8—19,9, im Durchschnitt 18,5 mg Vitamin C je Liter. In der pasteurisierten Milch fand er 15,8—19,3, im Durchschnitt 18,1 mg Vitamin C je Liter. Danach sollten die Verluste an Vitamin C bei der modernen Pasteurisierung von Milch ganz unbedeutend sein.

KON und WATSON (3) konnten zeigen, daß Vitamin C in Milch durch den Einfluß des Lichtes in Dehydroascorbinsäure übergeführt wird. Dieses oxydierte Produkt ist viel empfindlicher gegen Erhitzen beim Pasteurisieren als das Vitamin C selbst. Der Gehalt an Vitamin C in pasteurisierter Milch hängt deshalb davon ab, wie lange die Milch vor dem Pasteurisieren dem Licht ausgesetzt worden ist.

DIEMAIR und FRESENIUS finden, daß der Verlust an Vitamin C in bestrahlter Milch etwa 9% beträgt und somit ohne praktische Bedeutung ist. Der Verlust ist so regelmäßig, daß er möglicherweise zur Unterscheidung von bestrahlter und unbestrahlter Milch dienen kann.

HOUSTON, KON und THOMPSON untersuchten die Zerstörung des Vitamin C durch Licht. Beim Aufbewahren der Milch in Flaschen aus klarem Glas war der Verlust am größten, weniger in Flaschen aus grünem Glas oder in imprägnierten Papierbechern und am geringsten in Flaschen aus braunem Glas.

KROKER (2) gibt an, daß Aufkochen und Dauerpasteurisieren im Laboratorium niemals Verluste von mehr als 10% des Vitamin C-Gehaltes bewirkten. In dauerpasteurisierter Milch des Handels wurde im allgemeinen weniger Vitamin C als in kurze Zeit erhitzter Milch des Handels gefunden.

KING und WAUGH fanden ebenfalls keine nennenswerten Verluste an Vitamin C bei den modernen Pasteurisierungsmethoden. Dagegen waren die Verluste bei der alten Methode, wobei man während 30 Minuten auf 60°—63° erhitzte, ziemlich beträchtlich.

Jung (3) fand in frischem Vollmilchpulver einen Gehalt an Vitamin C von 4,8, in Buttermilchpulver 7,9 und in Sauermilchpulver 3,6—4,6 mg je 100 g. Auf fertige Milch berechnet ergeben sich somit Werte von 0,62—0,79 mg Vitamin C je 100 g.

Aus den vorliegenden Untersuchungen über das Verhalten von Vitamin C beim Pasteurisieren und Sterilisieren von Milch geht hervor, daß das Vitamin C gegen Erhitzen weitgehend beständig ist, wenn die Luft ausgeschlossen wird. Wird aber die Milch vor dem Sterilisieren dem Licht ausgesetzt, so entstehen größere Verluste an Vitamin C. Auch bei Gegenwart von Kupfer treten sehr große Verluste an Vitamin C ein.

Über das Verhalten von Vitamin C in weiteren animalischen Produkten bei der Sterilisierung, beispielsweise im Fischrogen, liegen noch keine Untersuchungen vor.

Vitamin D.
Die Entdeckung des Vitamin D.

Vitamin D ist das antirachitische Vitamin. Die Rachitis wurde verhältnismäßig spät als Mangelkrankheit erkannt. Hopkins wies im Jahre 1906 darauf hin, daß die Rachitis mit dem Fehlen eines Ernährungsfaktors in der Kost zusammenhängen müßte. Der Beweis dafür wurde aber erst viel später, im Jahre 1919, von Mellanby erbracht. Mellanby arbeitete mit Hunden, bei welchen er mit einer geeigneten Kostmischung Rachitis hervorrufen konnte. Später gelang es anderen Forschern, auch bei Ratten Rachitis entstehen zu lassen, und damit war die Möglichkeit zur weiteren Erforschung des Vitamins gegeben. Ein wichtiger Schritt vorwärts gelang der Forschung über das Vitamin D, als Hopkins (3) sowie McCollum und Mitarbeiter im Jahre 1922 nachweisen konnten, daß es zwei fettlösliche Vitamine gab, nämlich ein sauerstoff- und hitzeempfindliches, Vitamin A, und ein hitzebeständigeres, das spezielle antirachitische Vitamin D.

Es war schon früher von mehreren Seiten, unter anderem dem norwegischen Arzt Ebbell, der in Madagaskar arbeitete, auf den Zusammenhang zwischen Rachitis und mangelnder Sonnenbestrahlung hingewiesen. Diese Theorie stand scheinbar in Widerspruch mit der Auffassung der Rachitis als Vitaminmangelkrankheit, bis Hess (Hess und Weinstock) und Steenbock (Steenbock und Black) nachweisen konnten, daß Nahrungsstoffe durch Bestrahlung mit ultraviolettem Licht antirachitische Wirkung erhielten. Es müßten somit in den aktivierbaren Produkten Stoffe vorhanden sein, die als Provitamine durch Einfluß des Lichtes in Vitamin D übergeführt werden konnten.

Bei der weiteren Untersuchung dieser Provitamine konnte von Hess, Pohl und Windaus (Pohl; Windaus und Hess) gezeigt werden, daß diese Stoffe im Ultraviolett ganz schwache Absorptionsbanden zeigten, die sich durch die Bestrahlung zum Verschwinden bringen ließen. Es konnte weiter gezeigt werden, daß die Provitamine zu den Sterinen gehörten. Vor allem wurde das Ergosterin durch Bestrahlung zu einem stark wirksamen Produkt. WINDAUS und Mitarbeitern (1) sowie ASKEW und Mitarbeitern gelang es jetzt, krystallisierte antirachitische Produkte zu gewinnen. Aus diesen konnte das reine antirachitische Vitamin, das in Deutschland Vitamin D_2 und in England Calciferol genannt wurde, gewonnen werden.

Es zeigte sich später, daß es nicht nur ein Vitamin D gibt, sondern mehrere Körper mit ähnlicher Konstitution, die alle antirachitisch wirken. Darauf soll in einem späteren Abschnitt etwas näher eingegangen werden.

Krankheitsbild bei Vitamin D-Mangel.

Das wichtigste Symptom bei Vitamin D-Mangel ist eine Veränderung am Skeletsystem in Form einer Verkalkungshemmung und eine damit zusammenhängende Störung des Längenwachstums. Bei lang dauerndem Vitamin D-Mangel entstehen verschiedene Knochenverbiegungen. Eines der ersten Zeichen ist der „rachitische Rosenkranz", Auswüchse an der Grenze zwischen Knorpel und Knochen bei den Rippen. Diese Symptome sind durch eine Störung im Mineralstoffwechsel bedingt, worauf hier nicht näher eingegangen werden kann.

Konstitutionsaufklärung des Vitamin D.

Wie schon erwähnt, gehört das Vitamin D zu den Sterinen. Wir haben auch bereits gehört, daß es mehrere antirachitische Vitamine gibt. Das Vitamin D_2 entsteht durch Bestrahlung von Ergosterin. In der gleichen Art und Weise entsteht Vitamin D_3 (WINDAUS, LETTRÉ und SCHENCK) durch Bestrahlung von 7-Dehydro-cholesterin und Vitamin D_4 (WINDAUS und LANGER) durch Bestrahlung von 22-Dihydro-Ergosterin.

Ergosterin　　　→　　　Vitamin D_2

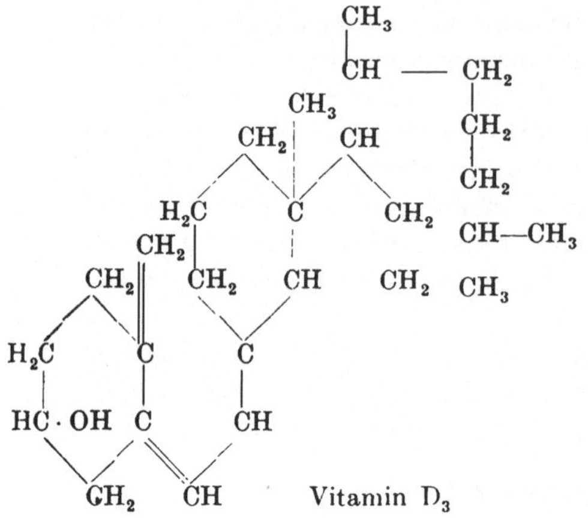

Vitamin D_3

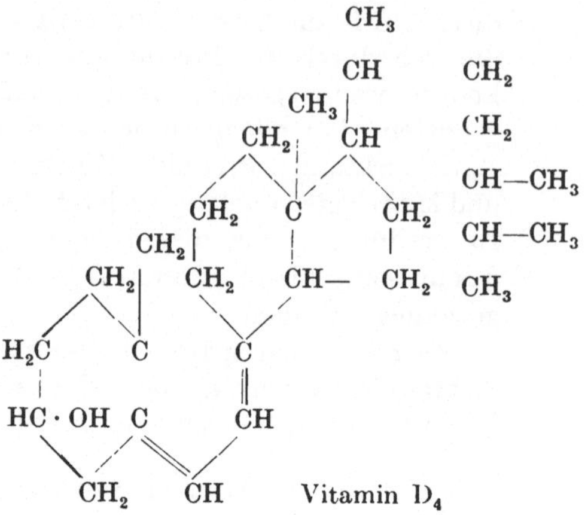

Vitamin D_4

Alle diese Vitamine waren durch Bestrahlung von Provitaminen hergestellt. Brockmann gelang es zuerst, ein natürliches Vitamin D, nämlich das antirachitische Vitamin des Thunfischlebertrans, in reiner Form zu isolieren. Es erwies sich als identisch mit Vitamin D_3.

Bestimmungsmethoden des Vitamin D.

Biologische Methoden.

Bei Bestimmungen von Vitamin D verwendet man als Versuchstier die Ratte. Die Tiere werden auf eine Vitamin D-freie Kostmischung gesetzt, wobei auch besonders das Verhältnis zwischen Kalk und Phosphor in der Grundnahrung zu beachten ist. Auf diese Kost gesetzt, erhalten die Ratten Rachitis. Man kann nun durch Zufuhr der zu untersuchenden Substanz entweder vom Anfang des Versuches an die Bestimmung als prophylaktischen Test ausführen, oder erst, nachdem die Tiere rachitisch geworden sind, die zu untersuchende Substanz hinzufügen, wodurch eine therapeutische Methode erhalten wird.

Der Grad der Heilung der Rachitis kann durch Verfolgung der Kalkablagerung bestimmt werden. Die Tiere werden zu diesem Zwecke getötet und die Knochen mit Silbernitrat zur Bestimmung der Intensität der Kalkablagerung präpariert. Man kann auch den Grad der Heilung durch Röntgenaufnahmen der Knochen verfolgen (Poulsson und Lövenskiold). Dies hat den Vorteil, daß man mit dem gleichen Tier arbeiten kann.

Besonders wichtig bei der Bestimmung des Vitamin D ist, daß man einen fettlöslichen Extrakt des zu untersuchenden Stoffes verfüttern muß und nicht die gesamte Substanz, da dadurch das Verhältnis zwischen Kalk und Phosphor verändert und ein zu hoher Vitamin D-Gehalt vorgetäuscht werden kann.

Es gibt eine große Reihe Vitamin D-freier Kostformen, die bei den Ratten Rachitis hervorrufen. Wir haben in unserem Institut mit Vorteil

die Grundnahrung 84 von SHERMAN und PAPPENHEIMER verwendet
LUNDE, ASCHEHOUG und KRINGSTAD (1)], die sich folgendermaßen zu-
sammensetzt:

Weizenmehl Patent 85%, Eieralbumin 10%, Calciumlactat 2,8%,
Natriumchlorid 2%, Ferricitrat 0,2%.

Zu dieser Grundkost erhalten die Ratten täglich 2—3 g Spinat als
Vitamin A-Quelle.

Zur Bestimmung des Grades der Rachitis werden, wie erwähnt, verschiedene Methoden angewendet. Nach der sogenannten „line-test"
werden die Tiere getötet, bestimmte Knochen, meistens die distalen
Enden von *Ulna* und *Radius*, mit Silbernitrat behandelt, worauf
durch Belichtung das Kalkband sichtbar gemacht wird. Es gibt hier
eine Reihe verschiedener Ausführungen dieser Methode, worauf nicht
näher eingegangen werden soll. Ein weiteres Verfahren beruht auf
einer quantitativen Bestimmung der Knochenasche oder des Calcium-
gehaltes der Knochen, da die Menge der Asche vom Vitamin D-Gehalt
abhängig ist. Nach GRIDGEMAN, LEES und WILKINSON liefert doch
dieses Verfahren etwas höhere Werte als die „line-test".

Einfacher ist die Röntgenmethode, die bei den Untersuchungen
über das Verhalten von Vitamin D bei der Konservierung von Nahrungsmitteln im hiesigen Institut verwendet wurde. Da aus den in unserem
Institut ausgeführten Vitamin D-Bestimmungen in Konserven in bezug
auf die Stabilität des Vitamin D wichtige Schlüsse gezogen wurden, soll
die Methode etwas ausführlicher beschrieben werden.

Ratten von etwa 60 g Gewicht erhalten die schon oben beschriebene
Kostmischung nach SHERMAN und PAPPENHEIMER. Die Ratten bleiben
während des Versuches im Dunkeln. Nach 3 Wochen werden die beiden
Hinterbeine der Ratten röntgenphotographiert. Wenn die Rachitis genügend weit vorgeschritten ist, ist das Tier zum Test bereit. Die
Ratten erhalten nun täglich außer der Grundkost eine bestimmte, abgemessene Menge eines Ätherextraktes der zu untersuchenden Substanz.
Falls der zu untersuchende Extrakt sehr reich an Vitamin D ist, wird
er mit Arachisöl verdünnt. Nach 6 Tagen werden wieder Röntgenphotographien der Hinterbeine aufgenommen und nach 10 Tagen zum
dritten Male. Parallel mit diesen Versuchstieren erhalten andere Ratten
bestimmte Mengen des internationalen Vitamin D-Standards. Weitere
Ratten dienen zur negativen Kontrolle. Durch Vergleich der Heilung der
Rachitis bei den Versuchstieren mit der entsprechenden Heilung der Tiere,
die verschiedene Dosen des internationalen Vitamin D-Standards erhielten, wird der Gehalt an Vitamin D quantitativ bestimmt (vgl. Abb. 29).

Es ist zu beachten, daß die Tiere während des Versuches nicht an
Gewicht abnehmen, da in diesem Fall eine scheinbare Heilung der Rachitis
vorgetäuscht werden kann.

Eine ganz andere Bestimmungsmethode ist von SHERMAN und STIEBELING vorgeschlagen worden. Nach diesem Verfahren erhalten die Versuchstiere eine Vitamin D-freie Kost von sonst normaler Zusammensetzung, d. h. das Verhältnis von Phosphor und Kalk ist normal. Tiere mit einer solchen Kost zeigen Verkalkungsstörungen, die durch Vitamin D-Zufuhr geheilt werden können. Die quantitative Ermittlung des Vitamin D geschieht durch Untersuchung des Aschengehaltes der Knochen.

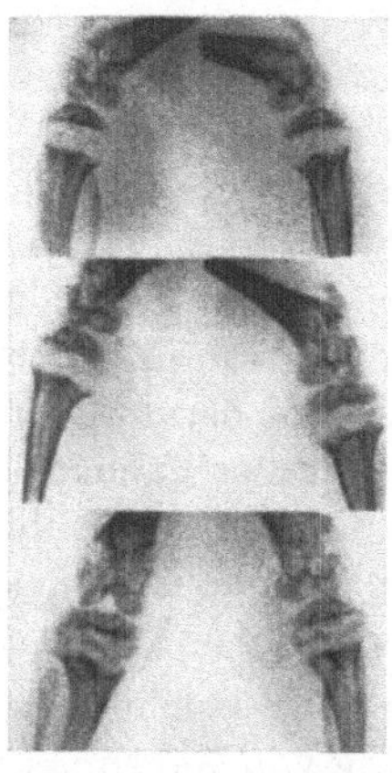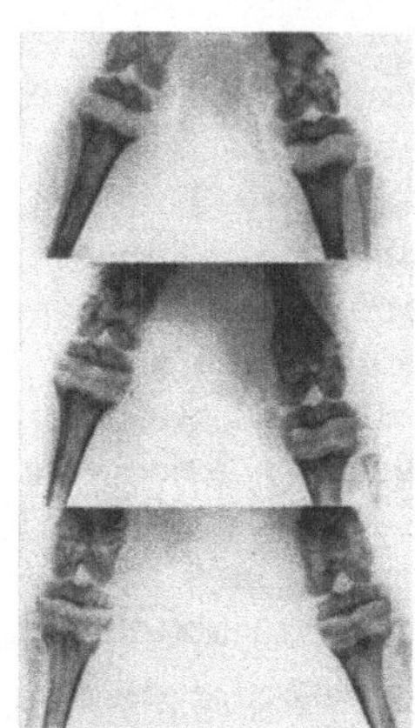

Abb. 29. Röntgenphotographien der Hinterbeine von zwei Ratten. Die Bilder links zeigen von oben eine rachitische Ratte. Darauf die gleiche Ratte nach 6 bzw. 10 Tagen, nachdem sie täglich 1 I. E. des internationalen Vitamin D-Standardpräparates erhalten hatte. Die Bilder rechts stellen eine andere rachitische Ratte des gleichen Wurfes dar, die gleichzeitig täglich 10 mg Fett aus konservierten geräucherten Heringen (Kippers) erhielt. Dieses Fett von Kippers enthält etwas mehr als 100 I. E. je Gramm. [Nach LUNDE (6).]

In der letzten Zeit gewinnt die Verwendung von Hühnern als Versuchstieren bei Vitamin D-Bestimmungen immer mehr Bedeutung, da man durch Bestimmung der antirachitischen Wirkung an Hühnern auf den Gehalt der Öle in den verschiedenen D-Vitaminen Schlüsse ziehen kann. Die einzelnen D-Vitamine verhalten sich nämlich in bezug auf ihre antirachitische Wirksamkeit bei Ratten und Hühnern verschieden.

Chemische Bestimmungsmethoden.

Zur chemischen Bestimmung von Vitamin D sind einige Farbreaktionen herangezogen worden. So bestimmt HALDEN das Vitamin D durch kolorimetrische Messung der Intensität der violetten Farbe, die das Vitamin D_2 mit Aluminiumchlorid in absolutem Alkohol bildet. Beim Vorliegen von Vitamin A versagt das Verfahren. BROCKMANN und CHEN haben gezeigt, daß Vitamin D_2 und D_3 mit Antimontrichlorid in Chloroform eine gelbe Farbe bilden, die eine charakteristische Absorptionsbande zeigt. Diese Methode wurde von NIELD, RUSSELL und ZIMMERLI weiter ausgebaut. Das aus einer Mischung von Antimontrichlorid und Acetylchlorid in Chloroform bestehende Reagens gibt mit D_2 und D_3 eine gelbliche, teilweise nelkenähnliche Färbung, die innerhalb von 30 Sekunden ihr Maximum erreicht und dann 4—5 Minuten konstant bleibt. Die spektrophotometrisch ermittelten Absorptionskurven zeigen für beide Vitamine den gleichen Verlauf und haben ihr Maximum bei 500 mμ. Die Extinktion (E 1 %) ist auch für beide Vitamine die gleiche und beträgt bei 500 mμ etwa 1800. Die optische Dichte, die aus der

Differenz der Absorption bei 500 und 550 mμ ermittelt wird, ist direkt proportional der Vitaminkonzentration. Die Erfassungsgrenze beträgt angeblich 0,2 γ. RAOUL und MEUNIER erhalten mit einer gesättigten, essigschwefelsauren Antimontrichlorid-Lösung eine Färbung. Im Elektrophotometer mit Blaufilter werden innerhalb 4—5 Minuten alle 30 Sekunden Messungen vorgenommen. Da die verschiedenen Sterine charakteristische Kurven liefern, wird dieses Verfahren zur Bestimmung von antirachitisch wirksamen Stoffen als brauchbar bezeichnet.

Bei der Bestimmung von Vitamin D in Nahrungsmitteln können diese chemischen Methoden im allgemeinen nicht zur Anwendung kommen, da sie nur zur Bestimmung von relativ größeren Mengen, wie in Vitaminkonzentraten, verwendet werden können.

Vitamin D-Einheiten.

Der internationale Vitamin D-Standard ist eine 0,01%ige Lösung von bestrahltem Ergosterin in Olivenöl. Die internationale Vitamin D-Einheit ist diejenige Menge des Vitamins, die die rachitisheilende Wirkung von 1 mg dieser Standardlösung besitzt. Dies entspricht 0,1 γ bestrahltes Ergosterin. Die internationale Vitaminkonferenz hat vorgeschlagen, daß diese Einheit $= 0,025\ \gamma$ krystallisiertes Vitamin D_2 gesetzt wird.

An anderen Einheiten gibt es die U.S.P. (United States Pharmacopeia)-Einheit, die mit der internationalen Einheit identisch ist. Außer dieser Einheit hat man früher eine Reihe verschiedener Einheiten definiert, die schwer vergleichbar sind, da sie sich nicht auf ein internationales Standardpräparat beziehen. Die Bestimmungen nach diesen Einheiten sind deshalb auch sehr schwer vergleichbar, da sie nach den angewandten Versuchsbedingungen in den verschiedenen Laboratorien variieren müssen. Man rechnet oft auch mit einer klinischen Einheit. Diese klinische Einheit ist gleich etwa 100 internationalen Einheiten.

Bedeutung des Vitamin D für die Ernährung. Bedarf.

Die Bedeutung des Vitamin D für die Ernährung geht deutlich aus dem bereits in einem früheren Abschnitt Gesagten hervor. Bei Mangel an Vitamin D ist der Kalkstoffwechsel gestört und die Knochenbildung nicht normal. Der Bedarf des wachsenden Organismus an Vitamin D ist deshalb verhältnismäßig größer als bei Erwachsenen.

Bei kleinen Kindern wird der tägliche Bedarf zu etwa 1 klinischen Einheit $=$ etwa 100 internationalen Einheiten angesetzt (STEPP, KÜHNAU und SCHROEDER). Bei eingetretener Rachitis benötigt das Kind zur Heilung mindestens 500 Einheiten täglich. Dies würde für kleine Kinder 12,5 γ reinem Vitamin D_2 entsprechen. Der genaue Bedarf der Erwachsenen ist nicht bekannt, wird aber wahrscheinlich nicht höher sein als bei kleinen Kindern. Der Bedarf ist aber sicher von äußeren

Umständen abhängig, beispielsweise von dem Verhältnis von Kalk zu Phosphor in der Nahrung. Die benötigte Menge ist auch während der Schwangerschaft und in der Lactationsperiode erhöht.

Vorkommen des Vitamin D.

Die wichtigsten Vitamin D-Quellen sind die Fischöle, vor allem die Fischleberöle. Aber auch die Körperöle vieler Fische sind sehr reich an diesem Vitamin. Die Tabelle 63 gibt eine Übersicht über den Gehalt

Tabelle 63. Vitamin D in Fischlebertranen.

Fischlebertrane	Vitamin D in I. E. je g	Jahr	Verfasser
Dorsch	50—100	1933	POULSSON und ENDER
	81	1935	MORGAN und PRITCHARD
	100	1935	BILLS
	60—300	1935	COWARD und MORGAN
	75—200	1938	v. ESVELD
	100		Durchschnittswert
Kohlfisch ("Seelachs")	50—100	1935	BILLS
	100—250	1937	Referiert bei NOTEVARP
Schellfisch . .	50—75	1935	POTTINGER, LEE, TOLLE, HARRISON
	100	1937	Referiert bei NOTEVARP
Heilbutte . .	2000—3300	1932	EMMETT, BIRD, NIELSEN und CANNON
	1000—2000	1935	BILLS
	2000—4000	1935	COWARD und MORGAN
	1400	1937	BILLS, MASSENGALE, IMBODEN und HALL
Makrele . . .	750	1935	BILLS
	800—850	1938	LUNDE (1)
Lachs	1000—1200	1928	S. und S. SCHMIDT-NIELSEN (5)
	400—1300	1935	BILLS
	200—300	1934	LEE und TOLLE
Thunfisch. . .	20000—50000	1933	S. und S. SCHMIDT-NIELSEN (4)
	33000—57000	1936	BLACK und SASSAMAN
	16000—61000	1937	BILLS, MASSENGALE, IMBODEN, HALL
Dornhai . . .	10—30	1930	S. und S. SCHMIDT-NIELSEN (6)
	35	1938	LUNDE (2)
Wittling . . .	950	1936	BEAN, CLAGUE und FELLERS

an Vitamin D in verschiedenen Lebertranen. Die üblichste Vitamin D-Quelle bei Vitamin D-Mangel ist der Dorschlebertran. Dieser enthält im Durchschnitt etwa 100 I. E. je Gramm. Diese klassische Vitamin D-Quelle ist aber durchaus nicht die reichste. Thunfischlebertran enthält etwa 50mal soviel und Heilbuttlebertran etwa 20mal soviel Vitamin D wie der Dorschlebertran.

Wichtiger für die Volksernährung ist jedoch der Gehalt an Vitamin D in den Körperölen der fetten Fische (Tabelle 64). So enthält das Heringsfett beispielsweise etwa 100 I. E. je Gramm, also genau soviel wie der Dorschlebertran. Nach Untersuchungen im hiesigen Institut enthalten auch das Fett des Brislings und des Kleinherings, die zur Herstellung

Tabelle 64. Vitamin D in Fischkörperölen.

Fisch	Vitamin D in I. E. je g	Jahr	Verfasser
Hering (Filet). . . .	50—100	1930	S. und S. SCHMIDT-NIELSEN (3)
	100	1935	BILLS
	200	1936	BLIX und ENGLUND
	90—150	1937	LUNDE, ASCHEHOUG und KRINGSTAD (1)
Kleinhering (ganz)	130	1938	LUNDE (2)
Brisling (ganz) . . .	70—140	1937	LUNDE, ASCHEHOUG und KRINGSTAD (1)
Sardine (Californ.). .	100	1930	NELSON und MANNING
	155—200	1933	TRUESDAIL und CULBERTSON
	80	1935	BILLS
Makrele (Filet) . . .	20—50	1937	Referiert bei NOTEVARP
	55	1938	LUNDE (2)
Thunfisch	125	1930	NELSON und MANNING
	125—200	1933	TRUESDAIL und CULBERTSON
	75	1938	LUNDE (1)
Menhaden	75	1930	NELSON und MANNING
	50	1935	BILLS
	80—160	1937	SUPPLEE
Lachs	25—50	1928	S. und S. SCHMIDT-NIELSEN (5)
	50—67	1936	BAILEY (1)
	100—200	1931	TOLLE und NELSON
Alpforelle (Grönland)	200	1938	LUNDE (1)

von Sardinen dienen, ebenfalls durchschnittlich etwas mehr als 100 I. E. je Gramm. Auch diese Fische müssen deshalb als wichtige Vitamin D-Quellen in Betracht gezogen werden. In Tabelle 65 haben wir den Vitamin D-Gehalt anderer Nahrungsmittel zusammengestellt. Verglichen mit dem Vitamin D-Gehalt der Fischkörperöle ist der Gehalt an Vitamin D in den anderen Nahrungsmitteln verhältnismäßig verschwindend. So enthält beispielsweise Butter höchstens 100 Einheiten je 100 g, also nur 1% des Gehaltes von Dorschlebertran oder Heringsfett. Außer Butter kommen als Vitamin D-Quellen noch Milch, Eigelb und Leber in Betracht. Der Gehalt an Vitamin D in diesen Nahrungsmitteln ist aber, wie erwähnt, verschwindend, wenn er mit dem Gehalt der marinen Öle verglichen wird.

In pflanzlichen Nahrungsmitteln kommt das Vitamin D nur in einigen Produkten vor. So haben beispielsweise SCHEUNERT und RESCHKE (4) Vitamin D in Pilzen nachgewiesen. Interessant ist der große Gehalt an Vitamin D im Fett der Kakaoschalen. Es liegen auch einige vereinzelte

Mitteilungen über den Vitamin D-Gehalt in anderen pflanzlichen Nahrungsmitteln vor. Morgan (2) fand geringe Mengen in Datteln. Rigobello (2) sowie Cultrera (2) geben an, daß sie in Tomaten Vitamin D nachgewiesen haben. Dagegen konnte Piegai weder in frischen oder trockenen Tomaten, noch in Tomatkonzentraten oder Tomatöl Vitamin D nachweisen. Munsell und Kennedy untersuchten Salat und konnten darin kein Vitamin D nachweisen. Morgan (1) gibt auch an, daß in verschiedenen Früchten Vitamin D, allerdings in außerordentlich geringen Mengen, nachgewiesen werden konnte.

Tabelle 65. Vitamin D in Nahrungsmitteln je 100 g.

Produkt	Vitamin D	Jahr	Verfasser
Milch, Sommer	2,4	1935	Fellers (2)
	2,4—3,8	1936	Bechtel und Hoppert
Milch, Winter	1,7	1935	Fellers (2)
	0,3—0,5	1936	Bechtel und Hoppert
Butter, Sommer	40—100	1937	Morgan und Pritchard
	50—100	1937	Fredericia
Butter, Winter.	10—30	1937	Morgan und Pritchard
	10	1937	Fredericia
Fett aus Kakaoschalen .	30000	1935	Kon und Henry
Eigelb	140—390	1933	Devaney, Munsell und Titus
	150—500	1935	Coward und Morgan
Kalbsleber	10	1935	⎫
Ochsenleber	40—50	1935	⎪ Devaney und Munsell
Schweineleber	40—50	1935	⎬
Lammleber	20	1935	⎭

Interessant ist aber das Vorkommen der Provitamine in der Natur. Das Provitamin D_2, Ergosterin, kommt in verschiedenen .Pilzarten vor und auch zusammen mit den Sterinen höherer Pflanzen. Es ist weiter im Hühnerei und in Evertebraten gefunden worden. Von der größten Bedeutung ist das Vorkommen dieses Provitamins in der Hefe, worauf die antirachitische Wirkung der bestrahlten Hefe beruht.

Windaus und Mitarbeiter (Brockmann) konnten nachweisen, daß die Provitamine auch im Tierreich verbreitet sind. Die Mengen an Provitaminen in der Haut der Säugetiere sind recht bedeutend, aber auch die Fische enthalten neben den großen Mengen Vitamin D noch etwas Provitamin. Sehr groß ist, wie erwähnt, der Gehalt an Provitaminen in den Sterinen der Evertebraten, beispielsweise in den Schnecken und Regenwürmern. Im Sterin der wirbellosen Tiere ist der Provitamingehalt in manchen Fällen tausendmal so groß wie bei den Wirbeltieren. Die Provitamine bestehen teils, wie beim Regenwurm, aus Ergosterin, teils, wie bei der Wellhornschnecke, aus 7-Dehydro-cholesterin.

Eigenschaften des Vitamin D.

Beständigkeit.

Das Vitamin D_2, das am besten bekannt ist, ist ein fester, farbloser Körper, der bei 115^0—117^0 schmilzt. Es ist sehr leicht löslich in Fettlösungsmitteln, Chloroform, Benzol und Äther. Es löst sich auch leicht in Alkohol, Benzin, Aceton und in Fetten und Ölen. Dagegen ist es unlöslich in Wasser.

In reinem, krystallisiertem Zustand bleibt das Vitamin D_2 unter Luftabschluß monatelang unverändert. Beim Erhitzen unter Luftabschluß auf 77^0 während 100 Stunden oder auf 115^0 während 9 Stunden war keine Veränderung zu beobachten. Im Hochvakuum sublimiert es bei 125^0; bei Temperaturen über 130^0 treten Veränderungen ein. Beim Erhitzen auf 180^0 unter Luftabschluß geht das Vitamin in unwirksame Produkte über (BROCKMANN).

Verhalten des Vitamin D in Nahrungsmitteln beim Lagern und Trocknen.

Über das Verhalten von Vitamin D beim Lagern liegen sehr wenige Arbeiten vor. Es ist aber bekannt, daß der Vitamingehalt in Lebertranen jahrelang haltbar ist. Wenn das Vitamin D-haltige Öl fein verteilt und bei Gegenwart von Luft aufbewahrt wird, treten Verluste ein. So konnten NORRIS, HEUSER und VILGUS zeigen, daß, wenn Lebertran in Futtermitteln fein verteilt war und in Säcken bei Zimmertemperatur gelagert wurde, der Vitamin D-Gehalt állmählich verlorenging. Nach 16 Wochen Lagerung war die antirachitische Wirksamkeit auf nur 40% gefallen.

CARVER, HEIMAN und ST. JOHN untersuchten die antirachitische Wirksamkeit von Lachsmehl beim Lagern. Sie fanden, daß 2,9% Lachsmehl in der Futtermischung die Hühner vollständig vor Rachitis schützten. Nach Lagerung während 1 Jahres war die antirachitische Wirksamkeit unverändert. Wurde aber das Lachsmehl für sich gelagert und erst kurz vor dem Füttern mit den übrigen Futterstoffen vermischt, so war nach einjähriger Lagerung des Lachsmehles die antirachitische Wirksamkeit herabgesetzt. 2,9% Lachsmehl genügten jetzt nicht zur Verhütung von Rachitis; 5,7% waren aber ausreichend.

ASCHEHOUG, KRINGSTAD und LUNDE (1) bestimmten den Gehalt an Vitamin D im Fett von gesalzenen Alpforellen, die in Ostgrönland gefangen waren. Dieses Fett enthielt 200 I.E. Vitamin D je Gramm. Obwohl der Vitamin D-Gehalt im Fett der frischen Fische nicht bestimmt worden ist, so deutet immerhin dieser hohe Gehalt darauf hin, daß das Vitamin D beim Salzen nicht abnimmt. Der gefundene Vitamin D-Gehalt hat die gleiche Größenordnung oder eher eine höhere, als er von anderen Forschern im Fett von Lachs gefunden wurde.

14*

Verhalten des Vitamin D beim Kochen und Konservieren.

Die Bestimmungen von Vitamin D in gekochten oder konservierten Produkten sind nicht zahlreich.

Bailey (1) bestimmte den Gehalt an Vitamin D im Fett von konserviertem Lachs. Der Vitamin D-Gehalt war 50—67 Einheiten je 100 g. Devaney und Putney stellten im Öl von konserviertem Lachs 1,9 bis 2,6 Einheiten je Gramm bei „Chum salmon" fest und 8 Einheiten je Gramm bei „Chinook salmon". Tolle und Nelson untersuchten auch den Gehalt an Vitamin D in konserviertem Lachs und ermittelten, daß der in der Technik konservierte Lachs etwa gleich viel Vitamin D im Fett enthielt wie Dorschlebertran.

S. und S. Schmidt-Nielsen (2) untersuchten den Vitamin D-Gehalt in konservierten, geräucherten Heringen. Eine quantitative Bestimmung wurde nicht vorgenommen. Die Verfasser ziehen aber aus ihren Untersuchungen den Schluß, daß der Gehalt an Vitamin D so groß ist, daß dieses Produkt statt Dorschlebertran für Kinder als Vitamin D-Quelle Verwendung finden kann.

In einer späteren Arbeit teilen S. und S. Schmidt-Nielsen (3) mit, daß der Gehalt an Vitamin D im Fett der konservierten Heringe 80—200 Einheiten je Gramm beträgt. Im Fischfett von konservierten Brislingsardinen fanden sie etwa 100 Einheiten Vitamin D. Die gleichen Verfasser geben an, daß ein guter Dorschlebertran etwa 250 derartige Einheiten enthält. Führen wir diese Werte in internationale Einheiten über, so ergibt sich, daß im Heringsfett etwa 50—100 und in Brisling etwa 50 internationale Einheiten gefunden wurden. Es können hier natürlich nur angenäherte Zahlen angegeben werden, da alle älteren Bestimmungen, bei welchen ein internationales Standardpräparat als Vergleich fehlte, infolge der verschiedenen Versuchsbedingungen sich schwer in internationale Einheiten überführen lassen.

Moore und Moseley konnten auch Vitamin D in konservierten Garnelen nachweisen.

Scheunert (3) fand merkwürdigerweise im frischen Hering kein Vitamin D, konnte es aber im geräucherten Hering, Brisling und Aal nachweisen. Es muß hier wahrscheinlich irgendein Irrtum vorliegen, denn wir haben bei sämtlichen Untersuchungen über Vitamin D im Heringsöl im hiesigen Institut stets Vitamin D in einer Menge von etwa 100 I.E. je Gramm gefunden.

Lunde (4) bestimmte den Gehalt an Vitamin D im Fett von frischen Brislingen zu etwa 100 I.E. je Gramm. Der Gehalt an Vitamin D ging bei der Konservierung der Brislinge zu Sardinen nicht zurück. Lunde, Aschehoug und Kringstad (1) untersuchten im hiesigen Institut das Verhalten von Vitamin D bei der Konservierung von Brisling zu Sardinen. Sie fanden in 11 verschiedenen Proben von frischem Brisling die folgenden Werte:

Tabelle 66. Vitamin D im Brisling. [Nach Lunde, Aschehoug und Kringstad (1).]

Probe Nr.	Tag des Fischfanges	Durchschnittliche Länge der Fische in cm	Fettgehalt der Fische		Vitamin D in I.E. je g Fett
			frisch in %	geräuchert in %	
	1933				
3	16. 6.		16,5	20,5	70
4	14. 6.		11,4	15,5	140
8	13. 7.	10,2	9,0		130
12	22. 7.		13,0	15,4	90
	1936				
21	20. 5.	9,1	8,8		120
22	2. 6.	9,5	9,9		80
23	3. 6.	9,2	9,7		90
24	15. 6.		8,4	12,9	100
25	8. 7.				100
26	14. 7.	9,3	5,4	8,4	125
27	18. 7.	10,0	14,6	20,3	90

Wie aus der Tabelle 66 hervorgeht, variiert der Gehalt an Vitamin D zwischen 70 und 140 I. E. je Gramm Öl. Im großen und ganzen scheint der Vitamin D-Gehalt des Fettes geringer zu sein, wenn der Fettgehalt der Fische größer ist. Mit anderen Worten: Der Vitamin D-Gehalt scheint mehr konstant zu sein als der Fettgehalt. In vier Proben der frischen Brislinge wurde auch der Vitamin D-Gehalt der geräucherten Fische bestimmt. Die Ergebnisse zeigt die Tabelle 67.

Tabelle 67. Vitamin D in geräucherten Brislingen. [Nach Lunde, Aschehoug und Kringstad (1).]

Probe Nr.	Vitamin D-Gehalt in I.E. je g Öl der geräucherten Fische
3	60
4	100
12	80
24	120

Es wurden auch 9 Proben von konservierten Brislingsardinen auf ihren Vitamin D-Gehalt untersucht, wovon 8 Proben auch als Rohprodukt geprüft waren. Die Brislingsardinen werden beim Konservieren mit Olivenöl übergossen, so daß das Fischöl mit Olivenöl vermischt wird. Da die Menge des zugesetzten Olivenöls und auch der Fettgehalt der Fische bekannt war, so ließ sich ohne weiteres die Menge des Vitamin D im Fischöl des konservierten Produktes berechnen. Die Tabelle 68 zeigt das Ergebnis dieser Untersuchungen.

Aus den Bestimmungen geht hervor, daß der Vitamin D-Gehalt im konservierten Fischöl 60—145 I. E. je Gramm Öl beträgt. Es haben also keine Verluste an Vitamin D während des Konservierens stattgefunden. Auch der Vitamin D-Gehalt in einer 8 Jahre gelagerten Probe war ebenso hoch wie in den frisch konservierten.

Tabelle 68. Vitamin D in konservierten Brislingsardinen.
[Nach Lunde, Aschehoug und Kringstad (1).]

Probe Nr.	Alter des Produktes	Vitamin D-Gehalt		
		im Gesamtöl in I.E. je g	im Fischöl berechnet in I.E. je g	im Gesamtprodukt in I.E. je 100 g
X[1]	8 Jahre	50	95	1850
3	7 Monate	30	60	1000
4	$4^1/_2$,,	60	130	2000
8	$2^1/_2$,,	35	90	1150
12	5 ,,	50	110	1650
12[1]	5 ,,	45	100	1500
24	11 ,,	50	130	1650
26	3 ,,	40	145	1300
27	3 ,,	40	70	1300

[1] In Aluminiumdosen konserviert.

In der gleichen Weise wurde der Vitamin D-Gehalt in konservierten geräucherten Heringen (Kippers) festgestellt. Wir bestimmten den Vitamin D-Gehalt im Fett von Winterheringen, die zu verschiedenen Zeitpunkten gefangen waren. Die Tabelle 69 zeigt das Ergebnis dieser Untersuchungen.

Bei einer Reihe von Proben wurde auch der Vitamin D-Gehalt im Fett der geräucherten Fische und im Fett der aus den geräucherten Fischen hergestellten Konserven bestimmt.

Tabelle 69. Vitamin D im Fett von frischen Winterheringen.
[Nach Lunde, Aschehoug und Kringstad (1).]

Probe Nr.	Tag des Fischfanges	Länge in cm	Gewicht in g	Fettgehalt		Vitamin D-Gehalt in I.E. je g Fett
				im rohen Filet in %	im geräucherten Filet in %	
	1933					
1	13. 2.				12,7	140
2	16. 2.			9,8	12,7	150
3	20. 2.	34	241	8,7	10,1	100
4	21. 2.			11,8	13,4	90
5	28. 2.			9,0	12,0	110
6	2. 3.			10,5	12,8	140
	1936					
7	18. 1.	31	223	18,8		100
8	22. 1.	34	280	19,2		130
9	25. 1.	34	286	15,1		120
10	29. 1.	28	150	15,0		120
11	4. 2.	34	273	14,3		140
12	8. 2.	34	287	11,2	14,2	135
13	13. 2.	34	284	15,1	15,5	125
14	18. 2.	35	299	12,4	13,7	105
15	24. 2.	33	238	12,1	15,7	145
16	2. 3.	35	315	13,6	14,8	145
17	7. 3.	33	273	12,1	13,7	145

Die Tabelle 70 zeigt das Ergebnis dieser Bestimmungen.

Tabelle 70. Vitamin D in konservierten geräucherten Heringen (Kippers).
[Nach LUNDE, ASCHEHOUG und KRINGSTAD (1).]

Probe Nr.	Lagerungszeit Monate	Vitamin D im Fett des geräucherten Fisches vor der Konservierung	Vitamin D in der Konserve	
			in I.E. je g Fett	in I.E. je 100 g des gesamten Produktes
X[1]	32		70	1400
1	1^1/$_2$		135	1720
5	1		70	840
5[1]	1		80	960
12	3	135	130	1850
13	6	115	80	1240
14	6	140	130	1780
15	2	125	130	2040
16	1	145	140	2070
17	6	130	95	1300

[1] In Aluminiumdosen konserviert.

In einer späteren Arbeit haben ASCHEHOUG, KRINGSTAD und LUNDE (1) auch die Stabilität des Vitamin D bei der Konservierung von Heringsardinen bestimmt. Der Vitamin D-Gehalt von kleinen Heringen wurde durch drei Proben so gefunden, wie es aus der Tabelle 71 hervorgeht.

Zwei dieser Fischproben wurden konserviert und der Vitamin D-Gehalt im konservierten Produkt bestimmt.

Gleichzeitig prüften ASCHEHOUG, KRINGSTAD und LUNDE (1) den Vitamin D-Gehalt in 10 weiteren Proben von Heringsardinen, die bis zu 9 Jahren gelagert waren. Die Proben waren teils in Aluminium, teils in Weißblech konserviert. Die Tabelle 72 zeigt das Ergebnis dieser Bestimmung.

Tabelle 71.
Vitamin D im Fett von kleinen Heringen.
[Nach ASCHEHOUG, KRINGSTAD und LUNDE (1).]

Probe Nr.	Tag des Fischfanges	Fettgehalt des frischen Fisches in %	Vitamin D in I.E. je g Fett
	1937		
1473	19. 8.	8,3	70
1491	11. 9.	4,2	145
1483	1. 9.	5,2	160

Aus der Tabelle 72 geht hervor, daß die höchsten Vitamingehalte in Proben gefunden wurden, die sehr lange gelagert waren. Man dürfte daraus schließen, daß bei der Lagerung dieses Produktes keine Zerstörung des Vitamin D stattgefunden hat. Fünf der untersuchten Proben waren in Aluminiumdosen und die anderen in Weißblechdosen konserviert. Das Dosenmaterial scheint keinen Einfluß auf den Vitamin D-Gehalt des Produktes zu haben.

Eine quantitative Untersuchung über das Verhalten des Vitamin D bei der Herstellung dieser Konserve wurde in zwei Fällen durchgeführt.

Tabelle 72. Vitamin D in Heringsardinen. [Nach Aschehoug, Kringstad und Lunde (1).]

Probe Nr.	Art der Verpackung	Lagerungszeit	Gesamtfett des Produktes in %	Vitamin D-Gehalt	
				im Gesamtfett in I.E. je g	im Gesamtprodukt in I.E. je 100 g
351	Weißblech	9 Jahre	25,8	15	390
352	,,	9 ,,	24,0	20	480
355	,,	7 ,,	28,0	21	590
360	Aluminium	8 ,,	27,5	23	630
363	,,	8 ,,	33,2	25	830
365	,,	7 ,,	25,4	34	860
370	,,	7 ,,	24,1	23	560
376	Weißblech	7 ,,	22,2	45	1000
377	Aluminium	7 ,,	21,6	19	410
1296	Weißblech	$6^{1}/_{2}$ Monate	19,5	15	290
1473	,,	1 Monat	24,9	25	620
1491	,,	4 Tage	23,3	24	560

Die Heringsardinen wurden hier mit genau abgewogenen Mengen Olivenöl konserviert. Da der Vitamin D-Gehalt der frischen Sardinen bekannt war, konnte der Gehalt an Vitamin D im Gesamtfett des konservierten Produktes (Mischung von Fischfett und Olivenöl) berechnet werden. Die Tabelle 73 zeigt das Ergebnis dieser Berechnung.

Tabelle 73. In 100 g konservierten Heringsardinen sind enthalten:

Probe Nr.	Geräucherter Fisch in g	Olivenöl in g	Gesamtfett gefunden in g	Fischfett berechnet in g	Vitamin D in I.E. je g Gesamtfett (Fischfett und Olivenöl)	
					berechnet	gefunden
1473	85	15	24,9	9,9	28	25
1491	81	19	23,3	4,3	27	24

Aus diesen Bestimmungen geht hervor, daß innerhalb der Fehlergrenzen der biologischen Bestimmungen keine Verluste an Vitamin D bei der Konservierung von Heringsardinen festgestellt werden konnten.

Das Verhalten des Vitamin D bei der Konservierung von drei verschiedenen Vitamin D-haltigen Produkten ist somit quantitativ an einer größeren Anzahl Proben untersucht worden, und es konnten in keinem Falle Verluste an Vitamin D festgestellt werden.

Aschehoug, Kringstad und Lunde (1) bestimmten auch den Vitamin D-Gehalt in konserviertem Dorschrogen. Der Fettgehalt war 1,4% und der Vitamin D-Gehalt 60 I.E. je Gramm Fett. Dies ergibt einen Vitamin D-Gehalt von 85 I.E. je 100 g des Produktes.

Von besonderem Interesse ist die Untersuchung des Vitamin D-Gehaltes einer Probe von gebratenem Kalbfleisch, das im Jahre 1824 für die arktische Expedition von Parry hergestellt wurde. Eine Dose dieser Fabrikation wurde seit Jahren in dem „Museum of the Royal United Services Institution" in London aufbewahrt, und wurde erst im Jahre 1938 geöffnet und untersucht. Die Konserve war demnach 114 Jahre alt. Die Bestimmung wurde von DRUMMOND und MACARA ausgeführt. Sie fanden im Kalbsfett der 114 Jahre alten Konserve 0,6 I. E. Vitamin D je Gramm. Zum Vergleich prüften sie den Vitamingehalt in frischem Kalbsfett und fanden darin 1,0 I. E. Vitamin D je Gramm Kalbsfett. Diese Bestimmung zeigt, wie außerordentlich stabil das Vitamin D auch bei extrem langer Lagerung der Konserve ist.

Tabelle 74 enthält eine Übersicht über die wichtigsten quantitativen Vitamin D-Bestimmungen in Konserven.

Tabelle 74. Vitamin D in Konserven.

Produkt	Vitamin D in I. E. je 100 g	Jahr	Verfasser
Brislingsardinen .	1150—2000	1937	} LUNDE, ASCHEHOUG und KRING-
Kippered Hering .	840—2070	1937	} STAD (1)
Heringsardinen . .	400—1000	1939	ASCHEHOUG, KRINGSTAD und LUNDE (1)
Lachs	200—800	1935	DEVANEY und PUTNEY
	200—400	1937	BAILEY (2)
Fett aus konser-viertem Lachs .	10000—20000	1931	TOLLE und NELSON
Lachsrogen . . .	400—1000	1934	LEE und TOLLE
Dorschrogen . . .	85	1939	} ASCHEHOUG, KRINGSTAD und
Garnelen	150	1939	} LUNDE (1)

Über das Verhalten von Vitamin D bei der Konservierung von Gemüsen liegen auch einige Arbeiten vor. SCHEUNERT und RESCHKE (4) geben an, daß konservierte Pilze reichliche Mengen an Vitamin D enthalten.

KOHMAN, SANBORN, EDDY und GURIN fütterten Ratten in drei Gruppen in fünf Generationen mit rohen, gekochten und konservierten Nahrungsmitteln. Sie schließen aus ihren Versuchen, daß die Produkte alle genügend Vitamin D enthielten. Es schien auch in dem konservierten Produkt eine bessere Ausnützung des Calciums stattzufinden. Die gezogene Schlußfolgerung wurde von McCAY kritisiert.

STEENBOCK und SCHRADER setzten Vitamin D in Form von bestrahltem Ergosterin zu Tomaten, die nachträglich konserviert wurden. Sie konnten nach dem Sterilisieren des Produktes keine Abnahme der antirachitischen Wirkung feststellen.

Fassen wir die Ergebnisse der Untersuchungen über Vitamin D zusammen, so können wir schließen, daß beim Kochen und Konservieren keine Verluste an Vitamin D stattfinden. Werden aber Vitamin D-haltige Produkte in feiner Verteilung der Luft ausgesetzt, so finden merkliche Verluste statt. Demnach geht beim Lagern von Vitamin D-haltigen Trockenprodukten die antirachitische Wirksamkeit allmählich zurück.

Vitamin E.

Die Entdeckung des Vitamin E.

EVANS und Mitarbeiter [EVANS und BURR (1)] konnten im Jahre 1922 nachweisen, daß die Ratten einen Nahrungsfaktor benötigten, der für die Erhaltung der normalen Fortpflanzungsfähigkeit notwendig war. Die weitere Erforschung dieses neuen Faktors, der Vitamin E genannt wurde, wurde von mehreren Seiten fortgesetzt, unter anderem von DRUMMOND und Mitarbeitern. Die Reindarstellung zweier wirksamer Faktoren gelang EVANS, EMERSON und EMERSON. Die beiden Faktoren wurden α- und β-Tocopherol genannt. Die Aufklärung der Konstitution erfolgte durch FERNHOLZ. Die Synthese des Vitamin E wurde zuerst von KARRER, FRITZSCHE, RINGIER und SALOMON durchgeführt.

Krankheitsbild bei Vitamin E-Mangel.

Als Antisterilitätsvitamin ist das Vitamin E für die normale Erhaltung der Fortpflanzung notwendig. Wenn Ratten auf eine Vitamin E-freie Grundkost gesetzt werden, entwickeln die Tiere sich zunächst normal. Die Störungen treten erst während der Schwangerschaft ein. Es entwickelt sich die sog. Resorptionssterilität. Die Feten sterben ab und werden in der Gebärmutter durch Autolyse wieder resorbiert. In weniger ausgeprägten Stadien des Vitamin E-Mangels treten Totgeburten auf; die Mütter können die Jungen nicht ernähren oder sie fressen ihre Jungen auf.

Bei männlichen Tieren treten degenerative Veränderungen der Keimzelle auf. Diese Veränderungen sind in späteren Stadien durch Zufuhr von Vitamin E nicht mehr heilbar. Die Tiere bleiben steril. Im Gegensatz hierzu werden die weiblichen Tiere nach Vitamin E-Zufuhr stets wieder normal und können wieder normale Jungen zur Welt bringen.

Bei anderen Tieren sind die Wirkungen eines Vitamin E-Mangels weniger genau untersucht. Es ist aber sicher, daß auch bei anderen Tieren, insbesondere bei unseren Haustieren, bei Vitamin E-Mangel Störungen der Fortpflanzungsfähigkeit auftreten. Es sei hier auf eine zusammenfassende Darstellung von GRANDEL (1) hingewiesen. Vitamin E-haltige Nahrungsmittel oder Vitamin E-Präparate werden deshalb vielfach in der Veterinärmedizin, beispielsweise auch bei Pelztieren, sehr viel verwendet. Der endgültige Beweis für die mit Vitamin E-haltigen Präparaten erzielten Heilerfolge steht zwar noch aus. Die Wahrscheinlichkeit dafür, daß das Vitamin E tatsächlich von Bedeutung ist, wurde jedoch durch die vielen Heilerfolge außerordentlich nahegelegt.

Das Vitamin E scheint auch vom Menschen benötigt zu werden und wird sehr viel medizinisch verwendet. Insbesondere wird Vitamin E bei habituellem Abort mit Erfolg verwendet.

Konstitutionsaufklärung des Vitamin E.

Die Aufklärung der Konstitution von α- und β-Tocopherol geschah, wie bereits erwähnt, durch FERNHOLZ. Die folgenden Formeln zeigen den Aufbau dieses Vitamins.

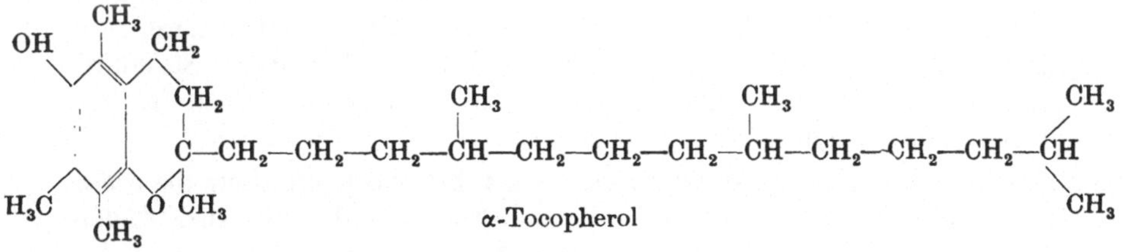

α-Tocopherol

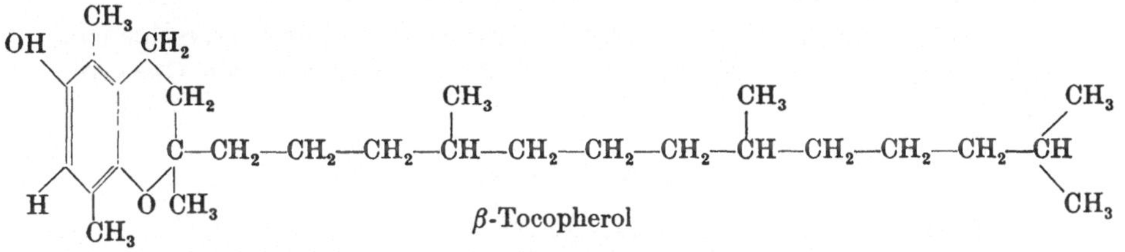

β-Tocopherol

Zur Aufklärung der Konstitution trugen auch Arbeiten von EMERSON, TODD und BERGEL sowie JOHN bei [JOHN (2)].

Unter den vielen von EVANS und Mitarbeitern hergestellten tocopherolähnlichen Verbindungen sind einige biologisch wirksam, andere dagegen nicht. Auf Grund der Ergebnisse stellen sie (EVANS, EMERSON, EMERSON, SMITH, UNGNADE, PRICHARD, AUSTIN, HOEHN, OPIE und WAWZONEK) diejenigen Forderungen auf, die ein solcher Stoff erfüllen muß, um eine Vitamin E-Wirkung zu zeigen.

Bestimmungsmethoden des Vitamin E.
Biologische Bestimmungsmethoden.

Zur biologischen Bestimmung des Vitamin E werden Ratten verwendet, die man auf eine Vitamin E-freie Kostmischung setzt. Die Vitamin E-freie Grundkost nach EVANS und BURR (1) hat folgende Zusammensetzung:

Casëin 32%, Stärke 40%, Schweinefett 22%, Lebertran 2%, Salzmischung (McCOLLUM) 4%.

Dazu erhalten die Tiere noch 0,4—0,5 g Hefe je Tier und Tag.

Auf diese Kost gesetzt, bekommen die weiblichen Ratten das erste Mal gewöhnlich lebende Jungen. Eine zweite Trächtigkeit tritt aber nicht mehr ein. Die Gewichtskurve steigt während der Trächtigkeit in bekannter Weise an, aber nur bis zur Mitte der Schwangerschaft. Dann sterben die Feten ab und werden resorbiert. Die Kurve fällt deshalb wieder auf den Anfangswert.

Die Bestimmung des Vitamin E-Gehaltes in verschiedenen Produkten kann nun entweder als therapeutischer oder als prophylaktischer Test ausgeführt werden. Bei der therapeutischen Methode erhalten weibliche Ratten, bei denen man eine Resorptionssterilität festgestellt hat, die zu untersuchende Substanz in bestimmter Menge täglich verabreicht. Andere Ratten dienen als negative Kontrolltiere, und noch anderen wiederum gibt man ein Vitamin E-haltiges Standardpräparat, womit die Wirkung der zu untersuchenden Substanz verglichen werden soll.

Wenn der Test prophylaktisch ausgeführt wird, erhalten die weiblichen Tiere gleich von Anfang an die zu untersuchende Substanz. Andere Tiere dienen als negative und positive Kontrolltiere.

In bezug auf Einzelheiten verweisen wir auf zwei kürzlich erschienene umfassende Arbeiten: von MOLL und SCHNITTSPAHN und von GRANDEL und NEUMANN.

Chemische Bestimmungsmethoden.

KARRER [KARRER, ESCHER, FRITZSCHE, RINGIER und SALOMON KARRER und KELLER (2)] hat eine Methode zur Bestimmung des Vitamin E angegeben, die darauf beruht, daß das Vitamin E durch Oxydation mit Goldchloridlösung in 80%igem Alkohol potentiometrisch titriert wird (Tabelle 75).

EMMERIE und ENGEL haben ein colorimetrisches Verfahren ausgearbeitet, welches auf der Reaktion von Vitamin E mit Ferrichlorid und der Reaktion des dabei entstehenden Ferrosalzes mit α, α'-Dipyridyl beruht. MEENEN gibt auch $FeCl_3$ zu, wandelt aber dann die Reaktion in eine Jodausscheidung um und bestimmt so das Tocopherol durch Titrieren mit Thiosulfat. Die beiden erwähnten Methoden sind nicht allgemein anwendbar, da eine Reihe Substanzen mit reduzierenden Eigenschaften die gleichen Reaktionen geben.

Tabelle 75. Tocopherolgehalt (Vitamin E), chemische Bestimmung. [Nach KARRER und KELLER (3) bzw. KARRER, JAEGER und KELLER].

	Tocopherol in mg je 100 g
Weizenkeimlingöl . .	520
Weizenkeimlinge . . .	30,5
Maiskeimlinge	16,4
Kopfsalat, trocken . .	55
Leinöl.	23
Pferdeleber	13,1
Olivenöl.	8
Sesamöl	5
Cocosöl	2,7
Schweinefett. . . .	2.2

Von FURTER und MEYER stammt eine colorimetrische Bestimmungsmethode, die darauf beruht, daß das Vitamin E mit Salpetersäure reagiert, wobei schließlich eine tiefrot gefärbte Verbindung entsteht. Die Reaktion ist ziemlich spezifisch. Es sei hier auf die Originalarbeit sowie auf die soeben erwähnte Arbeit von GRANDEL und NEUMANN verwiesen.

Vorkommen des Vitamin E.

Das Vitamin E kommt vor allem in Getreidekeimen vor. Es ist fettlöslich und deshalb im Fett der Getreidekeime stark angereichert. Außer in Getreidekeimen kommt das Vitamin E auch im ätherlöslichen Teil frischer Gemüse vor und in verschiedenen Ölen, wie Erdnußöl, Leinöl, Sesamöl und Cocosöl. Auch Eidotter, Milch, Butter und Schweinefett sind Vitamin E-haltig. Im übrigen verweisen wir auf die Tabelle 76 über das Vorkommen des Vitamin E.

Tabelle 76. Vitamin E-Gehalt in Nahrungsmitteln biologisch bestimmt.

Produkt	Heilende Dosis in g	Einheiten je 100 g	Jahr	Verfasser
Weizenkeimlinge (trocken) . .	0,25	400	1938	
Weizenkeimöl	0,075	1350	1938	
Grüner Salat	2,5	40	1938	
Grüner Salat, trocken	0,4	250	1938	
Erdnüsse	1	100	1938	
Baumwollsamen	1	100	1938	
Palm-Lein-Sojaöle	1—2	50—100	1938	John (1)
Schweinefett	3—5	20—30	1938	
Rindsmuskel	3—5	20—30	1938	
Rindsleber	5—10	10—20	1938	
Rindsniere	5—10	10—20	1938	
Bananen, Apfelsinen	20—30	3—5	1938	

Im Forschungslaboratorium der Norwegischen Konservenindustrie sind Bestimmungen über den Gehalt verschiedener Fischprodukte an Vitamin E durchgeführt worden. Nach E. Jansen beträgt der Gehalt je 100 g Substanz in raffiniertem Sojaöl 68, in rohem Heringsöl 13, in Brisling-Sardinen 4,6 und in verschiedenen Fischkonserven 0,1—1,8 mg Tocopherol.

Beständigkeit des Vitamin E.

Das Vitamin E ist ein schwach gelbliches, in reiner Form sehr beständiges Öl. Es hat reduzierende Eigenschaften und wird deshalb durch Oxydationsmittel verändert. Gegen Luftsauerstoff ist es aber sehr beständig. Das Weizenkeimöl kann längere Zeit gelagert werden, ohne einen Verlust an Vitamin E zu erleiden. Insbesondere bleibt, wenn das Weizenkeimöl geschlossen und trocken in Stickstoff- oder Kohlenstoffatmosphäre kühl gelagert wird, die Vitamin E-Aktivität jahrelang unverändert.

Beim Vermahlen der Getreidekeime wird das Vitamin E durch Ranziditätsvorgänge verhältnismäßig rasch vernichtet. Auch die bei dem Mahlen erhaltenen Weizenkeime behalten ihre Vitamin E-Aktivität nicht sehr lange. Durch chemische und biologische Veränderungen geht die Vitamin E-Wirkung allmählich verloren.

Verhalten des Vitamin E beim Trocknen.

Aus dem im vorstehenden Abschnitt Gesagten geht hervor, daß das Vitamin E in Gegenwart von Luft, wenn es in feinverteilten Nahrungsmitteln vorliegt, allmählich schwindet. Es sind enzymatische Vorgänge, die bei der Oxydation des Vitamins eine Rolle spielen.

Johnson, Carlson und Bergström konnten zeigen, daß die Oxydation des Vitamin E mit dem Ranzigwerden des Fettes parallel ging. Mason untersuchte den Gehalt an Vitamin E in frischem und getrocknetem Salat und fand, daß der frische Salat 8mal soviel Vitamin E enthielt wie der getrocknete (beides auf die Trockensubstanz berechnet).

Verhalten des Vitamin E beim Kochen und Konservieren von Nahrungsmitteln.

Über das Verhalten von Vitamin E bei der Konservierung von Nahrungsmitteln liegen nur wenige Arbeiten vor. Wir können aber aus der großen Thermostabilität des Vitamins in Abwesenheit von Luft schließen, daß das Vitamin E bei den üblichen Verfahren der Konservierung nicht verändert wird.

Sure gibt an, daß das Vitamin E in Bohnen sehr thermostabil ist und das Erwärmen im Autoklav verträgt. Olcott teilt mit, daß das Vitamin E in Wasserstoffatmosphäre bei 230^0 und unter $250-280$ Atm Druck nicht verändert wird.

Macheboeuf, Cheftel und Thuillot kommen zu dem Ergebnis, daß Salat nach Erhitzen während 1 Stunde im Autoklav auf 120^0 genau soviel Vitamin E enthält wie der frische Salat.

Im übrigen liegen keine besonderen Untersuchungen über den Gehalt an Vitamin E in Konserven vor. Mehrere Forscher haben aber umfassende Fütterungsversuche, die sich zum Teil über mehrere Generationen der Versuchstiere erstreckten, durchgeführt. Diese Arbeiten sollen in einem späteren Abschnitt ausführlicher besprochen werden.

Wir geben aber bereits hier eine Übersicht über die Ergebnisse, insofern sie erlauben, auf die Stabilität des Vitamin E bei der Konservierung Schlüsse zu ziehen.

Kohman, Eddy und Gurin (2) fütterten Meerschweinchen und Ratten ausschließlich mit Konserven. Der Versuch wurde bis zur fünften Generation der Ratten und bis zur dritten Generation der Meerschweinchen fortgeführt. Die Reproduktion war bei den Tieren so gut, wie man es erwarten konnte. Die Größe der Würfe war in jeder Hinsicht normal, und die Jungen wurden in normaler Weise von ihren Müttern groß gezogen. Aus dem Versuch kann der Schluß gezogen werden, daß die konservierten Nahrungsmittel genügende Mengen des Antisterilitätsfaktors enthalten haben müssen.

Nach Mitteilungen in einer weiteren Arbeit fütterten Kohman, Sanborn, Eddy und Gurin Ratten während fünf Generationen in drei

Tabelle 77. Untersuchungen über die Reproduktion von Ratten bei roher, gekochter und konservierter Kost in fünf Generationen. (Nach KOHMAN, EDDY, WHITE und SANBORN.)

	Nahrung		
	roh	gekocht	konserviert
Gesamtzahl der Würfe[1]	67	51	60
Gestorben vor Entwöhnung in %	12	6	5
Gesamtzahl der geborenen Jungen	476	405	482
Zahl der gestorbenen Jungen vor Entwöhnung in %	22,2	12,4	12,00
Durchschnittliche Zahl der Jungen in den Würfen bei der Geburt	7,10	7,94	8,00
Durchschnittliches Gewicht der Jungen bei der Geburt in g	4,68	4,96	5,28
Durchschnittliches Gewicht der Jungen bei der Entwöhnung in g	20,5	23,0	27,3
Durchschnittliches Gewicht im Alter von 60 Tagen .	73	71	89
Durchschnittliches Gewicht im Alter von 90 Tagen .	125	125	149

Gruppen mit rohen, gekochten und konservierten Nahrungsmitteln. Die Größe der Würfe überstieg in der Gruppe, die ausschließlich Konserven erhalten hatte, die der anderen Gruppen. Der Antisterilitätsfaktor war somit beim Konservieren nicht vernichtet. In einer dritten Arbeit

Tabelle 78. Reproduktion der Ratten in der ersten Generation. Erste Geburt. (Nach GODDEN und THOMSON.)

	Gruppe I Konserven	Gruppe II gekochte Nahrung
Zahl der kopulierten Weibchen	10	10
Zahl der Geburten	10	10
Trächtigkeitsperiode in Tagen[2]	35,8	31,3
Zahl der lebend geborenen	76	86
Zahl der tot geborenen	4	0
Zahl der nach der Geburt entfernten	8	9
Zahl der gestorbenen in der Zeit von der Geburt bis zur Entwöhnung	0	2
Zahl der entwöhnten	68	75
Durchschnittliches Gewicht der lebend geborenen in g	5,34	5,50
Durchschnittliches Gewicht der Männchen bei Entwöhnung in g	32,6	31,8
Durchschnittliches Gewicht der Weibchen bei Entwöhnung in g	31,2	29,9
Totgeburten in %	5	0
Todesfälle von der Geburt bis zur Entwöhnung in %	0	2,6
Durchschnittliche Größe der Würfe bei der Geburt	8,0	8,6
Durchschnittliche Größe der Würfe bei Entwöhnung	6,8	7,5

[1] Die Untersuchung der Gruppe mit gekochter Nahrung wurde etwas später angefangen als die der beiden anderen Gruppen, weshalb die Gesamtanzahl mit den beiden anderen Gruppen nicht verglichen werden kann.

[2] Die Trächtigkeitsperiode bezeichnet in dieser und den folgenden Tabellen 79 und 80 die durchschnittliche Zeit vom Einsetzen der männlichen Tiere bis zur Geburt.

Tabelle 79. Reproduktion der Ratten in der zweiten Generation.
Erste Geburt. (Nach GODDEN und THOMSON.)

	Gruppe I Konserven	Gruppe II gekochte Nahrung
Zah der kopulierten Weibchen	14	12
Zahl der Geburten	14	12
Trächtigkeitsperiode in Tagen	27	27,7
Zahl der lebend geborenen	121	106
Zahl der tot geborenen	4	7
Zahl der nach der Geburt entfernten	18	18
Zahl der gestorbenen in der Zeit von der Geburt bis zur Entwöhnung	3	1
Zahl der entwöhnten	100	87
Durchschnittliches Gewicht der lebend geborenen in g	5,29	5,44
Durchschnittliches Gewicht der Männchen bei Entwöhnung in g	34,7	34,3
Durchschnittliches Gewicht der Weibchen bei Entwöhnung in g	32,8	34,0
Totgeburten in %	3,2	6,2
Todesfälle von der Geburt bis zur Entwöhnung in %	2,9	1,1
Durchschnittliche Größe der Würfe bei der Geburt	8,9	9,4
Durchschnittliche Größe der Würfe bei Entwöhnung	7,1	7,9

Tabelle 80. Zusammenfassende Reproduktionsdaten. Erste Gene-

	1. Geburt		2. Geburt	
	Gruppe I	Gruppe II	Gruppe I	Gruppe II
Zahl der kopulierten Weibchen	20	20	13	15
Zahl der Geburten	20	20	13	15
Trächtigkeitsperiode, Tage	77	47,5	30	41
Zahl der lebend geborenen	133	147	95	102
Zahl der tot geborenen	5	5	0	1
Zahl der nach der Geburt entfernten	10	8	3	6
Zahl der gestorbenen in der Zeit von der Geburt bis zur Entwöhnung	3	8	3	11
Zahl der entwöhnten	120	131	89	85
Durchschnittliches Gewicht der lebend geborenen in g	5,35	5,46	5,68	5,28
Durchschnittliches Gewicht der Männchen bei Entwöhnung in g	32,4	31,2	35,3	31,2
Durchschnittliches Gewicht der Weibchen bei Entwöhnung in g	32,8	30,8	36,4	31,8
Totgeburten in %	3,6	3,3	0	1,0
Todesfälle von der Geburt bis zur Entwöhnung in %	2,4	5,7	3,3	11,5
Durchschnittliche Größe der Würfe bei der Geburt	6,9	7,6	7,3	6,8
Durchschnittliche Größe der Würfe bei Entwöhnung	6,0	6,5	6,9	6,1

haben KOHMAN, EDDY, WHITE und SANBORN [vgl. auch KOHMAN (2)] weitere Angaben über die Reproduktion von Ratten bei roher, gekochter und konservierter Kost gemacht. Die von diesen Forschern mitgeteilten Ergebnisse sind in der Tabelle 77 enthalten.

Aus diesen Untersuchungen geht deutlich hervor, daß die Reproduktion der Ratten bei Konserven eher besser war, als wenn die Ratten rohe Kost erhielten. Irgendwelche Anzeichen, die auf eine Zerstörung des Antisterilitätsfaktors deuten könnten, liegen nicht vor.

MACHEBOEUF, CHEFTEL und THUILLOT fütterten Ratten mit einer Kost, die ausschließlich aus Konserven bestand. Der Versuch dauerte $2^1/_2$ Jahre und wurde bis zur 6. Generation der Ratten ausgedehnt mit insgesamt 157 Geburten. Eine Störung der Fortpflanzungsfähigkeit konnte nicht festgestellt werden. In gleicher Weise erhielten auch Meerschweinchen eine Kost, die ausschließlich aus Konserven bestand.

LECOQ fütterte Ratten, Tauben und Meerschweinchen mit einer während 30 Minuten bei 112⁰ sterilisierten Grundkost und konnte keine Veränderung gegenüber der unsterilisierten Grundkost nachweisen. Inwieweit man aus diesen Versuchen auch Schlüsse auf die Stabilität des Vitamin E ziehen darf, ist wohl zweifelhaft, da die Versuche sich nicht über mehrere Generationen ausdehnten.

ration. Aufeinanderfolgende Geburten. (Nach GODDEN und THOMSON.)

3. Geburt		4. Geburt		5. Geburt		6. Geburt		7. Geburt	
Gruppe I	Gruppe II	Gruppe I	Gruppe II	Gruppe I	Gruppe II	Gruppe I	Gruppe II	Gruppe I	Gruppe II
11	15	10	14	10	14	10	14	6	12
11	15	10	14	10	14	9	13	6	8
42	30	38,5	29,5	30,1	31,5	27	33	26	27
82	112	80	101	69	93	58	68	36	44
1	4	0	1	1	1	2	1	3	1
7	7	6	5	5	4	3	2	1	1
0	3	7	5	1	0	1	1	1	2
67	102	67	91	63	89	54	65	34	41
5,50	5,51	5,48	5,57	5,35	5,56	5,71	5,49	5,36	5,50
38,2	35,2	36,9	38,7	33,1	36,6	36,4	39,1	34,0	38,2
37,5	34,3	34,7	35,7	33,3	35,1	37,0	39,9	31,6	38,0
1,2	3,5	0	1,0	1,4	1,0	3,3	1,5	7,7	2,2
0	2,9	9,4	5,2	1,5	0	1,8	1,5	2,8	4,6
7,5	7,7	8,0	7,2	7,7	6,6	6,6	5,3	6,5	5,6
6,7	6,8	6,7	6,5	7,0	6,3	6,0	5,0	6,8	5,1

PIEN gibt an, daß, wenn Ratten oder Meerschweinchen mit Lebensmitteln gefüttert werden, die unter völligem Luftausschluß 20 Minuten bei 120⁰ sterilisiert worden sind, die Fortpflanzungsfähigkeit der Versuchstiere genau so gut ist wie bei den Versuchstieren, die mit frischer Nahrung gefüttert werden.

GODDEN und THOMSEN (vgl. auch GODDEN) untersuchten die Reproduktion von Ratten in zwei Gruppen, die ausschließlich Konserven oder gewöhnlich gekochte Nahrung erhielten. Der Versuch dauerte 18 Monate, erstreckte sich über vier Generationen und umfaßte etwa 1700 Ratten. Tabelle 78 zeigt das Ergebnis für die erste Geburt in der ersten Generation, Tabelle 79 das für die erste Geburt in der zweiten Generation.

Es wurde auch die Reproduktion in aufeinanderfolgenden Geburten bei den gleichen Tieren untersucht. Die Prüfung umfaßte 7 Würfe bei den Tieren der ersten Generation. Die Tabelle 80 bietet eine Übersicht über die Ergebnisse.

Aus den umfassenden Versuchen geht hervor, daß bei den Ratten, die ausschließlich mit Konserven gefüttert wurden, keine Störung der Reproduktion nachgewiesen werden konnte.

Aus allen diesen Versuchen, die sich auf mehrere Generationen erstreckten, können wir somit den Schluß ziehen, daß das Vitamin E bei der Konservierung vollständig erhalten bleibt.

Vitamin K.

Die Entdeckung des Vitamin K.

DAM und DAM [DAM (1)] konnten 1934 zeigen, daß Hühner einen Ernährungsfaktor benötigen, bei dessen Fehlen eine charakteristische Blutungskrankheit auftritt. Dieser Ernährungsfaktor wurde Vitamin K genannt. An der weiteren Erforschung dieses neuen Vitamins beteiligten sich außer DAM und Mitarbeitern vor allem ALMQUIST (ALMQUIST und STOKSTAD), DOISY (McKEE et al. und MacCORQUODALE et al.) und KARRER (DAM, GEIGER, GLAVIND, P. KARRER, W. KARRER, ROTHSCHILD und SALOMON).

Krankheitsbild bei Vitamin K-Mangel.

Das Vitamin K wird von Vögeln benötigt, beispielsweise von Hühnern, Enten und Gänsen.

Die Tiere zeigen bei Vitamin K-Mangel Blutungen. Diese können in vielen Organen auftreten; am häufigsten findet man sie unter der Haut oder intramuskulär an den Beinen, an der Brust, am Hals oder an den Flügeln, seltener in der Bauch- oder Brusthöhle. Die Blutungen können so groß werden, daß das Tier durch den Blutverlust stirbt.

Die Blutungen sind bei Vitamin K-Mangel auch an Ratten und Kaninchen nachgewiesen worden, jedoch weniger häufig.

Sogar Menschen können unter gewissen Umständen Vitamin K-Mangelsymptome zeigen. Neuere Untersuchungen haben ergeben, daß die Säugetiere, genau wie die Vögel, das Vitamin K nötig haben. Das Vitamin K ist notwendig, um den normalen Prothrombingehalt des Blutes aufrechtzuerhalten. Das Vitamin K kann *in vitro* die Koagulationsfähigkeit des Blutes der K-avitaminotischen Tiere erhöhen.

Das Vitamin K entsteht bei Fäulnis im Darme der Säugetiere. Deshalb kommen die Mangelsymptome bei Vitamin K-freier Kost bei Säugetieren nur selten vor. Vitamin K kann vom Darm nur in Gegenwart von Galle resorbiert werden. Man beobachtet deshalb K-Vitaminmangelsymptome bei solchen Zuständen, wo die Galle im Darm fehlt, also bei Ikterus.

Die Blutungstendenz bei Occlusionsikterus kann durch Zufuhr von Vitamin K aufgehoben werden. Dies konnte gleichzeitig in drei Instituten nachgewiesen werden, nämlich von WARNER, BRINKHOUS und SMITH, von BUTT, SNELL und OSTERBERG und von DAM und GLAVIND [DAM (2)].

Konstitutionsaufklärung des Vitamin K.

Das Vitamin K ist fettlöslich. Wenn man es aus getrockneter Luzerne darstellt, ist es ein hellgelbes Öl mit einem charakteristischen Absorptionsspektrum im Ultraviolett. Es wurde von DAM, GEIGER, GLAVIND, P. KARRER, W. KARRER, ROTHSCHILD und SALOMON als hellgelbes Öl isoliert. Etwa gleichzeitig haben McKEE, BINKLEY, MacCORQUODALE, THAYER und DOISY mitgeteilt, daß sie noch ein zweites Vitamin K in reiner Form isoliert haben. Das Vitamin, das aus der Luzerne isoliert wurde, war ein hellgelbes Öl und wurde als Vitamin K_1 bezeichnet. Ein zweites Produkt wurde aus faulem Fischmehl isoliert. Es ist ein schwach gelblicher, fester Körper, der Vitamin K_2 genannt wurde.

Von verschiedenen Seiten wurde nun versucht, die Konstitution der zwei K-Vitamine zu ermitteln. Alle Forscher kamen zu dem Ergebnis, daß beide Chinone sein mußten, und bald gelang es DOISY und Mitarbeitern (MacCORQUODALE, BINKLEY, THAYER und DOISY), das Vitamin K_1 als 2-Methyl-3-phytyl-1,4-naphthochinon zu erkennen und diesen Befund durch Synthese zu bestätigen (BINKLEY, CHERNEY, HOLCOMB, McKEE, THAYER, MacCORQUODALE und DOISY). Für Vitamin K_1 wurde die Bezeichnung Phyllochinon gewählt.

Die Konstitutionsermittlung des Vitamins K_2 gelang dann KARRER und EPPRECHT. Auch K_2 erwies sich als ein 2-Methyl-3-alkyl-1,4-naphthochinon. Die Seitenkette in der 3-Stellung leitet sich von einem dem Squalen isomeren Triterpenalkohol ab, der nach dem Prinzip der Phytolstruktur aufgebaut ist. Die Formeln der beiden K-Vitamine sind also:

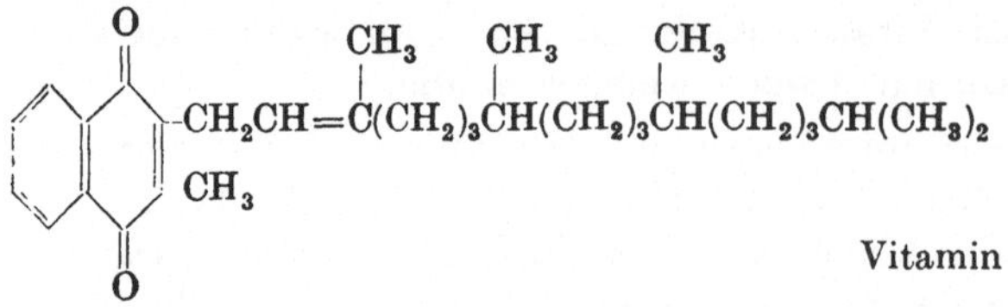

$$\text{(2-Methyl-1,4-naphthochinon-Ring)}-CH_2CH=\overset{\overset{\displaystyle CH_3}{|}}{C}(CH_2)_3\overset{\overset{\displaystyle CH_3}{|}}{C}H(CH_2)_3\overset{\overset{\displaystyle CH_3}{|}}{C}H(CH_2)_3CH(CH_3)_2$$

Vitamin K$_1$ (Phyllochinon)

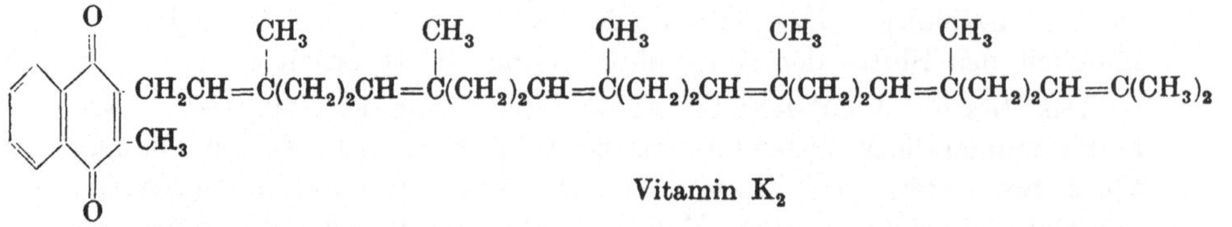

$$\text{(2-Methyl-1,4-naphthochinon-Ring)}-CH_2CH=\overset{\overset{\displaystyle CH_3}{|}}{C}(CH_2)_2CH=\overset{\overset{\displaystyle CH_3}{|}}{C}(CH_2)_2CH=\overset{\overset{\displaystyle CH_3}{|}}{C}(CH_2)_2CH=\overset{\overset{\displaystyle CH_3}{|}}{C}(CH_2)_2CH=\overset{\overset{\displaystyle CH_3}{|}}{C}(CH_2)_2CH=C(CH_3)_2$$

Vitamin K$_2$

Es hat sich nun gezeigt, daß auch eine Reihe von ähnlichen Stoffen — und zwar Verbindungen, die durch einfache Reaktionen (Dehydrierung, Oxydation, Verseifung) in 2-Methyl-naphthochinon überführt werden können — K-Wirksamkeit besitzen. Besonders auffallend ist, daß ein in der Natur bisher nicht angetroffener Stoff, das 2-Methyl-1,4-naphthochinon, viel wirksamer als K$_1$ und K$_2$ ist. „Diese Erscheinung", sagt KARRER (2), „daß ein naturfremder, synthetischer Stoff das Naturprodukt so wesentlich an Wirksamkeit übertrifft, ist in der Vitamin- und Hormonforschung ein einzigartiger Fall und vorerst keiner Erklärung zugänglich".

Nach DAM, GLAVIND und KARRER beträgt die Aktivität (s. unten) von Phyllochinon 12 Millionen, von Vitamin K$_2$ 8 Millionen und von 2-Methyl-1,4-naphthochinon 25 Millionen Einheiten je Gramm. Recht interessant ist die von RHOADS und FLIEGELMAN kürzlich gemachte Feststellung, daß auch bei Menschen ein Prothrombinmangel mit 2-Methyl-1,4-naphthochinon behandelt werden kann. Bei täglichen Dosen von 1—4 mg wurden keine toxischen Wirkungen beobachtet.

Bestimmungsmethoden des Vitamin K.

Biologische Bestimmungsmethoden.

Bei der biologischen Bestimmung des Vitamin K verwendet man Hühner. Die Hühner werden auf eine Vitamin K-freie Kost folgender Zusammensetzung gesetzt:

Ätherextrahierte Schweineleber	15%
Getrocknete Hefe	12%
Saccharose	71%
Salzgemisch	2%
	100%
Dorschlebertran	2%

Die Blutungskrankheit entwickelt sich nun im Laufe von 10—30 Tagen. Die Gerinnungszeit des Blutes ist bedeutend verlängert. Die Gerinnung kann $^1/_2$ bis mehrere Stunden dauern, während das Blut normaler Hühnchen in 2—4 Minuten erstarrt.

Die Bestimmung des Vitamins kann nach DAM (4) entweder nach dem prophylaktischen oder nach dem therapeutischen Prinzip erfolgen. Wenn der Versuch prophylaktisch ausgeführt wird, stellt man fest, wieviel von dem Konzentrat je 100 g Nahrung erforderlich ist, um die Krankheit zu verhindern. Nach der therapeutischen Methode bestimmt man die Menge des Konzentrates, die je Gramm Körpergewicht 3 Tage hintereinander gegeben werden muß, um das Gerinnungsvermögen des Blutes eines K-avitaminotischen Hühnchens wieder auf den Normalwert zu bringen. Die quantitative Bestimmung nach der therapeutischen Methode wurde von SCHÖNHEYDER beschrieben.

In einem kleinen Gläschen versetzt man 5 Tropfen Plasma — aus praktischen Gründen mit gleichen Teilen RINGER-Lösung verdünnt — mit einem Tropfen Hühnerlungenextrakt oder einem anderen Thrombokinasepräparat aus Hühnerorganen. Durch Umdrehen des Glases im Wasserbade von Körpertemperatur stellt man den Zeitpunkt der Gerinnung fest. Durch Wiederholung des Versuches mit verschiedenen Verdünnungen des Thrombokinasepräparates kann man diejenige Konzentration ermitteln, die in 3 Minuten die Gerinnung hervorruft. Diese Konzentration, dividiert durch die Konzentration, die ein normales Plasma in derselben Zeit zur Gerinnung bringt, $R = K/K_n$, ist ein Maß für die Gerinnungsanomalie.

Bei maximal entwickelter Avitaminose sind die R-Werte sehr hoch (z. B. 7000); gewöhnlich findet man kleinere R-Werte, z. B. 50—300; der R-Wert eines normalen Hühnchens ist $= 1$.

Wenn man den R-Wert eines K-avitaminotischen Tieres festgestellt hat, kann man durch Eingeben einer bekannten Menge einer Testsubstanz 3 Tage hintereinander und nachfolgende R-Bestimmung am vierten Tag eine Kurve konstruieren, die die Veränderung des R-Wertes mit der eingegebenen Menge der Testsubstanz darstellt. Diese Kurve wird nun zur Bestimmung des Vitamins in Konzentraten oder in Rohmaterialien benutzt. Die Einheit ist diejenige Menge, die je Gramm Tier 3 Tage nacheinander eingegeben werden muß, um R von 200 oder mehr auf 1 zu reduzieren. ANSBACHER verwendet bei der biologischen Bestimmung eine etwas andere Grundnahrung und auch eine andere Einheit, die etwa 20mal so groß ist wie die Einheit von DAM und Mitarbeitern.

Chemische Bestimmungsmethoden.

ALMQUIST und KLOSE (2) beschreiben eine Farbenreaktion des Vitamin K mit Natriumäthylat. Die Intensität der Farbe ist proportional der biologisch bestimmten Wirkung der Vitaminpräparate. DAM, GEIGER, GLAVIND, P. KARRER, W. KARRER, ROTHSCHILD und SALOMON geben ebenfalls eine Farbenreaktion an, die bei Zusatz von Natriumalkoholat zur alkoholischen Lösung des Vitamins entsteht.

Vorkommen des Vitamin K.

Das Vitamin K kommt besonders in den grünen Blättern der Pflanzen vor. Früchte enthalten weniger und sehr wechselnde Mengen, je nach ihrer Art. Nach DAM (2) enthalten Tomaten mehr als Erdbeeren. Sojabohnen und Erbsen enthalten verhältnismäßig wenig; Getreide und Karotten weniger und Kartoffeln gar nichts. Wir verweisen hier auf die Tabelle 81.

Tabelle 81. Vitamin K in verschiedenen Produkten. [Nach DAM (3).]

Produkt	Vitamin K Einheiten je g Trockensubstanz	Produkt	Vitamin K Einheiten je g Trockensubstanz
Grüne Blätter:		Samen:	
Luzerne	200—400	Sojabohne . . .	25
Weißkohl	400	Erbsen	15
Spinat	500	Hafer	< 10
Gras	200	Weizen	< 5
Blumenkohl	400	Weizenkleie	< 10
Brennesseln	400	Weizenkeime	< 5
Roßkastanie	800	Wurzeln:	
Kiefernadeln	200	Runkelrübe . . .	< 5
Früchte:		Karotten	10
Erdbeeren	15	Kartoffeln . . .	< 10
Hagebutten	10	Tierische Produkte:	
Tomaten	50	Hundeleber . . .	67
Samen:		Schweineleber . .	50
Sonnenblume	< 10	Kückenleber . . .	< 11
Hanf	40	Dorschleber . . .	10

DAM (DAM und GLAVIND) fand auch in Proben von Meerestang, die ihm von uns zugeschickt wurden, nicht unbeträchtliche Mengen an Vitamin K, jedoch weniger als in den Blättern der Landpflanzen. Im Tierreich kommt das Vitamin K nicht in so großen Mengen vor wie im Pflanzenreich. Insbesondere kommt das Vitamin K in der Leber vor. Geflügelleber enthält aber viel weniger Vitamin K als Säugetierleber.

Wie bereits erwähnt, bildet sich das Vitamin K bei der Fäulnis, und es wurde, wie auch schon gesagt, in großen Mengen in faulem Fischmehl nachgewiesen.

Beständigkeit des Vitamin K.

Das Vitamin K wird durch Einfluß des Lichtes verändert. Sonnenlicht bewirkt fast sofort eine Veränderung der Farbe, und das Präparat verliert gleichzeitig seine Wirkung (FERNHOLZ, ANSBACHER und MOORE). ALMQUIST (1) gibt ebenfalls an, daß Vitamin K bei Sonnenlicht zerstört wird, auch in Abwesenheit von Sauerstoff. In einer späteren Arbeit teilt Almquist (2) mit, daß der Vitamin K-Gehalt auch bei Belichtung von Blättern zurückgeht.

Das Vitamin K scheint auch etwas wärmelabil zu sein. So geben McKee, Binkley, MacCorquodale, Thayer und Doisy an, daß das Vitamin K beim Destillieren teilweise zerstört wird.

Untersuchungen über die Stabilität des Vitamin K beim Kochen oder Konservieren von Nahrungsmitteln liegen nicht vor. Es ist aber anzunehmen, daß das Vitamin K jedenfalls teilweise erhalten bleibt.

Vitamin F.

Im Jahre 1927 haben Evans und Burr (2) auf eine neue Mangelkrankheit hingewiesen, die bei fettfreier Nahrung auftritt. Die Mangelerscheinungen konnten durch Zusatz von gewissen Fetten aufgehoben werden. Später konnten Evans und Lepkovsky zeigen, daß, wenn Fett zu einer fettfreien Nahrung gegeben wurde, der Bedarf an dem antineuritischen Vitamin B-Faktor herabgesetzt wurde. Diese Beobachtung konnte auch durch eine Reihe Forscher später bestätigt werden. Es zeigte sich, daß die fehlende Substanz mit gewissen ungesättigten Fettsäuren, Linolsäure und Linolensäure, identisch war (Burr, Burr und Miller).

Die Firma Archer-Daniels-Midland Company hat eine ausführliche Bibliographie aller Arbeiten über das Vitamin F, die Jahre 1926—1936 umfassend, herausgegeben, und es sei hier auf diese Übersicht hingewiesen.

Bei Mangel an diesen ungesättigten Fettsäuren, die als Vitamin F bezeichnet wurden, beobachtet man insbesondere Hauterscheinungen, wie Trockenheit, Rauhheit und Schuppigkeit der Haut der Ratten. Die Symptome sind besonders ausgeprägt am Schwanz der Ratten. Shepherd und Linn haben versucht, den Gehalt an Vitamin F in verschiedenen Fetten quantitativ zu bestimmen. Die Vitamin F-haltigen Präparate werden bei Vitamin F-frei ernährten Ratten außen auf den Schwanz aufgetragen. Grandel (2) hat die Brauchbarkeit dieser Bestimmungsmethode bestätigt.

Das Vitamin F scheint nach Untersuchungen von Evans, Lepkovsky und Murphy für die Reproduktion und Lactation von Bedeutung zu sein. Die hoch ungesättigten Fettsäuren, die unter der Bezeichnung Vitamin F zusammengefaßt werden, scheinen allgemeine Bedeutung zu haben. So konnten Brown, Hansen, Burr und McQuarrie zeigen, daß das Vitamin F auch für den menschlichen Organismus notwendig ist.

Nach den neuesten Untersuchungen besteht das Vitamin F — oder richtiger der Vitamin F-Komplex — hauptsächlich aus 9,12-Linolsäure neben Linolen-, Arachidon- und Clupanodonsäure, also aus ungesättigten Fettsäuren, die keine konjugierten Bindungen im Molekül besitzen. Diese Säuren kommen besonders im Leinöl vor, dann auch zum Teil in den

Leinpreßkuchen. Von dieser Tatsache hat man schon Gebrauch gemacht; nach den Erfahrungen der Firma *Lilleborg Fabriker* (Oslo) verwenden nämlich norwegische Pelzzüchter Leinkuchenmehl, um den Silberfüchsen einen besonders schönen Pelz zu verleihen. Ein ähnliches Verfahren ist auch bei jungen Kälbern kurz vor dem Abschlachten verwendet worden.

Über die Beständigkeit des Vitamin F, beispielsweise bei der Zubereitung von Nahrungsmitteln, liegen keine Untersuchungen vor. Da es sich aber hier um bekannte, hoch ungesättigte Fettsäuren handelt, kann man ohne weiteres schließen, daß diese bei Gegenwart von Luft zerstört werden müssen. Eine Erwärmung, wie sie bei der Zubereitung von Nahrungsmitteln im Haushalt oder bei der Konservierung stattfindet, sollte aber diesen ungesättigten Fettsäuren nicht weiter schaden können, wenn Luft und Oxydationsmittel ferngehalten werden.

Vitamin H.

Von GYÖRGY wurde in Rattenversuchen nachgewiesen, daß eine größere Zufuhr von rohem Eiweiß und besonders von chinesischem Trockeneiweiß toxisch wirkt, daß aber derartige Schäden durch Verabreichung eines als Vitamin H bezeichneten Faktors geheilt oder verhindert werden können.

In einer Reihe von Arbeiten im Jahre 1939 beschäftigen sich GYÖRGY und Mitarbeiter mit Versuchen zur Isolierung dieses Faktors und mit seinen physikalisch-chemischen Eigenschaften. Danach soll Vitamin H weder in Wasser noch in Fett löslich sein und sich dadurch wesentlich von den anderen Vitaminen unterscheiden. Außerdem ist es kochbeständig und ist mit Bleiacetat nicht fällbar. Es kommt vor allem in Leber vor und kann daraus durch Papainverdauung oder Behandlung im Autoklav freigesetzt und später chromatographisch gereinigt und gewonnen werden.

Über die chemische Natur des Vitamin H wissen wir noch sehr wenig. GYÖRGY und Mitarbeiter sprachen im Jahre 1940 die Vermutung aus, daß Vitamin H mit Biotin und Co-Enzym R identisch sei; und vom Biotin konnten KÖGL und Mitarbeiter im Jahre 1941 zeigen, daß es wahrscheinlich einen Harnstoff und einen schwefelhaltigen Ring enthält.

Über die Bedeutung des Vitamin H für den Menschen liegen bisher keine Untersuchungen vor.

Vitamin P.

RUSZNYÁK und SZENT-GYÖRGYI haben darauf hingewiesen, daß Meerschweinchen außer Vitamin C noch ein zweites Vitamin zur vollständigen Heilung der Skorbutsymptome benötigen. Dieser neue Faktor wurde als Vitamin P (Permeabilitätsvitamin) oder Citrin bezeichnet.

BENTHSÁTH, RUSZNYÁK und SZENT-GYÖRGYI geben an, daß das neue Vitamin ein Flavonderivat sei, in der Hauptsache Hesperidin.

Das Vitamin soll auch für den Menschen von Bedeutung sein (STEPP, KÜHNAU und SCHROEDER). So vermag nach neueren Untersuchungen von MORIL sowie von SCARBOROUGH Hesperidin die Capillarresistenz zu erhöhen und die Capillarpermeabilität herabzusetzen. ELMBY und E. WARBURG teilen mit, daß sie Skorbut mit Apfelsinensaft geheilt haben in Fällen, wo das reine Vitamin C unwirksam war. Der Apfelsinensaft enthält neben Vitamin C auch Vitamin P.

Die Untersuchungen von SZENT-GYÖRGYI und Mitarbeitern konnten von ZILVA (4) nicht wiederholt werden. Die Bedeutung dieses neuen Faktors für Meerschweinchen kann deshalb noch nicht als endgültig sichergestellt gelten (PETERS und DAVENPORT).

Fütterungsversuche mit Konserven.

Außer den Arbeiten über das Schicksal der einzelnen Vitamine beim Kochen und Konservieren von Nahrungsmitteln liegen auch eine Reihe Arbeiten vor, die sich mit vergleichenden Fütterungsversuchen befassen. Bei den meisten dieser Untersuchungen erhielten einige der Versuchstiere die frischen rohen Nahrungsmittel, während eine andere Gruppe die gleichen Nahrungsmittel in gekochter oder konservierter Form erhielt. In einigen Fällen wurden diese Versuche über mehrere Generationen der Versuchstiere hinausgeführt. Einen Teil der Versuche haben wir bereits bei der Besprechung des Vitamin E behandelt. Da diese Versuche einen Aufschluß über das Schicksal bisher unbekannter Ernährungsfaktoren bei der Konservierung geben, so sollen auch sie im Rahmen des vorliegenden Buches besprochen werden.

Die ersten Versuche dieser Art wurden von KOHMAN, EDDY und GURIN (2) durchgeführt. Sowohl Ratten als auch Meerschweinchen wurden ausschließlich mit Konserven gefüttert. Die Tiere erhielten vier oder fünf verschiedene Konserven, die zusammen eine richtig zusammengesetzte Nahrung darstellten, in unbegrenzter Menge. Nach 5 Tagen erhielten die Tiere wieder ein Gemisch von anderen Konserven, so daß den Tieren im ganzen 49 verschiedene Konserven in 74 verschiedenen Mischungen verabreicht wurden. Alle Konserven wurden in Läden eingekauft, so daß die Nahrung der Versuchstiere einen Querschnitt durch die auf dem Markt befindlichen Konserven darstellte. Der Versuch wurde mit 4 Paaren junger Meerschweinchen und 3 Paaren junger Ratten angefangen. Die Prüfung dauerte 15 Monate. Während dieser Zeit vermehrten sich die Tiere normal, und nach etwas mehr als 1 Jahr war man bis zur fünften Generation der Ratten und bis zur dritten Generation der Meerschweinchen gekommen. Längenwachstum und Gewicht der Tiere waren normal. Die Reproduktion war auch so gut, wie man erwarten konnte. Die Würfe waren in jeder Hinsicht normal. Das Wachstum ging schneller vor sich, und das Maximalgewicht wurde früher erreicht als gewöhnlich. Diese letztere Tatsache kann entweder dadurch erklärt werden, daß die Nahrung besonders günstig zusammengesetzt war, oder daß die gekochten Nahrungsmittel günstiger sind. Aus dem Versuch geht jedenfalls hervor, daß die von den Ratten und Meerschweinchen benötigten Vitamine und andere Ernährungsfaktoren durch die in der Technik übliche Konservierung nicht geschädigt werden.

KOHMAN und Mitarbeiter (zitiert bei GODDEN und THOMSON) haben später diese Fütterungsversuche mit Meerschweinchen bis zur 13. Generation und mit Ratten bis zur achten Generation durchgeführt. Wachstum und Reproduktion waren vollständig normal.

In einer späteren Untersuchung fütterten KOHMAN, SANBORN, EDDY und GURIN drei Gruppen von Ratten während fünf Generationen: 1. mit frischen Nahrungsmitteln; 2. mit den gleichen Nahrungsmitteln, wie im Haushalt gekocht; 3. mit den gleichen Nahrungsmitteln konserviert. Sie fanden, daß das Wachstum der Ratten in der Gruppe mit Konserven besser war als das der Ratten in den beiden anderen Gruppen. Dieses bessere Wachstum wird dadurch erklärt, daß die konservierte Nahrung besser verdaut und resorbiert wird als die Nahrung in den beiden anderen Gruppen. Es wird auch angenommen, daß das Calcium der konservierten Nahrung besser resorbiert wird als die Nahrung in den beiden anderen Gruppen. Diese Annahme wird durch Versuche belegt, worauf in diesem Zusammenhange nicht näher eingegangen werden kann.

KOHMAN und Mitarbeiter [KOHMAN (2); KOHMAN, EDDY, WHITE und SANBORN] haben diese Forschungen weitergeführt. Sie untersuchten die Reproduktion von Ratten bei roher, gekochter und konservierter Kost in fünf Generationen. Das Ergebnis davon haben wir bereits in Tabelle 77 (S. 223) mitgeteilt. Die Versuche zeigten, daß das Wachstum der Tiere bei konservierter Nahrung mindestens ebenso gut war wie das der Tiere, die mit frischen Nahrungsmitteln gefüttert waren. Es konnte auch festgestellt werden, daß die Aschenmenge der Tibia größer war bei den Tieren, die mit konservierter Nahrung gefüttert waren.

MACHEBOEUF, CHEFTEL und THUILLOT fütterten ebenfalls Ratten und Meerschweinchen ausschließlich mit fabrikmäßig hergestellten Konserven. Der Versuch umfaßte 6 Generationen von Ratten mit einer Gesamtzahl von 157 Geburten. Abb. 30 und 31 zeigen durchschnittliche Wachstumskurven der Ratten der ersten und dritten Generation bei Konserven, verglichen mit dem Wachstum der Ratten bei „Normalkost".

Aus den Kurven geht hervor, daß die Ratten bei Ernährung mit Konserven sich rascher entwickeln als diejenigen, die gewöhnliche Kost erhalten haben. Ähnlich wurden Meerschweinchen bis zur dritten Generation mit insgesamt 42 Geburten ausschließlich mit Konserven

gefüttert. Die Wachstumskurven dieser Tiere waren vollständig zu-
friedenstellend und identisch mit den Wachstumskurven von Tieren,
die auf eine Normalkost gesetzt
waren. Die Abb. 32 zeigen durchschnittliche Wachstumskurven der
Tiere.

CHEFTEL gibt später an, daß die
Generationsversuche noch weiter
fortgesetzt wurden, die Versuche mit
den Ratten bis zur 14. Generation.
Die Tiere waren in jeder Hinsicht
vollständig normal. Die Würfe enthielten 10—14 Jungen. Die Versuche zeigten auch, daß die Jungen
dieser mit Konserven aufgezogenen
Ratten eine größere Vitamin A-
Reserve hatten als diejenigen, die
sonst für Vitamin A-Versuche verwendet wurden, indem die Vitamin A-Symptome dieser Ratten,
wenn sie auf Vitamin A-freie Kost
gesetzt wurden, sich erst 2 Wochen

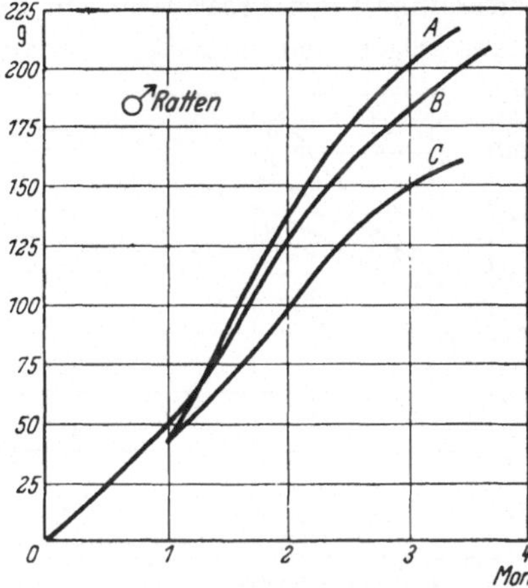

Abb. 30. Durchschnittliche Wachstumskurven
von männlichen Ratten. *A* Erste Generation
der Tiere, die ausschließlich mit Konserven
gefüttert wurden. *B* Dritte Generation der
Tiere, die mit Konserven gefüttert wurden.
C Wachstumskurven von Ratten bei Normalkost. (Die Tiere aus den Gruppen *A* und *C*
stammen aus dem gleichen Wurf.) (Nach
MACHEBOEUF, CHEFTEL und THUILLOT.)

später zeigten. Die Versuche mit den Meerschweinchen waren ebenfalls bis zur vierten Generation fortgesetzt worden.

LECOQ prüfte das Wachstum von Ratten, die auf eine synthetische Grundkost
gesetzt wurden. Eine Gruppe Ratten erhielt die Grundnahrung unbehandelt und
eine andere Gruppe die gleiche, 30 Minuten
bei 112⁰ erhitzte Kost. Im Gegensatz zu
den Ergebnissen, die von KOHMAN und Mitarbeitern und von CHEFTEL und Mitarbeitern erhalten wurden, konnte LECOQ ein
geringeres Wachstum bei den mit der erhitzten Nahrung gefütterten Ratten feststellen. Die Vitamine A, D und E waren bei
der Erhitzung nicht zerstört. Er führt
deshalb das geringere Wachstum auf eine

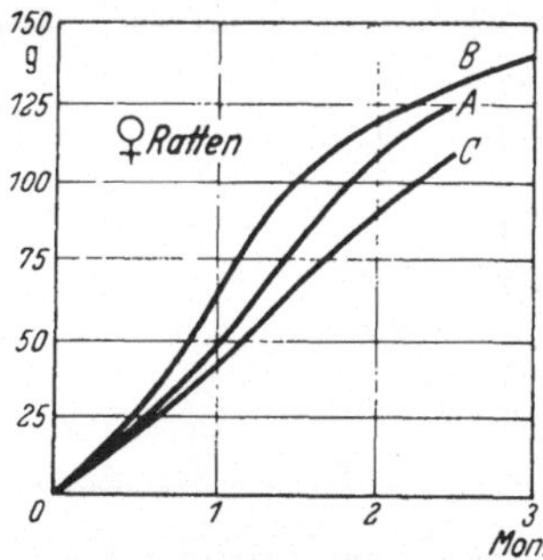

Abb. 31. Durchschnittliche Wachs-
tumskurven von weiblichen Ratten.
Zeichenerklärung vgl. Abb. 30. (Nach
MACHEBOEUF, CHEFTEL und
THUILLOT.)

teilweise Zerstörung von Vitamin B zurück. Dies wird auch in einem
zweiten Versuch an Tauben erwiesen. Obwohl der Versuch zeigt, daß
gewisse B-Faktoren wärmelabil sind, was wir auch bei der Besprechung
von Vitamin B_1 festgestellt haben, so zeigt dies jedoch nicht, daß
die konservierte Nahrung als Ganzes gesehen minderwertig ist im

Vergleich zur ungekochten. Es dreht sich ja hier nicht um ein Kochen oder Konservieren von Nahrungsmitteln, sondern um ein Erhitzen von vitaminhaltigen Präparaten, in diesem Falle Brauereihefe. Die Verhältnisse liegen hier anders, als wenn die Vitamine in den üblichen Nahrungsmitteln vorhanden sind.

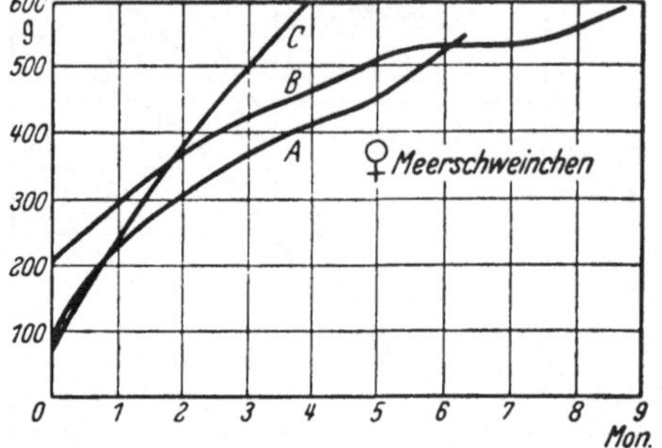

Abb. 32. Wachstumskurven von weiblichen Meerschweinchen. *A* Tiere, die ausschließlich mit Konserven gefüttert wurden. (Durchschnitt von zwei Tieren des gleichen Wurfes der zweiten Generation.) *B* Wachstumskurven von Tieren, die die Vitamin Cfreie Kost von RANDOIN und SIMONNET, mit 3 ml Apfelsinensaft je Tier und Tag vervollständigt, erhielten. *C* Wachstumskurve von Tieren auf Normalkost. (Nach MACHEBOEUF, CHEFTEL und THUILLOT.)

PIEN berichtet über Versuche, wobei Lebensmittel unter völligem Luftausschluß bei 120° 20 Minuten sterilisiert wurden. Ratten und Meerschweinchen erhielten diese sterilisierten Nahrungsmittel und zeigten gegenüber den mit frischer Nahrung gefütterten Kontrolltieren praktisch keinen Unterschied in der Gewichtszunahme. Ebensowenig haben die Fortpflanzungsfähigkeit oder die gesundheitliche Widerstandsfähigkeit eine Einbuße erlitten.

Im hiesigen Institut wurde das Wachstum von Ratten, deren Nahrung zu einem großen Teil aus konservierten norwegischen Sardinen bestand, untersucht. Die Tiere erhielten je Tag 5 g von mindestens 2 Jahre alten Konserven in Weißblechdosen. Das Wachstum der Tiere war normal, und eine Schädigung durch die Konserven konnte nicht festgestellt

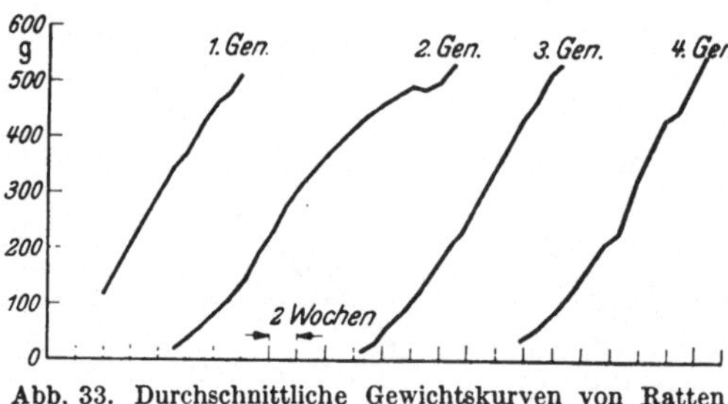

Abb. 33. Durchschnittliche Gewichtskurven von Ratten (berechnet auf 3 Tiere), in vier Generationen mit alten (stark zinnhaltigen) Konserven gefüttert. [Nach LUNDE (5).]

werden (LUNDE, ASCHEHOUG und BREIEN). In einem zweiten Versuch erhielten Ratten in gleicher Weise täglich 5 g der 2 Jahre alten Konserven bis zur fünften Generation [LUNDE (5); LUNDE und MATHIESEN (1, 2)]. Das Wachstum dieser Ratten geht aus der Abb. 33 hervor.

Das Wachstum und die Reproduktion der Ratten war normal.

Abb. 34 zeigt Wachstumskurven von je 3 Ratten der vierten Generation aus verschiedenen Würfen.

LUNDE, ASCHEHOUG, BREIEN und WÜLFERT untersuchten in gleicher Weise das Wachstum von Ratten, die täglich 5 g Konserven, die in Aluminiumdosen verpackt waren, erhielten. Die Konserven waren auch in diesem Falle mindestens 2 Jahre alt. Das Wachstum der Tiere war normal. Der Versuch wurde auch hier ausgedehnt, indem Ratten bis zur fünften Generation mit diesen in Aluminium aufbewahrten Konserven gefüttert wurden [LUNDE und MATHIESEN (1, 2); LUNDE, ASCHEHOUG und KRINGSTAD (2)]. Abb. 35 zeigt das Wachstum dieser Ratten.

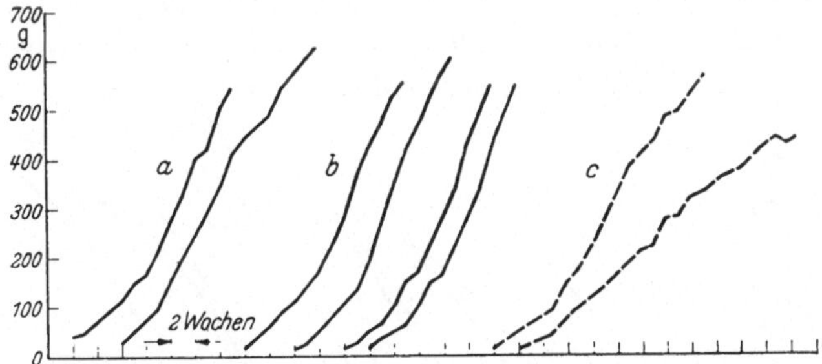

Abb. 34. Gewichtskurven von Ratten der vierten Generation (auf 3 Tiere berechnet). *a* Gefüttert mit 2 Jahre alten (stark zinnhaltigen) Konserven. *b* Gefüttert mit frisch hergestellten Konserven. *c* Gefüttert mit Ratten-Normalkost. [Nach LUNDE (5).]

Das Wachstum und die Reproduktion der Ratten war auch in diesem Falle normal, und kein schädigender Einfluß der Konserven konnte festgestellt werden.

GODDEN und THOMSON (vgl. auch GODDEN) untersuchten in einem großen Fütterungsversuch den Einfluß der Konservierung auf die Nahrungsmittel. Es wurden Ratten in zwei Gruppen geteilt. Die eine Gruppe erhielt ausschließlich Konserven, die andere Gruppe die gleiche Kost wie im Haushalt gekocht. Der Fütterungsversuch dauerte 18 Monate und umfaßte vier Generationen und 1700 Ratten. Wir haben bereits bei der Besprechung

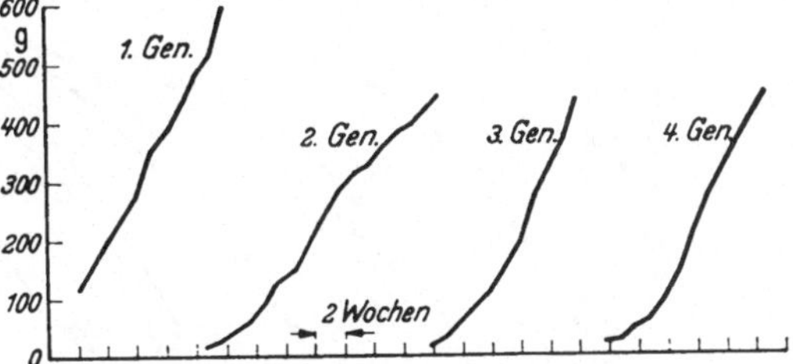

Abb. 35. Durchschnittliche Gewichtskurven von Ratten (berechnet für 3 Tiere), gefüttert in vier Generationen mit Konserven in Aluminiumdosen. [Nach LUNDE, ASCHEHOUG und KRINGSTAD (2).]

des Vitamin E gesehen, daß die Reproduktion der Ratten bei der konservierten Kost vollständig normal war (vgl. Tabelle 78, 79 und 80 auf S. 223). Auch das Wachstum der Ratten war normal. Die Abb. 36 und 37 zeigen durchschnittliche Gewichtskurven der Tiere beider Gruppen.

Zu diesem großen Versuch wurden im ganzen 8000 Dosen Konserven verschiedener Art verwendet, darunter konserviertes Fleisch, Fisch, Gemüse, Obst, Milch und Brot. Im ganzen wurden 3500 kg Konserven und 500 l konservierte Milch verwendet. Das Ergebnis des Versuches ist vollständig in Übereinstimmung mit den Befunden von MACHEBOEUF, CHEFTEL und THUILLOT und von KOHMAN, EDDY und GURIN (2), daß die konservierten Nahrungsmittel mit den im Haushalt gekochten gleichwertig sind.

LUNDE und MATHIESEN (3) fütterten Silberfüchse von der Entwöhnung bis zum Pelzen der Tiere, also während der Wachstumsperiode, mit einer Nahrung, die hauptsächlich aus Fischkonserven bestand. Die Tiere erhielten außer Fischkonserven nur etwas Gemüse und Kartoffeln und 5 g Trockenhefe je Tag. Das Wachstum und der Pelz der Tiere waren genau so gut wie bei denjenigen Tieren, die rohes Fleisch erhielten. Die Abb. 38 zeigt die Wachstumskurven dieser Tiere.

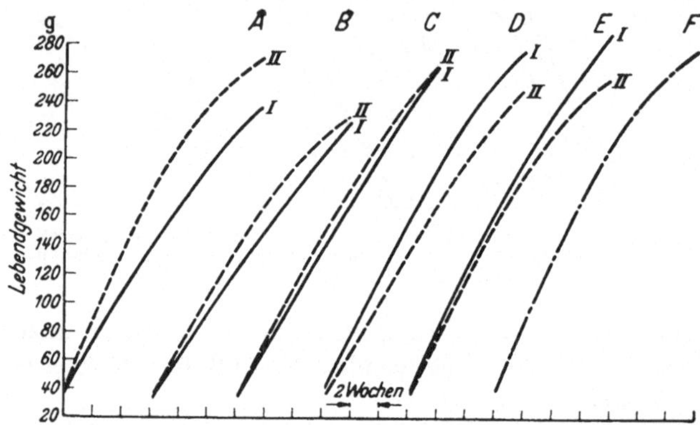

Abb. 36. Durchschnittliche Gewichtskurven von männlichen Ratten. (Nach GODDEN und THOMSON.)

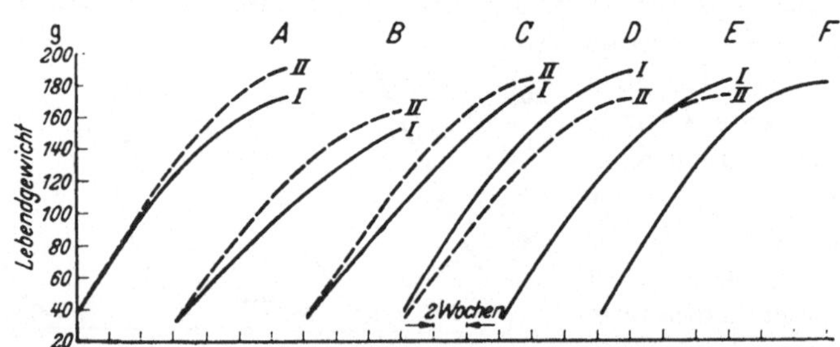

Abb. 37. Durchschnittliche Gewichtskurven von weiblichen Ratten. (Nach GODDEN und THOMSON.)
A Elterngeneration; B Erste Generation, erster Wurf; C zweite Generation, erster Wurf; D zweite Generation, dritter Wurf; E dritte Generation, erster Wurf; F Ratten der gewöhnlichen Zucht.
(Gruppe I: Konserven. Gruppe II: Gekochte Nahrung.)

Von großem Interesse ist auch der Versuch, der bei der französischen Polarexpedition 1932—1933 mit Konserven gemacht wurde (MEHAUTÉ, MACHEBOEUF, TCHERNIAKOFSKY und CHEFTEL). Die Expedition bestand aus 15 Mann, die sich 13 Monate in der Polargegend aufhalten sollten. Dies entspricht 12000 großen Mahlzeiten und 6000 Frühstücken. Die Nahrung bildeten in der Hauptsache Konserven. Das Fleisch bestand im wesentlichen in Fleischkonserven verschiedener Art. Außer diesen Fleischkonserven verwendete die Expedition im ganzen 300 kg Fleisch von Moschusochsen, also eine geringe Menge im Verhältnis zu dem gesamten Fleischkonsum. Die Gemüse waren konserviert oder getrocknet. Es wurde nur eine kleine Menge frischer Kartoffeln, etwa 400 kg,

mitgenommen und etwas Apfelsinen und Citronen für den Fall, daß
Skorbut ausbrechen sollte. Es ist aber ganz interessant zu bemerken,
daß die Apfelsinen nicht verwendet wurden. Sie wurden beiseite gestellt,
um bei auftretenden Fällen von Skorbut verwendet zu werden, wurden
aber nie gebraucht.

Außerdem wurden große Mengen von konservierten Fischen und von
konserviertem Obst mitgenommen.

Es machten sich während der ganzen Zeit keine Anzeichen von Vit-
aminmangelsymptomen bemerkbar. Niemand vermißte die frischen

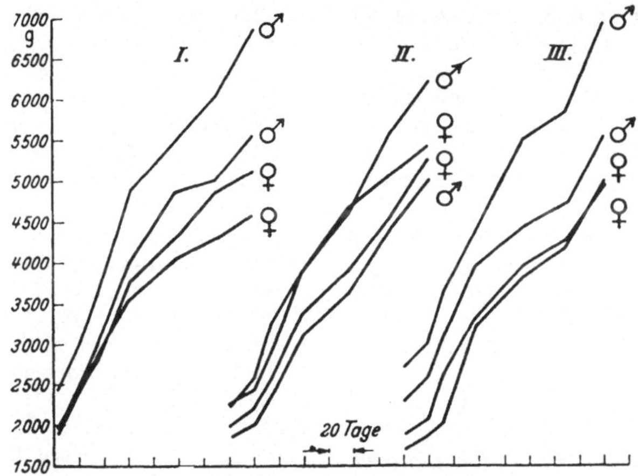

Abb. 38. Wachstumskurven von Silberfüchsen. I. Normalfutter mit frischem Fleisch, Leber und
Milch; II. und III. zwei verschiedene Typen von konserviertem Fischfutter und Gemüse.
[Nach LUNDE und MATHIESEN (3).]

Nahrungsmittel. Es wurde aber stets dafür gesorgt, daß in den Konserven
abgewechselt wurde.

Aus diesem großen Versuch wurde der Schluß gezogen, daß die Menschen während einer langen Periode fast ausschließlich von Konserven
leben können, wenn die Nahrung vielseitig und im übrigen richtig zusammengesetzt ist.

Auch in Deutschland wurden interessante Versuche mit Konserven
an Menschen ausgeführt, worüber NEHRING berichtet hat. LANGSTEIN
gab während einer Periode von 5 Monaten konserviertes Obst und konservierte Gemüse an Kinder im Alter von 6 Monaten bis zu 10 Jahren.
Der Versuch umfaßte 100 Kinder. Es konnte festgestellt werden, daß die
Konserven keinen schädigenden Einfluß ausübten. Keine Skorbutsymptome wurden festgestellt, und die Konserven wurden leichter resorbiert als frische Gemüse. REICHE kam zu ähnlichen Ergebnissen. Er verwendete während 5 Monaten Gemüsekonserven bei 263 Kindern. Die
Konserven wurden auch von kranken Kindern genau so gut vertragen
wie von gesunden.

Namen- und Literaturverzeichnis.

(Die **fettgedruckten kursiven** Seitenzahlen hinter den Namen beziehen sich auf die Verweisungen im Text.)

AHMAD: *184*, Biochemic. J. Bd. 29, 275 (1935).

AHMAD, MULLICK u. MAZUMDAR: *24, 25*, Indian J. med. Res. Bd. 24, 801 (1937).

ALMQUIST (1): *230*, J. of biol. Chem. Bd. 117, 517 (1937); (2): *231*, — Bd. 120, 635 (1937).

ALMQUIST u. KLOSE: *229*, J. amer. chem. Soc. Bd. 61, 1610 (1939).

ALMQUIST u. STOKSTAD: *226*, J. of biol. Chem. Bd. 111, 105 (1935).

ALSTEDE: *176*, Münch. med. Wschr. Bd. 85, 159 (1938).

ANDROSS: *62*, Chem. a. Ind. Bd. 55 (14), 148 (1936).

ANSBACHER: *229*, J. Nutrit. Bd. 17, 303 (1939).

ANSBACHER, SUPPLEE u. BENDER: *86, 88*, J. Nutrit. Bd. 11, 401 (1936).

ARCHER-DANIELS-MIDLAND Company: *231*, Bibliography of the Scientific Evolution of Vitamin F. Illinois med. J., April 1937.

ARNOLD u. ELVEHJEM (1): *60*, J. Nutrit. Bd. 15, 403 (1938); (2): *60*, — Bd. 15, 429 (1938); (3): *70*, Food Res. Bd. 3, 367 (1938); (4): *80*, — Bd. 4, 547 (1939).

ASCHEHOUG (1): *132, 188*, Tidsskr. f. Hermetikind. Bd. 19, 217 (1933); (2): *132, 188*, — Bd. 20, 384 (1934); Bd. 21, 12 (1935); (3): *178*, — Bd. 24, 225, 271 (1938).

ASCHEHOUG, KRINGSTAD u. LUNDE (1): *211, 215—217*, J. Soc. chem. Ind. Bd. 58, 220 (1939); (2): *36, 37*, Unveröff. 1939.

ASCHEHOUG u. VESTERHUS: *135*, zit. bei LUNDE u. LIE.

ASKEW, BOURDILLON, BRUCE, JENKINS u. WEBSTER: *203*, Proc. roy. Soc. Lond. Bd. 107, 76 (1930).

AYKROYD (1): *48*, Biochemic. J. Bd. 24, 1479 (1930); (2): *25*. Health Bull. Gov. Ind. 1937, Nr 23.

AYKROYD u. KRISHNAN: *18*, Indian J. med. Res. Bd. 23, 741 (1936).

BACHARACH, COOK u. SMITH: *156, 175*, Biochemic. J. Bd. 28, 1038 (1934).

BAILEY (1): *38, 209, 212*, J. Biol. Board Canada Bd. 2, 431 (1936); (2): *217*, Food Manufacture Bd. 12, 134 (1937).

BAKER u. WRIGHT (1): *65—68, 81*, Biochemic. J. Bd. 29, 1802 (1935); (2): *65, 66, 68*, — Bd. 32, 2156 (1938); (3): *62*, Proc. roy. Soc. Med. Bd. 29, 1145 (1937); (4): *56*, Biochemic. J. Bd. 33, 1370 (1939).

BAKKE, ASCHEHOUG u. ZBINDEN: *119*, C. r. Acad. Sci. Paris Bd. 191, 1157 (1930); vgl. auch BAKKE: La Med. Ital. Bd. 11, 574 (1930).

BANDIER: *112*, Biochemic. J. Bd. 33, 1130 (1939).

BARGER, BERGEL u. TODD: *57*, Ber. dtsch. chem. Ges. Bd. 68, 2257 (1935).

BARRON, BARRON u. KLEMPERER: *152*, J. of biol. Chem. Bd. 116, 563 (1936).

BARRON, DE MEIO u. KLEMPERER: *152*, J. of biol. Chem. Bd. 112, 625 (1936).

BARTLETT: *87*, Amer. J. Dis. Childr. Bd. 35, 25 (1928).

BAUER: *32*, Dtsch. Lebensmittel-Rdsch. 1937, 189—193.

BEAN, CLAGUE u. FELLERS: *21, 208*, Trans. amer. Fish. Soc. Bd. 66, 415 (1936).

BECHTEL u. HOPPERT: *210*, J. Nutrit. Bd. 11, 537 (1936).

BECKER: *189*, Z. Vitaminforsch. Bd. 4, 255 (1935).

BELL, GREGORY u. DRUMMOND: *19*, Z. Vitaminforsch. Bd. 2, 161 (1933).

BENDER, FLANIGAN u. SUPPLEE: *98*, J. Nutrit. Bd. 8, 357 (1934).

BENNETT u. TARBERT: *157*, Biochemic. J. Bd. 27, 1294 (1933).

BENTHSÁTH, RUSZNYÁK u. SZENT-GYÖRGYI: *233*, Nature (Lond.) Bd. 138, 798 (1936); Bd. 139, 326 (1937).

BESSEY u. KING: *138, 148, 161, 197*, J. of biol. Chem. Bd. 103, 687 (1933).

BIDAULT: *4*, Conservation de la Viande et du Poisson. Paris 1927.

BILLS: *208, 209*, Physiologic. Rev. Bd. 15, 1 (1935).

BILLS, IMBODEN u. WALLENMEYER: *21*, J. of biol. Chem. Bd. 105, Proc. (1934).

BILLS u. McDONALD: *24*, Science (N.Y.) Bd. 76, 108 (1932).

BILLS, MASSENGALE, IMBODEN u. HALL: *21, 22, 208*, J. Nutrit. Bd. 13, 435 (1937).

BING u. REMP: *98*, Proc. Soc. exper. Biol. a. Med. Bd. 31, 624 (1934).

BINKLEY, CHENEY, HOLCOMB, McKEE, THAYER, MacCORQUODALE u. DOISY: *227*, J. amer. chem. Soc. Bd. 61, 2558 (1939).

BINNINGTON u. GEDDES: *25*, Cereal. Chem. Bd. 14, 239 (1937).

BIRCH u. DANN: *150*, Nature (Lond.) Bd. 131, 469 (1933).

BIRCH u. GYÖRGY: *114*, Biochemic. J. Bd. 30, 304 (1936).

BIRCH, GYÖRGY u. HARRIS: *48, 117*, Biochemic. J. Bd. 29, 2830 (1935).

BIRCH u. HARRIS: *53*, Biochemic. J. Bd. 28, 602 (1934).

BIRCH, HARRIS u. RAY: *138, 147*, Biochemic. J. Bd. 27, 590 (1933).

BISBEY u. SHERMAN: *89*, J. of biol. Chem. Bd. 112, 415 (1935).

BISWAS u. GHOSH: *198*, Science and Culture Bd. 1, 778 (1936).

BLACK u. SASSAMAN: *208*, Amer. J. Pharmacy Bd. 108, 237 (1936).

BLACKFAN u. WOLBACH: *16*, J. of Pediatr. Bd. 3, 679 (1933).

BLINOWSKI u. JOFFE: *110*, Klin. Med. (russ.) Bd. 18, 47 (1940).

BLIX u. ENGLUND: *209*, Uppsala Läk.för. Förh. Bd. 42, 203 (1936).

BOGDANOWA: *164*, Ernährgs.probl.(russ.) Bd. 9, 29 (1940).

BOGDANOWA u. SCHEPILEWSKAJA: *164*, Ernährgs.probl. (russ.) Bd. 9, 35 (1940).

BOGOLIUBOVA: *164*, Arch. Sci. biol. (russ.) Bd. 31, 322 (1931).

BOOHER u. HARRIS: *94*, zit. nach DANIEL u. MUNSELL.

BOOHER u. WILLIAMS *94*, zit. nach DANIEL u. MUNSELL.

BORSOOK, DAVENPORT, JEFFREYS u. WARNER: *151*, J. of biol. Chem. Bd. 117, 237 (1937).

BOURQUIN u. SHERMAN: *86, 88, 89, 92, 102*, J. amer. chem. Soc. Bd. 53, 3501 (1931).

BOYD, DRAIN u. NELSON: *19*, Amer. J. Dis. Childr. Bd. 38, 721 (1929).

BRACEWELL, HOYLE u. ZILVA: *175*, Biochemic. J. Bd. 24, 82 (1930).

BRACEWELL, KIDD, WEST u. ZILVA: *155, 164*, Biochemic. J. Bd. 25, 138 (1931).

BRACEWELL u. ZILVA: *156*, Biochemic. J. Bd. 25, 1081 (1931).

BROCKMANN: *204, 210, 211*, Erg. Vitamin- u. Hormonforsch. Bd. 2, 55 (1939).

BROCKMANN u. CHEN: *206*, Hoppe-Seylers Z. Bd. 241, 129 (1936).

BROWN, HANSEN, BURR u. McQUARRIE: *231*, J. Nutrit. Bd. 15 (Suppl.), 13 (1938).

BROWN u. MOSER: *158*, Food Res. Bd. 6, 45 (1941).

BURNET u. AYKROYD: *62*, Bull. trimest. Organis. Hyg. Bd. 4, 327 (1935).

BURR, BURR u. MILLER: *231*, J. of biol. Chem. Bd. 97, 1 (1932).

BURTON: *99*, J. home Econ. Bd. 20, 35 (1928).

BUSKIRK, BACON, TOURTELLOTTE u. FINE: *165*, Ind. Engng. Chem. Bd. 25, 808 (1933).

BUTT, SNELL u. OSTERBERG: *227*, Proc. Staff. Meet. Mayo-Clin. Bd. 13, 74, 753 (1938).

CAMERON: *19*, J. amer. Dietetic. Assoc. Bd. 11, 189 (1935).

CAMPBELL u. CHICK: *39*, Lancet Bd. 2, 320 (1919).

CARLSSON u. SHERMAN: *89*, J. Nutrit. Bd. 15, 57 (1938).

DE CARO u. LOCATELLI: *66, 79, 100*, Quad. Nutriz. Bd. 3, 187 (1936).

DE CARO u. PERLING: *45, 188*, Quad. Nutriz. Bd. 3, 64 (1936).

DE CARO u. SPEIER: *150, 200,* Quad. Nutriz. Bd. 2, 171 (1935).

CARR u. JEWELL: *12, 15,* Nature (Lond.) Bd. 131, 92 (1933).

CARTER, KINNERSLEY u. PETERS: *50,* Biochemic. J. Bd. 24, 1832, 1844 (1930).

CARVER, HEIMAN u. ST. JOHN: *211,* Poultry Sci. Bd. 16, 68 (1937).

CASAZZA: *148,* Ber. Physiol. Bd. 94, 529 (1936).

CHAKRABORTY: *199,* Indian J. med. Res. Bd. 23, 347 (1935).

CHASE u. SHERMAN: *60, 61, 80, 85,* J. amer. chem. Soc. Bd. 53, 3506 (1931).

CHEFTEL: *235,* 1er Congr. internat. Conserve Paris 1937, p. 10.

CHEN, ROSE u. ROBBINS: *110,* Proc. Soc. exper. Biol. a. Med. Bd. 38, 241 (1938).

CHI u. READ: *150,* Chin. J. Physiol. Bd. 9, 47 (1935).

CHICK, COPPING u. EDGAR: *48,* Biochemic. J. Bd. 29, 722 (1935).

CHICK u. HUME: *71, 72,* Trans. roy. Soc. trop. Med. Lond. Bd. 10, 141, 156, 179 (1917).

CHICK, MACRAE, MARTIN u. MARTIN (1): *105,* Biochemic. J. Bd. 32, 10 (1938); (2): *115, 127,* — Bd. 32, 2207 (1938).

CHICK u. ROSCOE (1): *52,* Biochemic. J. Bd. 23, 498 (1929); (2): *97,* — Bd. 24, 105 (1930).

CHO: *200,* Mitt. med. Akad. Kioto Bd. 26, 432 (1940).

CHRIST u. DYE: *41,* J. of biol. Chem. Bd. 81, 525 (1929).

CHRISTENSEN, LATZKE u. HOPPER: *65, 80, 82, 83, 93, 100—102, 104,* J. agricult. Res. Bd. 53, 415 (1936).

CIMMINO: *199,* Quad. Nutriz. Bd. 5, 239 (1938).

CLAGUE, FELLERS u. STEPAT: *189,* Proc. amer. Soc. Hort. Sci. Bd. 33, 624 (1936).

CLARK u. GRING: *25,* Ind. Engng. Chem., Anal. Ed. Bd. 9, 271 (1937).

CLOW u. MARLATT: *158, 187,* J. agricult. Res. Bd. 40, 767 (1930).

CLOW, MARLATT, PETERSON u. MARTIN: *198, 199,* J. agricult. Res. Bd. 39, 963 (1929).

CLOW, PARSONS u. STEVENSON: *196,* J. agricult. Res. Bd. 41, 51 (1930).

COBB: *4,* The Canning of Fishery Products, 1919.

CODVELLE, SIMONNET u. MORNARD: *144,* Presse méd. Bd. 46, 1745 (1938).

CONN u. JOHNSON: *165,* Ind. Engng. Chem. Bd. 25, 218 (1933).

COOPER: *69,* Biochemic. J. Bd. 8, 250 (1914).

COPPING u. ROSCOE: *62,* Biochemic. J. Bd. 31, 1879 (1937).

COWARD u. MORGAN: *21, 24, 26, 30, 208, 210,* Brit. med. J. 1935, II, 1041.

COWARD u. UNDERHILL: *15,* Chem. a. Ind. Bd. 57, 1189 (1938).

COWGILL: *61, 62,* The Vitamin B-requirement of Man. New Haven 1935.

CRUESS: *4,* Commercial Fruit and Vegetable Products, 1938.

CULTRERA (1): *45, 188,* Ind. ital. conserve aliment. Bd. 8, 53 (1933); (2): *157, 210,* — Bd. 9, 1 (1934).

DALTON u. NELSON: *153,* J. amer. chem. Soc. Bd. 60, 3085 (1938).

DAM (1): *226,* Nature (Lond.) Bd. 133, 909 (1934); Bd. 135, 652 (1935); Biochemic. J. Bd. 29, 1273 (1935); (2): *227, 230,* Nord. Med. Bd. 3, 2375 (1939); (3): *230,* Z. Vitaminforsch. Bd. 8, 248 (1938/39); (4): *229,* Angew. Chem. Bd. 50, 807 (1937).

DAM, GEIGER, GLAVIND, P. KARRER, W. KARRER, ROTHSCHILD u. SALOMON: *226, 227, 229,* Helvet. chim. Acta Bd. 22, 310 (1939).

DAM u. GLAVIND: *230,* Biochemic. J. Bd. 32, 485 (1938).

DAM, GLAVIND u. KARRER: *228,* Helvet. chim. Acta Bd. 23, 224 (1940).

DANIEL u. MUNSELL: *14, 24,* U. S. Dep. agricult. Misc. Publ. 1937, Nr 275.

DANIEL u. RUTHERFORD: *188,* Food Res. Bd. 1, 341 (1936).

DANIELS u. BROOKS: *84,* Proc. Soc. exper. Biol. a. Med. Bd. 25, 161 (1927).

DANIELS, GIDDINGS u. JORDAN: *84,* J. Nutrit. Bd. 1, 455 (1929).

DANIELS u. LAUGHLIN: *30,* J. of biol. Chem. Bd. 41, 163 (1920); Bd. 44, 381 (1920).

DANIELS u. NICHOLS: *29*, J. of biol. Chem. Bd. 32, 91 (1917).

DANN (1): *48*, J. Nutrit. Bd. 11, 451 (1936); (2): *49*, Science (N. Y.) Bd. 86, 616 (1937).

DARBY u. DAY: *93*, J. Nutrit. Bd. 16, 209 (1938).

DAVEY: *154*, Biochemic. J. Bd. 15, 83 (1921).

DAVIES u. FIELD: *21*, Biochemic. J. Bd. 31, 248 (1937).

DAVIES u. MOORE: *19*, Biochemic. J. Bd. 28, 288 (1934).

DAY: *93, 94*, J. home Econ. Bd. 23, 657 (1931).

DAY, DARBY u. LANGSTON: *86*, J. Nutrit. Bd. 13, 389 (1937).

DE (1): *26*, Indian J. med. Res. Bd. 22, 499 (1935); (2): *24—26*, — Bd. 24, 737 (1937); (3): *24, 25*, — Bd. 23, 937 (1936).

DELF (1): *29*, Biochemic. J. Bd. 12, 416 (1918); (2): *154, 165*, — Bd. 19, 141 (1925).

DEVANEY u. MUNSELL: *210*, J. home Econ. Bd. 27, 240 (1935).

DEVANEY, MUNSELL u. TITUS: *210*, Poultry Sci. Bd. 12, 215 (1933).

DEVANEY u. PUTNEY: *38, 212, 217*, J. home Econ. Bd. 27, 658 (1935).

DIEHL u. LÜHRS: *177*, Dtsch. med. Wschr. Bd. 66, 545 (1940).

DIEMAIR u. FRÉSENIUS: *201*, Z. analyt. Chem. Bd. 120, 313 (1940).

DIEMAIR, TIMMLING u. FOX: *173, 174, 182, 195, 196*, Vorratspflege u. Lebensmittelforsch. Bd. 2, 152 (1939).

DILLER: *31, 47*, Vorratspflege und Lebensmittelforsch. Bd. 4, 389 (1941).

DIOMIN: *171*, Ukrain. biochem. Ž. (russ.) Bd. 9, 395 (1936).

DONATH: *84*, Meded. Dienst Volksgezdh. Nederl.-Indië 1929, 1.

DORNBUSH, PETERSON u. OLSON: *26*, J. Amer. med. Assoc. Bd. 114, 1748 (1940).

DOUGLASS: *93, 94*, zit. nach DANIEL u. MUNSELL.

DOUGLASS u. RICHARDSON: *45, 69, 74*, J. home Econ. Bd. 22, 859 (1930).

DRIGALSKI, v.: *19*, Ernährg. Bd. 5, 181 (1940).

DRUMMOND (1): *27*, J. of Physiol. Bd. 52, 95 (1918/19); (2): *27*, — Bd. 52, 346 (1919); (3): *27*, Biochemic. J. Bd. 13, 81 (1919); (4): *72*, — Bd. 11, 255 (1917); (5): *62*, 2. Congr. Sci. internat. Alimentation, 1937.

DRUMMOND, CHANNON u. COWARD: *29*, Biochemic. J. Bd. 19, 1047 (1925).

DRUMMOND u. COWARD: *28*, Biochemic. J. Bd. 14, 734 (1920).

DRUMMOND u. HILDITCH: *21*, Empire Marketing Board Nr 35, H. M. Stationary Office, London 1930.

DRUMMOND u. HOOVER: *218*, Biochemic. J. Bd. 31, 1852 (1937).

DRUMMOND u. MACARA: *46, 217*, Historic Tinned Foods. Internat. Tin Research and Development Council, Publ. Nr 85, p. 34. 1939.

DRUMMOND, SINGER u. MACWALTER: *218*, Biochemic. J. Bd. 29, 456, 2510 (1935).

DRURY, HARRIS u. MAUDSLEY: *53*, Biochemic. J. Bd. 24, 1632 (1930).

DUNKER, FELLERS u. FITZGERALD: *166, 187*, Food Res. Bd. 2, 41 (1937).

DUTCHER, FRANCIS u. COMBS: *84*, J. Dairy Sci. Bd. 9, 379 (1928).

DUTCHER, GUERRANT u. McKELVEY: *85, 100*, J. Dairy Sci. Bd. 17, 455 (1934).

DUTCHER u. OUTHOUSE: *32*, Proc. Soc. exper. Biol. a. Med. Bd. 20, 450 (1923).

DYE u. HERSHEY: *74*, J. home Econ. Bd. 20, 761 (1928).

EBBELL: *202*, Norsk Mag. Laegevidensk. Bd. 69 (5. Reihe 6), 207 (1908).

EDDY u. DALLDORF: *16, 19, 61, 106*, The Avitaminoses, 1937.

EDDY, GURIN u. KERESZTESY: *50*, J. of biol. Chem. Bd. 87, 729 (1930).

EDDY, GURIN u. KOHMAN: *101, 176*, Ind. Engng. Chem. Bd. 24, 457 (1932).

EDDY u. KOHMAN: *196*, Ind. Engng. Chem. Bd. 16, 52 (1924).

EDDY, KOHMAN u. CARLSSON (1): *39, 44, 186, 197*, Ind. Engng. Chem. Bd. 17, 69 (1925); (2): *40, 44, 197*, — Bd. 18, 85 (1926).

EDDY, KOHMAN u. HALLIDAY: *45*, Ind. Engng. Chem. Bd. 21, 347 (1929).

EDDY, SHELOW, PEASE, RICHER u. WATKINS: *184*, J. home Econ. Bd. 15, 15 (1923).

EDGAR u. MACRAE: *49, 125, 126*, Biochemic. J. Bd. 31, 886 (1937).

EDISBURY, LOVERN u. MORTON: *21, 22*, Biochemic. J. Bd. 31, 416 (1937).

EDISBURY, MORTON, SIMPKINS u. LOVERN: *8*, Biochemic. J. Bd. 32, 118 (1938).

VAN EEKELEN (1): *148*, Diss. Utrecht 1936; (2): *145—147, 158, 196*, Z. Vitaminforsch. Bd. 7, 254 (1938); (3): *149*, Acta brevia neerl. Physiol. Bd. 3, 119 (1933).

VAN EEKELEN u. EMMERIE: *90—92*, Acta brevia neerl. Physiol. Bd. 5, 77 (1935).

VAN EEKELEN u. PANNEVIS: *18, 23*, Nature (Lond.) Bd. 141, 203 (1938).

VAN EEKELEN u. WOLFF: *144*, Acta brevia neerl. Physiol. Bd. 6, 12 (1936).

EIJKMAN (1): *47, 51*, Virchows Arch. Bd. 148, 523 (1897); Bd. 149, 187 (1897); (2): *71*, Arch. f. Hyg. Bd. 58, 150 (1906).

ELMBY u. E. WARBURG: *233*, Lancet Bd. 233, 1363 (1937).

ELVEHJEM, KLINE, KEENAN u. HART: *71, 124*, J. of biol. Chem. Bd. 99, 309 (1932).

ELVEHJEM u. KOEHN: *119*, J. of biol. Chem. Bd. 108, 709 (1935).

ELVEHJEM, MADDEN, STRONG u. WOOLLEY (1): *49, 105*, J. amer. chem. Soc. Bd. 59, 1767 (1937); (2): *106, 112*, J. of biol. Chem. Bd. 123, 137 (1938).

ELVEHJEM, SHERMAN u. ARNOLD: *80*, J. of biol. Chem. Bd. 109, 29 (1935).

EMMERIE u. VAN EEKELEN: *138—140*, Biochemic. J. Bd. 28, 1153 (1934); Bd. 30, 25 (1936).

EMMERIE u. ENGEL: *220*, Nature (Lond.) Bd. 142, 873 (1938).

EMMETT, BIRD, NIELSEN u. CANNON: *21, 208*, Ind. Engng. Chem. Bd. 24, 1073 (1932).

EMMETT u. LUROS: *72, 84, 96*, J. of biol. Chem. Bd. 43, 265 (1920).

EMMETT u. STOCKHOLM: *72, 97*, J. of biol. Chem. Bd. 43, 287 (1920).

VAN ESVELD: *208*, Z. Vitaminforsch. Bd. 7, 279 (1938).

EULER, V.: *51*, Chemiker-Ztg. Bd. 64, 361 (1940).

EULER, V. u. ADLER (1): *88, 90*, Hoppe-Seylers Z. Bd. 223, 105 (1934); (2): *95*, Ark. Kem. Min. Geol. Bd. 11 B, Nr 28 (1934).

EULER, V., ALBERS u. SCHLENK: *107*, Hoppe-Seylers Z. Bd. 240, 113 (1936).

EULER, V., HEIWINKEL, MALMBERG, ROBEŽNIEKS u. SCHLENK: *107*, Ark. Kem. Min. Geol. Bd. 12 A, Nr 25 (1938).

EULER, V. u. KLUSSMANN: *26, 175*, Hoppe-Seylers Z. Bd. 219, 215 (1933).

EULER, V., SCHLENK, HEIWINKEL u. HÖGBERG: *109, 112*, Hoppe-Seylers Z. Bd. 256, 208 (1938).

EULER, V. u. WILLSTAEDT: *60*, Ark. Kem. Min. Geol. Bd. 12 B, Nr 43 (1938).

EVANS u. BURR (1): *218, 219*, Mem. Univ. California Bd. 8 (1927); (2): *231*, Proc. Soc. exper. Biol. a Med. Bd. 25, 41, 390 (1927).

EVANS, EMERSON u. EMERSON: *218*, J. of biol. Chem. Bd. 113, 319 (1936).

EVANS, EMERSON, EMERSON, SMITH, UNGNADE, PRICHARD, AUSTIN, HOEHN, OPIE u. WAWZONEK: *219*, J. org. Chemistry Bd. 4, 376 (1939).

EVANS u. LEPKOVSKY: *231*, Science (N.Y.) Bd. 68, 298 (1928); J. of biol. Chem. Bd. 83, 269 (1929); Bd. 108, 439 (1935).

EVANS, LEPKOVSKY u. MURPHY: *231*, J. of biol. Chem. Bd. 106, 431, 441, 445 (1934).

EVERS u. SMITH: *21*, Pharm. J. Bd. 134, 417 (1935).

FELLERS (1): *187, 198*, Mass. agricult. exper. Stat. Bull. Nr 338 (1936); (2): *210*, Amer. J. publ. Health Bd. 25, 1340 (1935).

FELLERS, CLAGUE u. ISHAM: *41, 198*, J. home Econ. Bd. 27, 447 (1935).

FELLERS, CLEVELAND u. CLAGUE: *155*, J. agricult. Res. Bd. 46, 1039 (1933).

FELLERS, ESSELEN u. FITZGERALD: *79, 101*, Food Res. Bd. 5, 495 (1940).

FELLERS u. ISHAM (1): *154, 163, 164*, J. agricult. Res. Bd. 47, 163 (1933); (2):

163, Mass. agricult. exper. Stat. Bull. Nr 296, 19 (1933); (3): *175*, J. home Econ. Bd. 24, 827 (1932).

FELLERS, ISHAM u. SMITH: *175*, Proc. amer. Soc. Hort. Sci. Bd. 29, 93 (1932).

FELLERS u. MACK: *164*, Ind. Engng. Chem. Bd. 25, 1051 (1933).

FELLERS u. STEPAT: *158, 159, 166, 185, 197*, Proc. amer. Soc. Hort. Sci. Bd. 33, 627 (1936).

FELLERS, STEPAT u. FITZGERALD: *166*, J. Bacter. Bd. 32, 359 (1936).

FELLERS, YOUNG, ISHAM u. CLAGUE: *41, 44, 197*, Proc. amer. Soc. Hort. Sci. Bd. 31, 145 (1934).

FENTON u. TRESSLER: *185*, Food Res. Bd. 3, 409 (1938).

FENTON, TRESSLER, CAMP u. KING: *186, 187*, Food Res. Bd. 3, 403 (1938).

FENTON, TRESSLER u. KING: *166, 185*, J. Nutrit. Bd. 12, 285 (1936).

FERNHOLZ: *218, 219*, J. amer. chem. Soc. Bd. 59, 1154 (1937).

FERNHOLZ, ANSBACHER u. MOORE: *230*, J. amer. chem. Soc. Bd. 61, 1613 (1939).

FERRARI u. BAILEY: *25*, Cereal Chem. Bd. 6, 347, 457 (1929).

FIFIELD, SNIDER, STEVENS u. WEAVER: *25*, Cereal Chem. Bd. 13, 463 (1936).

FINDLAY: *70*, Biochemic. J. Bd. 17, 887 (1923).

FITZGERALD u. FELLERS: *158, 159, 167*, Food Res. Bd. 3, 109 (1938).

FLEISCH u. SCHNIEPER: *26*, Z. Vitaminforsch. Bd. 9, 330 (1939).

FOGLIENI: *30*, Arch. di Fisiol. Bd. 26, 83 (1928).

FOMIN u. MAKAROWA (1): *186*, Ukrain. biochem. Ž. (russ.) Bd. 8, 191 (1935); (2): — *188*, Bd. 9, 387 (1936).

FOUTS, HELMER, LEPKOVSKY u. JUKES: *49, 105*, Proc. Soc. exper. Biol. a. Med. Bd. 37, 405 (1937).

FOUTS, LEPKOVSKY, HELMER u. JUKES: *49, 122*, Proc. Soc. exper. Biol. a. Med. Bd. 35, 245 (1936).

FRAPS u. TREICHLER (1): *31*, Ind. Engng. Chem. Bd. 25, 465 (1933); (2): *31*, J. agricult. Res. Bd. 47, 539 (1933).

FRAPS, TREICHLER u. KEMMERER: *25*, J. agricult. Res. Bd. 53, 713 (1936).

FREDERICIA: *210*, Ugeskr. Laeg. (dän.) Bd. 99, 680 (1937).

FROST u. ELVEHJEM (1): *126*, J. of biol. Chem. Bd. 121, 255 (1937); (2): *126*, — Bd. 128, 23 (1939).

FÜRST: *53*, Tidsskr. Kjemi Bergves. Metallurgi Bd. 2, 39 (1942).

FUHRMEISTER: *162*, Diss. München 1937.

FUJITA u. EBIHARA (1): *138*, Biochem. Z. Bd. 290, 172 (1936); (2): *150*, — Bd. 290, 201 (1937).

FUNK: *6, 106*, J. of Physiol. Bd. 45, 75 (1912).

FUNNEL: *94*, Diss. Columbia Univ. 1935.

FURTER u. MEYER: *220*, Helvet. chim. Acta Bd. 22, 240 (1939).

GAYNOR u. DENNET: *63*, J. of Pediatr. Bd. 4, 507 (1934).

GEDDA u. KJELLBERG: *177*, Ann. Paediatr. Bd. 153, 104 (1939).

GERSTENBERGER, SMITH u. HACKER: *170*, J. of Pediatr. Bd. 3, 93 (1933).

GHOSH u. GUHA (1): *66*, Indian J. med. Res. Bd. 21, 447 (1933); (2): *198*, J. Indian chem. Soc. Bd. 12, 30 (1935).

GIBSON u. CONCEPTION: *84*, Philip. J. Sci. Series B, Bd. 11, 119 (1916). Zit. nach KOHMAN (1).

GIVENS u. McGLUGAGE (1): *170*, J. of biol. Chem. Bd. 37, 253 (1919); (2): *171*, — Bd. 42, 491 (1920).

GLANZMANN: *87*, Erg. Vitamin- u. Hormonforsch. Bd. 1, 1 (1938).

GODDEN: *226, 237*, 1er Congr. internat. Conserve Paris 1937, p. 42.

GODDEN u. THOMSON: *223—226, 234, 237, 238*, J. Soc. chem. Ind. Bd. 58, 81 (1939).

GÖTHLIN, FRISELL u. RUNDQUIST: *144*, Acta med. scand. Bd. 92, 1 (1937).

GOLDBERGER u. Mitarbeiter (1) (GOLDBERGER, WHEELER, LILLIE u. ROGERS): *47, 86, 105, 107, 108, 110—114*, U. S. Publ. Health Rep. Bd. 41, 297, 1025 (1926); (2) (GOLDBERGER, WHEELER, LILLIE u. ROGERS): *47, 107, 108, 110—114*, — Bd. 43, 657, 1385 (1928).

GOLDBERGER u. SEBRELL: *111*, U. S. Publ. Health Rep. Bd. 45, 3064 (1930).

GOLDBERGER u. TANNER (1): *111*, U. S. Publ. Health Rep. Bd. 39, 87 (1924); (2): *111*, — Bd. 40, 54 (1925).

GOLDBERGER u. WHEELER: *111*, U. S. Publ. Health Rep. Bd. 42, 1299 (1927).

GOLDBERGER, WHEELER, ROGERS .u. SEBRELL: *111*, *113*, U. S. Publ. Health Rep. Bd. 45, 1297 (1930).

GOULD, TRESSLER u. KING: *159*, *184*, *185*, Food Res. Bd. 1, 427 (1936).

GRAB: *15*, Arch. f. exper. Path. Bd. 193, 170 (1939).

GRANDEL (1): *218*, Angew. Chem. Bd. 52, 420 (1939); (2): *231*, Fette u. Seifen Bd. 46, 150 (1939).

GRANDEL u. NEUMANN: *220*, Z. Unters. Lebensm. Bd. 79, 57 (1940).

GRANDISON u. CRUIKSHANK: *200*, Brit. dent. J. Bd. 58, 268 (1935).

GREENE u. BLACK: *60*, J. amer. chem. Soc. Bd. 59, 1395 (1937).

GRIDGEMAN u. WILKINSON: *205*, Analyst Bd. 65, 493 (1940).

GRÜNIG: *64*, Mitt. Lebensmittelunters. Bd. 22, 52 (1931).

GUDJÓNSSON: *10*, Biochemic. J. Bd. 24, 1591 (1930).

GUERRANT, DUTCHER, TABOR u. RASMUSSEN: *43*, *44*, *73*, *82*, *101*, *104*, *198*, J. Nutrit. Bd. 11, 383 (1936).

GUHA u. PAL: *184*, Nature (Lond.) Bd. 137. 946 (1936).

GUTHE u. NYGAARD: *139*, Chem. a. Ind. Bd. 57, 1195 (1938).

GYÖRGY (1): *48*, *49*, *114*, *115*, Biochemic. J. Bd. 29, 741 (1935); (2): *96*, — Bd. 29, 767 (1935); (3): *93*, *116*, *117*, Bd. 29, 760 (1935); (4): *114*, J. amer. chem. Soc. Bd. 60, 983 (1938).

GYÖRGY u. Mitarbeiter: *232*, J. of biol. Chem. Bd. 131, 733, 745, 761 (1939); vgl. GYÖRGY, MELVILLE, BURK u. VIGNEAUD, Science (N.Y.) Bd. 91, 243 (1940).

GYÖRGY, VAN KLAVEREN, KUHN u. WAGNER-JAUREGG: *88*, *89*, Hoppe-Seylers Z. Bd. 223, 236 (1934).

GYÖRGY, KUHN u. WAGNER-JAUREGG: *48*, *86*, *114*, Naturwiss. Bd. 21, 560 (1933); Klin. Wschr. Bd. 12, 1241 (1933).

HAHN, v. (1): *156*, Z. Volksernährg u. Diätkost Bd. 6, 337, 364, 372 (1931); Bd. 7, 5 (1932); (2): *145—147*, *169*, Z. Unters. Lebensmitt. Bd. 61, 368, 545 (1931).

HALAČKA: *155*, Časopis českoslov. Lékárnictva Bd. 20, 69 (1940).

HALDEN: *206*, Naturwiss. Bd. 24, 296 (1936).

HALLIDAY (1): *85*, J. of biol. Chem. Bd. 98, 707 (1932); (2): *97*, — Bd. 95, 371 (1932).

HALLIDAY u. EVANS: *125*, J. of biol. Chem. Bd. 118, 255 (1937).

HALLIDAY u. NOBLE: *184*, Hows and Whys of Cooking. University of Chicago Press 1933.

HALVERSON u. SHERWOOD: *66*, J. agricult. Res. Bd. 60, 141 (1940).

HAMMAR u. SCHRÖDERHEIM: *155*, Acta paediatr. Bd. 25, 102 (1939).

HANNING (1): *41*, J. amer. Dietetic Assoc. Bd. 9, 295 (1933); (2): *73*, *82*, *101*, *104*, J. Nutrit. Bd. 8, 449 (1934); (3): *24*, *44*, *82*, J. amer. Dietetic Assoc. Bd. 12, 231 (1936).

HARRIS (1): *48*, Biochemic. J. Bd. 29, 776 (1935); (2): *49*, Nature (Lond.) Bd. 140, 1070 (1937); (3): *53*, C. r. 5 Congr. internat. techn. et chim. Ind. agricult. Schéveningue Bd. 1, 100 (1937); (4): *106*, Biochemic. J. Bd. 32, 1479 (1938); (5): *129*, Vitamins in Theory and Practice. Cambridge 1935.

HARRIS u. HASSAN: *49*, *105*, Lancet Bd. 233, 1467 (1937).

HARRIS, WISSMANN u. GREENLIE: *168*, J. Lab. clin. Med. Bd. 25, 838 (1940).

HARTWELL: *84*, *85*, Biochemic. J. Bd. 19, 226 (1925).

HASSAN u. BASILI: *156*, Biochemic. J. Bd. 26, 1846 (1932).

HAUCK: *198*, J. home Econ. Bd. 30, 183 (1938).

HAUGE u. AITKENHEAD: *31*, J. of biol. Chem. Bd. 93, 657 (1931).

HAWK, FISHBACK u. BERGEIM: *72*, Amer. J. Physiol. Bd. 48, 211 (1919).

HAWORTH u. HIRST: *131*, Erg. Vitamin- u. Hormonforsch. Bd. 2, 160 (1939).

HEILBRON, GILLAM u. MORTON: *8*, Biochemic. J. Bd. 25, 1352 (1931).

HEINEMANN: *144*, J. clin. Invest. Bd. 17, 671 (1938).

HENNESSY u. CERECEDO: *58*, J. amer. chem. Soc. Bd. 61, 179 (1939).

HENRIKSEN: *7*, Acta paediatr. Bd. 8, 397 (1929).

HENRY, HOUSTON u. KON: *85*, Chem. a. Ind. Bd. 57, 974 (1938).

HENRY u. KON (1): *85*, *102*, J. Dairy Res. Bd. 9, 22 (1938); (2): *201*, — Bd. 9, 185 (1938).

HESS u. WEINSTOCK: *202*, J. of biol. Chem. Bd. 62, 301 (1924); Bd. 63, 297 (1925).

HIGASHI: *20*, J. agricult. chem. Soc. Japan, Bull. Bd. 16, 163, 169, 179 (1940).

HITCHINGS u. SUBBAROW: *127*, J. Nutrit. Bd. 18, 265 (1939).

HODSON: *96*, Food Res. Bd. 5, 395 (1940).

HÖRMANN: *151*, Unsere natürlichen Vitamin C-Spender. München 1941.

HOFF: *43*, *74*, *101*, *186*, Z. Ernährg Bd. 3, 355 (1933).

HOFFER u. REICHSTEIN: *127*, Nature (Lond.) Bd. 144, 72 (1939).

HOGAN: *29*, J. of biol. Chem. Bd. 27, 193 (1916); Bd. 30, 115 (1917).

HOLMBERG: *200*, Kungl. Fysiografiska Sällskapets i Lund Förh. Bd. 7, 1 (1937).

HOLMES u. CORBET: *15*, J. amer. chem. Soc. Bd. 59, 2042 (1937).

HOLMES, TRIPP u. SATTERFIELD: *26*, *39*, Food Res. Bd. 1, 443 (1936).

HOLST: *71*, *79*, J. of Hyg. Bd. 7, 619 (1907).

HOLST u. FRÖLICH (1): *130*, *132*, J. of Hyg. Bd. 7, 634 (1907); (2): *130*, *132*, *170*, *184*, Z. Hyg. Bd. 72, 1 (1912).

HOPKINS (1): *6*, *202*, Analyst Bd. 31, 385 (1906); (2): *6*, J. of Physiol. Bd. 44, 425 (1912); (3): *28*, *202*, Biochemic. J. Bd. 14, 725 (1920).

HOPKINS u. MORGAN: *152*, Biochemic. J. Bd. 30, 1446 (1936).

HOUSE, NELSON u. HABER (1): *69*, Iowa agricult. exper. Stat. Res. Bull. Nr 120, 335 (1930); (2): *158*, J. of biol. Chem. Bd. 81, 495 (1929).

HOUSTON, KON u. THOMPSON: *201*, J. Dairy Res. Bd. 10, 471 (1939).

HUME: *30*, Biochemic. J. Bd. 15, 30 (1921).

HUME u. SMEDLEY-MCLEAN: *33*, Lancet Bd. 1, 290 (1930).

HUSTON, LIGHTBODY u. BALL jr.: *32*, J. of biol. Chem. Bd. 79, 507 (1928).

HÖYGAARD: *149*, Skrifter om Svalbard og Ishavet Nr 74. Oslo 1937.

HÖYGAARD u. RASMUSSEN (1): *7*, Nord. med. Tidskr. Bd. 15, 728 (1938); (2): *149*, Nature (Lond.) Bd. 143, 943 (1939).

IAROCHENKO: *158*, Kälte-Ind. (russ.) Bd. 16, 22 (1938); Chim. et Ind. Bd. 41, 264 (1939).

INARDI: *176*, Ind. ital. conserve aliment. Bd. 7, 99 (1932).

Iowa State Experiment Station: *45*, Iowa agricult. exper. Stat. Rep. on agricult. Res. 1933, Nr 118 (1934).

ISHAM u. FELLERS: *154*, Mass. agricult. exper. Stat. Bull. 1933, Nr 296.

ISMAILOWA: *183*, Ernährgs.probl. (russ.) Bd. 5, 55 (1936).

JACOBSEN: *4*, Handbuch für die Konserven-Industrie, Konserven-Fabriken und den Konserven-Großbetrieb.

JANCIK: *170*, Diss. Mass. State College 1936, zit. nach FELLERS (1).

JANOWSKAJA (1): *161*, Ernährgs.probl. (russ.) Bd. 2, 69 (1933); (2): *154*, — Bd. 4, 51 (1935).

JANSE-STUART u. V. BEVER: *184*, Z. Vitaminforsch. Bd. 8, 193 (1938).

JANSEN, B. (1): *57*, *58*, *60*, Rec. Trav. chim. Pays-Bas et Belg. (Amsterd.) Bd. 55, 1046 (1936); (2): *60*, *61*, Z. Vitaminforsch. Bd. 5, 254 (1936); (3): *70*, zit. nach FINDLAY: Biochemic. J. Bd. 17, 887 (1923).

JANSEN, E.: *221*, Tidsskr. f. Hermetikind. Bd. 27, 215 (1941).

JANSEN u. DONATH: *51*, *59*, Koninkl. Akad. Wetensch. Amsterdam, Wisk. en Natk. Afd. Bd. 35, 923 (1926).

JARUSSOWA (1): *169*, Z. Unters. Lebensmitt. Bd. 68, 395 (1934); (2): *170*, — Bd. 68, 391 (1934); (3): *184*, — Bd. 69, 375 (1935).

JARUSSOWA u. SAVELJEVA: *159*, Ernährgs.probl. (russ.) Bd. 5, 35 (1936).

JEGHERS: *17*, J. amer. med. Assoc. Bd. 109, 756 (1937).

JENKINS, TRESSLER u. FITZGERALD (1): *166*, Food Res. Bd. 3, 133 (1938); (2): *167*, *168*, Ice and Cold Storage Bd. 41, 100 (1938).

JOHN (1): *221*, Naturwiss. Bd. 26, 449
(1938); (2): *219*, Angew. Chem.
Bd. 52, 413 (1939).

JOHNSON, CARLSON u. BERGSTRÖM· *222*,
Arch. of Path. Bd. 25, 144 (1938).

JOHNSON u. ZILVA: *140, 153*, Biochemic.
J. Bd. 31, 438, 1366 (1937).

JONES u. NELSON: *69, 73, 157*, Amer. J.
publ. Health Bd. 20, 387 (1930).

JUKES (1): *121, 122, 125*, J. of biol.
Chem. Bd. 117, 11 (1937); (2): *120*,
J. amer. chem. Soc. Bd. 61, 975
(1939); (3): *122—123*, J. Nutrit.
Bd. 21, 193 (1941).

JUKES u. LEPKOVSKY: *121—125*, J. of
biol. Chem. Bd. 114, 117 (1936).

JUNG (1): *24, 25, 145—147*, Schweiz.
med. Wschr. 1932, 457; (2): *62*, zit.
bei BAKER, WRIGHT u. DRUMMOND: J.
Soc. chem. Ind. Bd. 56, 191 (1937);
(3): *202*, Klin. Wschr. 1940 I, 153.

KARRER (1): *15*, Helv. chim. Acta Bd. 16,
631 (1933); Bd. 14, 1431 (1931);
Bd. 16, 630 (1933); Bd. 22, 1149
(1939); (2): *228*, Helv. med. Acta
Bd. 7, 592 (1940/41); vgl. Schweiz.
med. Wschr. Bd. 70, 185 (1940).

KARRER u. EPPRECHT: *227*, Helv. chim.
Acta Bd. 23, 272 (1940).

KARRER, ESCHER, FRITZSCHE, KELLER,
RINGIER u. SALOMON: *220*, Helvet.
chim. Acta Bd. 21, 939 (1938).

KARRER u. FRITZSCHE: *91*, Helvet. chim.
Acta Bd. 18, 911 (1935).

KARRER, FRITZSCHE, RINGIER u. SALO-
MON: *218*, Helvet. chim. Acta Bd. 21,
520 (1938).

KARRER, GEIGER u. BRETSCHER: *9*, Helv.
chim. Acta Bd. 24, 161 E (1941).

KARRER, JAEGER u. KELLER: *220*, Helv.
chim. Acta Bd. 23, 464 (1940).

KARRER u. KELLER (1): *108, 109*,
Helvet. chim. Acta Bd. 21, 463
(1938); (2): *220*, — Bd. 22, 253
(1939); (3): *220*, — Bd. 21, 1161
(1938); (4): *108, 112, 113*, — Bd. 22,
1292 (1939).

KARRER u. KUBLI: *56, 57, 60*, Helvet.
chim. Acta Bd. 20, 369 (1937).

KARRER u. MEERWEIN: *87*, Helvet.
chim. Acta Bd. 19, 264 (1936).

KARRER u. WEHRLI: *7*, Nova Acta
Leop., N. F. Bd. 1, 175 (1933).

KEDVESSY: *13*, Pharmaz. Zentralhalle
Bd. 82, 349 (1941).

KEENAN u. KLINE: *71*, J. of biol. Chem.
Bd. 105, Suppl. Proc. 45 (1934).

KEENAN, KLINE, ELVEHJEM u. HART:
71, 98, J. Nutrit. Bd. 9, 63 (1935).

KELLIE u. ZILVA (1): *152*, Biochemic.
J. Bd. 29, 1028 (1935); (2): *144*,
— Bd. 33, 153 (1939).

KELLOGG u. EDDY: *64*, Dent. Cosmos
Bd. 74, 334 (1932).

KERESZTESY u. STEVENS (1): *114*, Proc.
Soc. exper. Biol. a. Med. Bd. 38,
64 (1938); (2): *115*, J. amer. chem.
Soc. Bd. 60, 1267 (1938).

KERTESZ, DEARBORN u. MACK: *153*,
J. of biol. Chem. Bd. 116, 717
(1936).

KEY u. ELPHICK: *135*, Biochemic. J.
Bd. 25, 888 (1931).

KIFER: *44*, Fruit Prod. J. amer. Vinegar
Ind. Bd. 11, 370 (1932).

KILLIAN: *43*, Educ. Committee Pine
Apples Producers Coop. Assoc. Ltd.,
San Francisco 1932.

KING u. WAUGH: *201*, J. Dairy Sci.
Bd. 17, 489 (1934).

KINNERSLEY u. PETERS (1): *57*, Biochemic. J. Bd. 28, 667 (1934); (2):
60, — Bd. 30, 985 (1936).

KINNERSLEY, O'BRIEN u. PETERS: *60*,
Biochemic. J. Bd. 29, 701 (1935).

KINNERSLEY, O'BRIEN, PETERS u. REA-
DER: *89*, Biochemic. J. Bd. 27, 225
(1933).

KINNERSLEY, PETERS u. READER: *52*,
Biochemic. J. Bd. 24, 1820 (1930).

KIRK u. TRESSLER: *139*, Ind. Engng.
Chem., Analyt. Edit. Bd. 11, 322
(1939).

KLINE, ELVEHJEM u. Mitarb.: *50*, J.
Nutrit. Bd. 9, 63 (1935); Bd. 12, 455
(1936); Biochemic. J. Bd. 30, 780
(1936).

KLINE, KEENAN, ELVEHJEM u. HART:
105, 118, 124, J. of biol. Chem. Bd. 99,
295 (1932).

KNIGHT: *108*, Biochemic. J. Bd. 31,
731 (1937).

KNOTT: *63*, J. Nutrit. Bd. 12, 597 (1936).

KOCH u. KOCH: *156, 165*, Ind. Engng.
Chem. Bd. 24, 351 (1932).

KODICEK: *109*, Biochemic. J. Bd. 34,
712 (1940).

Kögl u. Mitarbeiter: *232*, Hoppe-Seylers Z. Bd. 269, 61, 81 (1941).

König: *108, 109*, J. prakt. Chem. Bd. 69, 105 (1904).

Kohman (1): *41, 73, 183*, National Canners Assoc. Bull. 1929, Nr 19—L; (2): *40, 225, 234*, 1er Congr. internat. Conserve Paris 1937, p. 13; (3): *184*, Canning Age Bd. 18, 142 (1937).

Kohman, Eddy, Carlsson u. Halliday: *39, 44, 198*, Ind. Engng. Chem. Bd. 18, 302 (1926).

Kohman, Eddy u. Gurin (1): *40, 44, 73, 101, 197*, Ind. Engng. Chem. Bd. 23, 808 (1931); (2): *40, 222, 233, 237*, — Bd. 23, 1064 (1931); (3): *187*, — Bd. 25, 682 (1933).

Kohman, Eddy u. Halliday: *40, 44, 197*, Ind. Engng. Chem. Bd. 20, 202 (1928).

Kohman, Eddy, White u. Sanborn: *220, 223, 234, 235*, J. Nutrit. Bd. 14, 9 (1937).

Kohman, Eddy u. Zall: *39, 44, 187, 197*, Ind. Engng. Chem. Bd. 22, 1015 (1930).

Kohman, Sanborn, Eddy u. Gurin: *217, 222, 234*, Ind. Engng. Chem. Bd. 26, 758 (1934).

Kon u. Henry: *210*, Biochemic. J. Bd. 29, 2051 (1935).

Kon u. Watson (1): *150*, Milk and Nutrit. Bd. 1, 52 (1937); (2): *151*, Biochemic. J. Bd. 31, 223 (1937); (3): *201*, — Bd. 30, 2273 (1936).

Kondo u. Okamura: *70*, Ber. Ohara Inst. wirtschaftl. Forsch. Bd. 4, 343 (1930).

Koschara: *91*, Hoppe-Seylers Z. Bd. 232, 101 (1935).

Kosminych u. Pek: *186*, Konserven-Ind. (russ.) Bd. 7, 32 (1936).

Kramer u. Agan: *44, 45*, J. home Econ. Bd. 26, 638 (1934).

Kramer, Dickman, Hildreth, Kunerth u. Riddell: *94*, J. Dairy Sci. Bd. 22, 753 (1939).

Kramer, Eddy u. Kohman: *40, 198*, Ind. Engng. Chem. Bd. 21, 859 (1929).

Krauss: *155, 175*, Z. Unters. Lebensmitt. Bd. 68, 377 (1934).

Kringstad: *120*, Norsk Pelsdyrblad Bd. 15, 43 (1941).

Kringstad u. Lunde: *117, 126—129*, Hoppe-Seylers Z. Bd. 261, 110 (1939).

Kringstad u. Naess (1): *108*, Naturwiss. Bd. 26, 709 (1938); (2): *108* bis *114*, Hoppe-Seylers Z. Bd. 260, 108 (1939).

Kringstad u. Thoresen: *110—114*, Tidsskr. f. Hermetikind. Bd. 26, 113 (1940); Nord. med. Bd. 8, 2248 (1940).

Kröner u. Steinhoff: *162*, Biochem. Z. Bd. 294, 138 (1937).

Kroker (1): *162*, Forsch.dienst Bd. 5, 243 (1938); (2): *201*, Milchwirtschaftl. Forsch. Bd. 19, 318 (1938).

Kubowitz: *153*, Biochem. Z. Bd. 299, 32 (1938).

Kuhn u. Löw: *117*, Ber. dtsch. chem. Ges. Bd. 72, 1453 (1939).

Kuhn u. Morris: *8*, Ber. dtsch. chem. Ges. Bd. 70, 853 (1937).

Kuhn u. Moruzzi: *90, 91*, Ber. dtsch. chem. Ges. Bd. 67, 888 (1934).

Kuhn, Reinemund, Weygand u. Ströbele: *87*, Ber. dtsch. chem. Ges. Bd. 68, 1765 (1935).

Kuhn, Rudy u. Wagner-Jauregg: *92*, Ber. dtsch. chem. Ges. Bd. 66, 1950 (1933).

Kuhn u. Vetter: *57*, Ber. dtsch. chem. Ges. Bd. 68, 2375 (1935).

Kuhn, Wagner-Jauregg u. Kaltschmitt: *90, 95*, Ber. dtsch. chem. Ges. Bd. 67, 1452 (1934).

Kuhn, Wagner-Jauregg, van Klaveren u. Vetter: *57*, Hoppe-Seylers Z. Bd. 234, 196 (1935).

Kuhn u. Wendt (1): *114*, Ber. dtsch. chem. Ges. Bd. 71, 780 (1938); (2): *115*, — Bd. 71, 1118 (1938).

Kuhn, Wendt, Andersag u. Westphal: *115*, Ber. dtsch. chem. Ges. Bd. 72, 305, 309, 310, 311 (1939).

Labbé: *164*, Bull. Acad. méd. Paris Bd. 109, 299 (1933).

Lalin u. Göthlin: *161*, Z. Unters. Lebensmitt. Bd. 73, 43 (1937).

Langfeldt: *62, 95, 144*, Nord. med. Tidskr. Bd. 15, 244 (1938).

Langley, Richardson u. Andes: *41, 69, 74, 187*, Mont. agricult. exper. Stat. Bull. Bd. 276, 3 (1933).

LANGSTEIN: *239*, Dtsch. med. Wschr. 1931, Nr 20.

LANKE: *137*, Skand. Arch. Physiol. Bd. 81, 300 (1939).

LAWROW, JANOWSKAJA u. JARUSSOWA (1): *154*, Ernährgs.probl. (russ.) Bd. 3, 29 (1931); (2): *176*, Z. Unters. Lebensmitt. Bd. 63, 498 (1932).

LECOQ: *45, 74, 225, 235*, Ann. Falsifications Bd. 28, 394 (1935).

LEE u. TOLLE: *21, 208, 217*, Ind. Engng. Chem. Bd. 26, 446 (1934).

LEERSUM u. HOOGENBOOM: *155*, Nederl. Tijdschr. Geneesk. Bd. 74, 5127 (1930).

LEONG u. HARRIS (1): *56, 60, 61*, Biochemic. J. Bd. 31, 672 (1937); (2): *67*, — Bd. 31, 812 (1937).

LEPKOVSKY: *114*, Science (N.Y.) Bd. 87, 169 (1938).

LEPKOVSKY u. JUKES (1): *89*, J. Nutrit. Bd. 12, 515 (1936); (2): *105, 119*, J. of biol. Chem. Bd. 114, 109 (1936).

LEPKOVSKY, JUKES u. KRAUSE: *49, 115, 119, 125, 126*, J. of biol. Chem. Bd. 115, 557 (1936).

LEVINE u. REMINGTON: *101*, J. Nutrit. Bd. 13, 525 (1937).

LEVY: *184*, Nature (Lond.) Bd. 138, 933 (1936).

LEVY u. FOX: *150*, S. afric. med. J. Bd. 9, 181 (1935).

LIE u. LUNDE: *58, 65—67*, Nord. Med. Bd. 8, 2250 (1940).

LILLEENGEN: *165*, Acta paediatr. Bd. 18, 392 (1936).

LINTZEL, HOFFMANN u. GORES: *186*, Ernährg Bd. 3, 2 (1938).

LOHMANN u. SCHUSTER: *52*, Naturwiss. Bd. 25, 26 (1937); Biochem. Z. Bd. 294, 188 (1937).

LOJANDER (1): *22*, Suomen Kemistilehti Bd. 13, 22 (1940); (2): *161*, Duodecim (Helsinki) Bd. 52, 787 (1936).

LOVETT-JANISON u. NELSON: *153*, J. Amer. chem. Soc. Bd. 62, 1409 (1940).

LOVERN, EDISBURY u. MORTON: *21, 22*, Biochemic. J. Bd. 27, 1461 (1933).

LOWEN, ANDERSON u. HARRISON: *33*, Ind. Engng. Chem. Bd. 29, 151 (1937).

LUND (1): *139*, Klin. Wschr. Bd. 16, 1085 (1937); (2): *157*, zit. nach Faglige Medd. fra Statens Husholdningsraad 1939, Nr 5.

LUND u. LIECK: *139*, Klin. Wschr. Bd. 16, 555 (1937).

LUNDE (1): *21, 80, 103, 104, 208, 209*, Nord. med. Tidskr. Bd. 15, 444 (1938); (2): *22, 208, 209*, Z. Vitaminforsch. Bd. 8, 97 (1938/39); (3): *49, 150, 151*, Angew. Chem. Bd. 52, 521, (1939); (4): *212*, Tidsskr. Hermetikind. Bd. 22, 107. 138 (1936); (5): *236, 237*, — Bd. 23, 235, 259 (1937); (6): *10, 11, 89, 206*, Teknisk Tidskr. Bd. 68, 134 (1938); (7): *149*, Teknisk Ukeblad Bd. 84, 192 (1937).

LUNDE, ASCHEHOUG u. BREIEN: *236*, Tidsskr. Hermetikind. Bd. 19, 63 (1933).

LUNDE, ASCHEHOUG, BREIEN u. WÜLFERT: *236*, Tidsskr. Hermetikind. Bd. 19, 174 (1933).

LUNDE, ASCHEHOUG u. KRINGSTAD (1): *12, 35, 38, 205, 209, 212—215, 218*, Ind. Engng. Chem. Bd. 29, 1171 (1937); (2): *237*, J. Soc. chem. Ind. Bd. 56, 334 (1937).

LUNDE, ASCHEHOUG, MATHIESEN u. KRINGSTAD: *4*, Hermetikk og Hermetikkfremstilling, 1935.

LUNDE u. KRINGSTAD (1): *88, 115, 117, 118, 127*, Biochemic. J. Bd. 32, 708 (1938); (2): *49*, — Bd. 32, 712 (1938); (3): *89, 116, 119, 120, 125—128*, Avh. Norske Vid.-Akad. Oslo, Math.-naturv. Kl. I 1938, Nr 1; (4): *116, 117, 128*, Hoppe-Seylers Z. Bd. 257, 201 (1939); (5): *118, 128, 129*, Tidsskr. Hermetikind. Bd. 24, 184 (1938); (6): *128, 129* J. Nutrit. Bd. 19, 321 (1940); (7): *15*, Tidsskr. Kjemi Bergves. Bd. 20, 14 (1940); vgl. KRINGSTAD u. LIE, Tidsskr. Kjemi Bergves. Metallurgi Bd. 1, 82 (1941), sowie KRINGSTAD, LUNDE, ASCHEHOUG u. VESTERHUS, Tidsskr. f. Hermetikind. Bd. 26, 167 (1940).

LUNDE, KRINGSTAD u. JANSEN: *49, 119*, Naturwiss. 28, 550 (1940); Bd. 29, 62 (1941).

LUNDE, KRINGSTAD u. OLSEN (1): *54—56, 58—61, 64—68, 74, 81—83, 89, 90, 93—96, 103, 104*, Avh.

Norske Vid.-Akad. Oslo, Math.-naturv. Kl. I 1938, Nr 7; (2): *67* bis *68*, *95*, Nord. Med. Bd. 3, 2533 (1939); (3): *81*, Tidsskr. Hermetikind. Bd. 24, 81 (1938); (4): *91*, *93—95*, *104*, Hoppe-Seylers Z. Bd. 260, 141 (1939); (5): *66*, *67*, *82*, Unveröff. 1939; (6): *66*, *75—78*, Angew. Chem. Bd. 53, 123 (1940).

LUNDE, KRINGSTAD u. VESTLY: *21*, *22*, *34*, *38*, Tidsskr. Hermetikind. Bd. 19, 305 (1933).

LUNDE u. LIE: *132—135*, *140*, *149*, *153*, Hoppe-Seylers Z. Bd. 254, 227 (1938).

LUNDE u. MATHIESEN (1): *236*, *237*, Tidsskr. Hermetikind. Bd. 24, 42, 77, 113, 145 (1938); (2): *236*, *237*, 1er Congr. internat. Conserve Paris 1937, p. 56; (3): *238*, *239*, Norsk Pelsdyrblad Bd. 13, 69, 87, 123 (1939).

LUNDE u. STIEBEL (1): *58*, Avh. Norske Vid.-Akad. Oslo, Math.-naturw. Kl. I 1933, Nr 3; (2): *58*, Angew. Chem. Bd. 46, 243 (1933).

MACHEBOEUF, CHEFTEL u. THUILLOT: *222*, *225*, *234—237*, Etablts. J. J. Carnaud, Forges de Basse-Indre, Laboratoire de Recherches Biologiques Bull. Paris 1933, No 4.

McCAY: *217*, Ind. Engng. Chem. Bd. 27, 235 (1935).

McCOLLUM u. Mitarb.: *6*, *28*, J. of biol. Chem. Bd. 53, 293 (1922).

McCOLLUM u. DAVIS (1): *29*, Proc. Soc. exper. Biol. a. Med. Bd. 11, 101 (1914); (2): *72*, J. of biol. Chem. Bd. 23, 247 (1915).

McCOLLUM, SIMMONDS u. PITZ: *72*, J. of biol. Chem. Bd. 29, 521 (1917).

McCOLLUM, SIMMONDS, SHIPLEY u. PARK: *202*, J. of biol. Chem. Bd. 45, 333 (1922); Bd. 50, 5 (1922).

McCORQUODALE, BINKLEY, THAYER u. DOISY: *226*, *227*, J. amer. chem. Soc. Bd. 61, 1928 (1939).

McFARLANE u. RUDOLPH: *21*, Sci. Agricult. Bd. 16, 398 (1936).

McHENRY: *197*, Canad. publ. Health J. Bd. 26, 124 (1935).

McHENRY u. GRAHAM: *137*, *138*, *146*, *150*, Biochemic. J. Bd. 29, 2013 (1935).

McKEE, BINKLEY, MacCORQUODALE, THAYER u. DOISY: *226*, *227*, *231*, J. amer. chem. Soc. Bd. 61, 1295 (1939).

MACK: *185*, Nature (Lond.) Bd. 138, 505 (1936).

MACK, FELLERS, MACLINN u. BEAN: *156*, Food Res. Bd. 1, 223 (1936).

MACK, TRESSLER u. KING: *145*, *159*, Food Res. Bd. 1, 231 (1936).

MACKIE u. POUND: *64*, J. amer. med. Assoc. Bd. 104, 613 (1935).

MACLINN, FELLERS u. BUCK: *157*, Proc. amer. Soc. Hort. Sci. Bd. 34, 543 (1937).

MAITRA u. HARRIS: *18*, Lancet Bd. 233, 1009 (1937).

MAKINO u. IMAI: *52*, Hoppe-Seylers Z. Bd. 239, 1 (1936).

MANVILLE u. CHUINARD: *32*, *155*, J. amer. Dietetic Assoc. Bd. 10, 217 (1934).

MANVILLE, McMINIS u. CHUINARD: *32*, Food. Res. Bd. 1, 121 (1936).

MARGOLIS, MARGOLIS u. SMITH: *106*, *108*, J. Nutrit. Bd. 17, 63 (1939).

MARTINI u. BONSIGNORE: *139*, Biochem. Z. Bd. 273, 170 (1934).

MASON: *222*, J. Nutrit. Bd. 1, 311 (1929).

MATHIESEN (1): *134*, *144*, *146*, *148*, *163*, Nord. Med. Bd. 1, 42 (1939); (2) *150*, *151*, *201*, — Bd. 1, 690 (1939); (3): *150*, Norsk Pelsdyrblad Bd. 12, 289 (1938); (4): *150*, *151*, Tidsskr. Hermetikind. Bd. 24, 153 (1938); (5): *144*, *147*, *180*, *189*, *192*, *193*, *198*, *199*, — Bd. 24, 410 (1938); Bd. 25, 18 (1939); (6): *145*, *171*, *172*, — Bd. 25, 211 (1939); (7): *145*, *147*, *148*, Unveröff.

MATHIESEN u. ASCHEHOUG: *132—134*, *140*, *144—147*, *154*, *162*, *163*, *169*, *178*, *187—189*, *192*, *196—198*, Arch. f. Mat. og Naturvidensk. Bd. 41, Nr 8 (1937).

MATHIESEN, JAKOBSEN u. KVALHEIM: *172*, *173*, Tidsskr. Kjemi Bergves. Bd. 20, 53 (1940).

MATHIESEN, JAKOBSEN u. SOLVIG: *173*, Tidsskr. Kjemi Bergves. Metallurgi Bd. 1 91 (1941).

MATZKO (1): *170*, Z. Unters. Lebensmitt. Bd. 70, 279 1935); (2): *171*, — Bd. 70, 283 (1935).

MAWSON: *152*, Biochemic. J. Bd. 29, 569 (1935).

MEENEN: *220*, Fette u. Seif. Bd. 48, 608 (1941).

MEHAUTÉ, MACHEBOEUF, TCHERNIAKOFSKY u. CHEFTEL: *238*, Bull. Acad. Méd. Paris Bd. 111, 252 (1934).

MEIKLEJOHN: *53*, Biochemic. J. Bd. 31, 1441 (1937).

MÊLKA u. Mitarb.: *148*, Ber. Physiol. Bd. 93, 492 (1936).

MELLANBY: *202*, J. of Physiol. Bd. 52, Proc. 3 (1918); Lancet Bd. 1, 407 (1919).

MELNICK u. FIELD (1): *57*, J. of biol. Chem. Bd. 127, 505, 515 531 (1939); (2): *109*, — Bd. 135, 35 (1940).

MERRIAM u. FELLERS: *25, 32, 164, 176*, Food. Res. Bd. 1, 501 (1936).

MEUNIER u. BLANCPAIN: *60*, Bull. Soc. Chim. biol. Bd. 21, 649 (1939).

MICHEEL u. Mitarb.: *131*, Hoppe-Seylers Z. Bd. 215, 215 (1933); Bd. 218, 280 (1933); Ber. dtsch. chem. Ges. Bd. 66, 1291 (1933); Bd. 69, 879 (1936); Bd. 70, 1862 (1937).

MICKELSEN, WAISMAN u. ELVEHJEM (1): *119*, J. of biol. Chem. Bd. 124, 313 (1938); (2): *65, 66, 82*, J. Nutrit. Bd. 17, 269 (1939); (3): *94, 100*, — Bd. 18, 517 (1939).

MILLER, C. D. (1): *39, 43*, J. home Econ. Bd. 16, 18, 74 (1924); (2): *66*, J. Nutrit. Bd. 13, 687 (1937).

MILLER u. HAIR: *185*, J. home Econ. Bd. 20, 263 (1928).

MILLER, H. G.: *33*, Oil and Soap Bd. 12, 51 (1935).

MITCHELL: *171*, J. amer. Dietetic Assoc. Bd. 5, 28 (1929).

MIURA: *200*, Bull. Inst. phys. chem. Res., Tokyo Bd. 8, 502 (1929).

MIURA u. TSUJIMURA: *171*, Sci. Pap. Inst. phys. chem. Res. Tokyo Bd. 20, 129 (1933).

MOHR: *171*, Münch. med. Wschr. Bd. 87, 973 (1940).

MOLL u. REID: *15*, Hoppe-Seylers Z. Bd. 260, 9 (1939).

MOLL u. SCHNITTSPAHN: *220*, Mercks Jber. Bd. 54, 10 (1941).

MOORE (1): *14*, Biochemic. J. Bd. 27, 898 (1933); (2): *15*, — Bd. 23, 1267 (1929).

MOORE u. MOSELEY: *38, 79, 212*, Science (N. Y.), N. s. Bd. 78, 368 (1933).

MORGAN (1): *32, 70, 99, 170, 210*, Amer. J. publ. Health Bd. 25, 328 (1935); (2): *44, 210*, J. home Econ. Bd. 25, 603 (1933).

MORGAN u. BARRY: *63*, Amer. J. Dis. Childr. Bd. 39, 935 (1930).

MORGAN, COOK u. DAVISON: *49, 119*, J. Nutrit. Bd. 15, 27 (1938).

MORGAN u. FIELD: *31*, J. of biol. Chem. Bd. 88, 9 (1930).

MORGAN, FIELD, KIMMEL u. NICHOLS: *32, 70, 98, 170*, J. Nutrit. Bd. 9, 383 (1935).

MORGAN, FIELD u. NICHOLS (1): *25, 30*, J. agricult. Res. Bd. 46, 841 (1933); (2): *166, 170*, — Bd. 42, 35 (1931).

MORGAN u. FREDERICK: *67*, Cereal Chem. Bd. 12, 390 (1935).

MORGAN, HUNT u. SQUIER: *70, 98*, J. Nutrit. Bd. 9, 395 (1935).

MORGAN, KIMMEL, FIELD u. NICHOLS: *32, 70, 98*, J. Nutrit. Bd. 9, 369 (1935).

MORGAN, LANGSTON u. FIELD: *157, 165*, Ind. Engng. Chem. Bd. 25, 1174 (1933).

MORGAN u. PRITCHARD: *10, 26, 208, 210*, Analyst Bd. 60, 355 (1935); Bd. 62, 354 (1937).

MORGAN u. SIMMS: *120*, Science (N. Y.) Bd. 89, 565 (1939); J. Nutrit. Bd. 19, 233 (1940).

MORGAN u. STEPHENSON: *39*, Amer. J. Physiol. Bd. 65, 491 (1923).

MORIL: *233*, J. of Biochem. Bd. 29, 487 (1939).

MOSER: *144*, Med. Ann. Dist. Columbia Bd. 7, 121 (1938).

MOURIQUAND, TÊTE, WENGER u. VIENNOIS: *176*, C. r. Acad. Sci. Paris Bd. 204, 1904 (1937).

MÜLLER: *62*, Rev. Suisse d'Hyg. Paris, 1935.

MUNSELL u. KENNEDY: *210*, J. agricult. Res. Bd. 51, 1041 (1935).

MUNSELL u. KIFER: *74, 100*, J. home Econ. Bd. 24, 823 (1932).

MURPHY: *184*, J. Nutrit. Bd. 21, 527 (1941).

MURRI, ONOKHOVA, KUDRYAVTZEVA u. GUTZEVICH: *154, 165*, Trudy prikl. Bot. i pr. (russ.) Suppl.-Bd. 67, 113 (1934).

MURTHY: *94*, Indian J. med. Res. Bd. 24, 1083 (1937).

NATVIG: *177*, Tidsskr. Norske Laegefor. Bd. 59, 847 (1939).

NEHRING: *239*, 1er Congr. internat. Conserve Paris 1937, p. 34.

NELSON u. MANNING: *22, 209*, Ind. Engng. Chem. Bd. 22, 1361 (1930).

NELSON u. MOTTERN: *165*, Ind. Engng. Chem. Bd. 25, 216 (1933).

NELSON, SWANSON u. HABER: *45*, Iowa Agricult. exper. Stat. Rep. agricult. Res. Nr 118 (1933).

NEWTON: *40*, Ga. Agricult. exper. Stat. Bull. Nr 167, 3 (1931).

NIELD, RUSSELL u. ZIMMERLI: *206*, J. of biol. Chem. Bd. 136, 73 (1940).

NORRIS, HEUSER u. VILGUS: *211*, Cornell Univ. Agricult. exper. Stat. Mem. Nr 126, 15 (1929).

NORRIS, SIMEON u. WILLIAMS: *149*, J. Nutrit. Bd. 13, 425 (1937).

NORRIS, VILGUS jr., RINGROSE, HEIMAN u. HEUSER: *95*, Cornell Univ. Agricult. exper. Stat. Bull. Nr 660 (1936).

NOTEVARP: *21, 22, 208, 209*, Tidsskr. Kjemi Bergv. Bd. 17, 49 (1937).

O'BRIEN: *50*, Biochemic. J. Bd. 28, 926 (1934).

OHDAKE u. YAMAGISHI: *60*, Bull. agricult. chem. Soc. Japan Bd. 11, 111 (1935).

OLCOTT: *222*, J. of biol. Chem. Bd. 110, 695 (1935).

OLESON, BIRD, ELVEHJEM u. HART: *125, 126*, J. of biol. Chem. Bd. 127, 23 (1939).

OLLIVER (1): *145—147, 161, 162, 177* bis *179, 190—192, 196—198*, J. Soc. chem. Ind. Bd. 55, 153 (1936); (2): *154, 175*, Analyst, Bd. 63, 2 (1938).

ORR (1): *5*, Food, Health and Income. London 1936; (2): *16*, Lancet Bd. 214, 202 (1928); ORR u. CLARK: Lancet Bd. 219, 594 (1930).

OSBORNE u. MENDEL: *29*, J. of biol. Chem. Bd. 32, 369 (1917).

OSHIMA u. ITAYA: *12*, Bull. J. agricult. chem. Soc. Japan Bd. 15, 553 (1939).

PAECH: *167*, Ernährg Bd. 2, 167 (1937).

PAIKINA: *174*, Ernährgs.probl. (russ.) Bd. 9, 38 (1940).

PARADE: *53*, Z. Vitaminforsch. Bd. 6, 327 (1937); Bd. 7, 35 (1938).

PARSONS u. HORN: *196*, J. agricult. Res. Bd. 47, 627 (1933).

PASSMORE, PETERS u. SINCLAIR: *52, 53*, Biochemic. J. Bd. 27, 842 (1933).

PEDERSON, MACK u. ATHAWES: *199*, Food Res. Bd. 4, 31 (1939).

PELC u. PODZIMKOVÁ: *155*, Trav. Inst. Hyg. Publ. Tchécoslov. Bd. 3, 57 (1932); Exper. Stat. Rec. Nr 72, 569 (1935).

PELCZAR u. PORTER: *121*, J. of biol. Chem. Bd. 139, 111 (1941).

PENNINGTON, SNELL u. WILLIAMS: *121*, J. of biol. Chem. Bd. 135, 213 (1940).

PETERS (1): *50*, J. State Med. Bd. 38, 3, 63 (1930); (2): *57*, Nature (Lond.) Bd. 135, 107 (1935).

PETERS u. DAVENPORT: *233*, Annual Rev. Biochem. Bd. 7, 325 (1938).

PETT: *161*, Biochemic. J. Bd. 30, 1228 (1936).

PIEGAI: *210*, Ind. ital. Conserve Bd. 15, 23 (1940).

PIEN: *226, 236*, Lait Bd. 17, 27 (1937).

PLASS u. MENGERT: *63*, J. amer. med. Assoc. Bd. 101, 2020 (1933).

POE u. GAMBILL (1): *102*, J. amer. Dietetic Assoc. Bd. 11, 343 (1935); (2): *103, 104*, J. Nutrit. Bd. 9, 119 (1935).

POHL: *202*, Naturwiss. Bd. 15, 433 (1927).

POTTINGER, LEE, TOLLE u. HARRISON: *208*, U. S. Bureau of Fisheries, Invest. Rep. 1935, Nr 27.

POULSSON u. ENDER: *208*, Skand. Arch. Physiol. (Berl. u. Lpz.) Bd. 66, 92 (1933).

POULSSON u. LÖVENSKIOLD: *204*, Biochemic. J. Bd. 22, 135 (1928).

PRATT: *200*, J. Nutrit. Bd. 3, 141 (1930).

PREBLUDA u. McCOLLUM: *57*, Science (N. Y.) Bd. 84, 488 (1936).

PUGSLEY: *21, 22*, Biol. Board Canada. Progr. Rep. Pacific Biol. Stat. 1937, Nr 33.

PYKE (1): *60, 65—68*, Biochemic. J. Bd. 31, 1958 (1937); (2): *64*, Chem. a. Ind. Bd. 58, 1021 (1939); (3): *66*, Biochemic. J. Bd. 34, 330 (1940).

QUINN, HARTLEY u. DEROW: *31*, J. of biol. Chem. Bd. 89, 657 (1930).

QVILLER (1): *155*, Tidsskr. Norske Laegeforen Bd. 59, 860 (1939); (2): *155*, Liv og Helse Bd. 7, 197 (1940); (3): *199*, — Bd. 8, 67 (1941).

RADEFF u. Mitarb.: *148*, Bulg. Z. Kinderheilk. Bd. 6, H. 6 (1937).

RANDOIN: *170*, Les Données et les Inconnues du Problème Alimentaire. II. La Question des Vitamines, 1930.

RANDOIN u. LE GALLIC: *60*, C. r. Soc. Biol. Paris Bd. 128, 1055 (1938).

RANGANATHAN (1): *156, 158*, Indian J. med. Res. Bd. 23, 239 (1935); (2): *156, 158*, — Bd. 23, 755 (1935).

RAOUL u. MEUNIER: *207*, C. r. Acad. Sci. Paris Bd. 209, 546 (1939).

READER: *50*, Biochemic. J. Bd. 23, 689 (1929); Bd. 24, 77, 1827 (1930).

REICHE: *239*, Dtsch. med. Wschr. 1931, Nr 36; 1932, Nr 24.

REICHSTEIN u. DEMOLE: *131, 133*, Festschr. f. EMIL CHRISTOPH BARELL, S. 107. Basel 1936.

REMY: *189*, Arch. f. Hyg. Bd. 107, 139 (1932).

RESCHKE: *139*, Vitamine u. Hormone Bd. 1, 32 (1941).

RHOADS u. FLIEGELMAN: *228*, J. Amer. med. Assoc. Bd. 114, 400 (1940).

RICE u MUNSELL: *26*, N. Y. Assoc. for Improv. Cond. of the Poor, 1931.

RICHARDSON, DAVIS u. SULLIVAN: *148*, Food Res. Bd. 2, 81 (1937).

RICHARDSON, DOUGLASS u. MAYFIELD: *183*, Potato Assoc. amer. Proc. Bd. 16, 69 (1929/30); Exper. Stat. Rec. Bd. 64, 395 (1931).

RICHARDSON u. MAYFIELD (1): *32*, Science (N. Y.) Bd. 76, 498 (1932); (2): *74*, Monthly Agricult. exper. Stat. Bull. Nr 277, 3 (1933).

RIETSCHEL: *144*, Dtsch. med. Wschr. Bd. 64, 1382 (1938).

RIGOBELLO (1): *175*, Boll. Soc. ital. Biol. sper. Bd. 7, 736 (1932); (2): *188, 210*, — Bd. 3, 422 (1928).

ROGERS u. MATHEWS: *188*, J. home Econ. Bd. 30, 114 (1938).

ROSCOE (1): *73, 99*, Biochemic. J. Bd. 25, 1205 (1931); (2): *98*, — Bd. 27, 1540 (1933).

ROSE: *16*, The Foundations of Nutrition. New York 1933.

ROSE u. PHIPARD: *74, 100*, J. Nutrit. Bd. 14, 55 (1937).

ROSENHEIM u. WEBSTER: *15*, Biochemic. J. Bd. 21, 111 (1927).

ROSS u. SUMMERFELDT: *63*, Amer. J. Dis. Childr. Bd. 49, 1185 (1935).

ROTH: *94, 96*, Vorratspflege u. Lebensmittelforsch. Bd. 4, 34 (1941).

RUBINSTEIN u. SHEKUN: *108*, Nature (Lond.) Bd. 143, 1064 (1939).

RUDRA: *145*, Biochemic. J. Bd. 30, 701 (1936).

RUDY: *7*, Vitamine und Mangelkrankheiten, 1936.

RUSSELL u. TAYLOR: *26*, J. Nutrit. Bd. 10, 613 (1935).

RUSZNYÁK u. SZENT-GYÖRGYI: *232*, Nature (Lond.) Bd. 138, 27 (1936).

RYGH, KNUDSEN u. NATVIG: *157*, Tidsskr. norske Laegefor. 1934, Nr 20.

SABALITSCHKA u. PRIEM: *148*, Ernährg. Bd. 6, 134 (1941).

SAFFRY, COX, KUNERTH u. KRAMER: *93, 94*, J. Nutrit. Bd. 20, 169 (1940).

SAH, MA u. HOO: *156*, J. Chin. chem. Soc. Bd. 2, 175 (1934).

SAMPSON: *60, 61*, zit. nach WILLIAMS: Erg. Vitamin- u. Hormonforsch. Bd. 1, 223 (1938).

SAMPSON u. KERESŻTESY: *60*, Proc. Soc. exper. Biol. a. Med. Bd. 36, 30 (1937).

SAMPSON u. WILLIAMS: *69*, zit. nach WILLIAMS: Erg. Vitamin- u. Hormonforsch. Bd. 1, 257 (1938).

SAMUELS u. KOCH: *84, 85, 100, 102*, J. Nutrit. Bd. 5, 307 (1932).

SCARBOROUGH: *233*, Biochemic. J. Bd. 33, 1400 (1939).

SCHEPILEWSKAJA: *170*, Ernährgs.probl. (russ.) Bd. 6, 65 (1937).

SCHEPILEWSKAJA u. ISUMRUDOWA: *186,* Ernährgs probl. (russ.) Bd. 6, 69 (1934).

SCHEUNERT (1): *31, 155, 183,* Vitamine. Handbuch der Lebensmittelchemie, herausgeg. von BÖMER, JUCKENACK und TILLMANS, Bd. 1, S. 768—992. 1933; (2): *41—43, 73, 99, 171,* Der Vitamingehalt der deutschen Nahrungsmittel, 1929; (3): *38, 212,* Dtsch. Fischerei-Rdsch. Bd. 60, 316 (1937); (4): *44, 99,* Gas u. Wasserfach Bd. 75, 567 (1932); (5): *44,* Obst u. Gemüse 1929; (6): *145, 146,* Ernährg. Bd. 3, 69 (1938); (7): *62,* — Bd. 1, 53 (1936); (8): *16, 18, 24, 25,* Fortschritte auf dem Gebiet der Vitamine. (Aus: Ein Querschnitt durch die neueste Medizin, Jena 1940); (9): *23,* Klin. Wschr, Bd. 19, 342 (1940); Ernährg. Bd. 5, 77 (1940).

SCHEUNERT u. RESCHKE (1): *185,* Vorratspflege u. Lebensmittelforsch. Bd. 1, 238 (1938); (2): *186,* — Bd. 1, 501 (1938); (3): *189,* Z. Unters. Lebensmitt. Bd. 74, 21 (1937); (4): *209, 217,* Dtsch. med. Wschr. Bd. 57, 349 (1931); (5): *168,* Biochem. Z. Bd. 304, 340 (1940); (6): *174,* Hauswirtschaftl. Jbücher 1940, Nr 2, 80; 1941, Nr 2, 69; (7): *171,* Vitamine u. Hormone Bd. 1, 292 (1941).

SCHEUNERT, RESCHKE u. KOHLEMANN (1): *160,* Biochem. Z. Bd. 288, 261 (1936); (2): *160, 184,* — Bd. 290, 313 (1937); (3): *160,* — Bd. 305, 4 (1940).

SCHEUNERT, RESCHKE u. PAECH: *166,* Vorratspflege u. Lebensmittelforsch. Bd. 2, 628 (1939).

SCHEUNERT u. SCHIEBLICH (1): *38,* Z. Unters. Lebensmitt. Bd. 68, 409 (1934); (2): *67, 95,* Biochem. Z. Bd. 290, 398 (1937).

SCHEUNERT u. WAGNER (1): *29,* Biochem. Z. Bd. 236, 29 (1931); (2): *24,* — Bd. 304, 42 (1940); (3): *68,* — Bd. 303, 329 (1940); (4): *40, 44,* Vorratspflege u. Lebensmittelforsch. Bd. 3, 97 (1940); (5): *26,* Ber. Math.-Phys. Kl. d. Sächs. Akad. Wiss. Bd. 91, 307 (1939).

SCHIÖDT: *64,* Acta med. scand. (Stockh.) Bd. 84, 456 (1935).

SCHLUTZ, KNOTT, STAGE u. REYMERT: *63,* J. Nutrit. Bd. 15, 411 (1938).

SCHMIDT-NIELSEN, S. u. S. (1): *33, 38,* Avh. Norske Vid.-Akad. Oslo, Math.-Naturv. Kl. I 1925, Nr 8; (2): *33, 38, 212,* Kgl. Norske Vidensk. Selsk. Forh. Bd. 1, Nr 45 (1928); (3): *22, 209, 212,* — Bd. 3, Nr 74 (1930); (4): *208,* — Bd. 6, Nr 58 (1933); (5): *208, 209,* — Bd. 1, Nr 63 (1928); (6): *208,* Hoppe-Seylers Z. Bd. 189, 229 (1930); (7): *22,* Biochemic. J. Bd. 23, 1153 (1929).

SCHMIDT-NIELSEN, FLOOD u. STENE: *21, 22,* Kgl. Norske Vidensk. Selsk. Forh. Bd. 6, Nr 38 (1933).

SCHMIDT-NIELSEN u. YRI: *189,* Kgl. Norske Vidensk. Selsk. Forh. Bd. 9, Nr 18 (1936).

SCHÖNHEYDER: *229,* Biochemic. J. Bd. 30, 890 (1936).

SCHOPFER: *53,* Bull. Soc. Chim. biol. Paris Bd. 17, 1097 (1935).

SCHROEDER (1): *87,* Kinderärztl. Prax. Bd. 7, 506 (1936); (2): *144,* Hippokrates (D) Bd. 9, 979 (1938).

SCHROEDER u. BRAUN: *148,* Die Hagebutten, ihre Geschichte, Biologie und ihre Bedeutung als Vitamin C-Träger. Stuttgart 1941.

SCHULERUD, KANTER u. ERICHSEN: *67, 68,* Nord. Med. Bd. 10, 1477 (1941).

SCHULTZ u. MATTILL: *125,* J. of biol. Chem. Bd. 122, 183 (1938).

SCHWARTZE, MURPHY u. COX: *199,* J. Nutrit. Bd. 4, 211 (1931).

SCHWARTZE, MURPHY u. HANN: *199,* J. Nutrit. Bd. 2, 325 (1930).

SCUDI, KOONES u. KERESZTESY: *117,* Amer. J. Physiol. Bd. 129, 459 (1940).

SCUPIN: *165,* Vorratspflege u. Lebensmittelforsch. Bd. 4, 1 (1941).

SEBRELL (1): *105,* J. amer. med. Assoc. Bd. 110, 1665 (1938); (2): *106,* Amer. chem. Soc. Meeting at Chapel Hill, N. C., April 1937.

SEBRELL, HUNT u. ONSTOTT: *49,* U. S. publ. Health Rep. Bd. 52, 235, 427 (1937).

SERGER u. KRAUSE: *4,* Konserventechnisches Taschenbuch, Braunschweig 1938.

SHARP, TROUT u. GUTHRIE: *201,* Milk Plant Monthly Bd. 26, 32 (1937).

SHELESNII u. KANEVSKA: *155, 157*, Ernährgs.probl. (russ.) Bd. 2, 21 (1933).

SHEPHERD u. LINN: *231*, Drug. a. Cosm. Ind. Bd. 38, 629 (1936).

SHERMAN: *93, 94*, Chemistry of Food and Nutrition, 1933.

SHERMAN u. MUNSELL: *13*, J. amer. chem. Soc. Bd. 47, 1639 (1925).

SHERMAN u. STIEBELING: *206*, J. of biol. Chem. Bd. 88, 683 (1930).

SHERMAN u. TODHUNTER: *26*, J. Nutrit. Bd. 8, 347 (1934).

SHINN, KANE, WISEMAN u. CARY: *25*, Amer. Soc. Animal. Prod. Rec. Proc. 27th. Ann. Meeting 1934, p. 190.

SIEBERT: *137*, Diss. Frankfurt a. Main 1931.

SILVERBLATT u. KING: *153*, Enzymologia (Haag) Bd. 4, 222 (1933).

SMITH: *144*, J. amer. med. Assoc. Bd. 111, 1753 (1938).

SMITH u. FELLERS: *155*, Proc. amer. Soc. Hort. Sci. Bd. 31, 89 (1934).

SMITH u. MEEKER: *32, 44*, Ariz. Agricult. exper. Stat. Techn. Bull. Nr 34, 305 (1931).

SMITH u. MORGAN: *25*, J. of biol. Chem. Bd. 101, 43 (1933).

SMITH, RUFFIN u. SMITH: *49, 105*, J. amer. med. Assoc. Bd. 109, 2054 (1937).

SNELL u. STRONG: *90*, Ind. Engng. Chem., analyt. Edit. Bd. 11, 346 (1939).

SOUTHGATE: *29*, Biochemic. J. Bd. 19, 733 (1925).

SPIES, BEAN u. ASHE: *115*, J. amer. med. Assoc. Bd. 112, 2414 (1939).

SPIES, COOPER u. BLANKENHORN: *49, 105*, J. amer. med. Assoc. Bd. 110, 622 (1938).

SPOHN: *187*, J. agricult. Res. Bd. 43, 1109 (1931).

SPRUYT u. DONATH: *85*, Meded. Dienst Volksgezdh. Nederl.-Indië 1932, 64.

SPRUYT u. VOGELSANG: *153*, Arch. néerl. Physiol. Bd. 23, 424 (1938).

SRINIVASAN: *139*, Biochemic. J. Bd. 31, 1524 (1937).

Statistical Year Book 1939 of the International Tin Research and Development Council: *3*.

STEENBOCK u. BLACK: *202*, J. of biol. Chem. Bd. 61, 405 (1924).

STEENBOCK u. BOUTWELL: *29*, J. of biol. Chem. Bd. 41, 163 (1920).

STEENBOCK u. NELSON: *29*, J. of biol. Chem. Bd. 56, 355 (1923).

STEENBOCK u. SCHRADER: *217*, J. Nutrit. Bd. 4, 267 (1931).

STEPP (1): *6*, Biochem. Z. Bd. 22, 452 (1909); (2): *67*, Ernährg Bd. 3, 196 (1938).

STEPP, KÜHNAU u. SCHROEDER: *16, 61, 62, 95, 106, 143, 144, 207, 233*, Die Vitamine, 1938.

STIEBELING: *16, 17, 62, 143*, J. home Econ. Bd. 26, 9 (1937).

STILLER, HARRIS, FINKELSTEIN, KERESZTESY u. FOLKERS: *120*, J. Amer. chem. Soc. Bd. 62, 1785 (1940).

STOERR: *200*, Rev. franç. Pédiatr. Bd. 12, 427 (1936).

STOTZ, HARRER u. KING: *153*, J. of biol. Chem. Bd. 119, 511 (1937).

STRAFFORD u. PARRY-JONES: *108*, Analyst Bd. 58, 380 (1933).

STRAWTSCHINSKI: *176*, Ernährgs.probl. (russ.) Bd. 9, 54 (1940).

STREET u. COWGILL: *49, 105*, Proc. Soc. exper. Biol. a. Med. Bd. 37, 547 (1937).

STROHECKER u. VAUBEL: *137*, Angew. Chem. Bd. 49, 666 (1936).

STUTZ u. REIL: *144*, Veröff. Mar.San-wes. 1938, H. 30, 149.

SUMMERFELDT: *63*, Amer. J. Dis. Childr. Bd. 43, 284 (1932).

SUPPLEE: *209*, Ind. Engng. Chem. Bd. 29, 190 (1937).

SURE: *222*, J. of biol. Chem. Bd. 58, 693 (1924).

SUZUKI u. MATSUNAGA: *112*, J. agricult. chem. Soc. Japan Bd. 5, 59 (1912).

SVENSSON: *25*, Skand. Arch. Physiol. (Berl. u. Lpz.) Bd. 73, 237 (1936).

SVIRBELY: *150*, Biochemic. J. Bd. 27, 960 (1933).

SWAMINATHAN (1): *108, 112, 113*, Nature (Lond.) Bd. 141, 830 (1938); (2): *117*, — Bd. 145, 780 (1940).

SWANSON, STEVENSON u. NELSON: *45*, J. Home Econ. Bd. 32, 246 (1940).

Szent-Györgyi (1): *131*, Biochemic. J. Bd. 22, 1387 (1928); (2): *131*, Nature (Lond.) Bd. 129, 576, 690 (1932); Biochemic. J. Bd. 26, 865 (1932). Siehe auch Birch, Harris u. Ray: Nature (Lond.) Bd. 131, 273 (1933) und Tillmans, Hirsch u. Vaubel: Z. Unters. Lebensmitt. Bd. 65, 145 (1933); (3): *152*, J. of biol. Chem. Bd. 90, 385 (1931).

Tauber u. Kleiner (1): *145, 146*, J. of biol. Chem. Bd. 108, 563 (1935); (2): *139*, — Bd. 110, 559 (1935).

Tauber, Kleiner u. Mishkind: *152*, J. of biol. Chem. Bd. 110, 211 (1935).

Thiessen: *161,183*, Wyo. agricult. exper. Stat. Bull. Nr 213, 1 (1936).

Tillmans u. Mitarb.: *130,131,136—138*, Z. Unters. Lebensmitt. Bd. 60, 34 (1930); Bd. 63, 1, 21, 241, 267, 276 (1932); Bd. 65, 145 (1933).

Tobler: *143*, Schweiz. med. Wschr. 1939 II, 677.

Todhunter (1): *94, 102*, J. amer. Dietetic Assoc. Bd. 8, 42 (1932); (2): *155*, Food Res. Bd. 1, 435 (1936); (3): *175*, Proc. 31th Annu. Meeting Wash. State Hort. Soc. 1935, 43.

Tolle u. Nelson: *22, 209, 212, 217*, Ind. Engng. Chem. Bd. 23, 1066 (1931).

Tressler, Mack, Jenkins u. King: *159, 160*, Food Res. Bd. 2, 175 (1937).

Tressler, Mack u. King (1): *158*, Amer. J. publ. Health Bd. 26, 905 (1936): (2) *158*, Food Res. Bd. 1, 3 (1936).

Truesdail u. Culbertson: *209*, Ind. Engng. Chem. Bd. 25, 563 (1933).

Tultschinskaja u. Kaigorodowa: *171*, Proc. Sci. Inst. Vitamin Res. (russ.) Bd. 1, 62 (1936).

Umishio: *79*, Imp. Zootechn. exper. Stat. Bull. (Japan) Nr 25 (1930).

Vetter u. Winter: *144*, Z. Vitaminforsch. Bd. 7, 173 (1938).

Vilter, Spies u. Mathews: *109*, J. amer. chem. Soc. Bd. 60, 731 (1938).

Virtanen u. Kreula: *18, 23*, Hoppe-Seylers Z. Bd. 270, 141 (1942).

Wachholder(1): *162,183,184*, Biochem. Z. Bd. 295, 237 (1938); (2): *144*, Klin. Wschr. Bd. 16, 1740 (1937).

Wachholder u. Podestà: *139*, Hoppe-Seylers Z. Bd. 231, 65 (1936); Bd. 239, 149 (1936).

Wagner (1): *19*, Ernährg. Bd. 5, 105 (1940); (2): *20*, Vitamin A und β-Carotin des Finn-, Blau- und Spermwales, Leipzig 1939.

Wagner u. Vermeulen: *13*, Vorratspflege u. Lebensmittelforsch. Bd. 4, 17 (1941).

Wagner-Jauregg: *90*, Handbuch der biologischen Arbeitsmethoden, Abt. V, Teil 3 B, S. 1211. 1937.

Wahren: *139*, Klin. Wschr. Bd. 16, 1496 (1937).

Waismann, Mickelsen u. Elvehjem: *121, 123, 124*, J. Nutrit. Bd. 18, 247 (1939).

Walker u. Wheeler: *111*, U. S. publ. Health Rep. Bd. 46, 851 (1931).

Waltner: *25, 44*, Z. Vitaminforsch. Bd. 3, 245 (1934).

Warburg u. Christian (1): *90*, Naturwiss. Bd. 20, 980 (1932); (2): *87*, Biochem. Z. Bd. 272, 155 (1934); Bd. 275, 37, 344 (1934); (3): *95*, — Bd. 266, 377 (1933); (4): *107*, — Bd. 274, 112 (1934); Bd. 275, 464 (1935); Bd. 279, 143 (1935); Bd. 285, 156 (1936); Bd. 292, 287 (1937).

Warner, Brinkhous u. Smith: *227*, Proc. Soc. exper. Biol. a. Med. Bd. 37, 628 (1938).

Wasson: *197*, S. Dakota exper. Stat. Bull. Nr 261 (1931).

Waterman u. Ammerman: *60, 61*, J. Nutrit. Bd. 10, 35 (1935).

Wellington u. Tressler: *185*, Food Res. Bd. 3, 311 (1938).

Wells u. Hedenburg: *19*, J. of biol. Chem. Bd. 27, 213 (1916).

Westenbrink: *59*, Enzymologia (Haag) Bd. 8, 97 (1940).

Wheeler (1): *113*, U. S. publ. Health Rep. Bd. 46, 2663 (1931); (2): *113*, — Bd. 48, 67 (1933).

Wheeler u. Hunt (1): *111, 113*, U. S. publ. Health Rep. Bd. 49, 732 (1934); 2): *113*, — Bd. 48, 754 (1933).

WHEELER u. SEBRELL: *111, 113*, Nat. Inst. Health Bull. Nr 162, U. S. Publ. Health Serv., Wash. 1933.

WHIPPLE: *38, 79*, J. Nutrit. Bd. 9, 163 (1935).

WHITNAH, KUNERTH u. KRAMER: *94*, J. amer. chem. Soc. Bd. 59, 1153 (1937).

WHITNAH, RIDDELL u. CAULFIELD: *150*, J. Dairy Sci. Bd. 19, 373 (1936).

WIDENBAUER (1): *87*, Münch. med. Wschr. Bd. 82, 1071 (1935); (2): *143, 144*, Klin. Wschr. Bd. 15, 815 (1936).

WIETERS: *145—148*, Mercks Jahrbuch 1935, 77.

VAN WIJNGAARDEN (1): *24*, Nederl. Tijdschr. Geneesk. Bd. 78, 2668 (1934); (2): *150*, Acta brevia neerl. Physiol. Bd. 4, 49 (1934); (3): *142, 200*, Diss. Rijks-Univ. Utrecht 1935.

WILLIAMS (1): *51, 52*, J. amer. chem. Soc. Bd. 58, 1063 (1936); (2): *61, 62, 69*, Erg. Vitamin- u. Hormonforsch. Bd. 1, 213 (1938); (3): *72*, J. of biol. Chem. Bd. 38, 465 (1919).

WILLIAMS u. BRADWAY: *120*, J. amer. chem. Soc. Bd. 53, 783 (1931).

WILLIAMS, LYMAN, GOODYEAR, TRUESDAIL u. HOLADAY: *120, 124*, J. amer. chem. Soc. Bd. 55, 2912 (1933).

WILLIAMS u. WATERMAN: *49*, J. of biol. Chem. Bd. 78, 311 (1928).

WILLIAMS, WATERMAN u. GURIN (1): *50*, J. of biol. Chem. Bd. 87, 559 (1930); (2): *97*, — Bd. 83, 321 (1929).

WILLSTAEDT u. BEHRNTS JENSEN (1): *43*, Sv. kem. Tidskr. Bd. 49, 258 (1937); (2): *37, 38*, — Bd. 49, 260 (1937).

WINDAUS u. HESS: *202*, Nachr. Ges. Wiss. Göttingen, Math.-physik. Kl. Bd. 2, 175 (1926); Verh. Ges. Wiss. Göttingen, Math.-physik. Kl. 1927, 175.

WINDAUS u. LANGER: *203*, Liebigs Ann. Bd. 508, 105 (1933).

WINDAUS, LETTRÉ u. SCHENCK: *203*, Liebigs Ann. Bd. 520, 98 (1935).

WINDAUS u. Mitarb. (1): *203* (WINDAUS, LÜTTRINGHAUS u. DEPPE): Liebigs Ann. Bd. 489, 252 (1931); (2) *51*

(WINDAUS, TSCHESCHE, RUHKOPF, LAQUER u. SCHULTZ): Hoppe-Seylers Z. Bd. 204, 123 (1932).

WITT u. POE: *99*, Fruit Prod. J. Bd. 15, 274, 283 (1936).

WOESSNER, WECKEL u. SCHUETTE: *200*, J. Dairy Sci. Bd. 23, 1131 (1940).

WOLF: *168*, Vorratspflege u. Lebensmittelforsch. Bd. 4, 241 (1941).

WOLFF (1): *12, 44, 45, 145, 146, 186, 197, 198*, Schweiz. med. Wschr. Bd. 66, 979 (1936); (2): *15, 18, 23—26*, Z. Vitaminforsch. Bd. 7, 227 (1938).

WOLFF, EEKELEN u. EMMERIE: *159*, Acta brevia neerl. Physiol. Bd. 3, 44 (1933).

WOODCOCK u. LEWIS: *4*, Canned Foods and the Canning Industry. 1938.

WOODS: *161, 183*, Idaho agricult. exper. Stat. Bull. Nr 219, 3 (1935).

WOOLLEY, WAISMAN u. ELVEHJEM: *120, 124*, J. amer. chem. Soc. Bd. 61, 977 (1939).

WOOLLEY, WAISMAN, MICKELSEN u. ELVEHJEM: *127*, J. of biol. Chem. Bd. 125, 715 (1938).

WRIGHT: *70*, J. Soc. chem. Ind. Bd. 42, 403 (1923); durch Chem. Abstracts Bd. 18, 130 (1924).

ZECHMEISTER, CHOLNOKY u. NEUMANN: *23*, Math.-naturwiss. Anz. ung. Akad. Wiss. Bd. 59, 146 (1940).

ZILVA (1): *28*, Biochemic. J. Bd. 13, 164 (1919); Bd. 14, 740 (1920); (2): *134*, — Bd. 29, 1612 (1935); (3): *154*, — Bd. 25, 594 (1931); (4): *233*, — Bd. 31, 915 (1937); (5): *131*, — Bd. 17, 416 (1923); Bd. 18, 186 (1924); Bd. 19, 589 (1925); Bd. 21, 689 (1927).

ZILVA, KIDD u. WEST (1): *155, 164*, Dep. Sci. a. Ind. Res. Rep. Food Investigation Board 1932, 89; (2): *164*, — 1933, 80.

ZIMA: *52*, Mercks Jber. Bd. 54, 5 (1941).

ZIMMERMAN, TRESSLER u. MAYNARD: *24, 25*, Food Res. Bd. 5, 93 (1940).

ZOLLIKOFER: *200*, Schweiz. Milchztg. Bd. 66, 381 (1940).

Sachverzeichnis.